"十二五"职业教育国家规划教材

经全国职业教育教材审定委员会审定

江苏高校品牌专业建设工程资助项目

化学物料识用与分析（上）

第二版

李淑丽　王元有　主编
秦建华　沈发治　主审

化学工业出版社

·北京·

《化学物料识用与分析》分为上下两册，其中上册包含 3 个学习情境、16 个学习任务和 18 个实验项目，下册包含 5 个学习情境、24 个学习任务和 17 个实验项目。共计课时 224。内容呈现理实一体化。每个学习任务都配有思考与习题。全书选材典型、内容设置合理、重点突出，强调物料的识用。

　　本书可作为应用化工技术、石油化工技术、有机化工生产技术、高分子材料应用技术、化学制药技术、精细化学品生产技术、生物化工工艺、工业分析技术、环境监测与治理技术专业的必修基础课程教材，还可供相关专业技术人员参考。

图书在版编目（CIP）数据

化学物料识用与分析（上）/李淑丽，王元有主编.
2 版 . —北京：化学工业出版社，2015.5（2021.9 重印）
"十二五"职业教育国家规划教材
ISBN 978-7-122-22438-5

Ⅰ. ①化… Ⅱ. ①李…②王… Ⅲ. ①化学工业-
物料-高等职业教育-教材 Ⅳ. ①TQ042

中国版本图书馆 CIP 数据核字（2014）第 280764 号

责任编辑：陈有华　高　钰　　　　　　　　文字编辑：向　东
责任校对：吴　静　　　　　　　　　　　　装帧设计：刘丽华

出版发行：化学工业出版社（北京市东城区青年湖南街 13 号　邮政编码 100011）
印　　装：北京科印技术咨询服务有限公司数码印刷分部
787mm×1092mm　1/16　印张 15½　彩插 1　字数 381 千字　　2021 年 9 月北京第 2 版第 2 次印刷

购书咨询：010-64518888（传真：010-64519686）　　售后服务：010-64518899
网　　址：http://www.cip.com.cn
凡购买本书，如有缺损质量问题，本社销售中心负责调换。

定　　价：36.00 元

前言

　　《化学物料识用与分析》以工作过程系统化导向的专业建设和课程体系改革理念为引领，以奠定岗位职业基本能力为任务，以项目导向和任务驱动为实施过程，涵盖无机化学物料、有机化学物料、分析化学物料、生物化学物料和化学反应热量、化学平衡计算等内容，以理实一体化方式呈现，为工作过程系统化的专业改革发挥了积极的作用。

　　随着工作过程系统化的专业改革和课程建设日益深化，对教材的建设有了更高的要求。本次修订是在总结教学实践经验的基础上，认真汲取企业用人需求，突出行业特色，根据教育部《教育部关于"十二五"职业教育教材建设的若干意见》教材建设精神，邀请企业专家参与，主要从工业分析和化工单元合成的工作要求出发修订而成。在保持原有内容框架基本不变的基础上，进行了以下几个方面的修改。

　　1. 补充企业案例介绍，体现行业特色。

　　2. 增加部分实验内容，对接行业需求。

　　3. 增加"互动坊"板块，做到图文并茂，增强生动直观性，并加强学生即时性的联系和了解。

　　4. 更新部分内容，突出新知识、拓展知识的发展应用。

　　5. 补充数字化教学资源，配有相关教学 PPT 课件（曾获"第十届全国多媒体课件大赛"三等奖），方便教与学。

　　本次修订由扬州工业职业技术学院与江苏扬农化工集团有限公司、扬州市环境监测中心站合作完成。全书共分 8 个学习情境，学习情境一、二由李淑丽、王元有、王吉忠（江苏扬农化工集团有限公司，高级工程师）修订，学习情境三、四由束影、周培、王霄（扬州市环境监测中心站，高级工程师）修订，学习情境五由徐斌、赵敏、张杰修订，学习情境六、七由陈丽萍、李淑丽修订，学习情境八由张杰、朱权、徐斌修订。其中的实验项目由罗斌、周慧、王吉忠和王霄共同修订。本书由李淑丽和王元有担任主编，扬州工业职业技术学院秦建华和沈发治担任主审。

　　限于编者的水平，疏漏和不妥之处在所难免，恳请各位师生、读者以及同仁多提宝贵意见，以求不断完善教材内容。

编者

2015 年 2 月

第一版
前言

　　《化学物料识用与分析》以工作过程系统化导向的专业建设和课程改革为导向，以典型无机化学物料、有机化学物料和生物化学物料为研究对象，通过物料的名称、结构、性质、用途等基本知识的学习，渗透溶液性质、气体的状态方程、化学反应速率、化学四大平衡及平衡移动、热力学第一、二定律等基本原理和基本规律，为专业课程的学习奠定理论基础；通过物质的性质验证、含量测定、成分分析、熔沸点与旋光度、折射率等特征常数测定、固液体混合物的分离与提纯、简单有机化合物的合成、无机化合物的制备等基本实验操作，为专业课程的学习奠定基本操作技能，按照"必需"、"够用"、"实用"的原则来组织内容，共形成了 8 个学习情境、40 个学习任务和 35 个实验项目的理实一体化教材。具有以下三个主要特点。

　　1. 内容呈现方式理实一体化

　　每个学习情境都是按照"情境-任务-项目"的形式呈现内容，将相关理论知识和实验操作相融合。

　　2. 内容选择突出典型性和实用性

　　学习情境设计依据专业课程的知识和技能需要，注重典型性，体现基础性。以水、s 区、卤族元素及其重要化合物、甲烷、乙烯、乙炔、乙醇、葡萄糖、脂肪、氨基酸和蛋白质等常用、基本、典型的物料为载体，以物理性质、化学性质和基本用途为内容，在对典型物料认识和应用的学习过程中，渗透理论性较强的基本原理和基本规律。例如，在铜、铁等性质学习时渗透了氧化还原反应、配位反应等。

　　3. 内容编排突出学生主体性

　　遵循由无机—有机—生物物料，由简单到复杂的递进次序进行学习情境排列。在任务内容编排中，适当的穿插有"相关链接"，为学生的学习起到铺垫、搭桥和拓展之用，更好地体现了"必需"、"够用"、"实用"的原则。除了"思考与习题"以外，还设计了"练一练"、"查一查"等内容，既能使学生即时性地巩固相关的学习内容，又能使学生参与到教学过程中，有利于发挥学生的主体作用。在每个任务开始之前，都有"实例分析"引入，诱发学生的好奇心，增强知识的实用性。例如，以消除汽车尾气污染的化学反应为实例，引出化学反应速率及其影响因素的任务探究。

　　本书由扬州工业职业技术学院化学工程系基础化学教研室教师共同编写。《化学物料识用与分析》分为上下两册，共有 8 个学习情境，学习情境一、二由李淑丽、王元有编写，学习情境三、四由束影、周培编写，学习情境五由徐斌、赵敏编写，学习情境六、七由陈丽萍、李淑丽编写，学习情境八由张杰、朱权编写，其中的实验项目由罗斌和周慧编写。本书由李淑丽、王元有担任主编，扬州工业职业技术学院教学院长秦建华、化学工程系主任沈发治担任主审。本书在编写过程中参考了有关的资料，在此向相关作者表示衷心感谢。

限于编者的水平，书中难免有不足之处，恳请读者批评匡正。

编者

2012 年 6 月

目录

参考文献　　　　　　　　　　　　　　　　　　　　　　　　　　　　　　　**238**

元素周期表

学习情境一

水和溶液

- 任务一　水的结构识用
- 任务二　稀溶液饱和蒸气压变化及应用
- 任务三　常用酸、碱、盐溶液的配制

● **知识目标**

1. 了解水的化学组成。
2. 理解原子核外电子的排布规律。
3. 掌握基态原子核外电子排布规律；共价键的本质、特征及类型，杂化轨道的形成；分子极性的判断方法；分子间力和氢键对物质性质的影响；溶液组成的表示、稀溶液的依数性。

● **技能目标**

1. 能用四个量子数表达核外电子的运动状态，能正确书写氧等基态原子核外电子排布式、轨道表示式、价电子构型。
2. 能用杂化轨道理论解释水的分子结构，判断和说明其它简单分子的空间构型。
3. 会用物质的量浓度、质量摩尔浓度、摩尔分数等形式表达酸碱溶液的组成。
4. 通过稀溶液的依数性求算溶液蒸气压、沸点、凝固点的变化以及溶质的摩尔质量。
5. 学会常用酸碱盐溶液的配制。

水是地球上最普通、最常见的物质之一。不仅江河湖海中有水，各种生物体内也含有水，而且生物体内水的质量与生物体总质量的比一般都在 60% 以上。水与人类、动植物生存及工农业发展都密切相关。

任务一
水的结构识用

 案例分析

水是由什么组成的？在很长一段时期内，水曾经被看作是一种元素。直到 18 世纪末，在前人探索的基础上法国著名化学家拉瓦锡（Lavoisier，Antoine-Laurent）通过对水的生成和分解实验研究，确认水不是一种元素，而是由两种元素组成的化合物。后经科学研究证实，每个水分子是由 2 个氢原子和 1 个氧原子构成，其化学式为 H_2O。

一、原子核外电子的运动特征

1. 原子组成

科学实验证明，原子由原子核和核外电子组成。原子核带正电荷，居于原子的中心，电子带负电荷，在原子核周围空间作高速运动。原子核所带的正电荷数（简称核电荷数）与核外电子所带的负电荷数相等，所以整个原子是电中性的。

原子核半径小于原子的万分之一，体积只占原子体积的几千亿分之一。原子核由质子和中子构成。质子带一个单位正电荷，中子不带电荷，因此原子核所带的电荷数（Z）与核内质子数相同。

质子数决定元素的种类。不同种类元素原子的质子数不同，核电荷数不同，核外电子数也不同，即存在如下关系：

$$核电荷数（Z）＝质子数＝核外电子数$$

质子的质量为 $1.673×10^{-27}kg$，相对质量为 1.007；中子质量为 $1.675×10^{-27}kg$，相对质量为 1.008；电子质量为 $9.110×10^{-31}kg$，相对质量为 0.00055。一个电子质量仅为一个质子质量的 1/1837，所以原子质量主要集中于原子核上。原子的相对质量（取整数）等于质子相对质量和中子相对质量之和，称为质量数（A），关系如下：

$$质量数（A）＝质子数（Z）＋中子数（N）$$

归纳起来，如以 X 代表一个质量数为 A、质子数为 Z 的原子，那么构成原子的粒子间的关系为：

$$原子{}^A_Z X \begin{cases} 原子核 \begin{cases} 质子\ Z\ 个 \\ 中子\ (A-Z)\ 个 \end{cases} \\ 核外电子\ Z\ 个 \end{cases}$$

通常情况下，电子在原子核外极其小的空间（直径约 $10^{-10}m$）做高速运动。物质在发生化学反应时，原子核并不发生变化，而只涉及核外电子运动状态的改变。

2. 原子核外电子的运动特征

将一只装有氢气的放电管，通过高压电流，使氢气分解为氢原子。氢原子在高压放电管中发出光束，经过分光作用后，在可见光区得到四条颜色不同的谱线，如图 1-1 所示。这种光谱叫做不连续光谱或线状光谱。所有的原子光谱都是线状光谱。

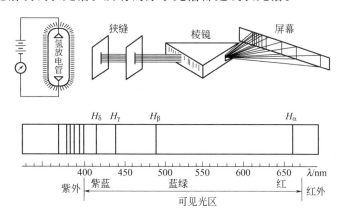

图 1-1　氢原子光谱实验示意

1913 年，丹麦物理学家玻尔（N. Bohr）提出了原子模型假设，试图对氢原子光谱进行解释，形成了玻尔氢原子结构理论。其基本要点如下。

第一，原子核外电子不能在任意的轨道上运动，只能在符合玻尔量子化条件的、具有确定半径的圆形轨道上运动，这种轨道称为稳定轨道。电子在稳定轨道上运动时，既不吸收能量也不放出能量。

第二，电子在不同的稳定轨道上运动时，其能量是不同的，轨道离核越远，能量越高。原子处于能量最低时的状态称为基态，其它状态称为激发态。

第三，电子在不同的原子轨道间跃迁时，才能发生能量的辐射或吸收。通常情况下，处于基态的电子，在高能量作用下，被激发到离核较远的高能量轨道后，会自发地跃迁回低能量轨道，以光的形式释放能量，形成光谱。光谱的能量决定于两个轨道间的能量差。

玻尔氢原子结构理论认为原子核外电子的运动是量子化的。即电子的运动状态是一些不连续的能量状态。这些不连续的能量状态称为能级。

玻尔氢原子结构理论运用量子化的概念成功地解释了氢原子和类氢粒子（如 He^+，Li^{2+} 等）的光谱，也解释了原子的发光现象，对原子结构理论的发展起到了促进作用。

19 世纪物理学家在研究低气压下气体放电现象时发现了电子，随后又测定了电子的荷质比，说明电子的运动具有粒子性。

又经美国科学家戴维逊（C. J. Davisson）进行的电子衍射实验，如图 1-2 所示，证实了电子运动具有波动性。

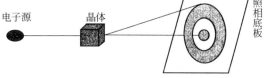

图 1-2　电子衍射实验示意

电子既有波动性，又有粒子性，即电子具有波粒二象性。可见电子的运动和宏观物体不同，不能用传统的牛顿力学描述电子的运动规律，而要用量子力学来描述。

☞ **相关链接**

量子力学（Quantum Mechanics）是研究原子、分子、原子核等微观粒子的运动规律的科学。微观粒子的运动特征不同于宏观物体，其特点为能量变化量子化，运动具有波粒二象性。所谓量子化，是指辐射能的吸收和放出是不连续的，而按照一个基本量或基本量的整数倍来进行，这个基本量称为量子或光子。

微观粒子在运动中既表现出粒子性，又表现出波动性，称为波粒二象性。粒子性是指运动着的物体都具有动量和能量，其动量和能量的大小决定于运动物体的质量和速度。波动性是指微观粒子在运动中表现出波的特性，也就是具有一定的波长、频率，而且在传播中产生干涉、衍射等现象。

二、原子核外电子运动状态的描述

1. 原子轨道

量子力学从微观粒子都有波粒二象性出发，认为微粒的运动状态可用波函数 Ψ 来描述。氢原子中描述电子运动状态的波函数可通过薛定谔（E. Schrodinger，奥地利物理学家）方程求得。

$$\frac{\partial^2 \Psi}{\partial x^2}+\frac{\partial^2 \Psi}{\partial y^2}+\frac{\partial^2 \Psi}{\partial z^2}+\frac{8\pi^2 m}{h}(E-V)\Psi=0$$

式中，Ψ 为波函数；E 为总能量；V 为势能；m 为电子的质量；h 为普朗克常数；x，y，z 为空间坐标。

波函数不是一个具体的数值，而是用空间坐标 x、y、z 的函数 Ψ（x、y、z）来描述的函数式，以表征原子中电子的运动状态，习惯上将波函数 Ψ 称为原子轨道。将代表电子不同运动状态的各种波函数与空间坐标的关系用图形表示出来，即为原子轨道的形状。由此可知，原子轨道是指核外电子在核外运动的空间范围，而不是绕核一周的圆。

☞ **相关链接**

原子轨道和电子云的关系：严格来讲，原子轨道和电子云是不同的概念。

与宏观物体的运动轨道不同，原子轨道表示核外电子运动的空间区域，用波函数 Ψ 的角度分布作为其直观形象。

电子云是电子在核外空间某处出现的概率密度（单位体积内出现的概率）大小的形象化描绘，是 $|\Psi|^2$ 的图像，其图像与原子轨道相似，只是略瘦些。

2. 四个量子数

薛定谔方程在数学上有很多解，但每个解并不都是能用来描述电子运动状态的合理波函数，合理波函数必须满足某些特定的条件。为了使解得的波函数能够描述电子的空间运动状态，在求解薛定谔方程时，使某些常数的取值受到一定的限制。这些受限制的常数称为量子数，分别是主量子数（n）、角量子数（l）和磁量子数（m）。用这三个量子数和表示电子自旋运动状态的自旋量子数（m_s）就可以描述原子核外电子的运动状态了。

（1）主量子数（n）

主量子数表示原子轨道离核的远近，即通常所说的电子层。它是决定原子轨道能量的主要因素。主量子数的取值为正整数，即 $n=1$，2，3，4，5，6，7，…。n 越大，电子离核越远，所处状态的能量越高。当 $n=1$，2，3，…时，分别称为第一电子层、第二电子层、第三电子层、……。在光谱学中，还可用相应的光谱符号 K、L、M、N、O、P、Q、…来表示电子层。其对应关系为：

主量子数(n)	1	2	3	4	5	6	7	…
光谱符号	K	L	M	N	O	P	Q	…

（2）角量子数（l）

角量子数表征了电子角动量的大小，即决定电子在空间的角度分布，确定了原子轨道的空间形状。l 的取值为 0、1、2、3、…、$(n-1)$，共可取 n 个数。l 取值相同的一组原子轨道称为一个电子亚层，一个电子层中含有的电子亚层数等于该电子层所对应的主量子数 (n) 的值。当 $l=0$，1，2，3 时的亚层分别称为 s、p、d、f 亚层。n 与 l 的关系如下：

当 $n=1$ 时，$l=0$，表示 K 层只有一个亚层，s 亚层；

当 $n=2$ 时，$l=0$，1，表示 L 层有两个亚层，s、p 亚层；

当 $n=3$ 时，$l=0$，1，2，表示 M 层有三个亚层，s、p、d 亚层；

当 $n=4$ 时，$l=0$，1，2，3，表示 N 层有四个亚层，s、p、d、f 亚层。

l 取值不同，原子轨道的形状就不同。例如 $l=0$ 时，s 亚层的轨道形状为圆球形；$l=1$ 时，p 亚层的轨道为哑铃形。

在多电子原子中，l 和 n 一起决定原子轨道的能量。氢原子只有一个电子，能量完全由 n 决定。而在多电子原子中，电子的能量不仅决定于主量子数，而且还决定于角量子数。当 n、l 都相同时，原子轨道的能量也相同。当 n 相同而 l 不同时，l 值越大，原子轨道的能量越高。

（3）磁量子数（m）

磁量子数决定原子轨道在空间的伸展方向。m 的每一个取值表示亚层中一个有一定空间伸展方向的原子轨道。一个亚层中，m 取几个值，该亚层中就有几个伸展方向不同的原子轨道。m 取值为 0、± 1、± 2、…、$\pm l$，共可取 $(2l+1)$ 个值。例如：

当 $n=1$，$l=0$ 时，m 只能取 0 一个值，表示 s 亚层只有一个轨道，记作 1s；

当 $n=2$，$l=1$ 时，m 只能取 -1、0、$+1$ 三个值，表示 p 亚层有三个轨道，记作 $2p_x$、$2p_y$、$2p_z$。

由此可见，n、l、m 的合理组合决定了一个特定的原子轨道离核的远近、原子轨道的形状和伸展方向。其间的关系如表 1-1 所示。

 想一想

4p 的磁量子数取几个值，其含义是什么？

表 1-1　量子数与原子轨道的关系

主量子数(n)	电子层符号	角量子数(l)	亚层符号	磁量子数(m)	电子层中轨道数
1	K	0	1s	0	1
2	L	0	2s	0	4
		1	2p	0,± 1	
3	M	0	3s	0	9
		1	3p	0,± 1	
		2	3d	0,± 1,± 2	
4	N	0	4s	0	16
		1	4p	0,± 1	
		2	4d	0,± 1,± 2	
		3	4f	0,± 1,± 2,± 3	

由于 $2p_x$、$2p_y$、$2p_z$ 轨道的 n、l 都相同，轨道的能量也相同。在没有外加磁场的情况下，同一亚层中能量相等的原子轨道，称为简并轨道或等价轨道。简并轨道的数目为简并度。单电子原子体系与多电子原子体系的简并轨道情况是不同的。由于单电子原子体系的原子轨道能量只决定于主量子数，所以，主量子数相同，原子轨道的能量就相等，都是简并轨

道。而在多电子原子中，只有 n、l 都相同的轨道才为简并轨道。

【例 1-1】 指出 H 原子和 Cu 原子 $n=3$ 的电子层中，有哪些原子轨道？哪些是简并轨道？简并度分别是多少？

解 $n=3$ 的电子层中，电子亚层有 3s、3p、3d。

H 原子为单电子原子体系，3s、3p、3d 轨道能量相等，是简并轨道，各亚层中原子轨道数量之和为简并度，等于 9。

Cu 原子为多电子原子体系，3p 亚层为简并轨道，简并度为 3；3d 亚层为简并轨道，简并度为 5。

（4）自旋量子数（m_s）

自旋量子数表示了电子自旋运动的取向。因为电子的自旋只有 2 个相反的方向，所以 m_s 只有两个数值：$+\dfrac{1}{2}$ 和 $-\dfrac{1}{2}$。当两个电子的自旋磁量子数取值相同时，称为自旋平行，可用两个同向的箭头"↑↑"或"↓↓"来形象地表示；若两个电子的自旋磁量子数取值不同，则称为自旋反平行，用两个反方向的箭头"↑↓"来表示。

综上所述，电子在核外运动状态用 n、l、m、m_s 四个量子数来描述。

✎ **练一练**

假定有下列各套量子数，指出哪几套不可能存在，说明理由。

(1) (3, 2, +2, +1/2)　　　　(2) (3, 0, −1, +1/2)

(3) (2, 2, +2, 2)　　　　　 (4) (1, 0, 0, 0)

(5) (2, −1, 0, −1/2)　　　　(6) (2, 0, −2, +1/2)

(7) (3, 1, 2, −1/2)　　　　 (8) (4, 1, −1, +1/2)

三、原子核外电子的排布

1. 多电子原子轨道的能级

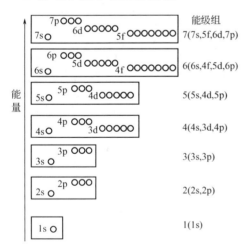

图 1-3　多电子原子轨道近似能级图

除氢外，其它元素的原子核外都不止一个电子，这些原子统称为多电子原子。多电子原子轨道的能量不仅取决于主量子数，而且还与角量子数有关。

1939 年，美国化学家鲍林（L. Pauling）根据光谱实验数据总结出多电子原子轨道能级顺序，并按能级的高低顺序绘成近似能级图，如图 1-3 所示。图中小圆圈表示原子轨道，方框表示由能量相近的原子轨道组成的能级组。

由图 1-3 可知，原子轨道共划分为 7 个能级组，同一能级组中各轨道的能量相近，不同能级组间的能量相差比较大。

观察图 1-3，可归纳出结论：

当 n 值不同、l 值相同时，轨道的能级随 n 值的增大而升高，例如，$E_{1s} < E_{2s} < E_{3s} \cdots$，$E_{2p} < E_{3p} < E_{4p} \cdots$。

当 n 值相同、l 值不同时，l 值越大，能级越高，例如，$E_{4s} < E_{4p} < E_{4d} < E_{4f}$，这种轨道能级随 l 值增大而升高的现象称为能级分裂。

当 n 和 l 值都不同时，有时会出现 n 值大的亚层的能量反而比 n 值小的亚层能量低，例如，$E_{4s} < E_{3d}$，$E_{6s} < E_{4f}$ 等，这种现象称为能级交错。

当 n 和 l 值都相同时，$E_{2p_x} = E_{2p_y} = E_{2p_z}$，为简并轨道。

2. 基态原子中电子的排布原则

基态原子核外的电子排布，按照原子轨道近似能级图由低到高的顺序依次填充，并遵循三个基本规则。

（1）泡利（Pauli）不相容原理

在同一原子中，不能有运动状态完全相同的电子。或者说是在同一原子中，不能存在四个量子数完全相同的电子。因此同一轨道最多只能容纳 2 个自旋方向相反的电子。

练一练

1. $_5$B 的电子排布式为 $1s^2 2s^3$，对吗？为什么？

2. 请推出 s、p、d、f 电子亚层和 K～N 电子层中电子的最大容纳量，并总结出规律。

（2）能量最低原理

在不违背泡利不相容原理的前提下，原子核外电子要尽可能填入到能量最低的原子轨道，以使原子体系能量处于最低。

根据能量最低原理，核外电子一般是按照近似能级图中各能级的顺序由低到高填充。为了便于记忆，根据原子轨道能级图绘出电子填充顺序图，如图 1-4 所示。

（3）洪德（Hund）规则

第一，电子在同一亚层的简并轨道上排布时，将尽可能分占不同的轨道，而且自旋方向平行。

如 P 原子 3p 轨道有 3 个电子，其排布方式为 ⊙⊙⊙。

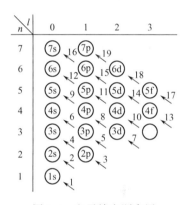

图 1-4 电子填充顺序图

第二，在等价轨道中，电子处于全充满（如 p^6，d^{10}，f^{14}）、半充满（如 p^3，d^5，f^7）或全空（如 p^0，d^0，f^0）时，原子的能量最低，原子结构比较稳定。这是洪德规则的特例。

应用近似能级图，并根据泡利不相容原理、能量最低原理和洪德规则，就可以进行原子核外电子的排布。

3. 原子核外电子排布的表示方法

（1）电子排布式

在电子亚层符号的右上角用数字注明所排列的电子数。例如：

$_1$H $1s^1$

$_{15}$P $1s^2 2s^2 2p^6 3s^2 3p^3$

$_{17}$Cl $1s^2 2s^2 2p^6 3s^2 3p^5$

（2）原子实表示法

"原子实"是指原子内层电子构型中与某一稀有气体电子构型相同的那一部分实体，常用方括号内写上该稀有气体的元素符号来表示。原子序数大的原子中，部分内层电子构型常用"原子实"表示。例如：

$_{12}$Mg $\qquad$ $1s^2 2s^2 2p^6 3s^2$ $\qquad$ 表示为 $[Ne]3s^2$

$_{26}$Fe $\qquad$ $1s^2 2s^2 2p^6 3s^2 3p^6 3d^6 4s^2$ $\qquad$ 表示为 $[Ar]3d^6 4s^2$

（3）价层电子排布式

由参与成键的电子所排布的电子层结构。如，

$_{12}$Mg $\qquad$ $3s^2$

$_{26}$Fe $\qquad$ $3d^6 4s^2$

（4）轨道表示式（轨道图式）

用圆圈（或框格）代表原子轨道，在圆圈上方或下方注明轨道的能级，圆圈内用向上或向下的箭头表示电子的自旋状态。例如，氢原子和磷原子的轨道表示式为

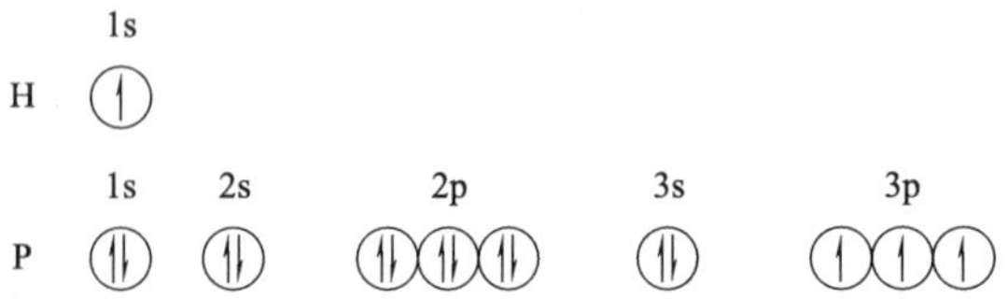

【例1-2】 请用上述四种方式表示出基态 O 原子的核外电子排布。

解 $_8$O $\qquad$ $1s^2 2s^2 2p^4$

$_8$O $\qquad$ $[He]2s^2 2p^4$

$_8$O $\qquad$ $2s^2 2p^4$

$_8$O

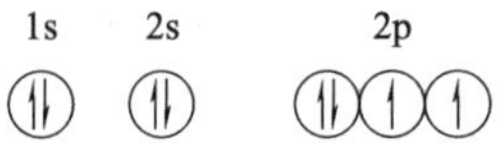

✎ 练一练

请用上述四种方式表示出基态 Na、K、N、Cr、Mn、Fe、Cu 和 Zn 原子的核外电子排布。

四、原子的电子层结构与元素周期表

原子核外电子排布的周期性是元素周期律的基础，元素周期表是元素周期律的表现形式。

1. 能级组与元素周期

元素周期表对应于原子轨道近似能级图的 7 个能级组，可划分为 7 个周期。在周期表里，元素所在的周期数等于原子的最外层的主量子数 n，与该元素原子的能级组序号完全对应。除第一周期外，其余每一个周期中元素原子的最外层电子排布都是由 $ns^1 \rightarrow ns^2 np^6$，呈现周期性的变化。各周期中元素的数目与能级组中原子轨道所容纳的电子数目相等。如表 1-2 所示。

表 1-2 能级组与周期的关系

周期	能级组	能级组内各原子轨道	元素数目
1	I	1s	2
2	II	2s 2p	8
3	III	3s 3p	8
4	IV	4s 3d 4p	18
5	V	5s 4d 5p	18
6	VI	6s 4f 5d 6p	32
7	VII	7s 5f 6d	26 未完

2. 价层电子构型与族

价电子所在的亚层称为价电子层，简称价层。原子的价层电子构型，是指价层电子的排布式，能反映出该元素原子在电子层结构上的特征。

将元素原子的价层电子排布相同或相似的元素排成一个纵列，称为族。周期表中共有18个纵列，16个族：8个主（A）族、8个副（B）族。同族元素虽然电子层数不同，但价层电子的构型基本相同（少数例外），所以原子的价层电子构型相同是元素分族的实质。

3. 元素周期表与分区

根据周期、族和原子结构特征的关系，将元素周期表划分为五个区，如表1-3所示。

表1-3　周期表中元素的分区

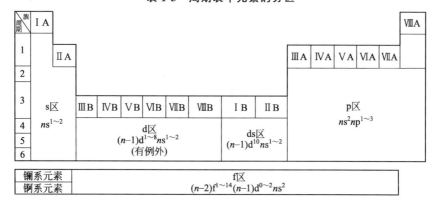

（1）s区元素

最后1个电子填充在s能级上的元素为s区元素。包括ⅠA族和ⅡA族元素。其价层电子构型为ns^1和ns^2。除H元素外，均为活泼金属。

（2）p区元素

最后1个电子填充在p能级上的元素为p区元素。包括ⅢA～ⅧA族元素。除He元素为$1s^2$外，其价层电子构型为$ns^2np^{1\sim6}$。p区元素大部分为活泼非金属。

（3）d区元素

最后1个电子填充在d能级上的元素为d区元素。包括ⅢB～ⅧB族元素。其价层电子构型一般为$(n-1)d^{1\sim8}ns^{1\sim2}$。d区元素都是金属元素，称为过渡元素。

（4）ds区元素

最后1个电子填充在d能级并且使d能级达到全充满状态和最后1个电子填充在s能级上并且具有内层d全充满结构的元素称为ds区元素。包括ⅠB～ⅡB族元素。其价层电子构型一般为$(n-1)d^{10}ns^{1\sim2}$。ds区元素都是金属元素，也称为过渡元素。从价层电子构型来讲，过渡元素完成了从d亚层电子填充不完全到电子填充完全的过渡。

（5）f区元素

最后1个电子填充在f能级上的元素为f区元素。包括镧系和锕系元素。其价层电子构型一般为$(n-2)f^{1\sim14}(n-1)d^{0\sim2}ns^2$。

可见，原子的电子层结构与元素周期表之间有着密切的关系。对于多数元素来说，如果已知元素的原子序数，便可写出该元素原子的电子层结构，从而判断它所在的周期和族。反之，如果已知某元素所在周期和族，也可写出该元素原子的电子层结构，推知它的原子序数。

【例1-3】 已知某元素位于第4周期、第ⅥA族，请写出它的电子层构型。

解 根据周期数＝最外电子层的主量子数，主族元素族数＝$(ns+np)$ 轨道电子数之和，可知该元素的 $n=4$，具有 6 个价电子，故价电子构型为 $4s^2 4p^4$。根据主族元素"原子实"各亚层具有全满的特点和电子层最大容纳电子数，可知该元素的各层电子数为 2、8、18、6，故其电子层构型为 $1s^2 2s^2 2p^6 3s^2 3p^6 3d^{10} 4s^2 4p^4$，或 $[Ar] 3d^{10} 4s^2 4p^4$，该元素是硒（Se）。

✎ **练一练**

1. 钠原子的核外电子排布为 $1s^2 2s^2 2p^6 3s^1$，判断其周期、族数。

2. 氯原子位于元素周期表第 3 周期，第 ⅦA 族，请写出其核外电子排布。

3. 硫是 16 号元素，请写出其原子核外的电子排布式，并指出所在周期与族。

五、原子的电子层结构与元素周期律

元素的性质是原子内部结构的反映，随着核电荷的递增，原子的电子层结构呈周期性的变化，元素的一些基本性质也必然呈现周期性的变化。

1. 原子半径的周期性变化

将原子近似看作球形，用原子半径来度量原子的大小。原子半径是根据原子存在的不同形式来定义的：共价化合物中相邻两个原子核间距离的一半称为共价半径；金属晶体中相邻两个原子核间距离的一半称为金属半径；而稀有气体分子间的作用力是范德华力，相邻两个原子核间距离的一半称为范德华半径。一般来说，共价半径＜金属半径＜范德华半径。同一类型的原子半径可以相互比较，不同类型的原子半径之间不能比较。各元素的原子半径见表1-4。

表 1-4　元素的原子半径　　　　　　单位：nm

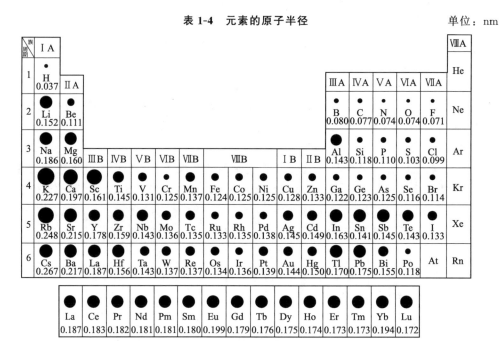

由表 1-4 可看出，元素的原子半径呈周期性变化。对于主族元素，同一周期从左到右，原子半径依次减小；从上到下，原子半径逐渐增大。因为随着核电荷的增加，核外电子数也增加。核电荷的增加使原子核对核外电子的吸引力增大，使电子靠近核，而电子之间的排斥

作用使电子远离核。同一周期中，电子层数不增加，核的吸引力大于增加电子所产生的排斥作用，原子半径依次减小。同一族中，从上到下，因电子层数增加起主导作用，原子半径依次增大。

对于副族元素，同一周期从左到右，原子半径依次减小。同一族，从上到下，原子半径依次增大。但变化幅度都比较小。这是由于增加的电子填充在 $(n-1)d$ 或 $(n-2)f$ 轨道上，屏蔽效应较大，导致核对外层电子的吸引力明显减小造成的。

2. 电离能的周期性变化

1mol 气态基态原子失去 1 个电子成为 1 价的气态阳离子时所需要的能量称为该原子的第一电离能，用 I_1 表示，单位为 $kJ \cdot mol^{-1}$。若气态 +1 价阳离子再失去 1 个电子变成气态 +2 价阳离子时所吸收的能量称为该原子的第二电离能，用 I_2 来表示。依此类推，随着原子失去电子数的增多，所形成的阳离子的正电荷增加，对电子的吸引力增强，使电子更难失去。因此，同一元素原子的各级电离能依次增大，$I_1 < I_2 < I_3 < \cdots$。

电离能的大小表示原子失去电子的难易程度。电离能越小，原子越容易失去电子，金属性越强。通常只用第一电离能来判断原子失去电子的难易程度。元素的第一电离能随着原子序数的增加呈明显的周期性变化，如图 1-5 所示。同一周期元素从左到右，原子的第一电离能逐渐增加，其中稍有起伏，$I_{1,Be} > I_{1,B}$、$I_{1,N} > I_{1,O}$、$I_{1,Mg} > I_{1,Al}$、$I_{1,P} > I_{1,S}$，这是由于洪德规则的特例所引起的。同一族元素，从上到下原子的第一电离能依次减小。这是因为电子层的增加，使得核对外层电子的吸引力减弱。

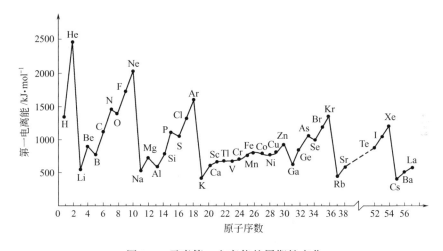

图 1-5　元素第一电离能的周期性变化

3. 电负性的周期性变化

元素的原子在分子中吸引电子的能力称为元素的电负性，用 X 表示。并规定氟的电负性约为 4.0，通过比较得出其它元素的电负性。如表 1-5 所示。

同一周期的元素，从左到右电负性逐渐增大，元素的非金属性也逐渐增强；同一主族的元素，从上到下电负性逐渐减小，元素的非金属性依次减弱。副族元素的电负性变化规律不明显。在周期表中，右上方的氟是电负性最大的元素，而左下方的铯和钫是电负性最小的元素。

元素的电负性越大，该元素的原子吸引成键电子的能力越强，元素的非金属性就越强，如氟的非金属性最强。元素的电负性越小，该元素的原子吸引成键电子的能力越弱，元素的

表 1-5　元素的电负性数值

IA	IIA	IIIB	IVB	VB	VIB	VIIB	VIIIB			IB	IIB	IIIA	IVA	VA	VIA	VIIA	VIIIA
H 2.1																	He
Li 1.0	Be 1.5											B 2.0	C 2.5	N 3.0	O 3.5	F 4.0	Ne
Na 0.9	Mg 1.2											Al 1.5	Si 1.8	P 2.1	S 2.5	Cl 3.0	Ar
K 0.8	Ca 1.0	Sc 1.3	Ti 1.5	V 1.6	Cr 1.6	Mn 1.5	Fe 1.8	Co 1.9	Ni 1.9	Cu 1.9	Zn 1.9	Ga 1.6	Ge 1.8	As 2.0	Se 2.4	Br 2.8	Kr
Rb 0.8	Sr 1.0	Y 1.2	Zr 1.4	Nb 1.6	Mo 1.8	Tc 1.9	Ru 2.2	Rh 2.2	Pd 2.2	Ag 1.9	Cd 1.7	In 1.7	Sn 1.8	Sb 1.9	Te 2.1	I 2.5	Xe
Cs 0.7	Ba 0.9	La 1.2	Hf 1.3	Ta 1.5	W 1.7	Re 1.9	Os 2.2	Ir 2.2	Pt 2.2	Au 2.4	Hg 1.9	Tl 1.8	Pb 1.8	Bi 1.9	Po 2.0	At 2.2	Rn
Fr 0.7	Ra 0.9	Ac 1.1															

金属性就越强，如铯和钫的金属性最强。电负性综合反映出元素的原子得失电子的相对能力，能全面衡量元素金属性和非金属性的相对强弱。一般来说，电负性小于 2.0 的元素为金属元素，电负性大于 2.0 的元素为非金属元素。

六、水的分子结构

1. 水分子中的化学键

原子是构成物质的微粒，但除稀有气体外，单个原子一般是不稳定的。由原子组成的分子，才是能稳定存在并保持物质化学性质的最小微粒。原子之间靠一定的强相互作用结合成分子。分子或晶体中直接相邻原子（或离子）间的强烈相互作用称为化学键。

在水分子中 2 个氢原子和 1 个氧原子通过共价键结合成水分子。

（1）共价键及其特征

1927 年，德国化学家 Heitler 和 London 首先应用量子力学处理氢分子的结构，认为共价键的形成是 2 个氢原子的原子轨道相互重叠的结果，揭示了共价键的本质，建立了现代价键理论（也称为电子配对法）。基本要点：

第一，2 个具有自旋方向相反的单电子的原子相互接近时，其轨道发生有效重叠，自旋方向相反的单电子可以相互配对，核间电子云密度增大，形成稳定的共价键。

第二，共价键具有饱和性。形成共价键的数目取决于单电子的数目。自旋方向相反的单电子配对形成共价键后，就不能再与其它原子的单电子配对。

第三，共价键具有方向性。原子轨道重叠满足最大重叠原理。成键原子的原子轨道重叠越多，两核间电子云密度就越大，所形成的共价键越稳定。因此，共价键的形成将沿着原子轨道最大重叠的方向进行。共价键的本质是原子轨道的叠加。

 想一想

H_2O 分子中，H 和 O 原子间可形成几个共价键？O_2、Cl_2、N_2 分子又可形成几个共价键？

（2）共价键的类型

根据原子轨道重叠方式不同，形成不同类型的共价键。成键两原子核间的连线称为键轴，一般假定键轴为 x 轴。

① σ 键和 π 键　根据成键方式和轨道重叠部分的对称性，将共价键分为 σ 键和 π 键。

两个原子轨道沿键轴方向以"头碰头"方式重叠，轨道重叠部分对键轴呈圆柱形对称，这样重叠形成的共价键称为 σ 键［见图 1-6(a)］。σ 键沿键轴方向任意旋转，轨道的形状和符号均不改变。s-s、s-p_x、p_x-p_x 轨道间都是沿键轴方向发生原子轨道"头碰头"的重叠，形成 σ 键。由于 σ 键的电子云重叠程度较大，因此 σ 键比较稳定，可独立存在于 2 个原子之间。

原子轨道垂直于键轴以"肩并肩"方式重叠，轨道重叠部分以镜面对称地垂直于键轴，这样重叠形成的键称为 π 键［见图 1-6(b)］。p_y-p_y、p_z-p_z 之间相互重叠形成的就是 π 键。π 键的重叠程度小于 σ 键，因此 π 键不如 σ 键牢固。一般说来，π 键易断裂，化学性质较活泼，不能单独存在，只能和 σ 键共存于双键或三键分子中。

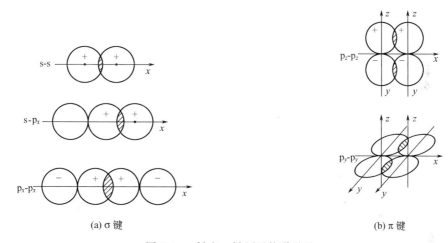

(a) σ 键　　　　　　　　　　　　(b) π 键

图 1-6　σ 键和 π 键原子轨道重叠

如 N_2 分子的形成，N 原子的外层电子构型是 $2s^2 2p_x^1 2p_y^1 2p_z^1$，每个 N 原子有 3 个 2p 电子，2 个 N 原子的单电子能两两配对形成 3 个共价键，其中 2 个 N 原子的 $2p_x$ 轨道沿键轴方向"头碰头"重叠形成一个 σ 键；$2p_y$ 与 $2p_y$、$2p_z$ 与 $2p_z$ 之间相互"肩并肩"重叠形成两个 π 键，三个共价键彼此垂直，如图 1-7 所示。

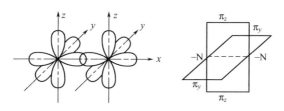

图 1-7　N_2 分子的形成示意图

💡 **想一想**

σ 键的常见类型有①s-s，②s-p_x，③p_x-p_x，请指出下列分子中 σ 键的类型：

A. H_2　　　　B. NH_3　　　　C. F_2　　　　D. HF

② 正常共价键和配位共价键　按共用电子对提供的方式不同，共价键又可分为正常共价键和配位共价键两种类型。由成键原子双方各提供 1 个电子配对形成的共价键，称为正常共价键。如 σ 键和 π 键。由一个成键原子单独提供电子对，进入另一方原子提供的空轨道并共用，这样形成的共价键称为配位共价键，简称配位键。配位键用箭头"→"表示，箭头方向由提供电子对的原子指向接受电子对的原子。

形成配位键的条件是：电子对给予体的价电子层必须有未成键的电子对；电子对接受体的价电子层必须要有空轨道。

例如，NH_3 分子中，N 原子的 2s 轨道有未成键的电子对，当与 H^+ 结合成 NH_4^+ 时，由 N 原子提供成键电子对，由 H^+ 提供 1s 空轨道接纳这对电子，形成 1 个配位键。

$$H-\underset{\underset{H}{|}}{\overset{\overset{H}{|}}{N}}:+H^+ \longrightarrow H-\underset{\underset{H}{|}}{\overset{\overset{H}{|}}{N}} \rightarrow H$$

配位键的形成过程虽和正常共价键不同，但形成之后，两者没有区别。如在 NH_4^+ 中，4 个 N—H 键是完全等效的。不但简单分子中可形成配位键，离子与离子、离子与分子甚至原子与分子之间也可形成配位键。

（3）水分子中的化学键

氧原子的价电子排布是 $2s^2 2p^4$，根据洪德规则可知，氧原子 2p 轨道四个电子的排布为 $2p_x^2 2p_y^1 2p_z^1$，其中 $2p_x$ 轨道有成对的电子，而 $2p_y$ 和 $2p_z$ 轨道有未成对电子。氢原子的价电子排布是 $1s^1$，即在 1s 轨道有 1 个未成对电子。要使整个体系能量最低，必然要通过相互接近达到全充满的状态。比如一个氧原子的 $2p_y$ 轨道的单电子与一个氢原子的 1s 轨道上的单电子配对形成 $s-p_y$ 共价键，那 $2p_z$ 轨道的单电子必然与另一个氢原子的 1s 轨道上的单电子配对形成 $s-p_z$ 共价键，形成了水分子 H—O—H 的结构。

✎ **练一练**

水分子中，一个氧原子与两个氢原子之间形成的化学键是（　　　）。

A. 两个 σ 键　　　B. 两个 π 键　　　C. 一个 σ 键和一个 π 键　　　D. 两个配位共价键

2. 水的分子结构与杂化

（1）水分子结构

水分子中 H 原子核外只有一个电子，其电子构型为 $1s^1$，O 原子核外有 8 个电子，价电子构型为 $2s^2 2p_x^2 2p_y^1 2p_z^1$，由此可推知 1 个 O 原子只能与 2 个 H 原子形成两个相互垂直的共价键。但事实上，O—H 键之间的键角为 104.5°，H_2O 的空间构型为 V 形。

H_2O 分子的形成过程中，基态 O 原子的 1 个 2s 轨道和 3 个 2P 轨道发生了 sp^3 不等性杂化，形成了 4 个不完全等同的 sp^3 杂化轨道。

其中 2 个杂化轨道分别被两对孤对电子所占据，另外 2 个杂化轨道中各有一个未成对电子。O 原子用两个各含有一个未成对电子的 sp^3 杂化轨道分别与两个 H 的 1s 轨道重叠，形成两个 O—H 键。由于 O 原子有两对孤电子对，其电子云在 O 原子核外占据着更大的空间，对两个 O—H 键的电子云有更大的静电排斥力，使 O—H 键之间的键角从 $109°28'$ 被压缩到 $104.5°$，以致 H_2O 分子的空间构型为 V 形。如图 1-8 所示。

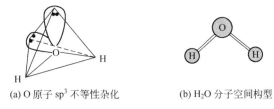

(a) O 原子 sp^3 不等性杂化　　　　(b) H_2O 分子空间构型

图 1-8　H_2O 分子空间构型示意

（2）sp 型杂化与分子的空间构型

① sp 杂化　1 个 ns 轨道和 1 个 np 轨道杂化，形成 2 个等性的 sp 杂化轨道。两个杂化轨道间的夹角为 $180°$，呈直线形构型，以 sp 杂化轨道成键后所形成的分子也为直线形构型。例如，气态 $BeCl_2$ 分子的形成。如图 1-9 所示。

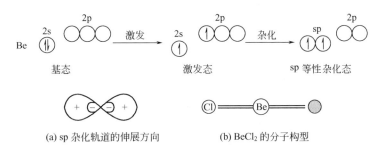

(a) sp 杂化轨道的伸展方向　　　　(b) $BeCl_2$ 的分子构型

图 1-9　sp 杂化轨道的伸展方向和 $BeCl_2$ 的分子构型

sp 型杂化轨道中，s 成分越多，能量越低，其成键能力越强。

② sp^2 杂化　1 个 ns 轨道和 2 个 np 轨道杂化，形成 3 个等性的 sp^2 杂化轨道，杂化轨道间的夹角为 $120°$，呈三角形。成键后形成正三角形构型的分子。例如，BF_3 分子的形成。如图 1-10 所示。

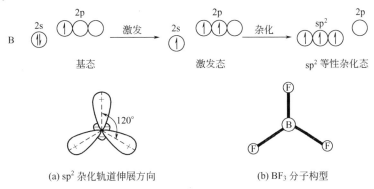

(a) sp^2 杂化轨道伸展方向　　　　(b) BF_3 分子构型

图 1-10　sp^2 杂化轨道伸展方向和 BF_3 分子构型

③ sp^3 等性杂化　1 个 ns 轨道和 3 个 np 轨道杂化，形成 4 个等性 sp^3 杂化轨道，杂化轨道间的夹角为 $109°28'$，呈正四面体型，成键后形成正四面体构型的分子。例如，CH_4 分子的形成。如图 1-11 所示。

④ sp^3 不等性杂化　如 H_2O 分子中 O 的杂化。部分杂化轨道的类型和分子空间构型见表 1-6。

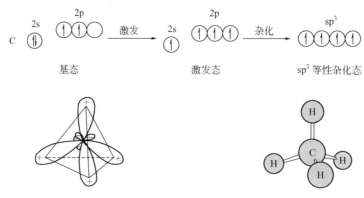

(a) sp^3 等性杂化轨道伸展方向   (b) CH$_4$ 分子构型

图 1-11   sp^3 等性杂化轨道伸展方向和 CH$_4$ 分子构型

表 1-6   杂化轨道的类型和分子的空间构型

杂化类型	sp	sp^2	sp^3		
杂化轨道构型	直线形	三角形	四面体		
杂化轨道中孤对电子数	0	0	0	1	2
分子空间构型	直线形	三角形	正四面体	三角锥形	角形
键角	180°	120°	109°28′	107.3°	104.5°
实例	BeCl$_2$ CO$_2$ C$_2$H$_2$ HgCl$_2$	BF$_3$ BCl$_3$ C$_2$H$_4$ C$_6$H$_6$	CCl$_4$ SiH$_4$ SiF$_4$	NH$_3$	H$_2$O

✎ **练一练**

请判断下列各组分子的杂化类型。

(1) CS$_2$ CO$_2$ C$_2$H$_2$ (2) BCl$_3$ BBr$_3$ C$_6$H$_6$

(3) CCl$_4$ SiH$_4$ SiF$_4$ (4) NH$_3$ NF$_3$ PH$_3$

☞ **相关链接**

杂化轨道理论

为了说明多原子分子的空间构型，1931 年，鲍林等人在现代价键理论的基础上又提出了杂化轨道理论。其基本要点：

第一，在形成化学键的过程中，由于原子的相互作用，同一原子中能量相近的几个不同类型的原子轨道可以组合起来，重新形成一组新的原子轨道，这一重新组合的过程称为轨道杂化（简称杂化），所组成的新轨道称为杂化轨道。

第二，杂化轨道的数目等于参加杂化的原子轨道的数目，即有几个原子轨道参加杂化就能形成几个杂化轨道。例如，C 原子的 1 个 2s 轨道和 3 个 2p 轨道能量相近，参加杂化，可形成 4 个 sp^3 杂化轨道。杂化轨道的类型随原子轨道的种类和数目不同而不同。

第三，原子轨道杂化后形成的各杂化轨道的形状与杂化前不同，其特点是一端特别肥大，有利于实现最大重叠，从而成键能力增强。

杂化轨道在空间的伸展方向也与杂化前轨道的伸展方向不一致，杂化轨道间力图在空间取最大夹角，使相互间排斥力最小，以求形成稳定的化学键。不同类型的杂化轨道之间的夹角不同，造成成键后分子的空间构型也不同。

第四，如果参加杂化的各原子轨道都含有单电子或空轨道，杂化后形成的各杂化轨道所含原来轨道成分的比例相等、能量完全相同，这种杂化称为等性杂化。反之，有未成键电子对的轨道参加杂化，形成的几个杂化轨道所含原来轨道成分的比例不等而且能量不完全相同，这种杂化称为不等性杂化。

七、水的分子间力和氢键

液态水在0℃时能结成冰，表明分子间还存在着一种相互吸引力，称为分子间力。分子间力本质是静电吸引力，其产生与分子的极性有关。

1. 分子的极性

任何以共价键结合的分子中都存在一个正电荷重心和一个负电荷重心。正、负电荷重心重合的分子称为非极性分子，正、负电荷重心不重合的分子称为极性分子。把极性分子存在的正、负两极称为固有偶极。影响分子极性的因素有化学键的极性和分子的空间构型。

对于双原子分子来说，分子的极性和键的极性一致。例如，H_2、N_2等分子是由非极性键结合的非极性分子；HCl、HF等分子是由极性键结合的极性分子。对于多原子分子来说，分子的极性，由分子的组成和空间构型决定。若构型对称，则为非极性分子，反之，则为极性分子。

水分子中的O—H键为极性键，水分子的空间构型是V形，正、负电荷重心不重合，为极性键形成的极性分子。常见实例见表1-7。

表1-7　多原子分子的极性

分子类型		空间构型	分子极性	实　例
三原子分子	ABA	直线形	非极性	CO_2,CS_2,$BeCl_2$,$HgCl_2$
	ABB	弯曲形	极性	H_2O,H_2S,SO_2
	ABC	直线形	极性	HCN
四原子分子	AB_3	平面三角形	非极性	BF_3,BCl_3,BBr_3,BI_3
	AB_3	三角锥形	极性	NH_3,NF_3,PCl_3,PH_3
五原子分子	AB_4	正四面体	非极性	CH_4,CCl_4,SiH_4,$SnCl_4$
	AB_3C	四面体	极性	CH_3Cl,$CHCl_3$

一般用偶极矩来判断分子的极性。分子偶极矩μ等于正、负电荷重心所带电量q与正、负电荷重心间距离d的乘积：

$$\mu = qd$$

偶极矩可由实验测出，其单位为C·m（库·米）。偶极矩越大，分子的极性就越大；偶极矩越小，分子的极性就越小；偶极矩等于零的分子为非极性分子。

✐ **练一练**

实验测得CS_2分子的$\mu=0$，H_2S分子的$\mu=3.63\times10^{-30}$C·m，请推断这两种分子的极性与空间构型。

2. 分子间力

（1）分子间力

分子间力也叫范德华力（J. D. van der Waals，荷兰物理学家），一般包括取向力、诱导力和色散力。

① 取向力 当极性分子充分接近时，极性分子的固有偶极间同极相斥、异极相吸，使分子定向排列，处于异极相邻的状态。这种由于极性分子固有偶极定向排列产生的静电作用力称为取向力（图1-12）。

取向力的大小，与分子的偶极矩和分子间的距离有关。偶极矩越大，取向力越大；分子间的距离越小，取向力越大。此外，温度升高，分子取向困难，取向力减小。

② 诱导力 极性分子与非极性分子充分接近时，极性分子固有偶极会诱导非极性分子的电子云发生变形，导致分子的正、负电荷重心发生相对位移而产生诱导偶极。这种固有偶极与诱导偶极之间的作用力称为诱导力（图1-13）。

图 1-12 极性分子取向示意　　　　图 1-13 极性分子诱导非极性分子示意

分子在电场中或受极性分子影响发生变形而产生诱导偶极的过程，称为分子的极化。当外电场一定时，同型分子（组成和结构相似）相对分子质量越大，其变形性越大，越容易极化。

固有偶极间的相互影响，也会产生诱导偶极，使分子极性增大，因此极性分子之间也存在诱导力。固有偶极越大，其诱导力越大。相同条件下，分子越易变形，诱导偶极就越大，诱导力也越大。

③ 色散力 当两个非极性分子充分接近时，由于电子和原子核的不断振动，使非极性分子正、负电荷重心发生瞬时分离，从而产生偶极，这种偶极叫做瞬时偶极。瞬时偶极与瞬时偶极之间的作用力称为色散力（图1-14）。瞬时偶极存在的时间极短，但是这种情况不断重复，因此色散力始终存在着。色散力主要取决于分子的变形性，分子变形性越大，色散力也就越大。

图 1-14 非极性分子色散力示意图

从上述可知，在非极性分子之间，只存在色散力；在极性分子与非极性分子之间，存在色散力和诱导力；在极性分子之间存在色散力、诱导力和取向力。对于大多数分子来说，色散力是主要的。只有分子的极性很大时，取向力才比较显著。诱导力通常都很小。

💡 **想一想**

水分子间存在哪种分子间力？

（2）分子间力的特点

分子间力的本质是静电作用力，没有方向性和饱和性。分子间力是近程力，作用范围很小，只有几个皮米。随着分子之间距离的增加，分子间力迅速减弱。分子间力较小，通常1mol只有几到几十千焦，比化学键能小1～2个数量级。

（3）分子间力对物质性质的影响

分子间力对物质的聚集状态，物质的熔点、沸点、溶解度等物理性质都有重要的影响。分子间作用力大，常态下物质以固体形态存在。分子间作用力小，常态下物质就以气体形态存在。随着分子间作用力的增加，物质的熔点、沸点逐渐升高。例如，卤族元素的单质 F_2、Cl_2、Br_2、I_2，相对分子质量依次增加，分子变形性依次增强，分子间色散力也依次增大，所以常态下 F_2、Cl_2 为气态，Br_2 为液态，I_2 为固态，其熔点、沸点也逐渐升高。如表1-8所示。

表 1-8 卤化氢的熔点、沸点

卤化氢	HF	HCl	HBr	HI
熔点/K	190	159	186	222
沸点/K	293	188	206	238

分子间力对物质溶解度的影响也是非常明显的。极性溶质与极性溶剂之间存在较强的取向力，因此可以相互溶解。如卤化氢易溶于水。非极性溶质与非极性溶剂之间的色散力较强，因此也可以相互溶解。如 I_2 易溶于 CCl_4。非极性溶质分子与极性溶剂分子或极性溶质分子与非极性溶剂分子之间的作用力一般小于溶质分子间力和溶剂分子间力，所以不能溶解。这就是相似相溶原理的理论依据。

练一练

指出下列各组物质中存在哪种类型的分子间力？

(1) Br_2 和 CCl_4 (2) NH_3 和 H_2O

(3) CO_2 和 H_2O (4) CH_3OH 和 H_2O

3. 氢键

水分子，由于 O 的电负性较大，O—H 共价键中的共用电子对被强烈地吸引向 O 原子一方，而使 H 带正电荷。同时，H 原子用自己仅有的一个电子与 O 原子形成共价键后，内层已无电子，它不被其它原子的电子云所排斥，反而会吸引另一个 H_2O 分子中 O 原子的孤对电子，从而形成 HO—H---OH_2，使水分子缔合在一起。正因如此，H_2O 的沸点比 O 同族元素氢化物 H_2S、H_2Se、H_2Te 的沸点高得多。如表 1-9 所示。

表 1-9 氧族元素氢化物的沸点

氢化物	H_2O	H_2S	H_2Se	H_2Te
沸点/K	373	212	232	272

上述中一个水分子的 H 和另一个水分子的 O 的孤对电子之间形成的 H---O 定向吸引力为氢键。

(1) 氢键的形成

当氢原子与电负性大、半径小的 X 原子（X＝F，O，N）以共价键结合后，共用电子对偏向于 X 原子，氢原子几乎变成了"裸核"。"裸核"的体积很小，又没有内层电子，不被其它原子的电子所排斥，还能与另一个电负性大、半径小的 Y 原子（Y＝F，O，N）中的孤对电子产生静电吸引作用。这种产生在氢原子与电负性大的元素原子的孤对电子之间的静电吸引力称为氢键。

H_2O 分子间的氢键示意图如图 1-15 所示。

氢键的形成可表示为：X—H---Y。H---Y 间的键为氢键，X、Y 可以是同种原子也可以是不同种原子。由于氢键的作用，可以使简单分子形成缔合分子，但不改变其化学性质。

氢键的形成必须具备两个条件。第一，分子中有大电负性元素原子 X 和与其直接相连的 H 原子；第二，另一分子（或同一分子）中应有另一个大电负性元素且有孤对电子的原子 Y。符合上述条件的 X、Y 原子有 O、N、F。

氢键既可以在分子之间形成，也可以在分子内形成。前者称为分子间氢键，例如，水分子之间的氢键。后者称为分子内氢键，如邻硝基苯酚分子内的氢键，如图 1-16 所示。

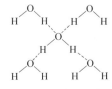

图 1-15 水分子间氢键

图 1-16 邻硝基苯酚分子内氢键

（2）氢键的特征

氢键不是化学键，但也有方向性和饱和性。所谓方向性，是指氢键 X—H---Y 中的 X、H、Y 在同一条直线上，使得 X 原子与 Y 原子之间距离最远，两原子间的斥力最小。饱和性是指氢原子在形成一个共价键 X—H 后一般只能与一个 Y 原子形成氢键。如果再有一个 Y 原子接近时，则这个原子受到 X—H---Y 上的 X、Y 原子的排斥力远大于 H 原子对它的吸引力，使 X—H---Y 中的 H 原子不可能再与第二个 Y 原子形成第二个氢键。

氢键一般比范德华力稍强一些，其键能约在 $8\sim50kJ\cdot mol^{-1}$ 范围，但又比化学键弱很多。氢键的强弱与 X、Y 原子的半径和电负性大小有关。X、Y 原子的半径越小，电负性越大，形成的氢键就越强。F 原子的电负性最大，半径也较小，因此形成的氢键最强；O 原子次之。Cl 原子的电负性也较大，与 N 原子相当，但由于其原子半径比 N 大得多，所以 Cl 原子几乎很难形成氢键，而 Br 和 I 根本就不能形成氢键。在分子中，原子的电负性很大程度要受相邻原子的影响，例如 C—H 中的 H 一般是不能形成氢键的，而在 N≡C—H 中，由于 N 原子的影响，使 C 的电负性增大，就能够形成 C—H---N 氢键了。常见氢键的强弱顺序为：F—H---F＞O—H---O＞O—H---N＞N—H---N。

（3）氢键对物质性质的影响

分子间氢键的形成使化合物熔点、沸点升高，因为要使液体汽化或晶体熔化，必须破坏分子间的氢键，需要额外的能量。如 H_2O 的熔点、沸点比 H_2S、H_2Se、H_2Te 都要高。分子间的氢键，还会使溶质在溶剂中的溶解度增大。例如，NH_3 分子和 H_2O 分子之间能形成氢键，所以 NH_3 极易溶于水中。

分子内氢键的形成使化合物的熔点、沸点降低。由于分子内氢键的形成，加强了分子的稳定性，使分子间的结合力有所减弱，熔点、沸点下降。如邻硝基苯酚比间硝基苯酚和对硝基苯酚熔点、沸点都低。

生物体内的蛋白质、脂肪、核酸等基本物质都含有氢键，对其性质产生重要影响。例如，遗传物质 DNA 分子依靠氢键，将两条走向相反的脱氧核苷酸长链连接在一起，形成稳定的双螺旋结构。

任务二
稀溶液饱和蒸气压变化及应用

案例分析

冬天在汽车水箱中加入甘油或乙二醇降低水的凝固点，防止水箱炸裂；积雪的路面撒盐防滑；盐和冰的混合物可作冷却剂，便于冷冻食品的运输。

一、溶液及其组成的表示方法

在工业生产及科学实验中大部分化学反应都在溶液中进行，溶液也和人类生活有着密切联系。如人体的体液主要是溶液，食物的消化和吸收、营养物质的运输及转化都离不开溶液的作用。

由两种或两种以上物质组成的均匀稳定体系称为溶液，在溶液中通常把量多的组分称为溶剂，把量少的组分称为溶质。最常见的溶液为液态溶液，此外，还有气态溶液和固态溶液。气态混合物都是气态溶液，例如，空气就是气态溶液的一种。固态溶液也很普遍，汞溶解于金属锌中、镍溶于铜中形成的合金均为固态溶液。

液态溶液有三种类型：气体溶解在液体中形成气-液溶液，固体溶解在液体中形成固-液溶液，一种液体溶解在另一种液体中形成液-液溶液。在气-液和固-液溶液中，常把液体看成溶剂，把气体或固体看成溶质。液-液溶液中，常以水作为溶剂的溶液称为水溶液。若以苯、酒精、液氨等作为溶剂，则为非水溶液。一般所说的溶液均指水溶液。溶液的性质与溶液的组成有密切关系。

溶液组成的表示方法很多，常用的有以下几种。

1. 物质 B 的摩尔分数

溶液中组分 B 的物质的量与总的物质的量之比，称为组分 B 的摩尔分数。无量纲。一般用 x_B 表示。

$$x_B = \frac{n_B}{\sum n} \tag{1-1}$$

式中　n_B——溶液中组分 B 的物质的量，mol；

　　$\sum n$——溶液的总物质的量，mol。

2. 物质 B 的质量分数

溶液中组分 B 的质量与总质量之比，称为组分 B 的质量分数。无量纲。常以 w_B 表示。

$$w_B = \frac{m_B}{\sum m} \tag{1-2}$$

式中　m_B——物质 B 的质量，kg；

　　$\sum m$——溶液的总质量，kg。

3. 物质 B 的质量摩尔浓度

在溶液中，单位质量溶剂 A 中溶质 B 的物质的量，称为 B 的质量摩尔浓度，其单位为 $mol \cdot kg^{-1}$，常以 b_B 表示。

$$b_B = \frac{n_B}{m_A} \tag{1-3}$$

式中　n_B——溶液中溶质 B 的物质的量，mol；

　　m_A——溶液中溶剂 A 的质量，kg。

4. 物质 B 的物质的量浓度

单位体积溶液中所含物质 B 的物质的量，称为 B 的物质的量浓度，简称为 B 的量浓度或浓度。单位 $mol \cdot L^{-1}$，常以 c_B 表示。

$$c_B = \frac{n_B}{V} \tag{1-4}$$

式中　n_B——溶液中溶质 B 的物质的量，mol；

　　　V——溶液的体积，L。

5. 密度

物质 B 的质量和其体积的比值，称为物质 B 的密度。单位 $kg \cdot m^{-3}$ 或者 $g \cdot cm^{-3}$，常以符号 ρ 表示。

$$\rho = \frac{m}{V} \tag{1-5}$$

式中　m——物质 B 的质量，kg 或 g；

　　　V——物质 B 的体积，m^3 或 cm^3。

上述各种表示方法之间可以相互换算，当涉及体积与质量之间的关系时，需要借助密度这一物理量。

【例 1-4】　30g 乙醇（B）溶于 50g 四氯化碳（A）中形成溶液，其密度为 $\rho = 1.28 \times 10^3 \, kg \cdot m^{-3}$，试用质量分数、摩尔分数、物质的量浓度和质量摩尔浓度来表示该溶液的组成。

解　质量分数　$w_B = \dfrac{m_B}{\sum m} = \dfrac{30}{30+50} = 0.375$

摩尔分数　$x_B = \dfrac{n_B}{\sum n} = \dfrac{\frac{30}{46}}{\frac{30}{46} + \frac{50}{154}} = 0.668$

物质的量浓度　$c_B = \dfrac{n_B}{V} = \dfrac{\frac{30}{46}}{\frac{(30+50) \times 10^{-3}}{1.28 \times 10^3}} = 10.44 \times 10^3 \ (mol \cdot m^{-3})$

质量摩尔浓度　$b_B = \dfrac{n_B}{m_A} = \dfrac{\frac{30}{46}}{50 \times 10^{-3}} = 13.04 \ (mol \cdot kg^{-1})$

✎ **练一练**

质量分数为 0.37，密度为 $1.19 g \cdot mL^{-1}$ 的盐酸的物质的量浓度是多少？

二、拉乌尔定律和亨利定律

一定温度下，纯液体与自身蒸气达到平衡时气相中的压力，称为该液体在此温度下的饱和蒸气压，简称蒸气压。液体的蒸气压与温度有关，温度一定，饱和蒸气压的值一定。

溶液中某组分的蒸气压是溶液与蒸气达到平衡时，该组分在蒸气中的分压。它除了与温度有关外，还与溶液的组成有关。稀溶液的蒸气压与液相组成的关系可以用拉乌尔定律和亨利定律来描述。

1. 拉乌尔定律

当向溶剂中加入少量非挥发性溶质后，将使溶剂的蒸气压降低。拉乌尔（Raoult）总结了大量的实验结果，得出如下规律："在一定温度下，稀溶液中溶剂的饱和蒸气压等于纯溶剂的饱和蒸气压乘以溶液中溶剂的摩尔分数"。这就是拉乌尔定律。用公式表示如下：

$$p_A = p_A^* x_A \tag{1-6}$$

式中　　p_A^*——某温度下纯溶剂的饱和蒸气压，Pa 或 kPa；

　　　　p_A——同温度时溶液中溶剂的饱和蒸气压，Pa 或 kPa；

　　　　x_A——溶液中溶剂的摩尔分数，无量纲。

若溶液中仅有 A，B 两个组分，则 $x_A+x_B=1$，上式可改写为：

$$p_A=p_A^* x_A=p_A^*(1-x_B)$$

或
$$\frac{p_A^*-p_A}{p_A^*}=x_B \tag{1-7}$$

即溶剂的蒸气压降低值（$p_A^*-p_A$）与纯溶剂的饱和蒸气压之比等于溶质的摩尔分数。式（1-7）是拉乌尔定律的另一种表示形式。

一般来说，只有稀溶液的溶剂才适用于拉乌尔定律。因为，在稀溶液中，溶质分子很少，溶剂分子周围几乎都是与自己相同的分子，其处境与纯溶剂的情况几乎相同。也就是说，溶剂分子所受到的作用力并未因少量溶质的存在而改变，它从溶液中逸出的能力也是几乎不变的。但是，由于溶质分子的存在，使溶液中溶剂的浓度减少，因而单位时间内从液体表面逸出的溶剂分子数相应的减少，以致溶液中溶剂的饱和蒸气压较纯溶剂的饱和蒸气压降低。

【例 1-5】　在 25℃时，C_6H_{12}（环己烷，A）的饱和蒸气压为 13.33kPa，在该温度下，840g C_6H_{12} 中溶解 0.5mol 某种非挥发性有机化合物 B，求该溶液的蒸气压。已知 $M(C_6H_{12})=84g\cdot mol^{-1}$。

解　根据题意得

$n_B=0.5mol$

$n_A=840/84=10mol$

$x_A=n_A/(n_A+n_B)=10/(10+0.5)=0.952$

因 B 为非挥发性的有机化合物，符合拉乌尔定律，

故　　　　　　　　$p_A=p_A^* x_A=13.33\times0.952=12.69(kPa)$

2. 亨利定律

在一定温度下，稀溶液中挥发性溶质在平衡气相中的分压与其在溶液中的摩尔分数成正比。这条定律是在 1803 年由亨利根据实验总结出来的。亨利定律说明了稀溶液中挥发性溶质在汽液平衡时所遵循的规律。其表达式为：

$$p_B=k_x x_B \tag{1-8}$$

式中　　p_B——溶质 B 在气相中的平衡压力，Pa 或 kPa；

　　　　x_B——溶质 B 的摩尔分数，无量纲；

　　　　k_x——以 x_B 表示浓度时的亨利系数，Pa 或 kPa。

一些常见气体 298K 溶于水时的亨利系数如表 1-10 所示。

表 1-10　亨利系数 k_x（298K）　　　　　　　　单位：kPa

H_2	N_2	O_2	CO_2	CH_4
7.12×10^6	8.68×10^6	4.40×10^6	1.66×10^6	4.18×10^6

【例 1-6】　370K 时，乙醇在水中稀溶液的亨利系数为 930kPa。现有乙醇的摩尔分数为 2.00×10^{-2} 的水溶液，问当此水溶液汽液平衡时气相中乙醇的分压力是多少？

解　乙醇具有挥发性，符合亨利定律。故

$$p_{乙醇} = k_x x_{乙醇} = 930 \times 0.02 = 18.6 (kPa)$$

亨利系数的数值与溶剂、溶质的种类以及温度有关，往往随溶液的温度升高而增大。当溶质的组成用不同的形式表示时，相应的亨利系数的数值和单位亦不相同。

亨利定律适用于稀溶液中的挥发性溶质，且溶质在气相和液相中的分子状态相同。比如 HCl 溶于水中，气相为 HCl 分子，液相为氢离子和氯离子，所以亨利定律不适用于 HCl 溶液。

- -

 互动坊

会解释下列现象吗？

1. 开启易拉罐后，碳酸饮料中的 CO_2 气体会释放出来。

2. 将热玻璃棒插入碳酸饮料中，CO_2 气体会释放出来。

- -

3. 理想稀溶液

稀溶液中若溶质和溶剂均为挥发性的物质，溶剂服从拉乌尔定律，溶质服从亨利定律，这样的溶液称为理想稀溶液。理想稀溶液的汽液平衡时溶液蒸气压等于溶剂 A 和溶质 B 的蒸气分压之和。即

$$p = p_A + p_B = p^* x_A + k_x x_B \tag{1-9}$$

【例 1-7】 质量分数为 0.03 的乙醇溶液，在 $p = 101.3 kPa$ 下，其沸腾温度为 97.11℃。在该温度下，纯水的饱和蒸气压为 91.3 kPa。计算在 97.11℃时，乙醇的摩尔分数为 0.010 的水溶液的蒸气压。假设上述溶液为理想稀溶液。

解 乙醇稀溶液中溶剂水服从拉乌尔定律，溶质乙醇服从亨利定律。蒸气可视为理想气体混合物。先将质量分数换算成摩尔分数，即

$$x_B = \frac{n_B}{n_A + n_B} = \frac{\dfrac{m_B}{M_B}}{\dfrac{m_A}{M_A} + \dfrac{m_B}{M_B}}$$

以 1kg 溶液作为计算基准，$m_A = 0.97 kg$，$M_A = 18 \times 10^{-3} kg \cdot mol^{-1}$，$m_B = 0.03 kg$，$M_B = 46 \times 10^{-3} kg \cdot mol^{-1}$，代入得

$$x_B = \frac{\dfrac{0.03}{46 \times 10^{-3}}}{\dfrac{0.97}{18 \times 10^{-3}} + \dfrac{0.03}{46 \times 10^{-3}}} = 0.012$$

由公式 $p = p^* x_A + k_x x_B$ 可以求得 k_x。

$$k_x = \frac{p - p^* x_A}{x_B} = \frac{101.3 - 91.3 \times (1 - 0.012)}{0.012} = 925 (kPa)$$

当 $x_B = 0.010$ 时，再用上式可求得溶液的蒸气压为

$$p = 91.3 \times (1 - 0.010) + 925 \times 0.010 = 99.64 (kPa)$$

三、稀溶液的依数性

与纯溶剂相比较，稀溶液中溶解非挥发性、非电解质的溶质后，溶液的性质发生如下变化：蒸气压下降、沸点升高、凝固点降低和产生渗透压。这些性质与溶质本性无关，只取决于所溶解溶质的粒子数目，因此称为稀溶液的依数性。

1. 蒸气压下降

在一定的温度下，溶剂中溶解了非挥发性、非电解质的溶质形成稀溶液后，稀溶液中溶剂的蒸气压下降与溶液中溶质的摩尔分数成正比，即

$$\Delta p = p_A^* - p_A = p_A^* x_B$$

溶液蒸气压下降规律是拉乌尔定律的必然结果，是稀溶液依数性的基础。

📎 **练一练**

50℃时 H_2O （l）的饱和蒸气压为 7.94kPa。在该温度下，180g H_2O （l）中溶解 3.42g $C_{12}H_{22}O_{11}$（蔗糖，以符号 B 表示），求溶液的蒸气压下降值以及溶液的蒸气压。

2. 沸点升高

任何液体在一定温度下，其饱和蒸气压等于外界压力时，液体就会沸腾，此时的温度称为沸点。当外界压力为 101.3kPa 时的沸点称为正常沸点。溶剂在沸点时溶解一定量的非挥发性溶质后，溶液蒸气压要比纯溶剂的蒸气压降低。为使溶液的蒸气压升高到等于外界压力就沸腾必须提高温度，则溶液的沸点升高。如图 1-17 所示。

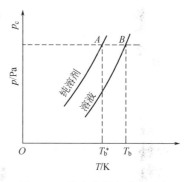

图 1-17　稀溶液沸点升高示意

实验证明，非挥发性溶质的稀溶液的沸点升高值与溶液中溶质 B 的质量摩尔浓度成正比。

$$\Delta T_b = T_b - T_b^* = K_b b_B \qquad (1\text{-}10)$$

式中　ΔT_b——沸点升高值，K；

　　　T_b——溶液的沸点，K；

　　　T_b^*——纯溶剂的沸点，K；

　　　b_B——溶质的质量摩尔浓度，$mol \cdot kg^{-1}$；

　　　K_b——沸点升高常数（或沸点升高系数），$K \cdot kg \cdot mol^{-1}$。

当 $b_B = 1 mol \cdot kg^{-1}$ 时，$K_b = \Delta T_b$。因此，某溶剂的沸点升高常数的数值等于 1mol 溶质 B 溶于 1kg 该溶剂中所引起的沸点升高数值。不同溶剂 K_b 值不同。表 1-11 列举了一些溶剂的沸点升高常数。

表 1-11　一些溶剂的沸点升高常数（K_b）

溶剂名称	丙酮	四氯化碳	苯	氯仿	乙醇	乙醚	甲醇	水
正常沸点/℃	56.5	76.8	80.1	61.2	78.4	34.6	64.7	100.00
$K_b/K \cdot kg \cdot mol^{-1}$	1.72	5.0	2.57	3.88	1.20	2.11	0.80	0.52

练一练

将 12.0g 尿素 [CO(NH$_2$)$_2$] 和 34.2g 蔗糖 [C$_{12}$H$_{22}$O$_{11}$] 分别溶于 250.0g 水中，计算此两种溶液的沸点。已知水的沸点升高常数为 0.52K·kg·mol^{-1}。

3. 凝固点降低

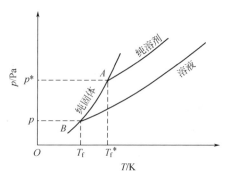

图 1-18 稀溶液凝固点降低示意

物质的凝固点就是该物质处于固、液两相平衡时的温度。按照多相平衡条件，无论纯物质或溶液，在凝固点时，固相和液相的蒸气压相等。根据拉乌尔定律，对于含有非挥发性溶质的稀溶液来说，溶液的蒸气压比同温度时纯溶剂的蒸气压低。因此，稀溶液的凝固点低于纯溶剂的凝固点。如图 1-18 所示。

实验证明，在含有非挥发性溶质的稀溶液中，其凝固点下降值与溶液中溶质 B 的质量摩尔浓度成正比。即

$$\Delta T_f = T_f^* - T_f = K_f b_B \tag{1-11}$$

式中　ΔT_f——溶液凝固点下降值，K；

$\qquad$ T_f^*——纯溶剂的凝固点，K；

$\qquad$ T_f——溶液的凝固点，K；

$\qquad$ b_B——溶液的质量摩尔浓度，mol·kg^{-1}；

$\qquad$ K_f——凝固点降低常数，K·kg·mol^{-1}。

K_f 是 1mol 溶质 B 溶于 1kg 该溶剂中所引起凝固点下降的数值。不同溶剂的 K_f 值不同。一些溶剂的凝固点降低常数见表 1-12。

表 1-12　一些溶剂的凝固点降低常数（K_f）

溶剂名称	凝固点/℃	K_f/K·kg·mol^{-1}
乙酸	16.7	3.9
苯	5.5	5.12
溴仿	7.8	14.4
樟脑	178.4	37.7
环己烷	6.5	20.0
萘	80.2	6.9
酚	42	7.27
水	0.00	1.86

【例 1-8】　冬季为防止某仪器中的水结冰，在水中加入甘油，如果要使凝固点下降到 265.00K，则 1.00kg 水中应加多少甘油？（已知水的 K_f 为 1.86K·kg·mol^{-1}；甘油的摩尔质量为 0.092kg·mol^{-1}）

解
$$\Delta T_f = T_f^* - T_f = K_f b_B$$

$$273.00 - 265.00 = 1.86 \times \frac{m_B/0.092}{1}$$

$$m_B = 0.396 \text{kg}$$

相关链接

依数性——凝固点降低的应用

（1）利用凝固点下降原理，将食盐和冰（或雪）混合，可以使温度最低降到251K。氯化钙与冰（或雪）混合，可以使温度最低降到218K。体系温度降低的原因是：当食盐或氯化钙与冰（或雪）接触时，在食盐或氯化钙的表面形成极浓的盐溶液，而这些浓盐溶液的蒸气压比冰（或雪）的蒸气压低得多，冰（或雪）则以升华或融化的形式进入盐溶液。进行上述过程都要吸收大量的热，从而使体系的温度降低。利用这一原理，可以自制冷冻剂。

冬天在室外施工，建筑工人在砂浆中加入食盐或氯化钙；汽车驾驶员在散热水箱中加入乙二醇等，也是利用这一原理，防止砂浆和散热水箱结冰。

（2）溶液凝固点下降在冶金工业中也具有指导意义。一般金属的 K_f 都较大，例如，Pb 的 $K_f \approx 130\text{K} \cdot \text{kg} \cdot \text{mol}^{-1}$，如果 Pb 中加入少量其它金属，Pb 的凝固点会大大下降，利用这种原理可以制备许多低熔点合金。

金属热处理要求较高的温度，但又要避免金属工件受空气氧化或脱碳，往往采用盐熔剂来加热金属工件。

例如，在 $BaCl_2$（熔点 1236K）中加入 5% 的 NaCl（熔点 1074K）作盐熔剂，其熔盐的凝固点下降为 1123K；若在 $BaCl_2$ 中加入 22.5% 的 NaCl，熔盐的凝固点可降至 903K。

应用溶液凝固点下降还可以测定高分子物质的相对分子质量。

4. 渗透压

许多天然或人造的膜，对物质的透过有选择性，只允许某种离子通过，不允许另一种离子通过；或者只允许溶剂分子通过而不允许溶质分子通过，这种膜称为半透膜。例如，动物的膀胱膜允许水分子通过，而不允许高分子溶质或胶体粒子通过；醋酸纤维膜允许水分子通过，不允许水中的溶质离子通过。

如图 1-19(a) 所示，在一个 U 形容器中，用半透膜将纯溶剂与溶液隔开。由于纯溶剂的蒸气压比溶液的蒸气压大，溶剂分子在单位时间内从纯溶剂进入溶液的数目要比从溶液进入纯溶剂的数目多。恒温条件下，经过一段时间后，溶液的液面将沿容器上的毛细管上升，直到某一高度达到平衡为止。如果改变溶液的浓度，则溶液上升的高度也随之改变。这种现象称为渗透现象。若要制止渗透现象的发生，必须在溶液上方增加压力，直到渗透现象停止，如图 1-19(b) 所示。达到渗透平衡时，溶剂液面与溶液液面的压力差，就是渗透压。

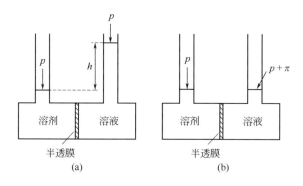

图 1-19　渗透平衡示意

理想稀溶液的渗透压与溶液组成的关系为：

$$\pi = c_B RT \tag{1-12}$$

或

$$\pi V = nRT \tag{1-13}$$

上式称为范特霍夫公式，也叫渗透压公式。式中，c_B 为理想稀溶液中溶质 B 的浓度；R 为气体常数；T 为溶液的热力学温度。常数 R 的数值与 π 和 V 的单位有关，当 π 的单位为 kPa，V 的单位为 L 时，R 值为 $8.314\text{kPa} \cdot \text{L} \cdot \text{K}^{-1} \cdot \text{mol}^{-1}$。

渗透压公式表示在一定温度下，渗透压的大小只与溶质的物质的量浓度成正比，与溶质的种类无关。

【例 1-9】 人的血液可视为水溶液，在 101325Pa 下于 272.44K 凝固，水的 K_f 为 1.86 $K \cdot kg \cdot mol^{-1}$，求人体血液在 310K 时的渗透压。

解 由凝固点降低公式可得

$$\Delta T_f = T_f^* - T_f = K_f b_B = 273.00K - 272.44K = 0.56K$$

$$b_B = \frac{\Delta T_f}{K_f} = \frac{0.56}{1.86} = 0.301 mol \cdot kg^{-1}$$

$$\pi = c_B RT = \frac{n_B}{V} RT = \frac{0.301}{1 \times 10^{-3}} \times 8.314 \times 310 = 775779.34 Pa$$

渗透压是稀溶液依数性中最灵敏的一种，它特别适用于测定大分子化合物的摩尔质量。

互动坊

海水淡化知多少？

1. 海水淡化即利用海水脱盐生产淡水。海水淡化技术是实现水资源利用的开源增量技术，可以增加淡水总量，且不受时空和气候影响，水质好、价格渐趋合理，可以保障沿海居民饮用水和工业锅炉补水等稳定供水。

2. 海水淡化与反渗透法

海水淡化技术是通过脱除海水中的大部分盐类，使处理后的海水达到生活用水标准的水处理技术。实践证明真正实用的海水淡化方法之一是反渗透法。反渗透法工作原理如下图所示。

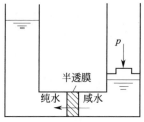

在没有外力的情况下，半透膜纯水侧的水分子会透过半透膜进入到咸水侧，产生渗透压。当在咸水一侧施加大于该溶液渗透压的压力 p 时，咸水中的水分子就会通过半透膜流入到纯水一侧。此过程中，溶剂的流动方向与原来渗透的方向相反，称为反渗透。

任务三
常用酸、碱、盐溶液的配制

案例分析

不论在实践应用中，还是在实验室，经常要用到不同浓度的酸、碱、盐溶液，因此，学会配制溶液，是应该掌握的重要技能之一。

一、配制方法

一般溶液的配制方法有以下三种。

1. 直接水溶法

适用于易溶于水而不易水解的固体试剂，如 KNO_3、$NaCl$、ZnO、$K_2Cr_2O_7$、邻苯二甲酸氢钾等的配制。

先算出所需固体试剂的量，用台秤或分析天平称出所需量，放入烧杯中，加少量蒸馏水使其溶解后，再稀释至所需的体积。

2. 介质水溶法

对易水解的固体试剂如 $FeCl_3$、$SbCl_3$、$BiCl_3$、$SnCl_2$、Na_2S 等的配制，常采用介质水溶法。

称取一定量的固体，加入适量的相应酸（或碱）使之溶解。再以蒸馏水稀释至所需体积，摇匀后转入试剂瓶中。

水中溶解度较小的固体试剂如固体 I_2，可选用 KI 水溶液溶解，摇匀后转入试剂瓶中。

3. 稀释法

对于液态试剂，如盐酸、硫酸和乙酸等的配制，常采用稀释法。

配制其稀溶液时，用量筒量取所需浓溶液的量，再用适量的蒸馏水稀释。

二、配制步骤

配制溶液的一般步骤是：计算溶质的质量、称量、溶解、转移、定容、装瓶、贴标签。如图 1-20 所示。

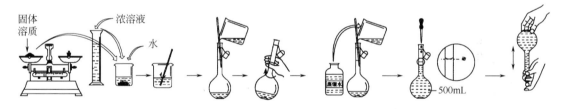

图 1-20　溶液配制步骤示意

【项目1】　常用酸、碱、盐溶液的配制

一、目的要求

1. 能掌握溶液的质量分数、体积分数、物质的量浓度的概念和计算方法。
2. 能掌握一些常见酸、碱、盐溶液的配制方法和基本操作。

二、基本原理

溶液的配制是化学实验的基本操作之一。在配制溶液时，首先应根据所需配制溶液的浓度、体积，计算出溶质和溶剂的用量。在用固体物质配制溶液时，如果物质含结晶水，则应将结晶水计算进去。稀释浓溶液时，应根据稀释前后溶质的物质的量不变的原则，计算出所需浓溶液的体积，然后加水稀释。稀释浓硫酸时，应将浓硫酸慢慢注入水中，切不可将水注入浓硫酸中。

在配制溶液时，应根据配制要求选择所用仪器。如果对溶液浓度的准确度要求不高，可用托盘天平、量筒等仪器进行配制；若要求溶液的浓度比较准确，则应用分析天平、移液管、容量瓶等仪器进行配制。

常用溶液浓度的表示方法有质量分数、体积分数和物质的量浓度等。而在以后的实验中最常用的是物质的量浓度，下面将重点介绍物质的量浓度溶液的配制计算方法。

1. 物质的量浓度溶液的配制计算

（1）用固体溶质配制　计算公式：

$$m_B = c_B \frac{V}{1000} M_B$$

式中　m_B——应称取物质 B 的质量，g；

$\quad\quad c_B$——物质 B 的物质的量浓度，$mol \cdot L^{-1}$；

$\quad\quad V$——欲配溶液的体积，mL；

$\quad\quad M_B$——物质 B 的摩尔质量，$g \cdot mol^{-1}$。

（2）用液体溶质配制　计算时先由上面公式计算出应称取溶质 B 的质量，再由下式计算出应量取液体溶质的体积。

$$V_B = \frac{m_B}{\rho w}$$

式中　V_B——应量取液体溶质 B 的体积，mL；

$\quad\quad \rho$——溶质的密度，$g \cdot mL^{-1}$；

$\quad\quad w$——溶质的质量分数。

2. 质量分数

以溶质的质量占全部溶液的质量的百分比来表示的浓度。

$$质量分数\ w = \frac{溶质质量}{溶液质量} \times 100\%$$

3. 体积分数

（1）质量体积分数（m/V）　以 100mL 溶剂中所含溶质的质量（g）表示的浓度。

（2）体积分数（V/V）　以 100mL 溶液中含有液体溶质的体积（mL）表示的浓度。

三、试剂与仪器

1. 试剂

（1）浓盐酸	500mL	（2）氢氧化钠	100g
（3）重铬酸钾	100g		

2. 仪器

（1）量筒	10mL×1	（2）烧杯	100mL×1 500mL×1
（3）试剂瓶	500mL×2	（4）容量瓶	250mL×1
（5）洗瓶	1只	（6）称量瓶	1只
（7）表面皿	2个	（8）托盘天平	1台
（9）分析天平	1台		

四、配制方法

在配制溶液之前，应计算出所需试剂的用量后再进行配制。具体溶液配制方法如下。

1. 粗略配制

（1）计算固体试剂的质量或液体试剂的体积。

（2）用托盘天平称量固体试剂或用量筒量取液体试剂。

（3）在烧杯中溶解，并稀释至刻度或直接稀释至刻度。

2. 精确配制

（1）计算固体试剂的质量或液体试剂的体积。

（2）用分析天平称量固体试剂或用吸量管量取液体试剂。

（3）若为固体试剂，则要在烧杯中用少量水溶解，并转移至容量瓶中，并用少量蒸馏水洗涤烧杯 2～3 次，冲洗液也移入容量瓶中。若为液体试剂，则直接将吸量管内的液体放至容量瓶中。

（4）加蒸馏水至容量瓶体积 2/3 时平摇，继续加蒸馏水至刻度线，摇匀。

五、基本操作

（1）固体试剂的取用

① 用干净、干燥的药匙取试剂，应专匙专用。

② 注意不要超过指定用量取药，多取不能放回原处。

③ 取一定量固体试剂，可在称量纸上称量。腐蚀性或易潮解的固体应放在表面皿上或玻璃容器内称量。

（2）液体试剂的取用

① 从滴瓶中取用试剂，不能将滴管伸入所用容器，滴管不能横放或管口向上倾斜。

② 从细口瓶中取试剂，用倾注法。瓶盖倒放，标签向手心。加入烧杯中要用玻璃棒引流。倒入试管中的量不超过其容积的 1/3。

☞　**注意**

①称量时尽量要精确，减小误差；②转移时不要溅出溶液，否则会导致浓度偏低。

六、常见酸、碱、盐溶液的配制

1. 粗略配制 500mL $c(HCl)=0.1mol \cdot L^{-1}$ 盐酸溶液

（1）计算　求出配制 500mL 0.1mol·L^{-1}盐酸溶液所需浓盐酸（约 12mol·L^{-1}）的体积约为 4.3mL，因浓盐酸具有挥发性，所以配制盐酸溶液时应适量多取一点（如 4.5mL）。

（2）配制　将小量筒量取的 4.5mL 浓盐酸，倒入 500mL 的烧杯中，加入 200mL 蒸馏水后再稀释至 500mL，移入试剂瓶中，摇匀并贴上标签。

2. 粗略配制 500mL $c(NaOH)=0.1mol \cdot L^{-1}$ NaOH 溶液

（1）计算　求出配制 500mL $c(NaOH)=0.1mol \cdot L^{-1}$ NaOH 溶液所需 NaOH 的量为 2g。

（2）配制　在托盘天平上用表面皿迅速称取 2g 的 NaOH 固体于小烧杯中，用一定量的蒸馏水溶解，转移到 500mL 试剂瓶中，加水稀释到 500mL，用胶塞盖紧，摇匀，贴上标签。

3. 精确配制 250mL 0.1mol·L^{-1}（$\frac{1}{6}K_2Cr_2O_7$）标准溶液

（1）计算　求算出所需 $K_2Cr_2O_7$ 的质量为 1.2～1.4g。

（2）配制　在分析天平上称取 $K_2Cr_2O_7$ 1.2~1.4g，放于小烧杯中，加少量的水，加热溶解，定量转入 250mL 容量瓶中，用水稀释至刻度，摇匀，计算其准确浓度。

七、思考题

1. 是不是所有的溶液配制称量时都要用分析天平？
2. 配制 HCl 溶液时，量取浓盐酸的体积是如何计算的？
3. 溶液配制好以后应怎样正确储藏？

思考与习题

任　务　一

1. 有下列四组量子数，指出哪些组合不可能存在，说明理由。

(1) $(3，2，2，+\frac{1}{2})$　　　　(2) $(3，0，-1，-\frac{1}{2})$

(3) $(2，2，2，2)$　　　　　　(4) $(1，0，0，0)$

2. 对于多电子原子，比较下列四组给定量子数的轨道能量高低。

(1) $n=3$　　$l=0$　　$m=0$　　$m_s=+\frac{1}{2}$

(2) $n=3$　　$l=2$　　$m=-2$　　$m_s=-\frac{1}{2}$

(3) $n=1$　　$l=0$　　$m=0$　　$m_s=-\frac{1}{2}$

(4) $n=2$　　$l=1$　　$m=1$　　$m_s=-\frac{1}{2}$

3. 试分别写出 27 号元素 Co 的核外电子排布式和 Co 原子、Co^{2+} 的价电子构型，并指出元素 Co 在周期表中所属的周期、族和分区。

4. 根据 S 与 O 的电负性差别，H_2O 与 H_2S 相比，哪个有较强氢键？

5. 根据杂化轨道理论推测下列分子的杂化类型及空间结构，是极性分子还是非极性分子？

SiF_4　$BeCl_2$　PCl_3　$SiHCl_3$　BBr_3

6. 判断下列各组分子之间存在什么形式的作用力。

(1) 苯和 CCl_4　(2) 氨和水　(3) CO_2 气体　(4) 氟化氢和水　(5) HBr 气体

7. 分子间氢键和分子内氢键对化合物熔、沸点有什么影响？举例并解释其原因。

任　务　二

1. 已知 HCl 溶液的浓度 $c(HCl)$ 为 6.078mol·L^{-1}，密度 (ρ) 为 1.096g·mL^{-1}。试用：(1) 质量分数；(2) 摩尔分数；(3) HCl 的质量摩尔浓度分别表示该溶液的组成。

2. 请比较拉乌尔定律与亨利定律的关系。

3. 将合成氨的原料气通过水洗塔除去其中的二氧化碳气体。已知气体混合物中含有 28%（体积分数）二氧化碳，水洗塔的操作压力为 1013.25kPa，操作温度为 293K。计算此条件下，每千克水能吸收多少二氧化碳？（已知 293K 时亨利常数 k_x 为 $143.8×10^3$kPa）

4. 若干克 $M=400$g·mol^{-1} 的不挥发的有机物溶于 180g 水中，测得该溶液在 101.3kPa 时沸点为 100.468℃（水的 $K_f=1.87$K·kg·mol^{-1}，$K_b=0.52$K·kg·mol^{-1}，60℃ 时水的饱和蒸气压为 19.91kPa，水的摩尔质量为 0.018kg·mol^{-1}）。该题中水的凝固点取 273.15K。

求：（1）溶液中该有机物的质量为多少克？

（2）该溶液在 101.3kPa 的凝固点为多少？

（3）该溶液在 60℃时的蒸气压为多少？

5. 在 291K 下 HCl（g）溶于苯中达到平衡，气相中 HCl 的分压为 101.325kPa 时，溶液中 HCl 的摩尔分数为 0.0425。已知 291K 时苯的饱和蒸气压为 10.0kPa。若 291K 时 HCl 和苯的蒸气总压为 101.325kPa，求 100g 苯中溶解多少克 HCl？（提示：溶剂服从拉乌尔定律，溶质服从亨利定律，溶液的总压等于溶剂和溶质的蒸气压总和）

6. 在 100g 苯中加入 13.76g 联苯（$C_6H_5C_6H_5$）所形成溶液的沸点为 82.4℃。已知纯苯的沸点为 80.1℃。求苯的沸点升高常数。

7. 90g H_2O（A）中溶解某物质（B）2g，测得溶液的沸点升高 0.0333K，求溶质 B 的摩尔质量 M_B。已知 $K_b = 0.52 \text{K} \cdot \text{kg} \cdot \text{mol}^{-1}$。

8. 在 298K 时，空气中氧的摩尔分数约为 0.21，试计算 298K 温度下 1dm^3 水中溶解的氧气体积。已知 298K 时，氧气的 $k_x = 4.40 \times 10^6 \text{kPa}$。

学习情境二

常用酸和碱

● **知识目标**

1. 了解常用酸、碱的性质和用途；s、p 区元素的通性；硬水及其软化。
2. 理解碱金属、碱土金属、卤族元素及其主要化合物的性质和用途；一元强酸强碱滴定曲线的形成规律和酸碱指示剂的选用原则；沉淀溶解平衡的建立及移动，莫尔法、佛尔哈德法原理及应用。
3. 掌握酸碱反应的实质，共轭酸碱对离解常数的定量关系；掌握一元酸碱和缓冲溶液的 pH 计算；标准滴定溶液的标定，酸碱滴定法的原理及应用；溶度积的概念及规则；沉淀滴定法的原理及应用。

● **技能目标**

1. 能熟练判断出质子酸碱的共轭对象，熟练计算共轭酸碱的 $K_a^{\ominus}$ 和 $K_b^{\ominus}$。
2. 能准确计算一元酸碱及两性溶液的 pH。
3. 会配制不同浓度缓冲溶液。
4. 会制备常用酸碱标准滴定溶液，能用双指示剂法分析混合碱的组成。
5. 能进行溶度积和溶解度的互算。
6. 能利用溶度积规则判断沉淀、溶解现象和分离某些离子。
7. 能用莫尔法、佛尔哈德法对待测离子进行分析。

任务一
s区元素单质及化合物的性质识用

 案例分析

氢氧化钠是一种极常用的碱，是化学实验室的必备药品之一。在化工生产中，被称为"烧碱"。在生产染料、塑料、药剂及有机中间体，旧橡胶的再生，水的电解以及制取硼砂、铬盐、锰酸盐、磷酸盐等无机盐，都要使用大量的烧碱。

一、常用碱介绍

化工生产中常常用到的碱有氢氧化钠、氢氧化钾、氢氧化钙和碳酸钠。

1. 氢氧化钠

俗称烧碱、火碱、苛性钠。

白色固体，易溶于水并放热，水溶液有涩味，具有很强的腐蚀性。是最重要、最常见、最常用的一元强碱，具有碱的通性。

氢氧化钠是重要的化工产品，又是重要的化工原料（用于造纸、印染、纺织、皂化等），另外，还是实验室中重要的化学试剂。

2. 氢氧化钾

俗称苛性钾。

易溶解于水，水溶液呈碱性，具有很强的腐蚀性。具有碱的通性。

在工业上，人们用氢氧化钾制造肥皂、精炼石油与制造各种化工产品。用氢氧化钾制造的"钾肥皂"是一种液态肥皂，如理发店用的软肥皂。

3. 氢氧化钙

白色粉末状固体，微溶于水，其饱和溶液叫石灰水，碱性较弱。

氢氧化钙和二氧化碳反应生成碳酸钙，有较广泛的用途。例如，在制糖过程中要用氢氧化钙来中和糖浆里的酸，然后再通入二氧化碳使剩余的氢氧化钙变成沉淀过滤出去，以减少糖的酸味。

4. 碳酸钠

俗称苏打、纯碱。

通常情况下为白色粉末，为强电解质，易溶于水，具有盐的通性。

碳酸钠是重要的化工原料，用于制造化学品、清洗剂、洗涤剂，也用于照相术和制药。

查一查

查找资料，了解化工生产中常用碱的用途。

二、碱的性质

常见的都是碱金属和碱土金属氧化物与水反应后生成的氢氧化物。具有碱的通性。白色固体，易潮解，在空气中吸收 CO_2 生成碳酸盐。

三、s 区元素的性质

在元素周期表中，Ⅰ A、Ⅱ A 为 s 区元素。Ⅰ A 中的钠、钾氢氧化物是典型"碱"，故Ⅰ A 族元素又称为碱金属。Ⅲ A 有时称为"土金属"。Ⅱ A 中的钙、锶、钡氧化物性质介于"碱"与"土"族元素之间，所以把Ⅱ A 元素又称为碱土金属。

1. 基本性质

s 区元素价电子构型为 $ns^{1\sim2}$。其金属半径、熔沸点以及硬度等性质呈现出规律性变化。如表 2-1 所示。

表 2-1　s 区元素的基本性质

Ⅰ A	原子序数	价电子构型	金属半径/pm	熔点/℃	沸点/℃	硬度（金刚石→10）
Li（锂）	3	$2s^1$	152	180.5	1342	0.6
Na（钠）	11	$3s^1$	186	97.82	882.9	0.4
K（钾）	19	$4s^1$	227	63.25	760	0.5
Rb（铷）	37	$5s^1$	248	38.89	686	0.3
Cs（铯）	55	$6s^1$	265	28.40	669.3	0.2
Ⅱ A	原子序数	价电子构型	金属半径/pm	熔点/℃	沸点/℃	硬度（金刚石→10）
Be（铍）	4	$2s^2$	111	1278	2970	4
Mg（镁）	12	$3s^2$	160	648.8	1107	2.0
Ca（钙）	20	$4s^2$	197	839	1484	1.5
Sr（锶）	38	$5s^2$	215	769	1384	1.8
Ba（钡）	56	$6s^2$	217	725	1640	—

☞ **相关链接**

电离理论指出，电离时生成的阴离子全部是氢氧根离子（OH^-）的化合物叫做碱。

碱具有以下通性。

① 呈碱性，pH＞7。

② 使酸碱指示剂变色。

能使紫色石蕊试液变蓝，使无色的酚酞试剂变红。

③ 碱＋酸性氧化物 ⟶ 盐＋水

$$CO_2 + Ca(OH)_2 \longrightarrow CaCO_3 \downarrow + H_2O$$
$$CO_2 + 2NaOH \longrightarrow Na_2CO_3 + H_2O$$
$$SO_2 + 2NaOH \longrightarrow Na_2SO_3 + H_2O$$

④ 碱＋酸 ⟶ 盐＋水。

⑤ 碱＋盐 ⟶ 新碱＋新盐

条件：

a. 生成物中有气体（↑）或沉淀（↓）或水；

b. 反应物均可溶。

$$CuSO_4 + 2NaOH \longrightarrow Cu(OH)_2 \downarrow + Na_2SO_4$$

$$FeCl_3 + 3NaOH \longrightarrow Fe(OH)_3 \downarrow + 3NaCl$$

$$Ca(OH)_2 + Na_2CO_3 \longrightarrow CaCO_3 \downarrow + 2NaOH$$

$$NH_4NO_3 + NaOH \longrightarrow NH_3 \uparrow + H_2O + NaNO_3$$

2. 存在

由于碱金属和碱土金属的化学活泼性很强，因此在自然界均以化合态形式存在。

在碱金属中，钠和钾在地壳中分布很广，两者的丰度都为2.5%。主要矿物有钠长石 $Na[AlSi_3O_8]$、钾长石 $K[AlSi_3O_8]$、光卤石 $KCl \cdot MgCl_2 \cdot 6H_2O$ 及明矾石 $K_2SO_4 \cdot Al_2(SO_4)_3 \cdot 24H_2O$ 等。海水中氯化钠的含量为2.7%。锂的重要矿物为锂辉石 $Li_2O \cdot Al_2O_3 \cdot 4SiO_2$，锂、铷和铯在自然界中储量较少且分散，被列为稀有金属。

碱土金属除镭外在自然界分布也很广泛，镁除光卤石外，还有白云石 $CaCO_3 \cdot MgCO_3$ 和菱镁矿 $MgCO_3$ 等。铍的最重要矿物是绿柱石 $3BeO \cdot Al_2O_3 \cdot 6SiO_3$。钙、锶、钡在自然界中存在的主要形式为难溶的碳酸盐和硫酸盐，如方解石 $CaCO_3$、碳酸锶矿 $SrCO_3$、碳酸钡矿、石膏 $CaSO_4 \cdot 2H_2O$、天青石 $SrSO_4$、重晶石 $BaSO_4$ 等。海水中含有大量镁的氯化物和硫酸盐，1971年世界镁产量有一半以上是以海水为原料生产的。

3. 单质的性质

碱金属和碱土金属单质除铍为钢灰色外，其它均为银白色光泽。碱金属具有密度小、硬度小、熔点低的特点，是典型的轻、软金属。碱金属和Ca、Sr、Ba均可用刀切割，Cs是最软的金属。碱金属还具有良好的导电性。碱土金属的熔点、沸点比碱金属高，硬度较大，导电性低于碱金属，规律性不及碱金属强。

由于碱金属和碱土金属的核外电子数较少，原子半径较大，核对价电子的吸引力较小，因此碱金属和碱土金属的化学活泼性很活泼，表现在以下几方面。

（1）易与水反应

钠、钾分别与水反应，生成氢氧化物。金属钠与水反应剧烈，并放出氢气。反应放出的热使钠熔化成小球。

$$2Na + 2H_2O \longrightarrow 2NaOH + H_2 \uparrow$$

钾与水的反应更激烈，并发生燃烧，铷、铯与水剧烈反应并发生爆炸。

碱土金属也可以与水反应。铍能与水蒸气反应，镁能将热水分解，而钙、锶、钡与冷水就能比较剧烈地进行反应。

由此可知碱金属和碱土金属均为活泼金属，都是强还原剂。在同一族中，金属的活泼性由上而下逐渐增强，在同一周期中从左到右金属活泼性逐渐减弱。

（2）易氧化，生成氧化物、过氧化物和超氧化物

碱金属和碱土金属的活泼性及其变化规律，还表现在它们在空气中都容易和氧化合。

碱金属在室温下能迅速地与空气中的氧反应，所以碱金属在空气中放置一段时间时，金属表面就生成一层氧化物。在锂的表面上除生成氧化物外还有氮化物。钠、钾在空气中稍微加热就燃烧起来，而铷和铯在室温下遇空气就立即燃烧。

$$4Li + O_2 \longrightarrow 2Li_2O$$

$$6Li + N_2 \longrightarrow 2Li_3N$$

$$4Na + O_2 \longrightarrow 2Na_2O$$

它们的氧化物在空气中易吸收二氧化碳形成碳酸盐：

$$Na_2O + CO_2 \longrightarrow Na_2CO_3$$

因此碱金属应存放在煤油中。但因锂的密度最小而浮在煤油上，所以需将其浸在液体石蜡或封存在固体石蜡中进行保存。

碱土金属活泼性略差，室温下这些金属表面缓慢生成氧化膜。它们在空气中加热才显著发生反应，除生成氧化物外，还有氮化物生成。

$$3Ca + N_2 \longrightarrow Ca_3N_2$$

因此在金属熔炼中常用 Li、Ca 等作为除气剂，除去溶解在熔融金属中的氮气和氧气。

在高温时碱金属和碱土金属还能夺取某些氧化物中的氧，如镁可使 SiO_2 的硅还原成单质 Si，或夺取氯化物中的氯，金属钠可以从 $TiCl_4$ 中置换出金属钛。

$$SiO_2 + 2Mg \longrightarrow Si + 2MgO$$
$$TiCl_4 + 4Na \longrightarrow Ti + 4NaCl$$

碱金属最有兴趣的性质之一是它们在液氨中表现的性质。碱金属的液氨稀溶液呈蓝色，随着碱金属溶解量的增加，溶液的颜色变深。当此溶液中钠的浓度超过 $1mol \cdot L^{-1}$ 以后，就在原来深蓝色溶液之上出现一个青铜色的新相。再添加碱金属，溶液就由蓝色变为青铜色。如将溶液蒸发，又可以重新得到碱金属。

根据研究认为：在碱金属的稀氨溶液中碱金属离解生成碱金属正离子和溶剂合电子：

$$Na(s) + (x+y)NH_3(l) \longrightarrow Na(NH_3)_x^+ + e(NH_3)_y^-$$

因为离解生成的是氨合阳离子和氨合电子，所以溶液有导电性。

钙、锶、钡也能溶于液氨生成和碱金属液氨溶液相似的蓝色溶液，与钠相比，它们溶得要慢些，量也少些。

碱金属液氨溶液中的溶剂合电子是一种很强的还原剂，广泛应用于无机和有机制备中。

（3）与氢反应

活泼的碱金属均能与氢在高温下直接化合，生成离子型氢化物。

$$2Li + H_2 \longrightarrow 2LiH$$
$$2Na + H_2 \longrightarrow 2NaH$$

（4）焰色反应

碱金属和钙、锶、钡的挥发性盐在无色火焰中灼烧时，能使火焰呈现出一定颜色。这叫"焰色反应"，其元素的火焰焰色见表 2-2。根据焰色反应的颜色可以定性鉴别这些元素。

表 2-2　碱金属和部分碱土金属元素的火焰焰色

离子	Li^+	Na^+	K^+	Rb^+
焰色	红色	黄色	紫色	紫红色
波长/nm	670.8	589.6	404.7	629.8
离子	Cs^+	Ca^{2+}	Sr^{2+}	Ba^{2+}
焰色	紫红色	紫红色	洋红色	黄绿色
波长/nm	459.3	616.2	707.0	553.6

☞ **相关链接**

焰 色 反 应

碱金属和钙、锶、钡的盐，在灼烧时为什么能产生不同的颜色呢？因为当金属或其盐在火焰上灼烧时，原子被激发，电子接受了能量从较低的能级跳到较高能级，但处在较高能级的电子很不稳定，很快跳回到低能级，这时就将多余的能量以光的形式放出。原子的结构不同，就发出不同波长的光，所以光的颜色也不同。碱金属和碱土金属等能产生可见光谱，而且每一种金属原子的光谱线比较简单，所以容易观察识别。

利用焰色反应，可以根据火焰的颜色定性地鉴别这些元素的存在与否，但一次只能鉴别一种离子。同时利用碱金属和钙、锶、钡盐在灼烧时产生不同焰色的原理，可以制造各色焰火，例如，红色焰火的简单配方：

KClO$_3$　34%　　　　　　　　　　　镁粉　4%

Sr(NO$_3$)$_2$　45%　　　　　　　　　　松香　7%

炭粉　10%

4. 碱金属和碱土金属的化合物

（1）氧化物

碱金属与氧化合可以形成多种氧化物，普通氧化物 M_2O，过氧化物 M_2O_2，超氧化物 MO_2 和臭氧化物 MO_3。

① 普通氧化物　碱金属在过量的空气中燃烧时，生成不同类型的氧化物：如锂生成氧化锂 Li_2O，钠生成过氧化钠 Na_2O_2，而钾、铷、铯则生成超氧化物 MO_2（M→K、Rb、Cs）。碱土金属一般生成普通氧化物 MO，钙、锶、钡还可以形成过氧化物和超氧化物。

碱金属氧化物的颜色依次加深：Li_2O 为白色固体，Na_2O 为白色固体，K_2O 为淡黄色固体，Rb_2O 为亮黄色，Cs_2O 为橙红色。

碱土金属氧化物都是白色固体。除 BeO 外，都是氯化钠晶格的离子型化合物。由于正、负离子都是带有两个电荷，而 M—O 的距离又较小，所以 MO 具有较大的晶格能，因此它们的熔点和硬度都相当高。晶格中离子间距离依次降低，熔点除 BeO 外也是依次下降。根据这种特性，BeO 和 MgO 常用来制造耐火材料和金属陶瓷。

密度为 $2.94g \cdot cm^{-3}$ 的 MgO 为白色细末，称轻质氧化镁。密度为 $3.58g \cdot cm^{-3}$ 的 MgO 称重质氧化镁。它们均难溶于水，易溶于酸和铵盐溶液。氧化镁浸于水中慢慢转变为氢氧化镁。

② 过氧化物　过氧化物是含有过氧键（—O—O—）的化合物，除铍外，碱金属、碱土金属在一定条件下都能形成过氧化物。常见的是过氧化钠。

在常温下，钠被氧化为 Na_2O；但在 573～673K 时，钠被氧化为 Na_2O_2（淡黄色粉末）：

$$4Na + O_2 \xrightarrow{常温} 2Na_2O$$

$$2Na_2O + O_2 \xrightarrow{573～673K} 2Na_2O_2$$

过氧化钠 Na_2O_2 呈强碱性，含有过氧离子，在碱性介质中过氧化钠是一种强氧化剂，常用作氧化分解矿石的熔剂。例如：

$$Cr_2O_3 + 3Na_2O_2 \longrightarrow 2Na_2CrO_4 + Na_2O$$

$$MnO_2 + Na_2O_2 \longrightarrow Na_2MnO_4$$

Na_2O_2 与水或稀酸反应生成 H_2O_2，H_2O_2 立即分解放出氧气。

$$Na_2O_2 + 2H_2O \longrightarrow H_2O_2 + 2NaOH$$

$$Na_2O_2 + H_2SO_4 \longrightarrow H_2O_2 + Na_2SO_4$$

$$2H_2O_2 \longrightarrow 2H_2O + O_2 \uparrow$$

所以过氧化钠常用作纺织品、麦秆、羽毛等的漂白剂和氧气发生剂。

在潮湿的空气中，过氧化钠能吸收二氧化碳气并放出氧气：

$$2Na_2O_2 + 2CO_2 \longrightarrow 2Na_2CO_3 + O_2 \uparrow$$

因此过氧化钠广泛用于防毒面具、高空飞行器和潜水艇里，吸收人体放出的二氧化碳气并供给氧气。

在酸性介质中，当遇到像高锰酸钾这样的强氧化剂时，过氧化钠就显还原性了，过氧离子被氧化成氧气单质：

$$5O_2^{2-}+2MnO_4^-+16H^+ \longrightarrow 2Mn^{2+}+5O_2\uparrow+8H_2O$$

由于 Na_2O_2 有强碱性，熔融时不能采用瓷制器皿或石英器皿，宜用铁、镍器皿。由于它们的强氧化性，熔融时遇到棉花、炭粉或铅粉会发生爆炸，使用时应十分小心。

③ 超氧化物　钾、铷、铯在过量的氧气中燃烧即得超氧化物 MO_2。KO_2 是橙黄色固体，RbO_2 是深棕色固体，CsO_2 是深黄色固体。超氧化物中含有超氧离子 O_2^-，其结构为 $[O\text{---}O]^-$。

由于 O_2^- 的键级比 O_2 小，所以稳定性比 O_2 差。超氧化物是强氧化剂，与水剧烈地反应：

$$2MO_2+2H_2O \longrightarrow H_2O_2+2MOH+O_2\uparrow \quad (M=K、Rb、Cs)$$

也能和 CO_2 反应放出氧气：

$$4MO_2+2CO_2 \longrightarrow 2M_2CO_3+3O_2\uparrow \quad (M=K、Rb、Cs)$$

故它们也能除去 CO_2 和再生 O_2，也可用于急救器中和潜水、登山等方面。

④ 臭氧化物　钾、铷、铯的氢氧化物与臭氧反应，可得臭氧化物

$$3KOH(s)+2O_3(g) \longrightarrow 2KO_3(s)+KOH \cdot H_2O(s)+\frac{1}{2}O_2$$

将 KO_3 用液氨重结晶，可得到橘红色的 KO_3 晶体，它缓慢地分解成 KO_2 和 O_2。

（2）氢氧化物

碱金属溶于水生成相应的氢氧化物，它们最突出的化学性质是强碱性，对纤维和皮肤有强烈的腐蚀作用，所以称它们为苛性碱。它们都是白色晶状固体，具有较低的熔点。除 LiOH 在水中的溶解度 $[13g \cdot (100g\ 水)^{-1}]$ 较小外，其余碱金属的氢氧化物都易溶于水，并放出大量的热。在空气中易吸湿潮解，所以固体 NaOH 是常用的干燥剂。它们还容易与空气中的二氧化碳作用生成碳酸盐，所以要密封保存。

碱土金属（除 BeO 和 MgO 外）溶于水生成相应的氢氧化物，$Be(OH)_2$ 为两性，$Mg(OH)_2$ 为中强碱，其它为强碱。如表 2-3 所示。

表 2-3　碱金属和碱土金属氢氧化物的溶解度和酸碱性

物质性质	LiOH	NaOH	KOH	RbOH	CsOH
水中溶解度(293K)/mol·dm^{-3}	5.3	26.4	19.1	17.9	25.8
酸碱性	中强碱	强碱	强碱	强碱	强碱
物质性质	Be(OH)$_2$	Mg(OH)$_2$	Ca(OH)$_2$	Sr(OH)$_2$	Ba(OH)$_2$
水中溶解度(293K)/mol·dm^{-3}	8×10^{-6}	5×10^{-4}	1.8×10^{-2}	6.7×10^{-2}	2×10^{-1}
酸碱性	两性	中强碱	强碱	强碱	强碱

氢氧化钠、氢氧化钾易于熔化，又具有溶解某些金属氧化物、非金属氧化物的能力，因此工业生产和分析工作中常用于分解矿石。熔融的氢氧化钠腐蚀性更强，工业上熔化氢氧化钠一般用铸铁容器，在实验室可用银或镍的器皿。

练一练

实验室盛放氢氧化钠溶液的试剂瓶，能不能用玻璃塞？

（3）氢化物

碱金属和碱土金属中的 Ca、Sr、Ba 在高温下与 H_2 反应，生成离子型的氢化物。

$$2M + H_2 \longrightarrow 2M^+H^- \qquad （M=碱金属）$$

$$M + H_2 \longrightarrow M^{2+}H_2^- \qquad （M=Ca、Sr、Ba）$$

氢化锂约在 998K 时形成，氢化钠和氢化钾在 573～673K 时生成，其余氢化物在 723K 时生成，但在常压下反应进行缓慢。这些氢化物均为白色晶体，但常因混有痕量金属而发灰。由于碱金属和 Ca、Sr、Ba 与氢的电负性相差较大，氢从金属原子的外层电子中夺得 1 个电子形成阴离子 H^-，形成的氢化物都是离子晶体，故称为离子型氢化物，又称为盐型氢化物。碱金属氢化物中的 H^- 的半径介于碱金属氟化物中的 F^- 和氯化物中的 Cl^- 之间，因此，碱金属氢化物的某些性质类似于相应的碱金属卤化物。

碱金属氢化物中以 LiH 最稳定，加热到熔点（961K）也不分解。其它碱金属氢化物稳定性较差，加热还不到熔点，就分解成金属和氢。

所有碱金属氢化物都是强还原剂。固态 NaH 在 673K 时能将 $TiCl_4$ 还原为金属钛：

$$TiCl_4 + 4NaH \longrightarrow Ti + 4NaCl + 2H_2 \uparrow$$

LiH 和 CaH_2 等在有机合成中常作为还原剂，遇到含有 H^+ 的物质，如水，就迅速反应而放出氢：

$$LiH + H_2O \longrightarrow LiOH + H_2 \uparrow$$

$$CaH_2 + 2H_2O \longrightarrow Ca(OH)_2 + 2H_2 \uparrow$$

由于氢化钙与水反应而能放出大量的氢气，所以常用它作为野外发生氢气的材料。

1kg 氢化锂分解后可放出 2800L 氢气。氢化锂是名不虚传的"制造氢气的工厂"。第二次世界大战期间，美国飞行员备有轻便的氢气源——氢化锂，作应急之用。

（4）盐类

碱金属和碱土金属的常见盐类有卤化物、碳酸盐、硝酸盐、硫酸盐等。

① 碱金属和碱土金属盐类溶解性的特点　碱金属盐类的最大特征是易溶于水，并且在水中完全电离，所有碱金属离子都是无色的。只有少数碱金属盐是难溶的。如锂的难溶盐有 LiF、Li_2CO_3、Li_3PO_4，钾的难溶盐有 $K_2Na[Co(NO_2)_6]$ [六亚硝酸根合钴（Ⅲ）酸钠钾]、$K[B(C_6H_5)_4]$（四苯基硼酸钠）、$KHC_4H_4O_6$（酒石酸氢钾）等。它们的难溶盐一般都是由大的阴离子组成，而且碱金属离子越大、难溶盐的数目也越多。

碱土金属盐类的重要特征是它们的微溶性。除氯化物、硝酸盐、硫酸镁、铬酸镁易溶于水外，其余的碳酸盐、硫酸盐、草酸盐、铬酸盐等皆难溶。硫酸盐和铬酸盐的溶解度按 Ca、Sr、Ba 顺序降低。草酸钙的溶解度是所有钙盐中最小的，因此在重量分析中可用它来测定钙。

② 钠盐和钾盐的性质差异　钠盐和钾盐性质很相似，但也有差别，重要的有三点。

a. 溶解度。钠、钾盐的溶解度都比较大，相对说来，钠盐更大些。仅 $NaHCO_3$ 的溶解度不大，NaCl 的溶解度随温度的变化不大，这是常见的钠盐中溶解性较特殊的。

b. 吸湿性。钠盐的吸湿性比相应的钾盐强。因此，化学分析工作中常用的标准试剂许多是钾盐，如用邻苯二甲酸氢钾标定碱液的浓度，用重铬酸钾标定还原剂溶液的浓度。在配制炸药时用 KNO_3 或 $KClO_3$，而不用相应的钠盐。

c. 结晶水。含结晶水的钠盐比钾盐多。如 $Na_2SO_4 \cdot 10H_2O$、$Na_2HPO_4 \cdot 10H_2O$ 等。

③ 晶型　绝大多数碱金属和碱土金属的盐是离子型晶体，晶体大多数属 NaCl 型，铯的卤化物是 CsCl 型结构。它们的熔点均较高。

④ 热稳定性　一般碱金属盐具有较高的热稳定性。卤化物在高温时挥发而难分解。硫酸盐在高温下既难挥发，又难分解。碳酸盐除 Li_2CO_3 在 1543K 以上分解为 Li_2O 和 CO_2 外，其余更难分解。唯有硝酸盐热稳定性较低，加热到一定温度就可分解，例如：

$$4LiNO_3 \xrightarrow{976K} 2Li_2O + 4NO_2\uparrow + O_2\uparrow$$

$$2NaNO_3 \xrightarrow{1003K} 2NaNO_2 + O_2\uparrow$$

$$2KNO_3 \xrightarrow{943K} 2KNO_2 + O_2\uparrow$$

碱土金属的卤化物、硫酸盐、碳酸盐对热也较稳定，但它们的碳酸盐热稳定性较碱金属碳酸盐要低，且随金属离子半径增大而增强。

$$BeCO_3 \quad MgCO_3 \quad CaCO_3 \quad SrCO_3 \quad BaCO_3$$
$$<373K \quad 813K \quad 1173K \quad 1563K \quad 1633K$$

⑤ 几种重要的盐

a. 氯化钠。氯化钠除供食用外，还是制取金属钠、氢氧化钠、碳酸钠、氯气和盐酸等多种化工产品的基本原料。其冰盐混合物可作为制冷剂。

b. 氯化镁。无水 $MgCl_2$ 的熔点为 987K，沸点为 1685K。氯化镁通常含有 6 个分子的结晶水，为无色易潮解的六水合物 $MgCl_2 \cdot 6H_2O$，加热时即水解生成碱式氯化镁：

$$MgCl_2 \cdot 6H_2O \longrightarrow Mg(OH)Cl + HCl + 5H_2O$$

$MgCl_2$ 主要用作电解生产金属镁的原料，$MgCl_2$ 溶液与 MgO 混合而成坚硬耐磨的镁质水泥。

c. 碳酸钙。$CaCO_3$ 是白色晶体或粉状固体，密度 $2.7g \cdot cm^{-3}$，它是天然存在的石灰石、大理石和冰洲石的主要成分。它的化学性质主要表现在以下几个方面。

$CaCO_3$ 加热到 1098K 左右开始分解，生成氧化钙和二氧化碳气体。

$$CaCO_3 \xrightarrow{1098K} CaO + CO_2\uparrow$$

将二氧化碳通入石灰水或 Na_2CO_3 溶液与石灰水反应，或碳酸钠溶液与氯化钙溶液反应，都可以得碳酸钙沉淀。

$$CO_2 + Ca(OH)_2 \longrightarrow CaCO_3\downarrow + H_2O$$
$$Na_2CO_3 + Ca(OH)_2 \longrightarrow CaCO_3\downarrow + 2NaOH$$
$$Na_2CO_3 + CaCl_2 \longrightarrow CaCO_3\downarrow + 2NaCl$$

$CaCO_3$ 不溶于水，但溶于含有二氧化碳的水中，生成碳酸氢钙 $Ca(HCO_3)_2$。这种溶有碳酸氢钙的天然水称为暂时硬水，遇热时二氧化碳被驱出，又生成碳酸钙沉淀：

$$Ca(HCO_3)_2 \xrightarrow{\triangle} CaCO_3\downarrow + CO_2\uparrow + H_2O$$

石灰岩溶洞的形成就是这个道理，岩石中的碳酸钙被地下水（含有二氧化碳的水）溶解后再沉淀出来，就形成了钟乳石和石笋。

天然碳酸钙用于建筑材料，如作水泥、石灰、人造石等，还用于作陶瓷、玻璃等的原料。

5. 镁与锂性质的相似性

镁与第 Ⅰ A 主族的锂在周期表中呈对角线位置，呈现出对角线相似性。镁与锂性质上的相似性表现在以下几点。

① 镁与锂在过量的氧气中燃烧，不形成过氧化物，只生成正常的氧化物。

② 锂和镁直接和碳、氮化合，生成相应的碳化物或氮化物。例如：

$$6Li + N_2 \longrightarrow 2Li_3N$$

$$3Mg + N_2 \longrightarrow Mg_3N_2$$

③ 镁和锂的氢氧化物在加热时都可以分解为相应的氧化物。

④ 镁和锂的碳酸盐均不稳定，热分解生成相应的氧化物和二氧化碳气体。

⑤ 镁和锂的某些盐类如氟化物、碳酸盐、磷酸盐等及氢氧化物均难溶于水。

⑥ 镁和锂的氧化物、卤化物共价性较强，能溶于有机溶剂中，如溶于乙醇。

⑦ 镁离子和锂离子的水合能力均较强。

在周期表中某一元素的性质和它左上方或右下方的另一元素性质的相似性，称为对角线规则。这种相似性比较明显地表现在锂和镁、铍和铝、硼和硅三对元素之间。

$$\begin{array}{ccc} Li & Be & B & C \\ \backslash & \backslash & \backslash & \\ Na & Mg & Al & Si \end{array}$$

查一查

查找资料，归纳铍和铝、硼和硅的性质相似性。

四、硬水及其软化

工业上根据水中 Ca^{2+} 和 Mg^{2+} 的含量，把天然水分为两种：溶有较多量 Ca^{2+} 和 Mg^{2+} 的水叫做硬水；溶有少量 Ca^{2+} 和 Mg^{2+} 的水叫做软水。

1. 暂时硬水与永久硬水

含有碳酸氢钙 $Ca(HCO_3)_2$ 或碳酸氢镁 $Mg(HCO_3)_2$ 的硬水经煮沸后，所含的酸式碳酸盐分解为不溶性的碳酸盐。例如：

$$Ca(HCO_3)_2 \xrightarrow{\triangle} CaCO_3 \downarrow + H_2O + CO_2 \uparrow$$

$$2Mg(HCO_3)_2 \xrightarrow{\triangle} Mg_2(OH)_2CO_3 \downarrow + H_2O + 3CO_2 \uparrow$$

这样，容易从水中除去 Ca^{2+} 和 Mg^{2+}，水的硬度就降低了，故这种硬水叫做暂时硬水。含有硫酸镁 $MgSO_4$、硫酸钙 $CaSO_4$ 或氯化镁 $MgCl_2$、氯化钙 $CaCl_2$ 等的硬水，经过煮沸，水的硬度不会降低。这种水叫做永久硬水。

2. 硬水的软化

消除硬水中 Ca^{2+}、Mg^{2+} 的过程叫做硬水的软化。常用的软化方法有石灰纯碱法和离子交换树脂净化水法。

永久硬水可以用纯碱软化。纯碱与钙、镁的硫酸盐和氯化物反应，生成难溶性的盐，使永久硬水失去它的硬性。工业上往往将石灰和纯碱各一半混合用于水的软化，称为石灰纯碱法。反应方程式如下：

$$MgCl_2 + Ca(OH)_2 \longrightarrow Mg(OH)_2 \downarrow + CaCl_2$$

$$CaCl_2 + Na_2CO_3 \longrightarrow CaCO_3 \downarrow + 2NaCl$$

反应终了再加沉降剂（例如明矾），经澄清后得到软水。石灰纯碱法操作比较复杂，软化效果较差，但成本低，适于处理大量的且硬度较大的水。例如，发电厂、热电站等一般采用该法作为水软化的初步处理。

自主学习

查找资料，了解饮水的软化方法及应用。

【项目2】 碱金属和碱土金属的性质验证

一、目的要求

1. 能掌握钠、镁单质的主要性质。
2. 能了解过氧化钠的性质。
3. 能比较钙、镁氢氧化物、碳酸盐、铬酸盐的溶解性。

二、试剂与仪器

1. 试剂

(1) 2.0mol·L^{-1} HCl 溶液	4mL	(2) 2.0mol·L^{-1} HAc 溶液	5mL
(3) 浓 HNO_3	1mL	(4) 2.0mol·L^{-1} NH_3·H_2O	3mL
(5) 2.0mol·L^{-1} NaOH 溶液	6mL	(6) 0.5mol·L^{-1} NaCl 溶液	1mL
(7) 0.5mol·L^{-1} KCl 溶液	1mL	(8) 0.5mol·L^{-1} $MgCl_2$ 溶液	3mL
(9) 0.5mol·L^{-1} $CaCl_2$ 溶液	3mL	(10) 0.1mol·L^{-1} $CaCl_2$ 溶液	3mL
(11) 0.5mol·L^{-1} Na_2CO_3 溶液	1mL	(12) 0.5mol·L^{-1} Na_2SO_4 溶液	1mL
(13) 0.5mol·L^{-1} $BaCl_2$ 溶液	1mL	(14) 0.5mol·L^{-1} K_2CrO_4 溶液	2mL
(15) 0.1mol·L^{-1} $MgCl_2$ 溶液	3mL	(16) 0.1mol·L^{-1} $BaCl_2$ 溶液	3mL
(17) 酚酞试液	2mL	(18) 钠	
(19) 镁条			

2. 仪器

(1) 坩埚	1只	(2) 镊子	1把
(3) 铂丝（或镍丝）	1根	(4) 钴玻璃片	1块
(5) 砂纸	1小块	(6) 滤纸	2小块
(7) 试管	16支	(8) 试管刷	1把
(9) 玻璃棒	1根	(10) 酒精灯	1只
(11) 漏斗	1支		

三、操作步骤

1. 金属钠的性质

(1) 钠的氧化作用：用镊子取一小块金属钠放于滤纸上，迅速用滤纸吸干表面的煤油，用小刀切取两块绿豆大小的金属钠，观察新鲜表面的颜色及变化，写出反应方程式。

（2）钠与水的作用：取绿豆大小的金属钠，用滤纸吸干表面的煤油，再分别放入盛有水的小烧杯中（事先滴入 1 滴酚酞试液）。为了安全，水最好加至烧杯的 1/4，并事先准备好一个合适的漏斗，将钠放入水中后，立即将漏斗倒扣在烧杯上。观察反应情况。写出反应方程式。

2. 过氧化钠的性质

将一块绿豆大小的金属钠置于坩埚中，微热至燃烧开始，立即停止加热，观察产物的颜色和状态。冷却后，将产物转移至试管，加少量水，检验管口有无氧气放出，并检验溶液的酸碱性和氧化还原性。

3. 金属镁的性质

（1）镁在空气中燃烧：取一小段镁条，用砂纸擦去表面的氧化膜，点燃，观察燃烧情况和产物的颜色、状态。将产物转移到试管中，观察其在水中和 $2mol \cdot L^{-1}$ HCl 溶液中的溶解性。写出反应方程式。

（2）镁与水的反应：取一小段镁条，用砂纸擦去表面的氧化膜，放入试管中，加入少量冷水，观察反应是否发生。把试管加热至溶液沸腾，观察反应情况。写出反应方程式。

综合实验 1、实验 3 的结果，比较钾、钠、镁的活泼性。

4. 镁、钙的氢氧化物及盐的水解

（1）取 3 支试管，分别加入 5 滴 $0.1mol \cdot L^{-1}$ $MgCl_2$、$CaCl_2$、$BaCl_2$ 溶液，然后与等体积的 $2mol \cdot L^{-1}$ NaOH 混合，放置，观察形成沉淀的情况。

（2）用 $2mol \cdot L^{-1}$ $NH_3 \cdot H_2O$ 代替 $2mol \cdot L^{-1}$ NaOH 进行实验，观察现象。由实验结果总结出碱土金属氢氧化物溶解度变化情况。

（3）在两支试管中分别加入 1mL 浓度为 $0.5mol \cdot L^{-1}$ 的 $MgCl_2$ 和 $CaCl_2$ 溶液，再各加入 $2mol \cdot L^{-1}$ NaOH 溶液（新配制），观察产物颜色和状态。静置沉降，弃去清液，分别试验沉淀与 $2mol \cdot L^{-1}$ NaOH 溶液、$2mol \cdot L^{-1}$ HCl 溶液的作用。写出反应方程式。

（4）在两支试管中分别加入 0.5mL 浓度均为 $0.5mol \cdot L^{-1}$ 的 $MgCl_2$ 和 $CaCl_2$ 溶液，再各加入 0.5mL $0.5mol \cdot L^{-1}$ Na_2CO_3 溶液，观察现象。试验沉淀是否溶于 $2mol \cdot L^{-1}$ HAc 溶液。写出反应方程式。

（5）在两支试管中分别加入 1mL 浓度均为 $0.5mol \cdot L^{-1}$ 的 $MgCl_2$ 和 $CaCl_2$ 溶液，再各加入 1mL $0.5mol \cdot L^{-1}$ Na_2SO_4 溶液，观察现象。试验各沉淀与浓 HNO_3 溶液的作用。写出反应方程式。

（6）在两支试管中分别加入 0.5mL $0.5mol \cdot L^{-1}$ $MgCl_2$ 和 $CaCl_2$ 溶液，再各加入 0.5mL $0.5mol \cdot L^{-1}$ K_2CrO_4 溶液，观察现象。试验沉淀是否溶于 $2mol \cdot L^{-1}$ HAc 溶液和 $2mol \cdot L^{-1}$ HCl 溶液。写出反应方程式。

5. 焰色反应

将铂丝或镍丝顶端小圆环蘸上浓盐酸，在氧化焰上烧至近无色，再蘸上 $0.5mol \cdot L^{-1}$ NaCl、KCl、$CaCl_2$、$BaCl_2$ 溶液，在氧化焰中灼烧，观察火焰颜色。观察钾盐焰色时，借助于钴玻璃片。

四、思考题

1. 金属钠为什么要保存在煤油中？若实验中不慎失火，应如何扑灭？

2. 过氧化钠与水作用，为什么必须在冷水条件下进行？

任务二
p区元素单质及化合物的性质识用

 案例分析

盐酸、硫酸和硝酸是工业上常用的"三酸"，具有广泛用途。如硫酸是化学工业重要产品之一，它不仅作为许多化工产品的原料，用于生产染料、农药、化学纤维、塑料、涂料，以及各种基本有机和无机化工产品，而且还广泛应用于各个工业部门，主要有化肥、冶金、石油、机械、医药、军事、原子能和航天等工业，应用范围日益扩大，需要数量日益增加。

相关链接

电离理论指出，电离时生成的阳离子全部是氢离子（H^+）的化合物叫做酸。酸具有以下通性：

(1) 呈酸性，pH$<$7。

(2) 使酸碱指示剂变色（非氧化性酸）。

紫色石蕊试液或蓝色石蕊试纸遇酸溶液变红色，无色酚酞试液遇酸溶液不变色。

(3) 跟金属活动性顺序表（H）前的活泼金属的单质起置换反应（非氧化性酸）。

$$酸＋金属 \longrightarrow 盐＋氢气$$

例：
$$2HCl + Fe \longrightarrow FeCl_2 + H_2 \uparrow$$

(4) 跟碱性氧化物和某些金属氧化物反应。

$$酸＋碱性(金属)氧化物 \longrightarrow 盐＋水$$

例：
$$3H_2SO_4 + Fe_2O_3 \longrightarrow Fe_2(SO_4)_3 + 3H_2O$$

(5) 跟碱起中和反应。

$$酸＋碱 \longrightarrow 盐＋水$$

例：
$$2HCl + Cu(OH)_2 \longrightarrow CuCl_2 + 2H_2O$$

(6) 与某些盐反应生成酸和新盐。

$$盐＋酸 \longrightarrow 新盐＋新酸$$

条件：

① 生成物中有气体或沉淀或水；

② 反应物均可溶。

例：
$$BaCl_2 + H_2SO_4 \longrightarrow BaSO_4 \downarrow + 2HCl$$

一、常用酸介绍

1. 盐酸

盐酸（HCl）是氯化氢气体的水溶液。一般的盐酸呈无色，但工业盐酸因为含有杂质而呈黄色。是一元强酸。盐酸是一种常见的化学品，市售盐酸的密度为 $1.18g \cdot mL^{-1}$，氯化氢的质量分数为 37%。

浓盐酸具有极强的挥发性和刺激性气味，因此盛有浓盐酸的容器打开后能在上方看见酸雾，那是氯化氢挥发后与空气中的水蒸气结合产生的盐酸小液滴。

盐酸具有酸的通性。

实验室常用盐酸制取二氧化碳。

$$CaCO_3 + 2HCl \longrightarrow CaCl_2 + H_2O + CO_2 \uparrow$$

也用来制取弱酸。

$$CH_3COONa + HCl \longrightarrow CH_3COOH + NaCl$$

另外，盐酸能与硝酸银反应，生成不溶于稀硝酸的氯化银，氯化银不能溶于水，产生沉淀。

$$HCl + AgNO_3 \longrightarrow HNO_3 + AgCl \downarrow$$

实验室利用这一反应检验 Cl^- 和 Ag^+。

查一查

盐酸是重要的工业酸，它的产量标志着国家的化学工业水平。请列举一些盐酸在化学工业方面的主要用途。

2. 硫酸

硫酸（H_2SO_4）无色油状液体。常用的浓硫酸质量分数为 98.3%，其密度为 1.84g·cm^{-3}，其物质的量浓度约为 18.4mol·L^{-1}。硫酸是一种高沸点难挥发的强酸，有很强的腐蚀性。易溶于水，能以任意比和水混溶。浓硫酸溶于水时会放出大量的热。因此浓硫酸稀释时应该"酸入水，沿器壁，慢慢倒，不断搅"。

一般情况下，是没有纯硫酸的。人们把浓度低于 98.0% 而高于 70% 的称为浓硫酸，而浓度低于 70% 的称为稀硫酸。

（1）浓硫酸

浓硫酸具有的三大特性：

① 吸水性　浓硫酸的吸水性指的是浓硫酸分子跟水分子强烈结合，生成一系列稳定的水合物，并放出大量的热。故可用于很多中性和酸性气体如一氧化碳、氢气、氧气、氮气、HCl 气体、二氧化碳、二氧化硫和所有稀有气体的干燥，是良好的干燥剂。

浓硫酸不仅能吸收一般的游离态水（如空气中的水），而且还能吸收某些结晶水合物（如 $CuSO_4 \cdot 5H_2O$、$Na_2CO_3 \cdot 10H_2O$）中的水。

$$CuSO_4 \cdot 5H_2O \longrightarrow (H_2SO_4) \longrightarrow CuSO_4 + 5H_2O$$

练一练

将一瓶浓硫酸敞口放置在空气中，其质量将增加、密度将减小、浓度降低、体积变大，为什么？

② 脱水性　脱水性是浓硫酸的化学特性，物质被浓硫酸脱水时，浓硫酸按水分子中氢氧原子数的比（2∶1）夺取被脱水物中的氢原子和氧原子。

可被浓硫酸脱水的物质一般为含氢、氧元素的有机物，其中蔗糖、木屑、纸屑和棉花等物质中的有机物，被脱水后生成了黑色的炭（炭化）。

$$C_{12}H_{22}O_{11} \longrightarrow 12C + 11H_2O$$

利用脱水性，能够催化一些有机反应。

$$CH_3COOH + H-O-C_2H_5 \xrightarrow{\triangle、浓\ H_2SO_4} CH_3COOC_2H_5 + H_2O$$

③ 氧化性　浓硫酸既可与金属反应，也可与非金属以及其它还原性物质反应。

a. 与金属反应：常温下，浓硫酸能使铁、铝等金属钝化，生成致密的氧化物薄膜，防止氢离子或硫酸分子继续与金属反应，起到保护作用。

加热时，浓硫酸可以与除金、铂之外的所有金属反应，生成高价金属硫酸盐，本身一般被还原成 SO_2。

$$Cu + 2H_2SO_4(浓) \longrightarrow CuSO_4 + SO_2\uparrow + 2H_2O$$

$$2Fe + 6H_2SO_4(浓) \longrightarrow Fe_2(SO_4)_3 + 3SO_2\uparrow + 6H_2O$$

b. 与非金属反应：热的浓硫酸可将碳、硫、磷等非金属单质氧化到其高价态的氧化物或含氧酸，本身被还原为 SO_2。

$$C + 2H_2SO_4(浓) \xrightarrow{\triangle} CO_2\uparrow + 2SO_2\uparrow + 2H_2O$$

$$2P + 5H_2SO_4(浓) \xrightarrow{\triangle} 2H_3PO_4 + 5SO_2\uparrow + 2H_2O$$

$$S + 2H_2SO_4(浓) \xrightarrow{\triangle} 3SO_2\uparrow + 2H_2O$$

c. 与其它还原性物质反应：H_2S、HBr、HI 的还原性较强，能被浓硫酸氧化。

$$H_2S + H_2SO_4(浓) \longrightarrow S\downarrow + SO_2\uparrow + 2H_2O$$

$$2HBr + H_2SO_4(浓) \longrightarrow Br_2 + SO_2\uparrow + 2H_2O$$

$$2HI + H_2SO_4(浓) \longrightarrow I_2 + SO_2\uparrow + 2H_2O$$

因此，实验室制取 H_2S、HBr、HI 等还原性气体时不能选用浓硫酸。

（2）稀硫酸

稀硫酸为无色透明液体。熔点较低。具有酸的通性，无吸水性、脱水性和氧化性。

3. 硝酸

硝酸（HNO_3）是一种重要的强酸，别名是硝镪水。无色液体，密度为 $1.53g \cdot cm^{-3}$，具有强氧化性和腐蚀性。能以任意比与水混合。除了性质较稳定的金、铂、钛、铌、钽、钌、铑、锇、铱以外，其它金属都能被它溶解。通常情况下人们把 69% 以上的硝酸溶液称为浓硝酸，把 98% 以上的硝酸溶液称为发烟硝酸。

① 硝酸是强酸，具有酸的通性。

$$CuO + 2HNO_3 \longrightarrow Cu(NO_3)_2 + H_2O$$

$$Ca(OH)_2 + 2HNO_3 \longrightarrow Ca(NO_3)_2 + 2H_2O$$

$$Ag_2CO_3 + 2HNO_3 \longrightarrow 2AgNO_3 + H_2O + CO_2\uparrow$$

$$NH_3 + HNO_3 \longrightarrow NH_4NO_3$$

② 不稳定性　浓度很大的硝酸在常温下见光易分解，受热分解更快。

$$4HNO_3 \longrightarrow 2H_2O + 4NO_2\uparrow + O_2\uparrow$$

硝酸越浓越易分解，分解出的 NO_2 又溶于硝酸，使浓硝酸常呈棕黄色。

③ 强氧化性　不论浓硝酸、稀硝酸都有强氧化性，是强氧化剂，能跟大多数金属（Au、铂等除外）和许多非金属发生氧化还原反应。浓硝酸一般还原成 NO_2，稀硝酸一般还原成 NO。还能和许多有还原性的化合物发生氧化还原反应。

$$Cu + 4HNO_3(浓) \longrightarrow Cu(NO_3)_2 + 2NO_2\uparrow + 2H_2O$$

$$3Cu+8HNO_3（稀）\longrightarrow 3Cu(NO_3)_2+2NO\uparrow+4H_2O$$

$$C+4HNO_3（浓）\longrightarrow 2H_2O+CO_2\uparrow+4NO_2\uparrow$$

$$S+6HNO_3（浓）\longrightarrow H_2SO_4+6NO_2\uparrow+2H_2O$$

$$3H_2S+2HNO_3（稀）\longrightarrow 4H_2O+2NO\uparrow+3S\downarrow$$

$$3K_2S+8HNO_3（稀）\longrightarrow 6KNO_3+3S\downarrow+2NO\uparrow+4H_2O$$

$$3Fe(OH)_2+10HNO_3（稀）\longrightarrow 3Fe(NO_3)_3+NO\uparrow+8H_2O$$

④ 硝化反应　和苯、甲苯等在浓硫酸作用下，发生硝化反应。

$$C_6H_6+HNO_3\xrightarrow{H_2SO_4}C_6H_5NO_2+H_2O$$

$$CH_3C_6H_5+3HNO_3\xrightarrow{H_2SO_4}CH_3C_6H_2(NO_2)_3+3H_2O$$

浓硝酸和浓盐酸混合物（体积比 1：3）叫做王水，它的氧化性更强，可溶解金、铂等金属。如：

$$Au+4HCl+HNO_3\longrightarrow HAuCl_4+NO\uparrow+2H_2O$$

☞ **相关链接**

硝酸的应用

作为硝酸盐和硝酸酯的必需原料，硝酸被用来制取一系列硝酸盐类氮肥，如硝酸铵、硝酸钾等，也用来制取硝酸酯类或含硝基的炸药以及王水、硝化甘油、硝化纤维素、硝基苯、苦味酸等。

由于硝酸同时具有氧化性和酸性，硝酸也被用来精炼金属：即先把不纯的金属氧化成硝酸盐，排除杂质后再还原。硝酸能使铁钝化而不致继续被腐蚀。

硝化炸药军事上用得比较多的是 2,4,6-三硝基甲苯（TNT）。它是由甲苯与浓硝酸和浓硫酸反应制得的，是一种黄色片状物，具有爆炸威力大、药性稳定、吸湿性小等优点，常用作做炮弹、手榴弹、地雷和鱼雷等的炸药，也可用于采矿等爆破作业。

二、p 区元素性质

周期表中ⅢA～ⅧA元素称 p 区元素，如图 2-1 所示。p 区元素分为金属元素（左下角）和非金属元素（右上角）两部分。

族 周期	ⅠA	ⅡA	ⅢB	～	ⅧB	ⅠB	ⅡB	ⅢA	ⅣA	ⅤA	ⅥA	ⅦA	ⅧA
1											p 区		
2								B	C	N	O	F	Ne
3								Al	Si	P	S	Cl	Ar
4		s 区		d 区			ds 区	Ga	Ge	As	Se	Br	Kr
5								In	Sn	Sb	Te	I	Xe
6								Tl	Pb	Bi	Po	At	Rn

图 2-1　p 区元素在周期表中的位置

p 区元素原子的价层电子结构是 $ns^2ns^{1\sim6}$，最外电子层除有 2 个 s 电子外还有 1～6 个 p 电子（He 只有 2 个 s 电子）。与 s 区元素相似，p 区元素的同一族自上而下，原子半径逐渐增大，金属性逐渐增强，非金属性减弱。尤以ⅣA、ⅤA族从非金属过渡到金属的现象最明显。以ⅤA族为例，半径较小的 N 和 P 是典型的非金属，As 可称为半金属，Sb 和 Bi 则过渡为金属元素。由ⅢA～ⅦA，同周期元素原子的有效核电荷增大，半径减小，金属性渐弱，非金属性渐强，故 F 为最强的非金属元素。

p 区元素除 F 外，一般都有多种氧化态；除 F 和 O 外，其最高正氧化数均等于价层电子数（见表 2-4）。

表 2-4　p 区元素的氧化数

元素	ⅢA 硼族	ⅣA 碳族	ⅤA 氮族	ⅥA 氧族	ⅦA 卤族	ⅧA 稀有气体
价层电子构型	ns^2np^1	ns^2np^2	ns^2np^3	ns^2np^4	ns^2np^5	ns^2np^6
氧化数	+3，+1	+4，+2	+5，+3，+1	+6，+4，+2，−2	+7，+5，+3，+1，−1	+8
最高氧化数实例	B_2O_3	CO_2	N_2O_5	SO_3	Cl_2O_7	Na_4XeO_6

p 区元素有以下通性。

p 区金属的熔点都比较低（见表 2-5）。

表 2-5　p 区金属元素的熔点

元素	Ga	In	Tl	Ge	Sn	Pb	Sb	Bi
熔点/℃	29.78	156.6	303.5	973.4	213.88	327.5	630.5	271.3

Al 的熔点也不高，为 660℃，它们与ⅡB族的 Zn、Cd、Hg 合称为周期表中的低熔点元素区。这些金属相互能形成许多重要的低熔点合金。如焊锡就是 Sn-Pb 合金，保险丝是 Bi-Pb-Sn 合金，电器和消防设备上用的伍德合金是由 Bi、Pb、Sn 和 Cd 组成。

p 区金属与非金属交界的一些元素，如硅、锗、硒等及某些化合物具有半导体性质，即导电性介于金属和绝缘体之间。如超纯硅是制造半导体的重要材料，铝、镓、铟与磷、砷、锑形成的如磷化铝、砷化镓等，ⅢA～ⅤA族化合物也都是半导体材料。

p 区金属的高氧化态氧化物多数有不同程度的两性，即与酸或碱作用而生成相应的盐。在自然界都以化合态存在，除铝外，多为各种组成的硫化物矿。

查一查

了解稀有气体的性质及应用。

三、p 区元素化合物

p 区元素及其化合物种类较多。我们以卤族元素及其化合物为例进行学习。

周期表中的ⅦA族元素，包括氟、氯、溴、碘和砹五种元素，称为卤族元素，简称卤素。因它们都能直接和金属化合生成盐类，例如 NaCl，故得名。希腊原文意为"成盐元素"。砹是人工合成的放射性元素，不稳定，对其性质研究尚少，但确知砹和碘性质相近。

1. 通性

卤族元素及单质的一些主要性质列于表 2-6 中。从表中可见，卤素的原子半径等都随原子序数增大而增大，而电离能、电负性等随原子序数增大而减小。

表 2-6　卤族元素及单质的性质

性　　质	氟	氯	溴	碘
原子序数	9	17	35	53
价层电子构型	$2s^2 2p^5$	$3s^2 3p^5$	$4s^2 4p^5$	$5s^2 5p^5$
常见氧化数	-1	$-1, +1, +3, +5, +7$	$-1, +1, +3, +5, +7$	$-1, +1, +3, +5, +7$
熔点/℃	-219.7	-100.99	-7.3	113.5
沸点/℃	-188.2	-34.03	58.75	184.34
原子半径/pm	67	99	114	138
第一电离能 I_1/kJ·mol^{-1}	1680	1260	1140	1010
电负性 X	3.98	3.16	2.96	2.66
单质聚集状态	气	气	液	固
单质颜色	浅黄色	黄绿色	红棕色	紫黑色

卤素的价层电子构型均为 ns^2np^5，容易获得一个电子成为一价负离子。和同周期元素相比，卤素的非金属性是最强的。非金属性从氟到碘依次减弱。

卤素是非常活泼的非金属，能和活泼金属生成离子化合物，几乎能和所有的非金属及金属反应，生成共价化合物。

卤素在化合物中常见的氧化数为 -1。除氟以外，卤素与电负性比它强的元素（主要是氧）化合时，还可以形成正的氧化数，如 $+1$、$+3$、$+5$ 和 $+7$。

2. 卤素单质

（1）物理性质

卤素单质的一些物理性质，如熔点、沸点、颜色和聚集状态等随着原子序数增加有规律地变化。在常温下，F_2、Cl_2 为气体，Br_2 是易挥发的液体，I_2 是固体，这是色散力依次增大的缘故。

固态 I_2 在熔化前已有较大的蒸气压，因此加热即可升华，从固态直接变为气态。I_2 蒸气呈紫色。

所有卤素均有刺激性气味，刺激性从 Cl_2 至 I_2 依次减小。吸入较多的卤素蒸气会严重中毒，甚至导致死亡。

卤素单质均有颜色，随着相对分子质量的增大，其颜色依次加深。

卤素在有机溶剂，如乙醚、四氯化碳、乙醇、氯仿等非极性或弱极性溶剂中的溶解度比在水中要大得多，这是由于卤素分子是非极性分子，"相似者相溶"的缘故。

I_2 难溶于水，但易溶于碘化物溶液中，形成易溶于水的 I_3^-：

$$I_2 + I^- \rightleftharpoons I_3^- \text{（棕色）}$$

（2）化学性质

卤素化学性质主要指它们的热稳定性、酸碱性、溶解性和氧化还原性。

① 氧化还原性　卤素单质都表现出氧化性。随着元素原子序数的增加，卤素单质的氧化性逐渐减弱：$F_2 > Cl_2 > Br_2 > I_2$。

卤素阴离子还原性大小的顺序为：$I^- > Br^- > Cl^- > F^-$，因此，每种卤素都可以把电负性比它小的卤素从后者的卤化物中置换出来。例如，Cl_2 可以从溴化物、碘化物的溶液中置换出 Br_2 和 I_2；而 Br_2 只能从碘化物的溶液中置换出 I_2。

✐ **练一练**

HX 及卤化物中的 X^- 具有最大还原性的是（　　）

A. F^-　　　　　B. I^-　　　　　C. Cl^-　　　　　D. Br^-

② 与金属作用　卤素都能跟金属起反应生成卤化物。F_2 能和所有的金属剧烈化合。Cl_2 几乎和所有的金属化合，但有时需要加热。Br_2 没有 Cl_2 活泼，能和除贵金属以外的所有其它金属化合。I_2 没有 Br_2 活泼。

卤素和非金属之间的作用，也呈现这样的规律性。

$$2Fe + 3Br_2 \longrightarrow 2FeBr_3$$

$$Fe + I_2 \longrightarrow FeI_2$$

$$2P + 3Br_2 \longrightarrow 2PBr_3$$

③ 与氢作用　卤素单质都能和 H_2 直接化合生成卤化氢。

$$2X + H_2 \longrightarrow 2HX$$

F_2 与 H_2 在阴冷处就能化合，放出大量热并引起爆炸。Cl_2 和 H_2 的混合物在常温下缓慢化合，在强光照射时反应加快，甚至会发生爆炸反应。Br_2 和 H_2 的化合反应比 Cl_2 缓和。I_2 和 H_2 在高温下才能化合。

☞ **相关链接**

卤化氢的制备

卤化氢的制备可采用单质直接合成、复分解和卤化物水解等方法。

采用复分解反应制备氟化氢以及少量氯化氢时，可用浓硫酸与相应的卤化物（如萤石 CaF_2、NaCl 等）作用，加热使卤化氢气体从混合物中逸出：

$$NaCl + H_2SO_4（浓）\xrightarrow{\triangle} NaHSO_4 + HCl\uparrow$$

$$NaCl + NaHSO_4 \xrightarrow{>500℃} Na_2SO_4 + HCl\uparrow$$

实验室能够达到的加热温度一般仅能利用第一步反应，生成酸式硫酸盐。

浓硫酸和溴化物、碘化物作用虽然有类似反应，但由于 HBr、HI 的还原性增强，能被浓硫酸氧化成单质溴或碘，同时生成 SO_2 或 H_2S：

$$2HBr + H_2SO_4（浓）\longrightarrow SO_2\uparrow + Br_2 + 2H_2O$$

$$8HI + H_2SO_4（浓）\longrightarrow H_2S\uparrow + 4I_2 + 4H_2O$$

因此不能用浓硫酸和溴化物或碘化物的反应来制备 HBr 或 HI，须改用非氧化性的酸，如磷酸代替浓硫酸：

$$NaBr + H_3PO_4 \longrightarrow NaH_2PO_4 + HBr$$

实验室中常用非金属卤化物水解的方法制备溴化氢和碘化氢：

$$PBr_3 + 3H_2O \longrightarrow H_3PO_3 + 3HBr$$

在实际应用时，只需将溴或碘与红磷混合，再将水逐渐加入该混合物中，就可制得 HBr 或 HI：

$$3Br_2 + 2P + 6H_2O \longrightarrow 2H_3PO_3 + 6HBr$$

$$3I_2 + 2P + 6H_2O \longrightarrow 2H_3PO_3 + 6HI$$

④ 与水作用　卤素和水可以发生两类化学反应。

一类是卤素对水的氧化反应。

卤素 X_2（$X = F$、Cl、Br）可以置换水中的氧：

$$2X_2 + 2H_2O \longrightarrow 4HX + O_2\uparrow$$

F_2 与水剧烈反应放出氧气。Cl_2 在日光下缓慢置换水中的氧。Br_2 与水非常缓慢地反应放出氧气。I_2 不能置换水中的氧，相反 O_2 可作用于碘化氢溶液使 I_2 析出。

$$4I^- + 4H^+ + O_2 \longrightarrow 2I_2 + 2H_2O$$

另一类是卤素的歧化反应。

卤素 X_2（X＝Cl、Br、I）在水中发生歧化反应：

$$X_2 + H_2O \rightleftharpoons H^+ + X^- + HXO$$

F_2 在水中只能进行氧化反应。Cl_2、Br_2、I_2 可以进行歧化反应，但 Cl_2 到 I_2 反应进行的程度越来越小。从歧化反应方程式可知，加酸可抑制、加碱则促进该反应向右进行。对 Cl_2、Br_2 而言，因其在水中的置换反应活化能很高，反应速率很慢，故它们在水中的歧化反应是主要的。

3. 卤化氢和氢卤酸

卤化氢都是无色气体，具有刺激性臭味。它们都是极性分子，故很容易液化。液态卤化氢是共价型化合物，不导电。

卤化氢易溶于水，其水溶液叫氢卤酸。

（1）氢卤酸的酸性

氢卤酸都是挥发性的酸。

除氢氟酸是弱酸外，其余的氢卤酸都是强酸，酸性强度以 HI＞HBr＞HCl＞HF 顺序减弱。

（2）氢卤酸的还原性

在卤化氢和氢卤酸中，卤素处于最低氧化数 -1，因此具有还原性，还原性大小以顺序 HI＞HBr＞HCl＞HF 减弱。HF 几乎不具有还原性。其它氢卤酸通常被氧化为卤素单质。例如，强氧化剂 $KMnO_4$ 可氧化 HCl：

$$2KMnO_4 + 16HCl \longrightarrow 2KCl + 2MnCl_2 + 8H_2O + 5Cl_2$$

而 HI 甚至可被空气中的 O_2 氧化为 I_2，故 HI 溶液放置在空气中会慢慢变成黄色或棕色。

氢卤酸中以盐酸的工业产量最大，盐酸是一种重要的工业原料和化学试剂。商品浓盐酸的相对密度为 1.19，含 37％左右的 HCl（浓度约为 $12 mol \cdot L^{-1}$）。

氢碘酸是一种强酸，具有强烈的腐蚀作用，有还原性。

（3）HF 的特殊性

由于氟原子半径特别小，且 HF 分子之间易形成氢键而缔合成 $(HF)_n$，故出现一些反常的性质。

① 反常高的熔、沸点。氟化氢的熔、沸点在卤化氢中为最高。

② HF 可以通过氢键与活泼金属的氟化物形成各种"酸式盐"，如 KHF_2（KF・HF）等。

③ 氢氟酸是弱酸，在 $0.1 mol \cdot L^{-1}$ 的溶液中，电离度仅为 10％。

④ 与其它氢卤酸不同，氢氟酸能与二氧化硅或硅酸盐反应，一般生成气态的 SiF_4：

$$SiO_2 + 4HF \longrightarrow SiF_4 \uparrow + 2H_2O$$
$$CaSiO_3 + 6HF \longrightarrow SiF_4 \uparrow + CaF_2 + 3H_2O$$

因此，氢氟酸不能贮于玻璃容器中，应该盛于塑料容器里。

HF 能侵蚀皮肤，并且难以治愈，故在使用时须特别小心。

4. 卤化物

卤素和电负性较小的元素形成的化合物称为卤化物，可以分为离子型卤化物和共价型卤化物两类。

卤素与活泼的碱金属、碱土金属形成离子型卤化物，它们的熔沸点高，大多可溶于水并几乎完全离解。

其中活泼金属可溶性氟化物的水解，如 NaF、KF 水解时，F^- 水解，使溶液呈碱性：

$$F^- + H_2O \longrightarrow HF + OH^-$$

其它可溶性的卤素金属卤化物的水解，如 $MgCl_2$、$BiCl_3$、$CeCl_3$ 水解时，金属离子水解，使溶液呈酸性：

$$MgCl_2 + H_2O \longrightarrow Mg(OH)Cl + HCl$$
$$BiCl_3 + H_2O \longrightarrow BiOCl + 2HCl$$
$$CeCl_3 + 3H_2O \longrightarrow Ce(OH)_3 + 3HCl$$

卤素和非金属或氧化数较高的金属形成共价型卤化物。非金属卤化物的熔沸点低，不溶于水（如 CCl_4），或遇水立即水解（如 PCl_5、$SiCl_4$），水解常生成相应的氢卤酸和该非金属的含氧酸：

$$PCl_5 + 4H_2O \longrightarrow 5HCl + H_3PO_4$$
$$SiCl_4 + 3H_2O \longrightarrow 4HCl + H_2SiO_3$$

大多数金属氯化物易溶于水，而 AgCl、Hg_2Cl_2、$PbCl_2$ 难溶于水。

金属氟化物与其它卤化物不同，碱土金属的氟化物（特别是 CaF_2）难溶于水，而碱土金属的其它卤化物却易溶于水；AgF 易溶于水，而银的其他卤化物则不溶于水。

5. 含氧酸及含氧酸盐

除氟外，氯、溴、碘都可以与氧化合，生成氧化数为 +1、+3、+5、+7 的各种含氧化合物（氧化物、含氧酸和含氧酸盐），但它们都不稳定或不很稳定。比较稳定的是含氧酸盐，最不稳定的是氧化物。

含氧酸及其盐的化学性质主要为热稳定性、氧化性和酸性。它们的制备采用氧化还原或复分解的方法。卤素的含氧酸及其盐都是氧化剂。

氟和氧的化合物叫氟化物（如二氟化氧 OF_2），因为氟的电负性最大，其氧化数总为负值，在此氧的氧化数为 +2。因此氟不能形成含氧酸或含氧酸盐。

在卤素的含氧酸及其盐中，以次氯酸及次氯酸盐和氯酸盐为最重要，将重点进行讨论。

（1）次氯酸及次氯酸盐

Cl_2 与水作用，发生下列可逆反应：

$$Cl_2 + H_2O \rightleftharpoons HClO + H^+ + Cl^-$$

Cl_2 在水中的溶解度不大，在反应中又有强酸生成，所以上述歧化反应进行得不完全。HClO 是很弱的酸，它只能存在于溶液中。HClO 性质不稳定，有三种分解方式：

① $2HClO \xrightarrow{\text{光}} 2HCl + O_2 \uparrow$

② $2HClO \xrightarrow{\text{脱水剂}} Cl_2O + H_2O$

③ $3HClO \xrightarrow{\triangle} 2HCl + HClO_3$

三种分解方式同时独立进行，称为平行反应。它们的相对反应速率取决于反应的条件。例如，日光或催化剂（如 CoO、NiO）的存在，有利于反应①的进行。HClO 具有杀菌和漂白能力就是基于这个反应。而 Cl_2 之所以有漂白作用，就是由于它和水作用生成 HClO 的缘故，干燥的 Cl_2 是没有漂白能力的。

把 Cl_2 通入冷的碱溶液中，可生成次氯酸盐。

$$Cl_2 + 2NaOH \longrightarrow NaClO + NaCl + H_2O$$

$$2Cl_2 + 2Ca(OH)_2 \xrightarrow{<40℃} Ca(ClO)_2 + CaCl_2 + 2H_2O$$

$Ca(ClO)_2$ 是漂白粉的有效成分。漂白粉是 $Ca(ClO)_2$ 和 $CaCl_2$、$Ca(OH)_2$、H_2O 的混合物。次氯酸盐（或漂白粉）的漂白作用主要基于 $HClO$ 的氧化性。

漂白粉遇酸放出 Cl_2：

$$Ca(ClO)_2 + 4HCl \longrightarrow CaCl_2 + 2Cl_2 \uparrow + 2H_2O$$

漂白粉在潮湿空气中受 CO_2 作用逐渐分解释出 $HClO$：

$$Ca(ClO)_2 + CO_2 + H_2O \longrightarrow CaCO_3 + 2HClO$$

漂白粉是强氧化剂，作为价廉的消毒、杀菌剂，广泛用于漂白棉、麻、纸浆等。

（2）氯酸及氯酸盐

氯酸 $HClO_3$ 可利用次氯酸加热使之发生歧化反应而制得，也可用 $Ba(ClO_3)_2$ 与稀 H_2SO_4 反应得到：

$$Ba(ClO_3)_2 + H_2SO_4 \longrightarrow BaSO_4 \downarrow + 2HClO_3$$

$HClO_3$ 仅存在于水溶液中，若将其浓缩到 40% 以上，即爆炸分解。

$HClO_3$ 是强酸、强氧化剂，能将浓盐酸氧化为氯：

$$HClO_3 + 5HCl \longrightarrow 3Cl_2 \uparrow + 3H_2O$$

把次氯酸盐溶液加热，发生歧化反应，得到氯酸盐：

$$3ClO^- \Longleftrightarrow ClO_3^- + 2Cl^-$$

因此将 Cl_2 通入热的碱溶液，可制得氯酸盐：

$$3Cl_2 + 6KOH \longrightarrow 5KCl + KClO_3 + 3H_2O$$

由于 $KClO_3$ 在冷水中的溶解度不大，当溶液冷却时，就有 $KClO_3$ 白色晶体析出。

固体氯酸盐是强氧化剂，和各种易燃物（如 S、C、P）混合，在撞击时发生剧烈爆炸，因此氯酸盐被用来制造炸药、火柴和烟火等。

氯酸盐在中性（或碱性）溶液中不具有氧化性，只有在酸性溶液中才具有氧化性，且是强氧化剂。例如，$KClO_3$ 在中性溶液中不能氧化 KCl、KI，但溶液一经酸化，即可发生下列氧化还原反应：

$$ClO_3^- + 5Cl^- + 6H^+ \longrightarrow 3Cl_2 \uparrow + 3H_2O$$

$$ClO_3^- + 6I^- + 6H^+ \longrightarrow 3I_2 + Cl^- + 3H_2O$$

（3）高氯酸及高氯酸盐

用 $KClO_4$ 同浓 H_2SO_4 反应，然后减压蒸馏，即可得到高氯酸：

$$KClO_4 + H_2SO_4 \longrightarrow KHSO_4 + HClO_4$$

$HClO_4$ 是已知无机酸中最强的酸。无水 $HClO_4$ 是无色液体。浓的 $HClO_4$ 不稳定，受热分解。$HClO_4$ 在贮藏时必须远离有机物质，否则会发生爆炸。高氯酸盐是氯的含氧酸盐中最稳定的，不论是固体还是在溶液中都有较高的稳定性。固体高氯酸盐受热时都分解为氯化物和 O_2：

$$KClO_4 \xrightarrow{525℃} KCl + 2O_2 \uparrow$$

固态高氯酸盐在高温下是强氧化剂，但氧化能力比氯酸盐为弱，可用于制造较为安全的炸药。$Mg(ClO_4)_2$ 和 $Ba(ClO_4)_2$ 是很好的吸水剂和干燥剂。NH_4ClO_4 用作火箭的固体推进剂。

（4）溴和碘的含氧酸及其盐

溴和碘也可以形成与氯类似的含氧化合物。

① 次溴酸、次碘酸及其盐　次溴酸和次碘酸都是弱酸，酸性按 $HClO$、$HBrO$、HIO 的顺序减弱。它们都是强氧化剂，都不稳定，易发生歧化反应。

$$3HXO \longrightarrow 2HX + HXO_3$$

溴和碘与冷的碱液作用，也能生成次溴酸盐和次碘酸盐，而且比次氯酸盐更容易歧化。只有在 0℃ 以下的低温才可得到 BrO^-，在 50℃ 以上产物几乎全部是 BrO_3^-。IO^- 在所有温度下的歧化速率都很快，所以，实际上在碱性介质中不存在 IO^-。

$$3I_2 + 6OH^- \longrightarrow 5I^- + IO_3^- + 3H_2O$$

② 溴酸、碘酸及其盐　与氯酸相同，溴酸是用溴酸盐和 H_2SO_4 作用制得：

$$Ba(BrO_3)_2 + H_2SO_4 \longrightarrow BaSO_4 \downarrow + 2HBrO_3$$

碘酸可用浓 HNO_3 或 $HClO_3$ 氧化 I_2 来制得：

$$I_2 + 10HNO_3(浓) \longrightarrow 2HIO_3 + 10NO_2 \uparrow + 4H_2O$$

$$2HClO_3 + I_2 \longrightarrow 2HIO_3 + Cl_2 \uparrow$$

卤酸的酸性按 $HClO_3$、$HBrO_3$、HIO_3 的顺序逐渐减弱，但它们的稳定性却逐渐增加。$HBrO_3$ 只存在于水溶液中，HIO_3 在常温时为无色晶体。溴酸盐和碘酸盐在酸性溶液中也都是强氧化剂。

知识链接

卤素灯

卤素灯发光原理和普通白炽灯极为相似，都是热辐射光源。20 世纪 70 年代开始应用于汽车行业。

卤素灯泡（Halogen lamp），亦称钨卤灯泡，是白炽灯的一种。

卤素灯泡

卤素灯泡与其它白炽灯的最大差别在于一点，就是卤素灯的玻璃外壳中充有一些卤族元素气体（通常是碘或溴），其工作原理为：当灯丝发热时，钨原子被蒸发后向玻璃管壁方向移动，当接近玻璃管壁时，钨蒸气被冷却到大约 800℃ 并和卤素原子结合在一起，形成卤化钨（碘化钨或溴化钨）。卤化钨向玻璃管中央继续移动，又重新回到被氧化的灯丝上，由于卤化钨是一种很不稳定的化合物，其遇热后又会重新分解成卤素蒸气和钨，这样钨又在灯丝上沉积下来，弥补被蒸发掉的部分。通过这种再生循环过程，灯丝的使用寿命不仅得到了大大延长（几乎是白炽灯的 4 倍），同时由于灯丝可以工作在更高温度下，从而得到了更高的亮度、更高的色温和更高的发光效率。

卤素灯泡能以比一般白炽灯更高的温度运作，它们的亮度及效率亦更高。不过在这温度下，普通玻璃可能会软化，因此卤素灯泡需要采用熔点更高的石英玻璃。而由于石英玻璃不能阻隔紫外线，故此卤素灯泡通常都会需要另外使用紫外线滤镜。

卤素灯泡上的石英玻璃如果有油，会造成玻璃上温度不一，减低灯泡的寿命。因此换卤素灯泡时要避免人手触及灯泡的玻璃。如果手指摸到应以酒精清洁。

卤素灯通常用于需要集中照明的场合，用于数控机床、车床、车削中心和金属加工机械，汽车前灯、后灯，以及家庭、办公室、写字楼等公共场所。

【项目3】 非金属元素的性质验证

一、目的要求

1. 能理解卤素单质的氧化性递变顺序和卤素离子的还原性递变顺序。
2. 能熟悉过氧化氢的性质。
3. 能理解硫化氢和硫代硫酸钠的还原性。
4. 能熟悉硝酸的氧化性和硝酸盐的热稳定性；碳酸盐和酸式碳酸盐的热稳定性。

二、试剂与仪器

1. 试剂

(1) $6.0mol \cdot L^{-1}$ HCl 溶液	3mL	(2) $0.1mol \cdot L^{-1}$ KBr 溶液	1mL
(3) $0.1mol \cdot L^{-1}$ KI 溶液	5mL	(4) $0.1mol \cdot L^{-1}$ NaCl 溶液	1mL
(5) $0.1mol \cdot L^{-1}$ AgNO₃ 溶液	1mL	(6) $2.0mol \cdot L^{-1}$ H₂SO₄ 溶液	5mL
(7) CCl₄	1mL	(8) $2.0mol \cdot L^{-1}$ HNO₃ 溶液	3mL
(9) 浓 HNO₃	1mL	(10) $2.0mol \cdot L^{-1}$ NH₃·H₂O	4mL
(11) 3％ H₂O₂ 溶液	1mL	(12) $0.01mol \cdot L^{-1}$ KMnO₄ 溶液	3mL
(13) $0.1mol \cdot L^{-1}$ NaNO₂ 溶液	1mL	(14) 20％ Na₂SiO₃ 溶液	3mL
(15) 饱和 H₂S 水溶液	1mL	(16) 淀粉溶液	1mL
(17) 氯水	1mL	(18) 溴水	1mL
(19) 碘水	1mL	(20) NaHCO₃	1g
(21) 固体 KNO₃	1g	(22) 固体 Cu(NO₃)₂	1g
(23) 固体 AgNO₃	1g	(24) 固体 Na₂CO₃	1g
(25) 固体 MgCO₃	1g	(26) 固体 Na₂S₂O₃·5H₂O	1g
(27) 铜片	1小块	(28) 蓝色石蕊试纸	2张

2. 仪器

(1) 坩埚	1只	(2) 镊子	1把
(3) 试管	16支	(4) 试管刷	1把
(5) 玻璃棒	1根	(6) 酒精灯	1个
(7) 离心试管	2支		

三、操作步骤

1. 卤素间的置换反应

（1）在试管中加入 2 滴 $0.1mol \cdot L^{-1}$ KBr 溶液和 5 滴 CCl_4，然后滴加氯水，边加边振荡试管，观察 CCl_4 层中的颜色。写出反应方程式。

（2）在试管中加入 2 滴 $0.1mol \cdot L^{-1}$ KI 溶液和 5 滴 CCl_4，然后滴加氯水，边加边振荡试管，观察 CCl_4 层中的颜色。写出反应方程式。

（3）在试管中加入 5 滴 $0.1mol \cdot L^{-1}$ KI 溶液，再加入 1～2 滴淀粉溶液，然后滴加溴水，振荡试管，观察溶液的颜色。写出反应方程式。

根据以上结果，说明卤素单质的氧化能力顺序。

2. 卤化银的性质

取 2 支离心试管，分别加入几滴 $0.1mol \cdot L^{-1}$ NaCl 溶液，再滴加 $0.1mol \cdot L^{-1}$ $AgNO_3$ 溶液至 AgCl 沉淀完全，弃去上层清液，观察沉淀的颜色。在一个试管中加入 $2mol \cdot L^{-1}$ HNO_3，另一个试管中加入 $2mol \cdot L^{-1}$ $NH_3 \cdot H_2O$，观察沉淀是否溶解，写出反应方程式。

用 $0.1mol \cdot L^{-1}$ KBr 溶液和 $0.1mol \cdot L^{-1}$ KI 溶液进行上述同样实验，根据实验现象，指出 AgCl、AgBr、AgI 沉淀的颜色及溶解性差别。

3. H_2O_2 的氧化性和还原性

（1）在试管中加入 1mL $0.1mol \cdot L^{-1}$ KI 溶液、1mL $2mol \cdot L^{-1}$ H_2SO_4 溶液和 3～5 滴淀粉溶液，然后滴加 3‰H_2O_2 溶液，观察溶液颜色的变化。写出反应方程式。

（2）在试管中加入 1mL $2mol \cdot L^{-1}$ H_2SO_4 溶液和 1mL $0.01mol \cdot L^{-1}$ $KMnO_4$ 溶液，然后滴加 3‰H_2O_2 溶液，观察溶液颜色的变化。写出反应方程式。

4. 硫化氢和硫代硫酸钠的还原性

（1）在试管中加入 5～6 滴 $0.01mol \cdot L^{-1}$ $KMnO_4$ 溶液、5 滴 $2mol \cdot L^{-1}$ H_2SO_4 溶液，再滴加饱和 H_2S 水溶液，振荡试管，观察溶液颜色的变化。写出反应方程式。

（2）取黄豆大小的 $Na_2S_2O_3 \cdot 5H_2O$ 晶体于试管中，加水溶解，在试管中滴加碘水。观察现象。写出反应方程式。

5. 亚硝酸盐的氧化还原性

（1）取 0.5mL $0.1mol \cdot L^{-1}$ KI 溶液于试管中，加入 3 滴水 $2mol \cdot L^{-1}$ H_2SO_4 溶液使它酸化，然后逐滴加入 $0.1mol \cdot L^{-1}$ $NaNO_2$ 溶液。观察现象。写出反应方程式。

（2）取 0.5mL $0.01mol \cdot L^{-1}$ $KMnO_4$ 溶液于试管中，加入 3 滴水 $2mol \cdot L^{-1}$ H_2SO_4 溶液使它酸化，然后逐滴加入 $0.1mol \cdot L^{-1}$ $NaNO_2$ 溶液。观察现象。写出反应方程式。

6. 硝酸的氧化性和硝酸盐的热分解

（1）在试管中，放入一小块铜片，加入约 1mL 浓 HNO_3，观察产生的气体和溶液的颜色。再向试管中加入约 5mL 水，观察气体颜色的变化。写出反应方程式。

（2）在干燥试管中加入少量固体 KNO_3，灼热至 KNO_3 熔化分解。用火柴余烬试验放出的气体。写出反应方程式。

（3）用固体 $Cu(NO_3)_2$ 和 $AgNO_3$ 做同样的试验。

7. 碳酸盐和酸式碳酸盐的热稳定性

（1）取一药匙 $NaHCO_3$ 固体于试管中，加热，在试管口用湿润的蓝色石蕊试纸检验放出的气体。写出反应方程式。

（2）用无水 Na_2CO_3 固体和 $MgCO_3$ 固体分别代替 $NaHCO_3$ 做同样的试验。比较它们的热稳定性大小。

8. 硅酸水凝胶的生成

在试管中加入质量分数为 20% 的 Na_2SiO_3 溶液，逐滴加 $6mol \cdot L^{-1}$ HCl 溶液（每加一滴盐酸溶液，摇匀稍停，再继续滴加）至乳白色沉淀出现，稍停即可生成凝胶。

四、思考题

1. 卤素置换反应的规律是什么？
2. 在制取卤化银时常常会看到沉淀的颜色是灰色，请予以解释。
3. 举例说明 H_2O_2 和亚硝酸盐的氧化性和还原性。
4. 不同金属硝酸盐热分解产物有何不同？
5. 说明硫化氢和硫代硫酸盐的还原性。
6. 说明碳酸盐和酸式碳酸盐的热稳定性。

任务三
溶液酸碱性变化及应用

案例分析

NaAc 分子中无 OH^-，NH_4Cl 分子中无 H^+，但其水溶液分别显碱性和酸性。

一、溶液的酸碱性

1. 酸碱定义及其共轭关系

酸碱质子理论认为：在一个化学反应中，凡是能给出质子（H^+）的物质称为酸，如 HCl、NH_4^+、HPO_4^{2-} 等；凡是能接受质子（H^+）的物质称为碱，如 Cl^-、NH_3、PO_4^{3-} 等；既能给出质子又能接受质子的物质称为两性物质，如 HCO_3^-、H_2O、HPO_4^{2-} 等。当酸 HA 给出质子后形成碱 A^-，碱 A^- 接受质子后又生成酸 HA。它们的关系为：

$$
\begin{array}{cccc}
\text{酸} & & \text{质子} & \text{碱} \\
HA & \rightleftharpoons & H^+ & + \quad A^- \\
\end{array}
$$

例如：

$$
\begin{array}{cccc}
HPO_4^{2-} & \rightleftharpoons & H^+ & + \quad PO_4^{3-} \\
NH_4^+ & \rightleftharpoons & H^+ & + \quad NH_3 \\
[Fe(H_2O)_6]^{3+} & \rightleftharpoons & H^+ & + \quad [Fe(OH)(H_2O)_5]^{2+} \\
{}^+H_3N-R-NH_3^+ & \rightleftharpoons & H^+ & + \quad {}^+H_3N-R-NH_2 \\
H_2PO_4^- & \rightleftharpoons & H^+ & + \quad HPO_4^{2-} \\
\end{array}
$$

这种因一个质子的得失而相互依存又相互转化的性质称为共轭性质，对应的酸碱构成共轭酸碱对。HA 和 A^- 互为共轭酸碱对，HA 是 A^- 的共轭酸，A^- 是 HA 的共轭碱。相应的反应称为酸碱半反应。

✎ **自主学习**

人们在对酸碱的认识过程中，提出了许多酸碱理论，除了酸碱质子理论外，还有哪些理论？请利用书籍文献学习其它酸碱理论要点及其优缺点。

2. 酸碱反应的实质

质子理论认为，酸碱反应的实质是酸碱之间的质子转移反应，即酸把质子转移给另一种非共轭碱后，各自转变为相应的共轭碱和共轭酸。表示如下：

$$HA + B \rightleftharpoons BH^+ + A^-$$
$$\text{酸1} \quad \text{碱2} \quad \text{酸2} \quad \text{碱1}$$

因此，反应可在水溶液中进行，也可在非水溶剂和气相中进行。其反应结果都是各反应物分别转化为各自的共轭碱或共轭酸。

例如，NH_3 和 HCl 之间的酸碱反应：

半反应1　　HCl（酸1）$\rightleftharpoons Cl^-$（碱1）$+H^+$

半反应2　　NH_3（碱2）$+H^+ \rightleftharpoons NH_4^+$（酸2）

总反应　　　HCl（酸1）$+NH_3$（碱2）$\rightleftharpoons NH_4^+$（酸2）$+Cl^-$（碱1）

根据质子理论，电离理论中的各类酸、碱、盐反应以及水的离解反应都是质子转移的酸碱反应。

$$HAc+H_2O \rightleftharpoons H_3O^+ +Ac^-$$
$$NH_3+H_2O \rightleftharpoons OH^- +NH_4^+$$
$$H_2O+Ac^- \rightleftharpoons HAc+OH^-$$
$$NH_4^+ +H_2O \rightleftharpoons H_3O^+ +NH_3$$
$$H_2O+H_2O \rightleftharpoons H_3O^+ +OH^-$$

二、酸碱强弱与酸碱离解平衡

酸碱的强弱取决于物质给出质子或接受质子的能力大小。给出质子的能力越强，其酸性越强，反之越弱。同样接受质子的能力越强，其碱性越强，反之越弱。

1. 水的离解

水是一种既能接受质子又能给出质子的两性物质。在纯水中存在着下列平衡：

$$H_2O+H_2O \rightleftharpoons H_3O^+ + OH^-$$

上式简写为

$$H_2O \rightleftharpoons H^+ +OH^-$$

水分子间发生的这种质子转移，称为质子自递作用，其平衡常数称为水的质子自递常数

(K_w)，简称为水的离子积。即

$$K_w = [H^+][OH^-] \tag{2-1}$$

水的离解很微弱。经实验测定得知，在 22℃ 时，1L 纯水仅有 10^{-7} 水分子离解，因此，纯水中 $[H^+]$ 和 $[OH^-]$ 都是 $10^{-7}\, mol \cdot L^{-1}$，即

$$K_w = [H^+][OH^-] = 10^{-7} \times 10^{-7} = 1 \times 10^{-14}$$

水的离解是吸热过程，温度升高，K_w 值增大，不同温度下水的离子积常数见表 2-7。

表 2-7　不同温度下水的离子积常数

T/K	273	283	295	298	313	323	373
K_w	0.13×10^{-14}	0.36×10^{-14}	1.0×10^{-14}	1.27×10^{-14}	3.8×10^{-14}	5.6×10^{-14}	7.4×10^{-14}

由表 2-7 可以看出，水的离子积 K_w 随温度变化而变化。为了方便起见，室温下常采用 $K_w = 1.0 \times 10^{-14}$ 进行有关计算。

2. 酸碱平衡与酸碱离解常数

物质酸碱性的强弱可以通过酸或碱的离解常数 K_a 或 K_b 来衡量。例如：

HAc 在水溶液中的离解平衡

$$HAc \rightleftharpoons H^+ + Ac^-$$

反应的平衡常数为
$$K_a(HAc) = \frac{[H^+][Ac^-]}{[HAc]} \tag{2-2}$$

25℃ 时，HAc 的 $K_a = 1.75 \times 10^{-5}$。

又如，25℃ 时　　$HCN \rightleftharpoons H^+ + CN^-$　　　　$K_a = 6.2 \times 10^{-10}$

$$NH_3 + H_2O \rightleftharpoons NH_4^+ + OH^- \qquad K_b = 1.8 \times 10^{-5}$$

显然，在水溶液中，HAc 的 K_a 大于 HCN 的 K_a，表明相对于水溶来说，HAc 给出质子的能力要比 HCN 强，HAc 的酸性比 HCN 强。

对于物质碱性的强弱，同样可根据它们的 K_b 大小来比较。K_b 越大，说明该物质接受质子的能力越强，它的碱性也就越强。

对于一定的酸、碱，K_a 和 K_b 的大小与浓度无关，只与温度、溶剂以及是否有其它强电解质的存在有关。

3. 共轭酸碱对 K_a 与 K_b 的关系

对于 Ac^-，在水溶液中的离解平衡为

$$Ac^- + H_2O \rightleftharpoons HAc + OH^-$$

离解平衡常数为

$$K_b = \frac{[HAc][OH^-]}{[Ac^-]} \tag{2-3}$$

将式 (2-2) 与式 (2-3) 相乘可得

$$K_a(HAc) K_b(Ac^-) = [H^+][OH^-]$$

也就是说，对于一元弱酸及其共轭碱，K_a 与 K_b 具有以下关系：

$$K_a K_b = K_w = [H^+][OH^-] \qquad (2\text{-}4)$$

25℃时常见弱酸弱碱在水中的离解常数见附录。

多元酸在水溶液中的离解是逐级进行的，如 H_2CO_3

$$H_2CO_3 \rightleftharpoons H^+ + HCO_3^- \qquad K_{a1}$$

$$HCO_3^- \rightleftharpoons H^+ + CO_3^{2-} \qquad K_{a2}$$

多元酸的共轭碱在水溶液中结合质子的过程也是逐级进行的，如 CO_3^{2-}

$$CO_3^{2-} + H_2O \rightleftharpoons HCO_3^- + OH^- \qquad K_{b1}$$

$$HCO_3^- + H_2O \rightleftharpoons H_2CO_3 + OH^- \qquad K_{b2}$$

显然，对于二元弱酸及其共轭碱，K_a 与 K_b 具有以下关系：

$$K_{a1} K_{b2} = K_{a2} K_{b1} = [H^+][OH^-] = K_w \qquad (2\text{-}5)$$

同理对三元酸则有：

$$K_{a1} K_{b3} = K_{a2} K_{b2} = K_{a3} K_{b1} = [H^+][OH^-] = K_w \qquad (2\text{-}6)$$

利用共轭酸碱对相应酸或碱的离解常数就能求得对应共轭碱或共轭酸的离解常数。

【例 2-1】 已知反应 $S^{2-} + H_2O \rightleftharpoons HS^- + OH^-$ 的 $K_{b1} = 9.1 \times 10^{-3}$，求 S^{2-} 的共轭酸的离解常数 K_a。

解 S^{2-} 的共轭酸为 HS^-，其离解反应为：

$$HS^- \rightleftharpoons H^+ + S^{2-}$$

离解常数 K_{a2}。

根据 $K_{a2} K_{b1} = [H^+][OH^-] = K_w$ 得

$$K_{a2} = K_w / K_{b1} = 1.0 \times 10^{-14} / 9.1 \times 10^{-3} = 1.1 \times 10^{-12}$$

✎ **练一练**

四对共轭酸碱对的 K_a 值如下，请判断四种酸的强度顺序和其共轭碱的强度顺序。

$HAc\text{-}Ac^-$ $\qquad\qquad K_a = 1.74 \times 10^{-5}$

$H_2PO_4^-\text{-}HPO_4^{2-}$ $\qquad K_a = 6.3 \times 10^{-8}$

$NH_4^+\text{-}NH_3$ $\qquad\qquad K_a = 5.64 \times 10^{-10}$

$HS^-\text{-}S^{2-}$ $\qquad\qquad K_a = 1.1 \times 10^{-13}$

☞ **相关链接**

电解质溶液与电离度

电解质是指在水中或熔融状态下能够导电的化合物。可以分为强电解质和弱电解质。强电解质在水溶液中全部离解或近乎全部离解成离子，以水合离子的状态存在，如 $NaCl$ 和 HCl 等。

$$NaCl \longrightarrow Na^+ + Cl^-$$

$$HCl \longrightarrow H^+ + Cl^-$$

而弱电解质在水溶液中只有一小部分离解成离子，大部分以分子的形式存在，其离解过程是可逆的，在溶液中存在一个动态平衡，如 HAc 与 $NH_3 \cdot H_2O$ 等。

$$HAc \rightleftharpoons H^+ + Ac^-$$

$$NH_3 + H_2O \rightleftharpoons NH_4^+ + OH^-$$

电解质的离解程度通常用离解度 α 来表示。离解度是指电解质达到离解平衡时，已离解的分子数和原有分子总数之比，表示为：

$$\alpha = \frac{\text{已离解的分子数}}{\text{原有分子总数}} \times 100\%$$

例如，在 25℃时，$0.10 mol \cdot L^{-1}$ HAc 的 α 为 1.34%，表示在溶液中，每 10000 个 HAc 分子中有 134 个离解成 H^+ 和 Ac^-。电解质的离解度与溶质和溶剂的极性强弱、溶液的浓度以及温度有关。

对于不同的电解质，其离解度的大小差别很大。一般将质量摩尔浓度为 $0.10 mol \cdot kg^{-1}$ 的电解质溶液中离解度大于 30% 的称为强电解质，离解度小于 5% 的称为弱电解质，介于 30% 和 5% 之间的称为中强电解质。

三、酸碱溶液 pH 计算

1. 溶液酸碱性与 pH

常温时纯水中 $[H^+]$ 和 $[OH^-]$ 相等，都是 $10^{-7} mol \cdot L^{-1}$，所以纯水是中性的。如果向纯水中加酸，由于 $[H^+]$ 增大，使水的离解平衡向左移动，当达到新的平衡时，溶液中 $[H^+] > 10^{-7} mol \cdot L^{-1}$，$[OH^-] < 10^{-7} mol \cdot L^{-1}$，溶液呈酸性。同理，溶液中 $[OH^-] > 10^{-7} mol \cdot L^{-1}$，$[H^+] < 10^{-7} mol \cdot L^{-1}$，溶液呈碱性。

溶液的酸碱性常用 $[H^+]$ 表示，但当溶液里的 $[H^+]$ 很小时，用 $[H^+]$ 表示溶液的酸碱性就很不方便，因此在 $[H^+]$ 很小时常用氢离子浓度的负对数来表示。

氢离子浓度的负对数被称为 pH。即

$$pH = -lg[H^+]$$

氢氧根离子浓度的负对数被称为 pOH。即

$$pOH = -lg[OH^-]$$

$$pH + pOH = pK_w = 14.00$$

295K 时，溶液的酸碱性和 pH 的关系是：

$$中性溶液\ pH = 7$$
$$酸性溶液\ pH < 7$$
$$碱性溶液\ pH > 7$$

pH 越小酸性越强，pH 越大碱性越强。一般而言，pH 的适用范围是 0~14。当 $[H^+]$ 大于 $1 mol \cdot L^{-1}$ 时，直接用 $[H^+]$ 表示溶液的酸碱性。此时若用 pH，则为负值，反而麻烦。如 $2 mol \cdot L^{-1}$ HCl 溶液的 pH = -0.3010。

【例 2-2】　求 $0.05 mol \cdot L^{-1}$ HCl 溶液的 pH 和 pOH。

解　　　　　　　　　$$HCl \longrightarrow H^+ + Cl^-$$
$$[H^+] = c(H^+) = 0.05 mol \cdot L^{-1} \quad pH = -lg[H^+] = -lg0.05 = 1.30$$
$$pOH = pK_w - pH = 14.00 - 1.30 = 12.70$$

2. 酸碱溶液 pH 计算

（1）离子活度

强电解质在水溶液中完全离解，理论上，它们的离解度应为 100%。由于溶液中离子间

的相互作用，离子表现出来的浓度要比它的真实浓度为小。例如 $0.1mol \cdot L^{-1}$ NaCl 溶液中，Na^+ 和 Cl^- 所表现出来的浓度均为 $0.0778mol \cdot L^{-1}$，而不是 $0.1mol \cdot L^{-1}$。离子所表现出来的有效浓度称为离子活度，用 α 表示。活度和离子浓度具有如下关系

$$\alpha = fc$$

f 称为活度系数，它反映了离子在溶液中所受到的相互作用力的大小。一般情况下，由于离子在溶液中行动受到牵制，$f<1$，所以 $\alpha < c$。在极稀的强电解质溶液和不太浓的弱电解质溶液中，离子之间的相互作用力减弱，f 值逐渐接近于 1，离子活度与浓度几乎相等。

严格地讲，在计算中，应该用活度。但实际应用中，一般情况下离子的实际浓度都较小，溶液较稀，活度系数 f 值接近于 1，可近似认为浓度与活度相等。对数据的准确度要求不高时，为简化运算，用浓度代替活度来进行有关计算可以得到满意的结果。

（2）强酸强碱溶液 pH 计算

强酸强碱在溶液中几乎全部离解，因此 H^+ 或 OH^- 的平衡浓度等于加入的强酸或强碱的浓度。

【例 2-3】 计算 $0.1mol \cdot L^{-1}$ 盐酸溶液的 pH 和 pOH。

解 盐酸为强电解质。在水中完全离解：

$$HCl \longrightarrow H^+ + Cl^-$$

因为 $c(HCl) = 0.1mol \cdot L^{-1}$ 所以溶液中 $[H^+] = 0.1mol \cdot L^{-1}$

$$pH = -lg[H^+] = -lg0.1 = 1.00$$
$$pOH = 14.00 - pH = 14.00 - 1.00 = 13.00$$

（3）一元弱酸弱碱溶液 pH 计算

若以 HA 代替一元弱酸的通式，其离解常数 K_a 可表示如下：

$$K_a = \frac{[H^+][A^-]}{[HA]}$$

对于一元弱酸，如果同时满足 $c/K_a \geqslant 500$ 和 $cK_a \geqslant 10K_w$ 两个条件，则

$$[H^+] = \sqrt{cK_a} \tag{2-7}$$

对于一元弱碱的离解常数 K_b，以氨的水溶液为例，可表示如下

$$NH_3 + H_2O \Longleftrightarrow NH_4^+ + OH^-$$

$$K_b = \frac{[NH_4^+][OH^-]}{[NH_3]}$$

对于一元弱酸，如果同时满足 $c/K_b \geqslant 500$ 和 $cK_b \geqslant 10K_w$ 两个条件，则

$$[OH^-] = \sqrt{cK_b} \tag{2-8}$$

【例 2-4】 计算下列溶液的 pH。

① $0.10mol \cdot L^{-1}$ HAc ② $0.10mol \cdot L^{-1}$ NH_4Cl ③ $0.10mol \cdot L^{-1}$ NaCN

解 ① 已知 $K_a(HAc) = 1.76 \times 10^{-5}$

因为 $c/K_a(HAc) = 0.10/(1.76 \times 10^{-5}) > 500$

所以 $[H^+] = \sqrt{cK_a} = \sqrt{0.10 \times 1.76 \times 10^{-5}} = 1.3 \times 10^{-3}$ (mol·L^{-1})

$$pH = 2.89$$

② 已知 $K_a(NH_4Cl) = 5.64 \times 10^{-10}$

因为 $c/K_a(NH_4Cl) = 0.10/(5.64 \times 10^{-10}) > 500$

所以 $[H^+] = \sqrt{cK_a} = \sqrt{0.10 \times 5.64 \times 10^{-10}} = 7.5 \times 10^{-6}$ (mol·L^{-1})

$$pH = 5.12$$

③ 已知 $K_a(HCN) = 4.93 \times 10^{-10}$；$K_b = K_w/K_a = 10^{-14}/4.93 \times 10^{-10} = 2.03 \times 10^{-5}$

因为 $c/K_b(CN^-) = 0.10/(2.03 \times 10^{-5}) > 500$

所以 $[OH^-] = \sqrt{cK_b} = \sqrt{0.10 \times 2.03 \times 10^{-5}} = 1.4 \times 10^{-3}$ (mol·L^{-1})

$$pOH = 2.85$$
$$pH = 11.15$$

（4）多元弱酸弱碱溶液 pH 计算

多元弱酸、多元弱碱在水溶液中是分级离解的，每一级都有相应的离解平衡。如 H_2S 在水溶液中有二级离解

$$H_2S \rightleftharpoons H^+ + HS^- \qquad K_{a1} = 9.1 \times 10^{-8}$$
$$HS^- \rightleftharpoons H^+ + S^{2-} \qquad K_{a2} = 1.1 \times 10^{-12}$$

由于 $K_{a1} \gg K_{a2}$，说明二级离解比一级离解困难得多。因此在实际计算中，当 $c/K_{a1} > 500$ 时，可按一元弱酸作近似计算，即

$$[H^+] = \sqrt{cK_{a1}} \qquad\qquad (2-9)$$

【例 2-5】 计算 298K 时，0.10mol·L^{-1} H_2S 水溶液的 pH 及 S^{2-} 的浓度。

解 已知 298K 时，$K_{a1}(H_2S) = 9.1 \times 10^{-8}$，$K_{a2}(H_2S) = 1.1 \times 10^{-12}$

$K_{a1} \gg K_{a2}$，计算 H^+ 浓度时只考虑一级离解。

又 $c/K_{a1} = 0.1/(9.1 \times 10^{-8}) > 500$

$$[H^+] = \sqrt{cK_{a1}} = \sqrt{0.10 \times 9.1 \times 10^{-8}} = 9.5 \times 10^{-5} \text{mol·L}$$

$$pH = 4.02$$

因 S^{2-} 是二级离解产物，设 $[S^{2-}] = x \text{mol·L}^{-1}$

$$HS^- \rightleftharpoons H^+ + S^{2-}$$

平衡时 $\qquad 9.5 \times 10^{-5} - x \qquad 9.5 \times 10^{-5} + x \qquad x$

由于 K_{a2} 极小，$9.5 \times 10^{-5} \pm x \approx 9.5 \times 10^{-5}$ 则有

$$K_{a2} = \frac{[H^+][S^{2-}]}{[HS^-]} = \frac{9.5 \times 10^{-5} \times c(S^{2-})}{9.5 \times 10^{-5}} = 1.1 \times 10^{-12}$$

$$c(S^{2-}) = K_{a2} = 1.1 \times 10^{-12} (\text{mol·L}^{-1})$$

对二元弱酸，如果 $K_{a1} \gg K_{a2}$，则其酸根离子浓度近似等于 K_{a2}。

多元弱碱溶液 pH 的计算与此类似。

（5）两性物质溶液 pH 的计算

两性物质如 $NaHCO_3$、K_2HPO_4、NaH_2PO_4 及邻苯二甲酸氢钾在水溶液中，既可给出质子，显出酸性，又可接受质子，显出碱性，因此其酸碱平衡较为复杂。但在计算 $[H^+]$ 时仍可以从具体情况出发，作合理的简化处理。

以 $NaHA$ 为例，溶液中的质子转移反应有：

$$HA^- + H_2O \rightleftharpoons H_2A + OH^-$$

$$HA^- \rightleftharpoons H^+ + A^{2-}$$

一般来说，当 NaHA 浓度较高时，溶液的 H^+ 浓度可按下式作近似计算：

$$[H^+] = \sqrt{K_{a1} K_{a2}} \tag{2-10}$$

【例 2-6】 计算 $0.20 mol \cdot L^{-1} NaH_2PO_4$ 溶液的 pH。

解 已知 H_3PO_4 的 $K_{a1} = 7.52 \times 10^{-3}$，$K_{a2} = 6.23 \times 10^{-8}$，$K_{a3} = 4.4 \times 10^{-13}$

则　　$[H^+] = \sqrt{K_{a1} K_{a2}} = \sqrt{7.52 \times 10^{-3} \times 6.23 \times 10^{-8}} = 2.2 \times 10^{-5}$ $(mol \cdot L^{-1})$

$$pH = 4.66$$

又如 NH_4Ac 亦是两性物质，它在水中发生下列质子转移平衡。

$$NH_4^+ + H_2O \rightleftharpoons NH_3 + H_3O^+$$

$$Ac^- + H_2O \rightleftharpoons HAc + OH^-$$

以 K_a 表示正离子酸（NH_4^+）的离解常数，K_a' 表示负离子碱（Ac^-）的共轭酸（HAc）的离解常数，这类两性物质的 H^+ 浓度可按下式计算：

$$[H^+] = \sqrt{K_a K_a'}$$

$$pH = \frac{1}{2}(pK_a + pK_a') \tag{2-11}$$

【例 2-7】 计算 $0.10 mol \cdot L^{-1} HCOONH_4$ 溶液的 pH。

解 已知 NH_4^+　　$K_a = 5.64 \times 10^{-10}$，$pK_a = 9.25$

$HCOOH$　$K_a' = 1.77 \times 10^{-4}$，$pK_a' = 3.75$

$$pH = \frac{1}{2}(pK_a + pK_a') = \frac{1}{2}(9.25 + 3.75) = 6.50$$

✏️ **练一练**

计算下列溶液的 pH。

(1) 室温下饱和硫化氢水溶液

(2) $0.10 mol \cdot L^{-1} NaHCO_3$（$H_2CO_3$：$K_{a1} = 4.2 \times 10^{-7}$，$K_{a2} = 5.6 \times 10^{-11}$）

📚 **互动坊**

1. 能否列举一些实际生活中有关 pH 的应用。

由 pH 的定义可知，pH 是衡量溶液酸碱性的尺度。在很多方面需要控制溶液的酸碱性，这些地方都需要知道溶液的 pH。

(1) 医学　人体血液的 pH 通常在 7.35～7.45 之间，如果发生波动，就是病理现象。唾液的 pH 也被用于判断病情。如夏季蚊虫叮咬会分泌出甲酸（蚁酸），人感到痒，是因为此时 pH 低于 7 显酸性，可采用肥皂水、牙膏来增加 pH，以使人减轻痛痒感。

(2) 化学和化工　很多化学反应需要在特定的 pH 下进行，否则得不到所期望的产物。

(3) 农业　很多植物有喜酸性土壤或碱性土壤的习性，如茶的种植。控制土壤的 pH 可以使种植的植物生长得更好。

2. 测定 pH 的方法有哪些?

（1）使用 pH 指示剂　　在待测溶液中加入 pH 指示剂，不同的指示剂根据不同的 pH 会变化颜色，根据指示剂的颜色就可以确定 pH 的范围。滴定时，可以作精确的 pH 确定。

（2）使用 pH 试纸　　pH 试纸有广泛 pH 试纸和精密 pH 试纸，用玻璃棒蘸一点待测溶液到试纸上，然后根据试纸的颜色变化对照标准比色卡可以得到溶液的 pH。

（3）使用 pH 计　　pH 计是一种测定溶液 pH 的仪器，它通过 pH 选择电极（如玻璃电极）来测定出溶液的 pH。pH 计可以精确到小数点后两位。

pH 计

工业应用上测量 pH 的仪表有很多，比如笔式 pH 计、在线 pH 计等，都可以随时精确地测量出 pH。

【项目 4】　电离平衡及其影响因素的实验验证

一、目的要求

1. 能正确理解电解质电离的特点和影响平衡移动的因素。
2. 会使用酸碱指示剂和用 pH 试纸测定 pH。

二、基本原理

弱电解质在溶液中存在电离平衡。若 AB 为弱酸或弱碱，则在水溶液中存在下列电离平衡：

$$AB \rightleftharpoons A^+ + B^-$$

达到平衡时，溶液中未电离的 AB 的浓度和由 AB 电离产生的 A^+ 或 B^- 的浓度之间存在的定量关系为：

$$K_{AB} = \frac{[A^+][B^-]}{[AB]}$$

在此平衡体系中，若加入含有相同离子的强电解质，即增加 A^+ 或 B^- 的浓度，则平衡向生成 AB 分子的方向移动，使弱电解质 AB 的电离度降低，这种效应叫做同离子效应。

改变溶液的酸度或温度等外界条件，也可促使平衡发生移动。

三、试剂与仪器

1. 试剂

（1）$0.1mol \cdot L^{-1}$ HAc 溶液　　50mL　　（2）$0.1mol \cdot L^{-1}$ NaAc 溶液　　50mL

（3）$0.1mol \cdot L^{-1}$ $NH_3 \cdot H_2O$　2mL　　（4）$0.1mol \cdot L^{-1}$ HCl 溶液　　2mL

（5）$0.1mol \cdot L^{-1}$ NaOH 溶液　70mL　（6）$2.0mol \cdot L^{-1}$ HCl 溶液　　5mL

（7）$2.0mol \cdot L^{-1}$ NaOH 溶液　5mL　　（8）饱和 H_2S 水溶液　　5mL

（9）$0.1mol \cdot L^{-1}$ $MgCl_2$ 溶液　5mL　（10）固体 NH_4Cl　　2g

（11）固体 NaAc　　1g　　（12）酚酞试液　　2mL

（13）甲基橙试液　　2mL　　（14）石蕊试液　　2mL

2. 仪器

（1）精密 pH 试纸　　若干　　（2）醋酸铅试纸　　若干

（3）试管　　6 支　　（4）试管架　　1 个

（5）试管夹　　1 个　　（6）玻璃棒　　1 根

四、操作步骤

1. 溶液的酸碱性

用 pH 试纸测定 $0.1mol \cdot L^{-1}$ HCl、$0.1mol \cdot L^{-1}$ HAc、蒸馏水、$0.1mol \cdot L^{-1}$ $NH_3 \cdot H_2O$、$0.1mol \cdot L^{-1}$ NaOH 的 pH，并与理论值比较。

溶液	$0.1mol \cdot L^{-1}$ HCl	$0.1mol \cdot L^{-1}$ HAc	蒸馏水	$0.1mol \cdot L^{-1}$ $NH_3 \cdot H_2O$	$0.1mol \cdot L^{-1}$ NaOH
pH 测定值					
pH 计算值					

2. 同离子效应

（1）在试管中加入 1mL $0.1mol \cdot L^{-1}$ HAc 溶液，加 1 滴甲基橙试液，观察溶液的颜色；再加入少量固体 NaAc，观察溶液颜色的变化。

（2）在试管中加入 1mL $0.1mol \cdot L^{-1}$ $NH_3 \cdot H_2O$，加 1 滴酚酞试液，观察溶液的颜色；再加入少量固体 NH_4Cl，观察溶液颜色的变化。

3. 溶液酸度的影响

（1）取 2 支试管，分别加入 2mL 饱和 H_2S 水溶液和 1 滴石蕊试液，观察溶液的颜色，并用湿润的醋酸铅试纸检查有无 H_2S 气体放出。

向其中一支试管中滴加 $2.0mol \cdot L^{-1}$ NaOH 溶液，至溶液呈碱性，观察溶液颜色的变化，检查有无 H_2S 气体放出。

向另一支试管中滴加 $2.0mol \cdot L^{-1}$ HCl 溶液，至溶液呈酸性，观察溶液颜色的变化，检查有无 H_2S 气体放出。

（2）取 2 支试管，分别加入 2mL $0.1mol \cdot L^{-1}$ $MgCl_2$ 溶液后，滴加 $0.1mol \cdot L^{-1}$ $NH_3 \cdot H_2O$溶液，观察现象。

向其中一支试管中加入少量固体 NH_4Cl，观察有什么变化。

向另一支试管中滴加 $2.0mol \cdot L^{-1}$ HCl 溶液，观察有什么变化。

4. 温度的影响

在试管中加入 1mL $0.1mol \cdot L^{-1}$ NaAc 溶液和 1 滴酚酞试液，加热后观察颜色变化，并解释。

五、思考题

在弱电解质溶液中加入含有相同离子的强电解质，对弱电解质电离平衡有什么影响？

任务四
缓冲溶液及其应用

 案例分析

实验1　已知25℃时，纯水的pH＝7.00。25℃时，在1L纯水中加入0.01mol的强酸（HCl）或0.01mol强碱（NaOH），溶液的pH改变了5个pH单位。

说明纯水不具有抵抗外加少量强酸或强碱而使溶液的pH保持基本不变的能力。

实验2　在1L含HAc和NaAc均为0.1mol的溶液中加入0.01mol的强酸（HCl），溶液的pH由4.75下降到4.66，仅改变了0.09个pH单位。

若加入0.01mol强碱（NaOH），溶液的pH由4.75上升到4.84，也仅改变了0.09个pH单位。

如用水稍加稀释时，亦有类似现象，即HAc-NaAc溶液pH保持基本不变。

说明HAc-NaAc混合溶液具有抵抗外加少量强酸、强碱或稍加稀释而保持溶液的pH基本不变的能力。

一、缓冲溶液的组成

具有抵抗少量外来强酸或强碱或进行稀释而自身pH几乎保持不变的作用称为缓冲作用。具有缓冲作用的溶液称为缓冲溶液。

缓冲溶液由足够浓度的共轭酸碱对组成。其中共轭酸碱对通常称为缓冲对或缓冲系。常见的缓冲对主要有三种类型：弱酸及其对应的共轭碱，如HAc-NaAc；弱碱及其对应的共轭酸，如NH_3-NH_4Cl；多元弱酸及其对应的共轭碱，如NaH_2PO_4-Na_2HPO_4等。

二、缓冲作用机理

缓冲溶液之所以具有缓冲作用，是因为在溶液中有一定量的抗酸成分和抗碱成分。以HAc-NaAc缓冲体系为例。

在该缓冲溶液中，NaAc是强电解质，在水溶液中完全离解：

$$NaAc \longrightarrow Na^+ + Ac^-$$

HAc在水溶液中有：

$$HAc + H_2O \Longleftrightarrow H_3O^+ + Ac^-$$

当加入少量强酸时，溶液中H_3O^+的浓度增加，HAc的离解平衡向左移动，达到新平衡时溶液中HAc分子的数目略有增加，加入的少量H_3O^+几乎全部被消耗掉，溶液的pH几乎保持不变，只是 Ac⁻ 的数目减少，但由于 NaAc 的完全离解，溶液中有大量 Ac⁻，使得溶液中 Ac⁻ 的数目几乎不变。把 Ac⁻ 称为抗酸成分。当加入外来强碱时，溶液中的 OH⁻ 浓度增加，OH⁻ 与溶液中的 H_3O^+ 结合生成 H_2O，也就是溶液中 H_3O^+ 的浓度减少，促使 HAc 的离解平衡向右移动，增加了 HAc 分子的离解度，补充了消耗掉的 H_3O^+ 的浓度，当达到新平衡时，加入的少量 OH⁻ 几乎全部被消耗掉，溶液的 pH 几乎保持不变，只是 HAc 分子的数目略有减少，Ac⁻ 的数目略有增加，因此把 HAc 称为抗碱成分。可见，缓冲对中，共轭酸是缓冲溶液的抗碱成分，共轭碱是缓冲溶液的抗酸成分。正是由于缓冲溶液中共轭酸碱对之间的质子传递平衡，使得缓冲溶液能抵抗少量外来强酸或强碱，而自身的 pH 几乎保持不变。

三、缓冲溶液的 pH

以 HA-A⁻ 缓冲体系为例，HA 与 A⁻ 之间的质子传递平衡：

$$HA + H_2O \rightleftharpoons H_3O^+ + A^-$$

$$K_a = \frac{[H_3O^+][A^-]}{[HA]}$$

移项得

$$[H_3O^+] = K_a \frac{[HA]}{[A^-]}$$

两边取负对数得

$$pH = pK_a + lg \frac{[A^-]}{[HA]}$$

通式

$$pH = pK_a + lg \frac{[共轭碱]}{[共轭酸]} \qquad (2\text{-}12)$$

式（2-12）称为亨德森-哈塞尔巴赫方程式，用来计算缓冲溶液的 pH。

从公式中可以看出缓冲溶液的 pH 主要取决于弱酸 pK_a 与缓冲对的浓度比 [B] / [HB]（缓冲比）。pK_a 一定，其 pH 随缓冲比的改变而改变。当缓冲比等于 1 时，$pH = pK_a$。

对于弱碱及其共轭酸组成的缓冲溶液，由于其 pK_b 已知，通过 $pK_a = pK_w - pK_b$ 求得 pK_a，上述公式依然适用。

如果已知 HA 的初始浓度为 $c(HA)$，NaA 的初始浓度为 $c(NaA)$；HA 解离部分的浓度为 $c'(HA)$。则平衡时 $[HA] = c(HA) - c'(HA) \approx c(HA)$；$[A^-] = c(A^-) + c'(HA) \approx c(A^-)$

则

$$pH = pK_a + lg \frac{c(A^-)}{c(HA)} \qquad (2\text{-}13)$$

如果已知溶液的总体积 V，弱酸 HA 的物质的量 $n(HA)$ 及其共轭碱 A⁻ 的物质的量 $n(A^-)$，则式（2-13）可以写成：

$$pH = pK_a + lg \frac{n(A^-)/V}{n(HA)/V} = pK_a + lg \frac{n(A^-)}{n(HA)} \qquad (2\text{-}14)$$

当所用弱酸及其共轭碱的浓度相等时，式（2-14）可以写成：

$$pH = pK_a + lg \frac{cV(A^-)/V}{cV(HA)/V} = pK_a + lg \frac{V(A^-)}{V(HA)} \qquad (2\text{-}15)$$

在计算缓冲溶液的 pH 时，可以根据实际情况选择合适的计算公式。另外，弱酸及其共轭碱组成的缓冲溶液的 pH 受温度的影响不大，但弱碱及其共轭酸组成的缓冲溶液的 pH，由于包含了 pK_w 项，受温度的影响比较大，温度升高时，pK_w 减小。

☞ **相关链接**

常见缓冲溶液有乙酸-乙酸钠溶液、氨-氯化铵溶液、碳酸钠-碳酸氢钠溶液等。

缓冲溶液在自然界中、生产上和科学研究中，都极为重要。土壤中有由磷酸二氢钾和磷酸氢二钾、碳酸钠和碳酸氢钠等混合而成的缓冲物质，血液中也有碳酸和碳酸氢钠等缓冲物质，可以保持氢离子浓度在一定范围内的稳定性，使植物和动物的生理过程能正常进行。

在电镀、制革、制药、试剂等工业中以及在分析化学、生物化学等中，也广泛应用缓冲溶液，以维持pH的稳定性。

【例2-8】 将 $0.1mol \cdot L^{-1}$ HAc 溶液 50mL 与 $0.1mol \cdot L^{-1}$ NaAc 溶液 20mL 混合，求混合液的 pH。（已知 HAc 的 $pK_a = 4.76$）

解 此混合液的缓冲系为 HAc-Ac$^-$，混合后溶液中：

$$c(HAc) = \frac{0.10 \times 50}{70} = 0.07(mol \cdot L^{-1})$$

$$c(Ac^-) = \frac{0.10 \times 20}{70} = 0.029(mol \cdot L^{-1})$$

混合后溶液的 pH：

$$pH = pK_a(HAc) + \lg \frac{c(Ac^-)}{c(HAc)} = 4.76 + \lg \frac{0.029}{0.07} = 4.38$$

【例2-9】 将 $0.1mol \cdot L^{-1}$ KH$_2$PO$_4$ 溶液 20mL 与 $0.1mol \cdot L^{-1}$ Na$_2$HPO$_4$ 溶液 2mL 混合，求混合液的 pH。（已知 H$_3$PO$_4$ 的 $pK_{a1} = 2.16$，$pK_{a2} = 7.21$，$pK_{a3} = 12.32$）

解 混合液为 H$_2$PO$_4^-$-HPO$_4^{2-}$ 缓冲系，用 $pK_{a2} = 7.21$，混合后溶液中

$$c(H_2PO_4^-) = \frac{0.10 \times 20}{22} = 0.091(mol \cdot L^{-1}) \qquad c(HPO_4^{2-}) = \frac{0.10 \times 2}{22} = 0.0091(mol \cdot L^{-1})$$

混合后溶液的 pH

$$pH = pK_{a2} + \lg \frac{c(HPO_4^{2-})}{c(H_2PO_4^-)} = 7.21 + \lg \frac{0.0091}{0.091} = 6.21$$

四、缓冲能力和缓冲范围

缓冲溶液的缓冲能力并不是无限度的，当加入的外来强酸或强碱超过一定量时，缓冲溶液的 pH 将发生较大变化，失去缓冲能力，不同的缓冲溶液具有不同的缓冲能力。

当缓冲溶液总浓度一定时，缓冲比愈接近1，缓冲能力愈大；缓冲比愈远离1，缓冲能力愈小。实验证明，pH = $pK_a \pm 1$ 时，缓冲溶液具有缓冲能力，缓冲比在（1∶10）～（10∶1）之间。当缓冲比大于10∶1或小于1∶10时，可认为缓冲溶液已基本失去缓冲能力，因此把 pH = $pK_a \pm 1$ 称为缓冲溶液的缓冲范围。不同的缓冲体系，因其 pK_a 值不同而具有不同的缓冲范围。常见的缓冲溶液及其缓冲范围如表2-8所示。

表 2-8 几种常用缓冲溶液共轭酸的 pK_a 值及其缓冲范围

缓冲系	共轭酸的 pK_a(25℃)	缓冲范围 pH
HAc-NaAc	4.76	3.7～5.6
H$_2$C$_8$H$_4$O$_4$(邻苯二甲酸)-NaOH	2.95	2.2～4.0
KHC$_8$H$_4$O$_4$(邻苯二甲酸氢钾)-NaOH	5.41	4.0～5.8
KH$_2$PO$_4$-Na$_2$HPO$_4$	7.21	5.8～8.0
H$_3$BO$_3$-NaOH	9.24	8.0～10.0
NaHCO$_3$-Na$_2$CO$_3$	10.25	9.2～11.0
TrisH$^+$-Tris(三羟甲基甲铵)	8.21	7.2～9.0

五、缓冲溶液的配制

在配制具有一定 pH 的缓冲溶液时，为了使所得溶液具有较好的缓冲能力，应遵循以下原则和步骤。

1. 选择合适的缓冲对

使所配缓冲溶液的 pH 尽可能与所选缓冲对的 pK_a 接近，这样，所配缓冲溶液具有较大缓冲容量，而且配制的缓冲溶液的 pH 在所选缓冲对的缓冲范围（$pK_a \pm 1$）内。例如要配制 pH 为 7.2 的缓冲液，可选择 $H_2PO_4^- $-$HPO_4^{2-}$ 缓冲对，因 $H_2PO_4^-$ 的 $pK_a = 7.21$，接近 7.2。另外，所选的缓冲对性质应稳定、无毒，不与溶液中的反应物或产物反应。

2. 要有一定的总浓度

为保证溶液中具有足够的抗酸成分和抗碱成分，所配制的缓冲溶液要有一定的总浓度。浓度太低，缓冲容量过小，没实用价值；浓度太高，溶液的渗透压过高或离子强度太大也不适用。一般使溶液的总浓度在 $0.05 \sim 0.2 mol \cdot L^{-1}$ 范围内。

3. 为使溶液的缓冲能力最大，缓冲比要尽可能接近 1

缓冲比越接近 1，溶液的缓冲能力越大。

4. 计算所需的共轭酸、碱的体积

在具体配制时，为了简便起见，常用相同浓度的共轭酸碱溶液，可用式（2-15）计算所需两种溶液的体积。

5. 混合

根据体积比，把共轭酸碱两种溶液混合，即得所需的缓冲溶液。

6. 校正

如果对所配制的缓冲溶液要求比较高时，还需用 pH 计对所配缓冲溶液的 pH 加以校正，必要时加少量的酸或碱来调节，使所配溶液的 pH 与要求的相一致。

【例 2-10】　如何配制 100mL pH 为 4.9 的缓冲溶液？

解　（1）选择合适的缓冲体系。HAc 的 $pK_a = 4.76$，与所要配制的缓冲溶液 pH 接近。选用 HAc-Ac^- 缓冲系来配制。

（2）确定总浓度。为使缓冲溶液具有中等缓冲能力和计算简便，选用 $0.10 mol \cdot L^{-1}$ HAc 溶液和 $0.10 mol \cdot L^{-1}$ 的 NaAc 溶液来配制。

（3）计算所需 HAc 溶液与 NaAc 溶液的体积。由式（2-15）得

$$pH = pK_a + \lg \frac{V(Ac^-)}{V(HAc)}$$

$$4.90 = 4.76 + \lg \frac{V(Ac^-)}{V(HAc)}$$

$$\frac{V(A^-)}{V(HA)} = 1.41$$

因为 $V(Ac^-) + V(HAc) = 100 mL$

所以 $V(Ac^-) = 58.5 mL$　$V(HAc) = 41.5 mL$

（4）配制。用量筒量取 $0.10 mol \cdot L^{-1}$ HAc 溶液 41.5mL 和 $0.10 mol \cdot L^{-1}$ 的 NaAc 溶液 58.5mL，混合搅匀，即得 100mL pH 为 4.9 的缓冲溶液。如有必要，用 pH 计校正。

pH 为 5.10 的缓冲溶液，计算在 50mL 的 0.10mol·L^{-1} HAc 溶液
NaOH 溶液多少毫升？（已知 HAc 的 $pK_a = 4.76$）

$$HAc + NaOH \rightleftharpoons NaAc + H_2O$$

x mL，则加入的 NaOH 的物质的量为 $0.10x \times 10^{-3}$ mol，生成的
NaAc...... $0x \times 10^{-3}$ mol，全部中和 NaOH 后剩余的 HAc 的物质的量是
$(0.10......$ mol。

已...... = 5.10

$$pH = pK_a + \lg \frac{n(Ac^-)}{n(HAc)}$$

$$0 = 4.76 + \lg \frac{0.10x}{0.10 \times 50 - 0.10x}$$

$$= \lg \frac{x}{50 - x}$$

$$= 34.6 \ (mL)$$

在 50mL 0.......液中加入 34.6mL 0.10mol·L^{-1} NaOH 溶液即得所需
缓冲溶液。

......冲溶液的配制及其性质验证

一、目的要求

1. 能掌握缓冲溶......方法。
2. 会使用 pH 试纸......的溶液 pH。

二、基本原理

1. 基本概念

在一定程度上能抵抗外加少量酸、碱或稀释，而保持溶液 pH 基本不变的作用称为缓冲作用，具有缓冲作用的溶液称为缓冲溶液。

2. 缓冲溶液组成及计算公式

缓冲溶液一般是由共轭酸碱对组成的，例如，弱酸和弱酸盐，或弱碱和弱碱盐。如果缓冲溶液由弱酸和弱酸盐（例如 HAc-NaAc）组成，则

$$pH = pK_a + \lg \frac{[共轭碱]}{[共轭酸]}$$

3. 缓冲溶液性质

（1）抗酸、抗碱、抗稀释作用 因为缓冲溶液中具有抗酸成分和抗碱成分，所以加入少量强酸或强碱，其 pH 基本上是不变的。稀释缓冲溶液时，酸和碱的浓度比值不改变，适当稀释不影响其 pH。

（2）缓冲容量　缓冲容量是衡量缓冲溶液缓冲能力大小的尺度。缓冲容量的大小与缓冲组分浓度和缓冲组分的比值有关。缓冲组分浓度越大，缓冲容量越大；缓冲组分比值为 1∶1 时，缓冲容量最大。

三、试剂与仪器

1. 试剂

（1）$0.1mol \cdot L^{-1}$ HAc 溶液	50mL	（2）$0.1mol \cdot L^{-1}$ NaAc 溶液	50mL
（3）$1.0mol \cdot L^{-1}$ HAc 溶液	50mL	（4）$1.0mol \cdot L^{-1}$ NaAc 溶液	50mL
（5）$0.1mol \cdot L^{-1}$ NaH_2PO_4 溶液	70mL	（6）$0.1mol \cdot L^{-1}$ Na_2HPO_4 溶液	70mL
（7）$0.1mol \cdot L^{-1}$ $NH_3 \cdot H_2O$	60mL	（8）$0.1mol \cdot L^{-1}$ NH_4Cl 溶液	60mL
（9）$0.1mol \cdot L^{-1}$ NaOH 溶液	50mL	（10）$0.1mol \cdot L^{-1}$ HCl 溶液	50mL
（11）pH＝10.0　NaOH 溶液	50mL	（12）pH＝4.0　HCl 溶液	50mL
（13）甲基红试液	1mL		

2. 仪器

（1）精密 pH 试纸	若干	（2）pH 计	1 台
（3）烧杯	100mL×3	（4）量筒	10mL×1
（5）试管	6 支	（6）吸量管	10mL×1
（7）试管架	1 个	（8）玻璃棒	1 根

四、操作步骤

1. 缓冲溶液的配制与 pH 的测定

（1）按照表 2-9，计算出配制三种不同 pH 的缓冲溶液所需各组分的体积。

（2）取 3 只 100mL 烧杯，编号甲、乙、丙，按照表 2-9 逐一配制。

表 2-9　缓冲溶液的配制与 pH 的测定

烧杯编号	理论 pH	各组分的体积/mL（总体积 50mL）	精密 pH 试纸测定 pH	pH 计测定 pH
甲	4.0	$0.1mol \cdot L^{-1}$ HAc		
		$0.1mol \cdot L^{-1}$ NaAc		
乙	7.0	$0.1mol \cdot L^{-1}$ NaH_2PO_4		
		$0.1mol \cdot L^{-1}$ Na_2HPO_4		
丙	10.0	$0.1mol \cdot L^{-1}$ $NH_3 \cdot H_2O$		
		$0.1mol \cdot L^{-1}$ NH_4Cl		

（3）用精密 pH 试纸和 pH 计分别测定其 pH，记录。

比较理论计算值与两种测定方法实验值（溶液留作后面实验用）。

2. 缓冲溶液的性质

（1）抗酸、碱和抗稀释

① 取 3 支试管，依次加入自己配制的 pH＝4.0、pH＝7.0、pH＝10.0 的缓冲溶液各 3mL，用精密 pH 试纸测定各管中溶液的 pH。将结果记录在表 2-10 中。

② 向各管加入 5 滴 $0.1mol \cdot L^{-1}$ HCl，混匀后用精密 pH 试纸测其 pH。记录。

③ 另取 3 支试管，依次加入自己配制的 pH＝4.0、pH＝7.0、pH＝10.0 的缓冲

溶液各 3mL 后，向各管加入 5 滴 0.1mol·L^{-1} NaOH，混匀后用精密 pH 试纸测其 pH。记录。

④ 另取 3 支试管，依次加入自己配制的 pH＝4.0、pH＝7.0、pH＝10.0 的缓冲溶液各 3mL 后，向各管中加入 7mL 蒸馏水，混匀后再用精密 pH 试纸测其 pH。记录。

（2）对比实验

① 取 3 支试管，依次加入蒸馏水、pH＝4.0 的 HCl 溶液、pH＝10.0 的 NaOH 溶液各 3mL，用 pH 试纸测其 pH。将结果记录在表 2-10 中。

② 向各管加入 5 滴 0.1mol·L^{-1} HCl，混匀后用精密 pH 试纸测其 pH。记录。

③ 另取 3 支试管，依次加入蒸馏水、pH＝4.0 的 HCl 溶液、pH＝10.0 的 NaOH 溶液各 3mL，向各管加入 5 滴 0.1mol·L^{-1} NaOH 溶液，混匀后用精密 pH 试纸测其 pH。记录。

④ 另取 3 支试管，依次加入蒸馏水、pH＝4.0 的 HCl 溶液、pH＝10.0 的 NaOH 溶液各 3mL，向各管中加入 7mL 蒸馏水，混匀后再用精密 pH 试纸测其 pH。记录。

通过以上实验结果，说明缓冲溶液具有什么性质。

表 2-10　缓冲溶液的性质

实验序号	溶液类别	pH	加 5 滴 HCl 后 pH	加 5 滴 NaOH 后 pH	加 10mL 蒸馏水后 pH
1	pH＝4.0 的缓冲溶液				
2	pH＝7.0 的缓冲溶液				
3	pH＝10.0 的缓冲溶液				
4	蒸馏水				
5	pH＝4 的 HCl 溶液				
6	pH＝10 的 NaOH 溶液				

3. 缓冲溶液的缓冲容量

（1）缓冲容量与缓冲组分浓度的关系

① 取两支试管，在一试管中加入 0.1mol·L^{-1} HAc 和 0.1mol·L^{-1} NaAc 各 3mL，另一试管中加入 1mol·L^{-1} HAc 和 1mol·L^{-1} NaAc 各 3mL，混匀后用精密 pH 试纸测定两试管内溶液的 pH（是否相同）。

② 在两试管中分别滴入 2 滴甲基红试液，溶液呈现什么色？（甲基红在 pH＜4.2 时呈红色，pH＞6.3 时呈黄色）

③ 在两试管中分别逐滴加入 0.1mol·L^{-1} NaOH 溶液（每加入 1 滴 NaOH 均需摇匀），直至溶液的颜色变成黄色。记录各试管所滴入 NaOH 溶液的滴数。

比较说明哪一试管中缓冲溶液的缓冲容量大。

（2）缓冲容量与缓冲组分比值的关系

① 取两只烧杯，用吸量管在一只烧杯中加入 0.1mol·L^{-1} NaH$_2$PO$_4$ 和 0.1mol·L^{-1} Na$_2$HPO$_4$ 溶液各 10mL，另一只烧杯中加入 2mL 0.1mol·L^{-1} NaH$_2$PO$_4$ 和 18mL 0.1mol·L^{-1} Na$_2$HPO$_4$ 溶液，混匀后用精密 pH 试纸分别测量其 pH，记录。

② 在每只烧杯中各加入 1.8mL 0.1mol·L^{-1} NaOH 溶液，混匀后再用精密 pH 试纸分

别测量其 pH，记录。

比较说明哪种缓冲溶液的缓冲容量大。

五、思考题

如何选择和配制缓冲溶液，缓冲溶液的缓冲范围是多少？

任务五
酸碱标准溶液标定及应用

 案例分析

酸碱滴定法，是用已知物质的量浓度的酸（或碱）测定未知物质的量浓度的碱（或酸）的方法。酸碱滴定是最基本的化学分析法，可用于常量和半微量组分的准确测定，方法简便而快速。

酸碱滴定法在工、农业生产和医药卫生等方面都有非常重要的意义。重要化工原料三酸、二碱都是用此法分析。在测定制造肥皂所用油脂的皂化值、测定衡量油脂新鲜程度的酸值、测定粮食中蛋白质含量的克氏定氮法以及很多药品的分析，都是应用酸碱滴定法进行的。

一、滴定分析基本概念

滴定分析法，又叫容量分析法，将已知准确浓度的标准溶液，滴加到被测溶液中（或者将被测溶液滴加到标准溶液中），直到所加的标准溶液与被测物质按化学计量关系定量反应完全为止，根据标准溶液的浓度和所消耗的体积，计算出待测物质的含量。这种定量分析方法称为滴定分析法，它是一种简便、快速和应用广泛的定量分析方法，在常量分析中有较高的准确度。滴定分析装置如图 2-2 所示。

其中，已知准确浓度的试剂溶液称为滴定液（剂）。将滴定液从滴定管中加到被测物质溶液中的过程叫做滴定。当加入滴定液中物质的量与被测物质的量按化学计量定量反应完成时，反应达到了计量点。在滴定过程中，指示剂发生颜色变化的转变点称为滴定终点。滴定终点与计量点不一定恰恰符合，由此所造成的分析误差叫做滴定误差。滴定误差是滴定分析误差的主要来源之一，其大小主要取决于滴定系统中化学反应进行的完全程度和指示剂的选择是否恰当等。

根据标准溶液和待测组分间的反应类型不同，可分为酸碱滴定法、配位滴定法、氧化还原滴定法和沉淀滴定法四类。

每一种分析方法都各自有其特点，有时同一种物质能用多种方法测定。因此实际分析工作中，应根据待测组分的性质、含量以及试样的组成和对分析结果准确度的要求等选用适当的分析方法进行测定。

根据标准溶液与被测物质的反应特点可采用不同的滴定方式来进行。

（1）直接滴定法

用标准溶液直接滴定被测物质的溶液。如用盐酸标准溶液滴定氢氧化钠。直接滴定是最基本和最常用的滴定方式。

如果滴定反应不符合直接滴定的要求，可采用返滴定、置换滴定、间接滴定等方式。

（2）返滴定法

当反应较慢或反应物为固体时，滴定剂加入后反应不能立即定量完成，可以先加入一定量过量的滴定剂（第一标准溶液），待反应定量完成后用另一种标准溶液（第二标准溶液）作为滴定剂滴定剩余的第一标准溶液。例如，测

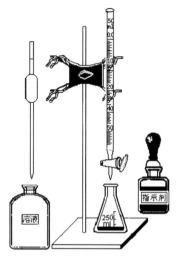

图 2-2　滴定分析装置示意

定 $CaCO_3$ 时可先加入一定量过量的盐酸标准溶液，并稍加热使试样完全溶解，冷却后再加指示剂，用标准氢氧化钠滴定剩余的盐酸。

$$CaCO_3 + HCl(过量) \longrightarrow CaCl_2 + CO_2 \uparrow + H_2O$$

$$HCl(剩余) + NaOH \longrightarrow NaCl + H_2O$$

（3）置换滴定

对于没有确定的计量关系的反应，可采用置换滴定法。即加入适当试剂与被测物质发生反应，定量置换出可与滴定剂定量反应的物质，再用滴定剂滴定。例如，硫代硫酸钠是氧化还原滴定中常用的滴定剂，但它与重铬酸钾及其他强氧化剂反应时，被氧化成 $S_4O_6^{2-}$、SO_4^{2-} 的混合物，反应没有计量关系。常采用置换滴定法，在酸性重铬酸钾溶液中加入过量碘化钾，使重铬酸钾定量置换出 I_2，再用硫代硫酸钠标准溶液滴定生成的 I_2，然后按计量关系进行计算。

（4）间接滴定法

不能与滴定剂直接反应的物质，可以通过另外的化学反应间接测定。例如，Ca^{2+} 在水中没有可变的化合价，不能用氧化还原法直接滴定。但如果将 Ca^{2+} 沉淀为 CaC_2O_4，过滤洗净再溶解于稀硫酸后，就可用高锰酸钾标准溶液滴定草酸，从而间接测定 Ca^{2+} 的含量。

☛ **相关链接**

滴定分析的条件

适合滴定分析的化学反应应该具备以下几个条件：

（1）反应必须按化学反应方程式定量完成，通常要求在 99.9% 以上。

（2）反应能够迅速地完成（有时可加热或用催化剂以加速反应）。

（3）共存物质不干扰主要反应，或用适当的方法消除其干扰。

（4）有比较简便的方法确定计量点（指示滴定终点）。

二、滴定分析的误差

滴定分析的目的是准确测定组分在试样中的含量，要求测定结果必须达到一定的准确度。但是由于多种原因，使得测定结果只能趋近于真值，而不能达到真值。测定结果与真值之间的差值称为误差。只有了解滴定分析中误差产生的原因，尽可能减小误差，才能提高分析的准确度和精密度。

1. 误差的产生

滴定分析中产生的各种误差，据其性质可分为系统误差、随机误差和过失误差三大类。

（1）系统误差

由于某种固定原因造成的误差称为系统误差。主要有以下几种。

① 方法误差　由于所采用的分析方法本身的固有特性所引起的误差。如反应不能定量地完成或者有副反应；存在干扰成分；滴定分析中滴定终点与化学计量点不相符等。

② 试剂误差　由于试剂不纯或蒸馏水中含有微量杂质而引起的误差。

③ 仪器误差　由于仪器本身的缺陷所造成的误差。如未校正的滴定管、容量瓶、移液管以及已被腐蚀的天平砝码等在使用过程中引入的误差。

④ 操作误差　由于个人操作不当而引起的误差。

引起系统误差的原因是多方面的，但这些原因是固定的，因而系统误差具有单向性和重复性的特点，系统误差的数值基本是恒定不变的。

（2）随机误差

随机误差也叫偶然误差，是由于某些偶然的、微小的和不可知的因素所引起的误差。如测量时的环境温度、湿度、气压、灰尘等变化而引起的误差。

这类误差是不固定的，或大或小，时正时负，无规律性。

（3）过失误差

由于操作不规范或者操作错误而引起的误差。例如，加错试剂、记错数据、溅失溶液等。有过失误差的测定结果不能用，必须要舍弃。

2. 误差的表示

（1）准确度与误差

测定值与真实值的符合程度，称为准确度，用误差来表示。误差包括绝对误差和相对误差。绝对误差是测定值与真实值之差。

$$绝对误差(E) = 测定值(x_i) - 真实值(x_T) \tag{2-16}$$

相对误差是绝对误差在分析结果中所占的百分率或千分率。

$$相对误差(RE) = \frac{E}{x_T} \times 100\% = \frac{E}{x} \times 100\% \tag{2-17}$$

绝对误差和相对误差都有正值和负值。正值表示分析结果偏高，负值表示分析结果偏低。实际工作中，真值实际上是无法获得的，常用纯物质的理论值、国家标准局提供的标准参考物质的证书上给出的数值或多次测定结果的平均值当作真值。

【例 2-12】　用分析天平称量甲、乙两物体的重量分别为 2.1750g 和 0.2175g，假设二者的真实值为 2.1751g 和 0.2176g，求其绝对误差和相对误差。

解　利用式（2-16）可求得

甲的绝对误差 = 2.1750 - 2.1751 = -0.0001（g）

乙的绝对误差＝0.2175－0.2176＝－0.0001（g）

利用式（2-17）可求得相对误差

$$相对误差（RE_甲）= \frac{E}{x_T} \times 100\% = \frac{-0.0001}{2.1751} \times 100\% = -0.005\%$$

$$相对误差（RE_乙）= \frac{E}{x_T} \times 100\% = \frac{-0.0001}{0.2176} \times 100\% = -0.05\%$$

可以看出，相对误差能反映误差在真实结果中所占的比例，因而用相对误差表示各种情况下测定结果的准确度更为确切。

（2）精密度与偏差

在相同条件下对同一试样进行多次测定，多次测定结果相互吻合的程度称为精密度，用偏差表示。偏差越小，精密度越高；偏差越大，精密度越低。

测得值（x_i）与平均值（$\bar{x}$）之差称为绝对偏差（d_i），即

$$d_i = x_i - \bar{x} \tag{2-18}$$

平均偏差（$\bar{d}$）是各次绝对偏差绝对值的和的平均值，即

$$\bar{d} = \frac{\sum |x_i - \bar{x}|}{n} \tag{2-19}$$

相对平均偏差（$R\bar{d}$）是平均偏差与测定平均值的比值，即

$$R\bar{d} = \frac{\bar{d}}{\bar{x}} \times 100\% \tag{2-20}$$

当分析测定常量组分时，分析结果的相对平均偏差一般要求小于0.2%，也就是2.0‰。

当确定标准溶液准确浓度时，还常用"极差"表示精密度。极差是指一组平行测定值中最大值与最小值之差。

在产品标准中，还有"允许差"（或称公差）的规定。一般要求某一项指标的平行测定结果之间的绝对偏差不得大于某一数值，这个数值就是"允许差"，它实际上是对测定精密度的要求。每次测定结果都应符合允许差要求。若超出允许差范围应增加测定次数，直至测定结果与前面几次（或其中几次）测定结果之差符合允许差的规定范围。

（3）准确度与精密度的关系

精密度表示测定结果之间相互接近的程度大小，准确度表示测量值与真值之间的差别大小。精密度高，但不一定接近真值，所以准确度不一定高。可是准确度要高，必须使平行测定结果更加接近。精密度是保证准确度的先决条件，只有精密度和准确度都高的测定结果才是最接近真值的。

3. 分析结果的报告

不同的分析任务，对分析结果准确度要求不同，平行测定次数与分析结果的报告形式也不同。

（1）例常测定分析

常规分析和生产中间的控制分析属于例常分析，一般要求一个试样做2个平行测定。如果两次分析结果之差不超过允许差的2倍，则取平均值报告分析结果；如果超过允许差的2倍，则须再做一次分析，最后取两个差值小于允许差2倍的数据，以其平均值报告结果。

【例2-13】 某试样产品中微量水的测定，若允许差为0.05%，而样品平行测定结果分别为0.50%、0.66%，应如何报告分析结果？

解 因为0.66%－0.50%＝0.16%＞2×0.05%

故应再做一份分析，若这次分析结果为 0.60%

0.66%－0.60%＝0.06%＜2×0.05%

则应取 0.66% 与 0.60% 的平均值 0.63% 报告分析结果。

（2）多次测定分析

在严格的样品检验或开发性试验中，往往需要对同一试样进行多次测定，此为多次测定分析。这种情况下应以多次测定的算术平均值、中位值、平均偏差和相对平均偏差报告结果。

中位值（x_m）是指一组测定值按大小顺序排列时位于中间位置的数字。当 n 为奇数时，正中间的数字则为中位值。当 n 为偶数时，正中间两个数值的平均值为中位值。

【例 2-14】 分析某样品中含水量时，测得下列数据：34.45%，34.30%，34.20%，34.50%，34.25%。计算这组数据的算术平均值、中位值、平均偏差和相对平均偏差。

解 将这组数据按大小顺序列成下表

顺序	$x/\%$	$d_i = x_i - \bar{x}/\%$
1	34.50	+0.16
2	34.45	+0.11
3	34.30	−0.04
4	34.25	−0.09
5	34.20	−0.14
$n=5$	$\sum x = 171.70\%$	$\sum|d| = 0.54\%$

由此得出中位值

$$x_m = 34.30\%$$

算术平均值

$$\bar{x} = \frac{\sum x}{n} = \frac{171.70\%}{5} = 34.34\%$$

平均偏差

$$\bar{d} = \frac{\sum|x_i - \bar{x}|}{n} = \frac{0.54}{5} = 0.11\%$$

相对平均偏差

$$R\bar{d} = \frac{\bar{d}}{\bar{x}} \times 1000‰ = \frac{0.11}{34.34} \times 1000‰ = 3.2‰$$

4. 提高分析结果准确度的方法

要提高分析结果的准确度，就要减小测定过程中的各种误差。

（1）消除系统误差

系统误差是分析结果不准确的主要原因，必须设法消除。

① 选择合适的分析方法　不同的分析方法，其准确度和灵敏度各有侧重。如滴定分析法准确度高，但灵敏度低，适用于常量组分的测定；而仪器分析法的灵敏度高，但准确度却较差，进行微量组分测定效果较好。选择合适的分析方法，是测定结果达到一定准确度的保障。

② 减小测量误差　在分析测定中，分析结果往往不是一步完成的，而需要经过多步测定，每步测定都有可能产生误差，并且都要传递到最终结果中。为了保证分析结果的准确度，必须尽量减小分析过程中每一步的测量误差。如一般分析天平称量误差为 0.0002g，为使称量相对误差小于 0.1% 以上，试样质量必须不小于 0.2g。

在滴定分析中滴定管的读数常有±0.01mL 的误差，在一次滴定中，两次读数可造成±0.02mL 的误差，为使测量时的相对误差小于 0.1%，消耗滴定剂的体积必须在 20mL

以上。

③ 对照试验　用已知溶液代替试液，用同样方法进行测定。由此可判断有无系统误差。

④ 空白试验　用配制试液用的蒸馏水代替试液，用同样的方法重做试验进行测定，所得结果称为空白值，计算时要从试样测定结果中扣除。通过空白试验可以消除试剂、蒸馏水及器皿等引入杂质所造成的系统误差。

⑤ 校准仪器　对砝码、移液管、容量瓶与滴定管等进行校准，可以消除仪器本身所造成的系统误差。

（2）减小随机误差

增加平行测定次数是减小随机误差的主要途径。一般分析测定中，要求平行测定 3～4 次。

此外，在数据记录和计算过程中，也会因数据处理不规范而造成分析结果的误差。所以必须严格按照有效数字及其运算规则来处理数据。

5. 有效数字及运算规则

（1）有效数字

有效数字是指在分析工作中能实际测量得到的数字。在保留的有效数字中，只有最后一位数字是可疑的（有 ± 1 的误差），其余数字都是准确的。例如，使用 50mL 的滴定管滴定，最小刻度为 0.1mL，所得到的体积读数 25.87mL，它不仅表示了滴定体积为 25.87mL，而且说明仪器的精度为 ± 0.01mL。可见，数据的位数不仅表示数量的大小，而且反映了测量的准确程度。现以滴定分析中经常遇到的各类数据举例如下：

试样的质量	0.6050g	4 位有效数字（用分析天平称量）
溶液的体积	35.36mL	4 位有效数字（用滴定管计量）
	25.00mL	4 位有效数字（用移液管量取）
	25mL	2 位有效数字（用量筒量取）
溶液的浓度	0.1000mol$\cdot$L^{-1}	4 位有效数字
	0.2mol$\cdot$L^{-1}	1 位有效数字
质量分数	34.34%	4 位有效数字
	pH＝4.30	2 位有效数字
离解常数	$K=1.8\times10^{-5}$	2 位有效数字

"0"在数字中有几种意义。首先，数字前面的 0 只起定位作用，本身不算有效数字。而数字之间的 0 和小数末尾的 0 都是有效数字。其次，以 0 结尾的整数，如 3600 这样的数字，应该根据实际情况，最好用 10 的幂指数表示，分别写成 3.6×10^3、3.60×10^3 或者 3.600×10^3 等，这时前面的系数代表有效数字。最后，对于 pH、pK_a、lg$K$ 等对数值，有效数字只取决于小数部分的位数，整数部分只说明该数的方次。例如，pH＝11.02，表示 $[H^+]=9.5\times10^{-12}$，只有 2 位有效数字，而不是 4 位。

（2）有效数字的修约

在处理数据过程中，由于各测量值的有效位数可能不同，因此必须舍去某些多余的数字。舍弃多余数字的过程称为数字修约，修约所遵循的规则称为"数字修约规则"，可归纳如下口诀："四舍六入五成双，五后非零则进一，五后皆零视奇偶，五前为奇则进一，五前为偶则舍去。"

如欲保留 1 位小数，对下列数据进行修约：

12.3432　　　　　12.3

25.4743	25.5
2.0521	2.1
0.5500	0.6
0.6500	0.6
2.0500	2.0　　　　　0 视为偶数

数字修约时只能对原始数据进行一次修约，使其达到需要的位数，不能逐级修约。

（3）有效数字的运算规则

在分析结果的计算中，每个测量值的误差都要传递到结果中，因此必须运用有效数字的运算规则进行合理取舍。运算时应先按一定的规则修约各个数据，再计算结果。

① 加减法规则　测量结果为几个数据相加或相减时，应以各数字中小数点后位数最少（绝对误差最大）的数字为依据决定结果的有效位数。例如：

$0.012 + 25.64 + 1.05783 = ?$

原数	绝对误差	修约为
0.012	±0.001	0.01
25.64	±0.01	25.64
+1.0578	±0.0001	1.06
26.7098	±0.01	26.71

三个数中第二个数的绝对误差最大，它决定了总和的不确定性为±0.01，其它误差小的数不起决定作用，结果的绝对误差仍保持±0.01，即保留 2 位小数。

② 乘除法规则　测量结果为几个数据相乘或相除时，应以各数字中有效数字位数最少（相对误差最大）的数字为依据决定结果的有效位数。例如：

$0.0121 × 25.64 × 1.05782 = ?$

原数	相对误差	修约为
0.0121	$\frac{±1}{121} × 100\% = ±0.8\%$	0.0121
25.64	$\frac{±1}{2564} × 100\% = ±0.04\%$	25.6
1.05782	$\frac{±1}{105782} × 100\% = ±0.00001\%$	1.06

原数的积为 0.3281823，修约后数的积为 0.328，与 0.0121 有效数字位数一致。

③ 若某个数字的第一位有效数字≥8，则计算结果有效数字的位数应多算一位。

④ 在计算式中出现 π、e、$\sqrt{2}$、$\frac{1}{2}$ 等常数时，有效数字无限制，不可作为决定结果的有效数字的依据，应参考其它数值。

（4）有效数字运算规则在滴定分析中的应用

① 各种化学平衡中有关浓度的计算　按平衡常数的位数来确定计算结果有效数字的位数，一般为 2～3 位。

② 计算测定结果　确定其有效数字位数与待测组分在试样中的相对含量有关，一般具体要求如下：

高含量组分（一般大于 10%），4 位有效数字；中含量组分（1%～10%），3 位有效数字；微量组分（<1%），2 位有效数字。

自主学习

请查找资料了解滴定分析中的误差种类、产生原因及其减免办法。

三、酸碱滴定曲线与指示剂的选择

酸碱滴定法是以酸、碱之间质子转移反应为基础的滴定分析方法，适用于水溶液和非水溶液系统中酸、碱物质或通过一定的化学反应能转化为酸、碱的物质的含量测定，故在化学、化工、生物、环境、材料、农业等领域有着广泛应用。

酸碱滴定过程中，随着标准滴定溶液的逐滴加入，被滴溶液的 pH 不断变化，这种变化可用酸碱滴定曲线来表示。以 pH 为纵坐标，以标准滴定溶液加入量（或滴定百分数）为横坐标作图，即得酸碱滴定曲线。由滴定曲线可以看出各类酸碱滴定中溶液 pH 的变化规律及其影响因素。为使酸碱滴定分析得到准确结果，应依据化学计量点及其附近被滴溶液 pH 的变化情况选择合适的指示剂。在此我们只介绍强酸强碱的滴定情况、指示剂的选择及其主要应用等。

现以 $0.1000 \mathrm{mol \cdot L^{-1}}$ NaOH 溶液滴定 20.00mL $0.1000 \mathrm{mol \cdot L^{-1}}$ HCl 溶液为例，讨论用强碱滴定强酸过程中溶液 pH 的变化规律及指示剂的选择。

1. 滴定曲线

整个滴定过程可分 4 个阶段。

（1）滴定前

溶液的酸度等于 HCl 的原始浓度，即

$$[H^+] = 0.1000 \mathrm{mol \cdot L^{-1}}$$

所以

$$pH = -\lg[H^+] = 1.00$$

（2）滴定开始到化学计量点前

溶液的酸度取决于剩余 HCl 的浓度。如加入 NaOH 18.00mL 时，则未中和的 HCl 为 2.00mL，此时溶液中

$$[H^+] = 0.1000 \times \frac{2.00}{20.00 + 18.00} = 5.26 \times 10^{-3} (\mathrm{mol \cdot L^{-1}})$$

所以

$$pH = 2.28$$

当加入 NaOH 19.98mL 时，未中和的 HCl 为 0.02mL，此时溶液中

$$[H^+] = 0.1000 \times \frac{0.02}{20 + 19.98} = 5.0 \times 10^{-5} (\mathrm{mol \cdot L^{-1}})$$

所以

$$pH = 4.30$$

（3）化学计量点时

加入 NaOH 为 20.00mL，HCl 全部被中和，此时溶液中 $[H^+]$ 由水的离解决定，即

所以

$$pH = 7.00$$

（4）化学计量点以后

溶液的酸度取决于过量 NaOH 的浓度。如加入 NaOH 20.02mL 时，NaOH 过量 0.02mL，此时溶液 $[OH^-]$ 为

$$[OH^-] = 0.1000 \times \frac{0.02}{20.02 + 20} = 5.0 \times 10^{-5} (\mathrm{mol \cdot L^{-1}})$$

$$[H^+]=2.0\times10^{-10}\,mol\cdot L^{-1}$$
$$pH=9.70$$

用类似的方法可以计算滴定过程中加入任意体积 NaOH 时溶液的 pH，结果列于表 2-11。

表 2-11　$0.1000\,mol\cdot L^{-1}$ NaOH 溶液滴定 20.00mL $0.1000\,mol\cdot L^{-1}$ HCl 时体系的 pH 变化

V(加入 NaOH) /mL	HCl 被滴定百分数 /%	V(剩余 HCl) /mL	V(过量 NaOH) /mL	$[H^+]$	pH
0.00	0.00	20.00		1.00×10^{-1}	1.00
18.00	90.00	2.00		5.26×10^{-3}	2.28
19.80	99.00	0.20		5.02×10^{-4}	3.30
19.98	99.90	0.02		5.00×10^{-5}	4.30 ⎫ 突
20.00	100.00	0.00		1.00×10^{-7}	7.00 ⎬ 跃范围
20.02	100.1		0.02	2.00×10^{-10}	9.70 ⎭ 围
20.20	101.0		0.20	2.01×10^{-11}	10.70
22.00	110.0		2.00	2.10×10^{-12}	11.68
40.00	200.0		20.00	5.00×10^{-13}	12.52

以 NaOH 溶液加入量为横坐标，对应溶液的 pH 为纵坐标，绘制关系曲线，则得图 2-3 所示的曲线，这种曲线称为滴定曲线。

由表 2-11 和图 2-3 可以看出，在滴定开始时曲线是比较平坦的，随着滴定的进行，曲线逐渐向上倾斜，在化学计量点前后发生较大的变化，以后曲线又比较平坦。这是因为曲线图是以 pH 作为纵坐标来表示溶液 $[H^+]$ 的相对变化的。滴定开始时，溶液中酸量大，加入 18mL 碱，pH 才改变 1.3 个单位，这正是强酸缓冲容量最大的区域，所以曲线平坦；随着滴定的进行，溶液酸量减少，缓冲容量下降，这时若使 pH 改变 1 个单位，只需再加入 1.8mL NaOH；溶液中剩余的酸愈少，则加入相同量碱所引起的 pH 变化也愈大，曲线逐渐倾斜；当滴定到溶液中只剩下 0.1%（0.02mL）NaOH 时，溶液 pH 为 4.30，这时再加 1 滴（0.04mL）NaOH 不仅将剩下的半滴 HCl 中和，而且 NaOH 还过量了半滴。此时，1 滴之差使溶液的酸度发生巨大的变化，pH 由 4.30 急剧增加到 9.70，增大了 5.4 个 pH 单位，即 $[H^+]$ 改变了 2.5×10^5 倍，溶液由酸性变为碱性。此后若继续加入 NaOH 溶液，则进入强碱的缓冲区，溶液的 pH 变化逐渐减小，曲线又比较平坦。

从图 2-3 可见，在化学计量点前后 0.1%，曲线呈现近似垂直的一段，表明溶液的 pH 有一个突然的改变，这种 pH 的突然改变称为滴定突跃。突跃所在的 pH 范围称滴定突跃范围。滴定突跃是选择指示剂的依据，凡指示剂变色域的 pH 全部或部分落在滴定突跃范围内的均适用。在此滴定中，酚酞、甲基红、甲基橙均适用。

如果用 $0.1000\,mol\cdot L^{-1}$ HCl 滴定 $0.1000\,mol\cdot L^{-1}$ NaOH，则情况相似，但 pH 变化方向相反，如图 2-3 中虚线所示。其 pH 突跃范围和指示剂的选择原则，与强碱滴定强酸的情况相同。

2. 指示剂的选择

（1）酸碱指示剂的作用原理和变色范围

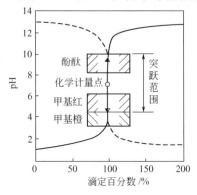

图 2-3　$0.1000\,mol\cdot L^{-1}$ NaOH 与 $0.1000\,mol\cdot L^{-1}$ HCl 的滴定曲线

酸碱指示剂一般都是一些有机弱酸或有机弱碱，它们的共轭酸碱对具有不同的结构，而且颜色也不相同。在酸碱滴定过程中，当溶液的 pH 改变时，指示剂获得质子转化为共轭酸，或失去质子转化为共轭碱，使指示剂结构发生变化，从而引起溶液颜色变化。例如，酚酞是一种常见的酸碱指示剂，其 $pK_a = 9.1$，它在水中存在下列离解平衡：

酸式(无色)　　　　　　　碱式(红色)

由上式可以看出，当溶液中 $[H^+]$ 增大时，平衡左移，酚酞主要以酸式结构存在，溶液无色。当溶液中 $[H^+]$ 减小时，平衡右移，酚酞主要以碱式结构存在，溶液呈红色。指示剂颜色改变是在一定 pH 范围内发生的。指示剂变色的 pH 范围，叫做指示剂的变色域。酸碱指示剂的变色域为 $pK_a \pm 1$。

指示剂的变色域越窄越好，因为在滴定过程中，pH 稍有改变，就可以由一种颜色改变成另一种颜色。指示剂变色敏锐，有利于提高测定的准确度。现将常用的酸碱指示剂及其变色范围、颜色变化、配制方法等列于表 2-12。

表 2-12　常用的酸碱指示剂

溶液的组成	变色 pH 范围	颜色变化	溶液配制方法
百里酚蓝（麝香草酚蓝）（第一变色范围）	1.2～2.8	红色～黄色	0.1g 指示剂溶于 100mL 20%乙醇中
甲基橙	3.1～4.4	红色～橙黄色	$1g \cdot L^{-1}$ 水溶液
溴酚蓝	3.0～4.6	黄色～蓝色	0.1g 指示剂溶于 100mL 20%乙醇中
溴甲酚绿	3.8～5.4	黄色～蓝色	0.1g 指示剂溶于 100mL 20%乙醇中
甲基红	4.4～6.2	红色～黄色	0.1g 或 0.2g 指示剂溶于 100mL 60%乙醇中
溴酚红	5.0～6.8	黄色～红色	0.1g 或 0.04g 指示剂溶于 100mL 20%乙醇中
溴百里酚蓝	6.0～7.6	黄色～蓝色	0.05g 指示剂溶于 100mL 20%乙醇中
中性红	6.8～8.0	红色～亮黄色	0.1g 指示剂溶于 100mL 60%乙醇中
百里酚蓝（麝香草酚蓝）（第二变色范围）	8.0～9.0	黄色～蓝色	参看第一变色范围
酚酞	8.2～10.0	无色～紫红色	①0.1g 指示剂溶于 100mL 60%乙醇中；②1g 指示剂溶于 100mL 90%乙醇中
百里酚酞	9.4～10.6	无色～蓝色	0.1g 指示剂溶于 100mL 90%乙醇中

在某些酸碱滴定中，有时需要将滴定终点限制在很窄的 pH 范围内，用上述单一指示剂往往不能满足要求，这种情况可采用混合指示剂。

（2）指示剂的选择原则

选择指示剂的重要依据是滴定突跃，最理想的指示剂应恰好在化学计量点时变色。但实际上，变色的 pH 处在滴定突跃范围内的指示剂，其滴定的终点误差均小于 0.1%，故都可以用来指示终点。因此指示剂的选择原则是：指示剂的变色范围应全部或部分处在滴定突跃范围之内。上例中，±0.10% 相对误差的滴定突跃范围是 pH 为 4.30～9.70，可选用酚酞、甲基红、甲基橙等作指示剂。但使用甲基橙时必须滴定至溶液由红色变为黄色，否则终点误差将大于 0.10%。

在实际工作中，指示剂的选择还应考虑到人的视觉对颜色的敏感性。用强碱滴定强酸时，习惯选用酚酞作指示剂，因为酚酞由无色变为粉红色易于辨别。相反，用强酸滴定强碱时，常选用甲基橙或甲基红作指示剂，滴定终点颜色由黄变橙或红，颜色由浅入深，人的视觉较为敏感。

四、酸碱标准滴定溶液的制备

1. 标准滴定溶液的制备方法

标准滴定溶液是指具有准确浓度的试剂溶液。标准滴定溶液的配制一般有两种方法。

（1）直接配制法

准确称取一定量的基准物质，溶解后定量转入容量瓶中，用蒸馏水准确稀释至刻度线，充分摇匀。根据基准物质的质量和容量瓶的体积直接计算出该标准滴定溶液的准确浓度。

$$c(B) = \frac{m(B)}{M\left(\frac{1}{Z_B}B\right)V(B)} \tag{2-21}$$

用以直接配制标准滴定溶液的物质，称为基准物质或基准试剂。基准物质必须符合下列要求：

① 具有足够的纯度，其杂质含量应少到滴定分析所允许的误差限度以下；
② 物质的组成（包括结晶水）与化学式完全符合；
③ 性质稳定，不易与空气中的 O_2、CO_2 反应，亦不吸收空气中的水分；
④ 最好有较大的摩尔质量，以减小称量误差等；
⑤ 参加滴定反应时，应按反应式定量进行，没有副反应。

常用的基准物质有无水碳酸钠、氯化钠、氯化钾、重铬酸钾和邻苯二甲酸氢钾等。基准物质使用之前一般需经过干燥处理。一些常用基准物质的干燥条件和应用范围列于表 2-13。

表 2-13　常用基准物质的干燥条件及应用范围

基准物质		干燥后组成	干燥条件/℃	标定对象
名称	分子式			
碳酸氢钠	$NaHCO_3$	Na_2CO_3	270～300	酸
碳酸钠	$Na_2CO_3 \cdot 10H_2O$	Na_2CO_3	270～300	酸
硼砂	$Na_2B_4O_7 \cdot 10H_2O$	$Na_2B_4O_7$	放在含 NaCl 和蔗糖饱和液的干燥器中	酸
碳酸氢钾	$KHCO_3$	K_2CO_3	270～300	酸
草酸	$H_2C_2O_4 \cdot 2H_2O$	$H_2C_2O_4$	室温空气干燥	碱或 $KMnO_4$
邻苯二甲酸氢钾	$KHC_8H_4O_4$	$KHC_8H_4O_4$	110～120	碱
重铬酸钾	$K_2Cr_2O_7$	$K_2Cr_2O_7$	140～150	还原剂
溴酸钾	$KBrO_3$	$KBrO_3$	130	还原剂
碘酸钾	KIO_3	KIO_3	130	还原剂
铜	Cu	Cu	室温干燥器中保存	还原剂
三氧化二砷	As_2O_3	As_2O_3	室温干燥器中保存	氧化剂
草酸钠	$Na_2C_2O_4$	$Na_2C_2O_4$	130	氧化剂
碳酸钙	$CaCO_3$	$CaCO_3$	110	EDTA
硝酸铅	$Pb(NO_3)_2$	$Pb(NO_3)_2$	室温干燥器中保存	EDTA
氧化锌	ZnO	ZnO	900～1000	EDTA
锌	Zn	Zn	室温干燥器中保存	EDTA
氯化钠	$NaCl$	$NaCl$	500～600	$AgNO_3$
氯化钾	KCl	KCl	500～600	$AgNO_3$
硝酸银	$AgNO_3$	$AgNO_3$	220～250	氯化物

（2）间接配制法

先配成接近所需浓度的溶液，再用基准物质或另一种已知浓度的标准滴定溶液来确定其准确浓度，这个过程称为标定，这种制备标准溶液的方法又称标定法。

间接法配制的标准滴定溶液，其标定方法有两种。

① 基准物质标定法　简称基准物法。在实际标定时，又可以采取以下两种方法。

a. 称量法。准确称取 n 份基准物质，分别溶于适量的水中，用待标定溶液滴定。

$$c\left(\frac{1}{Z_B}B\right)=\frac{1000m(A)}{M\left(\frac{1}{Z_A}A\right)V(B)} \tag{2-22}$$

b. 移液管法。准确称取一份较大质量的基准物质，溶解后定量转入容量瓶中配成一定体积的溶液。再用移液管取 n 份该基准溶液于锥形瓶中，分别用待标定的溶液滴定。

② 浓度比较法　也称为互标法。即用另一种已知准确浓度的标准滴定溶液标定。准确移取一定量的待标定溶液，用已知浓度的标准滴定溶液滴定；或者准确移取一定量的标准滴定溶液，用待标定溶液滴定。根据滴定终点时，两种溶液所消耗的体积和标准滴定溶液的浓度，就可计算出待标定溶液的准确浓度。

$$c\left(\frac{1}{Z_B}B\right)=\frac{c\left(\frac{1}{Z_A}A\right)V(A)}{V(B)} \tag{2-23}$$

这种用标准滴定溶液来确定待标定溶液准确浓度的操作过程又称为"比较"，因此，这种标定标准滴定溶液的方法被称为"浓度比较法"。

☞ 相关链接

1. 基本单元

基本单元可以是分子、原子、离子或它们的特定组合。

$1mol\ CaO$，$1mol\left(\frac{1}{2}CaO\right)$，$1mol\ H_2SO_4$，$1mol\left(\frac{1}{2}H_2SO_4\right)$，$c\left(\frac{1}{6}K_2Cr_2O_7\right)$，$M\left(\frac{1}{6}K_2Cr_2O_7\right)$ 等，这里 $1mol\left(\frac{1}{2}CaO\right)$ 中 "$\frac{1}{2}$" 为基本单元系数，而 "$\left(\frac{1}{2}CaO\right)$" 称为 CaO 的基本单元。依此类推。例如，$c(NaOH)$ 表示基本单元是 NaOH 分子，$c\left(\frac{1}{2}H_2SO_4\right)$ 表示基本单元是 H_2SO_4 分子的 1/2，$M\left(\frac{1}{6}K_2Cr_2O_7\right)$ 表示基本单元是 $K_2Cr_2O_7$ 分子的 1/6。

同样质量的物质，由于采用的基本单元不同，物质的量也不同。例如，98.08g 的硫酸，如果基本单元是 H_2SO_4，其基本单元与 0.012kg 碳 12 的原子数目相等，因而 $n(H_2SO_4)=1mol$；但如果基本单元是 $\frac{1}{2}H_2SO_4$，其基本单元是 0.012kg 碳 12 的原子数目的两倍，因而 $n\left(\frac{1}{2}H_2SO_4\right)=2mol$。因此，涉及系统中物质 B 的物质的量以及使用单位摩尔时，必须注明基本单元。

2. 基本单元的选择原则

一般可根据标准溶液在滴定反应中转移的质子数（酸碱反应）、电子的得失数（氧化还原反应）或反应的计量关系来确定。如在酸碱反应中常以 NaOH，HCl，$\frac{1}{2}H_2SO_4$ 为基本单元；在氧化还原反应中常以 $\frac{1}{2}I_2$，$Na_2S_2O_3$，$\frac{1}{5}KMnO_4$ 等为基本单元。也就是说物质 B 在反应中转移的质子数或者得失的电子数为 Z_B 时，基本单元选 $\left(\frac{1}{Z_B}B\right)$。

$$n\left(\frac{1}{Z_B}B\right)=Z_B n(B)$$

$$c\left(\frac{1}{Z_B}B\right)=Z_B c(B)$$

$$M\left(\frac{1}{Z_B}B\right)=\frac{1}{Z_B}M(B)$$

例如，当选择 H_2SO_4 为基本单元时，H_2SO_4 溶液的浓度 $c(H_2SO_4)=0.1mol/L$；而当选择 $\frac{1}{2}H_2SO_4$ 为基本单元时，则其浓度为 $c\left(\frac{1}{2}H_2SO_4\right)=0.2mol/L$。

2. 酸碱标准溶液制备举例

酸碱滴定中最常用的标准滴定溶液是 HCl 溶液和 NaOH 溶液，其准确浓度需配制后再标定。

（1）HCl 标准滴定溶液的制备

HCl 标准滴定溶液不能用直接法配制，应先配成接近所需浓度的溶液，即用量筒量取浓 HCl 注入内盛适量水的洁净容器中，再将其转移到试剂瓶中用水稀释至一定体积，摇匀。然后用基准物质标定。

标定 $0.1mol\cdot L^{-1}$ HCl 溶液的常用基准物质有无水碳酸钠和硼砂。

① 无水碳酸钠（Na_2CO_3）。因吸湿性强，使用之前必须在 $270\sim300℃$ 加热干燥 1h，然后置于干燥器中冷却备用。称量时动作要迅速，以免吸收空气中的水分而引起误差。

用无水碳酸钠（Na_2CO_3）标定 HCl 溶液时常用指示剂为甲基橙或溴甲酚绿-甲基红。标定反应如下：

$$2HCl+Na_2CO_3\longrightarrow 2NaCl+CO_2\uparrow+H_2O$$

② 硼砂（$Na_2B_4O_7\cdot 10H_2O$）。硼砂相对分子质量较大，可减小称量时的误差。用硼砂标定 HCl 时，可选用甲基红或溴甲酚绿-甲基红作指示剂。标定反应如下：

$$2HCl+Na_2B_4O_7+5H_2O\longrightarrow 2NaCl+4H_3BO_3$$

✐ 练一练

准确称取 0.1500g 无水碳酸钠，置于 250mL 锥形瓶中加蒸馏水溶解。以甲基橙为指示剂，用 HCl 溶液滴定至溶液由黄色变为橙色时，消耗盐酸 25.50mL。请计算 HCl 溶液的浓度。

（2）NaOH 标准滴定溶液的制备

NaOH 具有很强的吸湿性，尤其是容易吸收空气中的二氧化碳，因此 NaOH 标准滴定溶液也要先配成接近所需浓度的溶液，即称取适量固体 NaOH 置于烧杯中，用少量水溶解后转移至试剂瓶中，加水稀释至一定体积，再用橡胶塞封好，摇匀。然后用基准物质标定。

标定 $0.1mol\cdot L^{-1}$ NaOH 溶液的常用基准物质有邻苯二甲酸氢钾和草酸。

① 邻苯二甲酸氢钾。易得到纯制品，在空气中不吸水，容易保存，相对分子质量较大，它与 NaOH 起反应时化学计量数为 1∶1，因此它是标定碱标准溶液较好的基准物质。可称取 $105\sim110℃$ 干燥至恒重后的邻苯二甲酸氢钾标定 NaOH，选用酚酞作指示剂。标定反应如下：

② 草酸（$H_2C_2O_4\cdot 2H_2O$）。草酸相当稳定，但其相对分子质量不是太大，为了减少称

量时的相对误差，可以多称取一些草酸先配成较高浓度的溶液，再移取部分该溶液稀释后标定 NaOH，选用酚酞作指示剂。标定反应如下：

$$H_2C_2O_4 + 2NaOH \longrightarrow Na_2C_2O_4 + 2H_2O$$

也可用盐酸标准溶液标定 NaOH 溶液。

✏ 练一练

1. 准确移取 $0.1000 mol \cdot L^{-1}$ HCl 标准溶液 25.00mL 置于 250mL 锥形瓶中，加入 2 滴酚酞指示剂。用配制好的 NaOH 溶液滴定至溶液呈粉红色，消耗 NaOH 的体积为 28.20mL。求 NaOH 溶液的浓度。

2. 有一含 NaOH 的碱试样 1.1800g，溶于水后用 $0.2942 mol \cdot L^{-1}$ HCl 标准溶液滴定至终点，用去 HCl 10.40mL，计算该碱试样中 NaOH 的含量。

【项目6】 滴定基本操作练习

一、目的要求

1. 练习移液管、吸量管和容量瓶的使用。
2. 练习酸式和碱式滴定管的洗涤、检漏、涂油、排气等操作。
3. 练习酸式和碱式滴定管的滴定控制、读数以及摇动锥形瓶。
4. 练习滴定终点的判断和控制。

二、基本原理

酸碱中和反应

$$H^+ + OH^- \longrightarrow H_2O$$

$$c_{酸} V_{酸} = c_{碱} V_{碱}$$

碱滴定酸：选酚酞作指示剂（pH＝8.0～10.0；无色变为淡粉红色）。

酸滴定碱：选甲基橙作指示剂 [pH＝3.0～4.4；黄色（pH＞4.4），橙色（pH＜3.0）]。

三、试剂与仪器

1. 试剂

（1）$0.1 mol \cdot L^{-1}$ HCl 溶液　　　1000mL　　　（2）$0.1 mol \cdot L^{-1}$ NaOH 溶液　　　500mL

（3）$1g \cdot L^{-1}$ 甲基橙溶液　　　　　　（4）$2g \cdot L^{-1}$ 酚酞溶液

试剂配制：

（1）$0.1 mol \cdot L^{-1}$ HCl 溶液：先在试剂瓶中加入 500mL 蒸馏水，然后用量筒量取浓 HCl 近 9mL 于试剂瓶中，用水稀释至 1000mL，盖上玻璃塞，摇匀。

（2）$0.1 mol \cdot L^{-1}$ NaOH 溶液：在托盘天平上取 NaOH 固体 2g 于小烧杯中，加入 50mL 蒸馏水使其溶解，稍冷后转入 500mL 试剂瓶中，加水 450mL，用橡胶塞塞好瓶口，摇匀。

2. 仪器

（1） 移液管	25mL×1		（2） 吸量管	10mL×1
（3） 容量瓶	250mL×1		（4） 酸式滴定管	50mL×1
（5） 碱式滴定管	50mL×1		（6） 锥形瓶	250mL×1
（7） 烧杯	100mL×1		（8） 量筒	50mL×1
（9） 试剂瓶	500mL×1	1000mL×1	（10） 玻璃棒	1 根
（11） 洗瓶	1 个		（12） 洗耳球	1 只
（13） 托盘天平	1 台			

四、基本操作

1. 移液管和吸量管的使用

移液管和吸量管都是一种准确量取一定体积液体的精密度量仪器。移液管是恒定容量的大肚管，只有一条刻度线，无分度刻度线，所以到了刻度线即为定温下的规定体积。一般容量有 1mL、2mL、5mL、10mL、20mL、25mL、50mL、100mL 等规格。吸量管是一种直线型的带分度刻度的移液管，管上标量为最大容量。一般有 0.1mL、0.2mL、0.5mL、1mL、2mL、5mL、10mL 等规格。例如，5mL 吸量管，最大容量为 5.00mL，其分刻度为 5.00、4.50、4.00……0，如图 2-4 所示；因此，它可移取 5mL 内任意体积的液体，精度比量筒高。

（1）检查

检查移液管的管口和尖嘴有无破损，若有破损则不能使用。

（2）洗涤

先用自来水淋洗后，用铬酸洗涤液浸泡，操作方法如下。

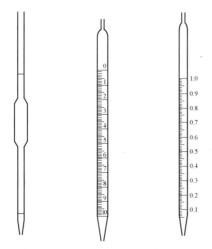

图 2-4　移液管和吸量管

① 用右手拿移液管或吸量管上端合适位置，食指靠近管上口，中指和无名指张开握住移液管外侧，拇指在中指和无名指中间位置握在移液管内侧，小指自然放松。

② 左手拿洗耳球，持握拳式，将洗耳球握在掌中，尖口向下，握紧洗耳球，排出球内空气，将洗耳球尖口插入或紧接在移液管（吸量管）上口，注意不能漏气。慢慢松开左手手指，将洗涤液慢慢吸入管内。

③ 吸取 1/4 移液管容量的酸洗液，然后用手按住，将移液管处于水平，两手托住转动让洗液润湿全部管壁，从上口倒出洗液。

④ 用自来水洗去残存洗液，然后用蒸馏水洗涤数次。

（3）吸取溶液

① 吹去残留水。以左手拿洗耳球，将食指或拇指放在洗耳球的上方，右手手指拿住移液管或吸量管至标线以上的地方，将洗耳球紧接在移液管口上。管尖贴在吸水纸上，用洗耳球打气，吹去残留水。

② 待移液润洗。摇匀待吸溶液，将待吸溶液倒一小部分于洗净并干燥的小烧杯中，用滤纸将清洗过的移液管尖端内外的水分吸干，并插入小烧杯中吸取溶液，当吸至移液管容量

的 1/3 时，立即用右手食指按住管口，取出，横持并转动移液管，使溶液流遍全管内壁，将溶液从下端尖口处排入废液缸内。如此操作，润洗 3～4 次后即可吸取溶液。

③ 吸取溶液。将用待吸溶液润洗过的移液管插入待吸液面下 1～2cm 处，用洗耳球按上述操作方法吸取溶液（注意移液管插入溶液不能太深，并要边吸边往下插入，始终保持此深度）。当管内液面上升至标线以上约 1～2cm 处时，迅速用右手食指堵住管口（此时若溶液下落至标线以下，应重新吸取），将移液管提出待吸液面，并使管尖端接触待吸液容器内壁片刻后提起，用滤纸擦干移液管或吸量管下端黏附的少量溶液（在移动移液管或吸量管时，应保持垂直，不能倾斜），如图 2-5 所示。

（4）调节液面

① 左手另取一个干净小烧杯，将移液管管尖紧靠小烧杯内壁，小烧杯倾斜约 45°，使移液管保持垂直，刻度线和视线保持水平（左手不能接触移液管）。

② 稍稍松开食指（可微微转动移液管或吸量管），使管内溶液慢慢从下口流出，液面将至刻度线时，按紧右手食指，停顿片刻，再按上法将溶液的弯月面底线放至与标线上缘相切为止，立即用食指压紧管口。将尖口处紧靠烧杯内壁，向烧杯口移动少许，去掉尖口处的液滴。

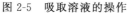

图 2-5　吸取溶液的操作

图 2-6　放出溶液的操作

③ 将移液管或吸量管小心移至承接溶液的容器中。

（5）放出溶液

① 将移液管或吸量管直立，接收器倾斜，管下端紧靠接收器内壁，松开右手食指，使溶液自由地沿杯壁流下。如图 2-6 所示。

② 待液面下降到管尖后，等待 15s。将移液管或吸量管尖端靠承接器壁前后小距离滑动几下（或将移液管尖端靠接收器内壁旋转一周）。

③ 移走移液管（残留在管尖内壁处的少量溶液，不可用外力使其流出，因校准移液管或吸量管时，已考虑了尖端内壁处保留溶液的体积。除在移液管身上标有"吹"字，可用洗耳球吹出，不允许保留）。

④ 洗净移液管，放置在移液管架上。

2. 容量瓶的使用

容量瓶是用来把准确称量的物质配成准确浓度的溶液，或是精确地将浓溶液稀释成稀溶液的一种容量玻璃仪器。外形是一种细颈梨形平底玻璃瓶，带有磨口玻璃塞或塑料塞。玻璃塞可用橡皮筋或塑料绳固定在瓶颈上，开启时，塞子可自然挂在瓶颈上。

容量瓶上只有一个刻度，且标有 20℃ 字样，通常是溶液温度在 20℃ 左右使用。其规格通常有 10mL、25mL、50mL、100mL、250mL、500mL 和 1000mL 等。容量瓶不可用作反应容器，不可加热，不可互换瓶塞，不宜贮存配好的溶液。

（1）检漏

① 容量瓶使用前要先检漏。加水至标线附近，盖好瓶塞后，左手用食指按住塞子，其余手指拿住瓶颈标线以上部分，右手指尖托住瓶底，将瓶倒立 2min，如不漏水，将瓶直立。

② 转动瓶塞 180°，再倒立 2min，如不漏可使用（使用中，玻璃塞不应放在桌面上，以免沾污，操作时可用食指和中指夹瓶塞的扁头，当操作结束后随手将瓶盖盖上，也可用橡皮筋或细绳将瓶塞系在瓶颈上）。

③ 如果不漏水，先用自来水冲洗，再用蒸馏水洗 3 次备用。

（2）溶液的配制

① 称量溶解　用固体物质配制溶液时，应洗净一只小烧杯，将准确称取的固体物置于烧杯中，加少量纯水或溶剂将固体溶解。若不溶解可适当加热，加速溶解。待完全溶解后转移到容量瓶中。

② 转移溶样　定量转移溶液时，右手拿玻璃棒，左手拿烧杯，使烧杯嘴紧靠玻璃棒，玻璃棒的下端靠在瓶颈内壁上，使溶液沿玻璃棒和内壁流入容量瓶中。烧杯中溶液流完后，将烧杯沿玻璃棒向上提，并逐渐竖直烧杯。将玻璃棒放回烧杯，用水或溶剂洗玻璃棒及杯壁，再按上法将洗涤液转入容量瓶，如此重复洗涤，转移 5 次以上，保证溶液完全转入容量瓶中。

转移溶液时，烧杯口应紧靠玻璃棒，玻璃棒伸向瓶颈靠内壁，棒上部不要碰瓶口，让溶液沿玻璃棒及内壁流入瓶内，如图 2-7（a）所示。溶液流完后，使烧杯直立，玻璃棒放回烧杯中。

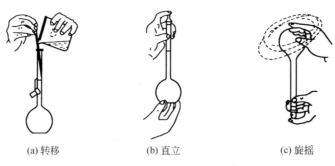

(a) 转移　　　　　(b) 直立　　　　　(c) 旋摇

图 2-7　容量瓶的使用

③ 定容　定量转移完成后再加水或溶剂至容量瓶体积约 3/4 处，用手指夹住瓶塞，拿起容量瓶。将容量瓶旋转摇动，使溶液混匀。继续加水或溶剂至距标线约 1cm 处，改用滴管或洗瓶加水，直至溶液弯月面下缘与容量瓶的标度刻线相切为止，盖紧瓶塞。若玻璃瓶塞未用塑料绳系挂在瓶颈上，则瓶塞均应夹在手指间操作，直至盖回瓶口为止。

④ 混合均匀　定容后盖上瓶塞，左手用食指按住塞子，其余手指拿住瓶颈标线以上部分，右手指尖托住瓶底，如图 2-7（b）所示。将容量瓶倒转，使气泡上升到瓶顶，振荡瓶身，正立后再次倒转进行振荡，如此反复 7～8 次，旋转瓶塞 180°，继续振荡 7～8 次，使瓶内溶液混合均匀，如图 2-7（c）所示。

（3）定量稀释溶液

用移液管移取一定体积的溶液于容量瓶中，加水至距标线约 1cm 处，等 1～2min，使附在瓶颈内壁的溶液流下后，再用滴管滴加水至弯液面下缘与标线相切，然后盖上瓶塞，摇匀步骤同上。

3. 酸式和碱式滴定管的使用

滴定管主要用于精确地放出一定体积的溶液，分酸式和碱式两种，如图 2-8 所示。酸式滴定管用玻璃活塞控制液体的流出，碱式滴定管用一段橡胶管里的玻璃珠控制。因此，能腐蚀玻璃的碱性物质不能装在酸式滴定管里，能腐蚀橡胶的强氧化性物质如高锰酸钾、碘和 $AgNO_3$ 等溶液也不能装在碱式滴定管里。

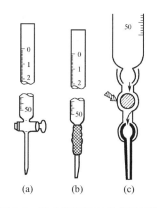

图 2-8　酸式滴定管和碱式滴定管

常用的规格有 25mL 和 50mL。此外，还有容积为 10mL、5mL、2mL 和 1mL 的半微量和微量滴定管。应根据滴定时标准溶液的用量，正确选用不同型号的滴定管。滴定管除无色的外，还有棕色的，用以装见光易分解的溶液，如高锰酸钾、碘和 $AgNO_3$ 等。

在平常的滴定分析中，因为酸式滴定管操作比较灵活、方便，所以除了强碱溶液外，一般均采用酸式滴定管进行滴定。

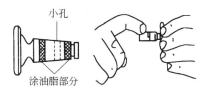

图 2-9　涂抹凡士林的操作

（1）酸式滴定管的准备

① 洗涤

a. 用洗涤剂或铬酸洗液洗涤；

b. 自来水洗涤。

② 涂凡士林，如图 2-9 所示。

a. 取下橡皮圈和活塞；

b. 用吸水纸擦干活塞及活塞套；

c. 将滴定管平放；

d. 蘸取少量凡士林，在活塞两端均匀涂一薄层；

e. 将活塞插入活塞套，向一个方向转动，至凡士林层完全透明为止。

③ 检漏　用自来水充满滴定管，夹在滴定台架上，静置约 2min，观察有无水滴渗出。将活塞旋转 180°，再检查一次。若前后两次均无水渗出，活塞转动也灵活，即可使用。漏水应重新涂凡士林，还要检查是否堵塞，若堵塞则应擦净凡士林，并把小孔中的凡士林用滤纸和细铁丝除掉，或用洗耳球从管的上端往下吹气，把凡士林吹洗出来。堵塞严重的应把滴定管下端放置在热水中利用热水把凡士林溶解而除去。

④ 润洗　用 10～15mL 操作溶液将滴定管洗涤 2～3 次。操作时两手平托滴定管慢慢转动使操作溶液流遍全管，并使溶液从滴定管下端流出，以除去管内残留水分。再装入溶液进行滴定，否则引起操作溶液浓度稀释。注意应将操作溶液直接从试剂瓶中倒进滴定管，而不要依靠其他仪器（如漏斗，烧杯等）。

⑤ 赶除气泡　装满溶液后，右手持滴定管上部，使其倾斜 30°，左手迅速打开活塞，让溶液流出，将气泡冲走。

（2）碱式滴定管的准备

与酸式滴定管相似。不同之处有两点：一是若滴漏，则要更换玻璃珠及胶管；二是赶除气泡时，用左手拇指和食指捏住玻璃珠中间偏上部位，并将乳胶管向上弯曲，出口管斜向上，向一旁挤压玻璃珠，使溶液从管口流出，将气泡赶出，再轻轻使乳胶管恢复伸直，松开拇指和食指，如图 2-10 所示。

图 2-10　碱式滴定管
排气泡操作

（3）读数

在装取或放出溶液后的 1～2min 再读数。读数时应拿滴定管上部无刻度部分，并使滴定管绝对垂直（不可拿在装有液体的部分，以免液体和玻璃管膨胀，也不可倾斜）。对于无色溶液或浅色溶液，应读取弯月面下缘实线的最低点数值。视线要与最低点在同一水平面上，最好面对光源，如图 2-11 所示。读数时也可以用黑白纸板作辅助，这样弯月面界线十分清晰。对于深色溶液（如高锰酸钾、碘等溶液），其弯月面是不够清晰的，读数时，可读液面两侧最高点，即视线应与液面两侧最高点成水平，如图 2-12 所示。但初读与终读要一致，否则容易产生误差。注意，只有排除气泡后才可以读数。同时，读数要准确到 0.01mL。

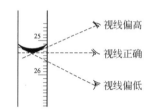

图 2-11　滴定管读数视线位置

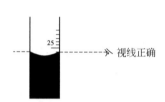

图 2-12　深色溶液读数

（4）滴定操作

① 装满溶液并将液面调节在 "0.00" 的位置，记录读数。然后将滴定管夹在滴定管架上。滴定管下端如有悬挂的液滴，也应除去。

② 滴定方法：用酸式滴定管时，左手无名指和小指向手心弯曲，控制掌心不接触活塞小端，绝对要注意不能使手心顶着活塞小端，以防活塞顶出造成漏水，拇指、食指、中指三指平行轻拿活塞柄。转动活塞时，不要把食指或中指伸直，防止产生使活塞拉出的力，如图 2-13 所示。操作动作要轻缓，手势要自然。活塞 "T" 字头与滴定管垂直表示关闭，平行则为最大流速。因此滴液速度由 "T" 字头与滴定管夹角决定。夹角小，滴液速度快，随着夹角增大，滴液速度逐渐减少至零。

图 2-13　玻璃活塞的控制

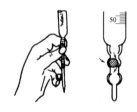

图 2-14　碱式滴定管的使用

③ 使用碱式滴定管时，应将左手拇指在前，食指在后，挤捏乳胶管（玻璃球的偏上处），使乳胶管与玻璃球之间形成一条缝隙。滴液速度由挤压力的大小控制，注意绝对不能捏在玻璃球的下部，如图 2-14 所示。否则放手时橡皮管的管尖会产生气泡。

（5）滴定速度

在锥形瓶被滴溶液中滴入几滴指示剂。按照实验规程，滴定管中的液体要逐滴滴下，每滴一滴都要摇动锥形瓶，摇动锥形瓶时，应微动腕关节，使溶液向同方向旋转，要使溶液旋转出现有一旋涡，但不能前后摇动，如图 2-15 所示。滴定时，左手不能离开活塞，不能任溶液自流。

当指示剂变色时，停止放液，读出滴定管读数。前后两个读数相减即为所用溶液体积。

（6）半滴滴加操作

当观察的颜色接近终点时，每加一滴摇几下锥形瓶，最后是每加半滴，摇几下锥形瓶，直到溶液出现明显的颜色变化为止。滴加半滴溶液时，使溶液悬挂在滴定管出口嘴上，用锥形瓶内壁将其靠落，再用洗瓶吹洗。滴定到了加半滴溶液阶段时，

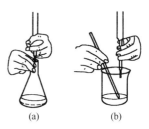

图 2-15　滴定操作方法

说明已接近终点，应用洗瓶将溅在内壁上的溶液吹洗下去。滴定结束后，滴定管内的溶液应弃去，不要倒回原瓶中，以免沾污操作溶液。

五、滴定终点练习

1. 以酚酞为指示剂，用 NaOH 滴定 HCl

① 用 $0.1mol \cdot L^{-1}$ HCl 溶液和 NaOH 溶液分别润洗酸式、碱式滴定管，再分别装满溶液，赶去气泡，调好零点。

② 用酸式滴定管放出 20.00mL HCl 溶液于已洗净的 250mL 锥形瓶中，加入 50mL 蒸馏水、2 滴酚酞指示剂，用 $0.1mol \cdot L^{-1}$ NaOH 溶液滴定至溶液由无色变为浅粉红色，30s 不褪色即为终点，记录读数，准确至 0.01mL。

③ 再往锥形瓶中放入 HCl 溶液 2.00mL（共 22.00mL），继续用 NaOH 溶液滴定。注意 NaOH 溶液应逐滴或半滴地滴入，挂在瓶壁上的 NaOH 溶液可用洗瓶中的蒸馏水吹洗下去，直至被滴定溶液呈现浅粉红色。如此重复操作 5 次。记录每次滴定的终点读数。

④ 计算每次滴定体积比 $V(\text{HCl})/V(\text{NaOH})$ 及体积比的相对平均偏差，其相对偏差应不超过 0.2%，否则要重新滴定。

2. 以甲基橙为指示剂，用 HCl 滴定 NaOH

① 用碱式滴定管放出 20.00mL NaOH 溶液于已洗净的 250mL 锥形瓶中，加入 50mL 蒸馏水、2 滴甲基橙指示剂，用 $0.1mol \cdot L^{-1}$ HCl 溶液滴定至溶液由黄色变为橙色，记录读数，准确至 0.01mL。

② 再往锥形瓶中放入 NaOH 溶液 2.00mL（共 22.00mL），继续用 HCl 溶液滴定。注意 HCl 溶液应逐滴或半滴地滴入，挂在瓶壁上的 HCl 溶液可用洗瓶中蒸馏水吹洗下去，直至被滴定溶液呈现橙色。如此重复操作 5 次。记录每次滴定的终点读数。

③ 计算每次滴定体积比 $V(\text{NaOH})/V(\text{HCl})$ 及体积比的相对平均偏差，其相对偏差应不超过 0.2%，否则要重续滴定。

3. 数据记录与处理

数据记录如表 2-14 和表 2-15 所示。

表 2-14　用 NaOH 溶液滴定 HCl 溶液

项　　　目	1	2	3	4	5
$V(\text{HCl})/\text{mL}$	20.00	22.00	24.00	26.00	28.00
$V(\text{NaOH})/\text{mL}$					
$V(\text{HCl})/V(\text{NaOH})$					
$V(\text{HCl})/V(\text{NaOH})$平均值					
相对平均偏差/%					

表 2-15　用 HCl 溶液滴定 NaOH 溶液

项　　目	1	2	3	4	5
$V(NaOH)/mL$	20.00	22.00	24.00	26.00	28.00
$V(HCl)/mL$					
$V(NaOH)/V(HCl)$					
$V(NaOH)/V(HCl)$ 平均值					
相对平均偏差/%					

☞ **注意**

①滴定开始前和停顿后滴定管尖嘴不能悬挂液滴；②记录数据准确至小数点后第二位，即使最后一位或两位都是"0"。

六、酸碱体积比测定

1. 以酚酞为指示剂

用 25mL 移液管移取 HCl 溶液 25.00mL 于锥形瓶中，加入 50mL 蒸馏水、2 滴酚酞指示剂，用 NaOH 溶液滴定至溶液由无色变为粉红色，30s 不褪色即为终点，记录读数。如此重复 4 次，求出 NaOH 溶液体积的平均值，计算 $V(HCl)/V(NaOH)$。

2. 以甲基橙为指示剂

用 25mL 移液管移取 NaOH 溶液 25.00mL 于锥形瓶中，加入 50mL 蒸馏水、2 滴甲基橙指示剂，用 HCl 溶液滴定至溶液由黄色变为橙色，即为终点，记录读数。如此重复 4 次，求出 HCl 溶液体积的平均值，计算 $V(HCl)/V(NaOH)$。

3. 数据记录与处理

数据记录如表 2-16 和表 2-17 所示。

表 2-16　酸碱体积比测定（以酚酞为指示剂）

项　　目	1	2	3	4
$V(HCl)/mL$	25.00	25.00	25.00	25.00
$V(NaOH)/mL$				
$V(NaOH)$ 平均值/mL				
$V(HCl)/V(NaOH)$				

表 2-17　酸碱体积比测定（以甲基橙为指示剂）

项　　目	1	2	3	4
$V(NaOH)/mL$	25.00	25.00	25.00	25.00
$V(HCl)/mL$				
$V(HCl)$ 平均值/mL				
$V(HCl)/V(NaOH)$				

七、思考题

1. 酸式滴定管的活塞应如何涂油？
2. 碱式滴定管漏液应如何处理？

3. 滴定管尖嘴内的气泡如何赶除？
4. 在滴定开始前和停止后，尖嘴外留有的液体各应怎样处理？

【项目 7】　酸碱标准溶液浓度的标定

一、目的要求

1. 进一步练习滴定操作和天平减量法称量。
2. 会标定酸碱标准溶液的浓度。
3. 初步掌握酸碱指示剂的选择方法。

二、基本原理

酸碱标准溶液是采用间接法配制的，其浓度必须依靠基准物质来标定。

标定酸的基准物质常用无水碳酸钠或硼砂。用无水碳酸钠作基准物质标定时，先将碳酸钠置于 $270 \sim 300℃$ 高温炉中灼烧至恒重，然后置于干燥器内冷却备用。标定反应如下：

$$Na_2CO_3 + 2HCl \longrightarrow 2NaCl + H_2O + CO_2 \uparrow$$

当反应达化学计量点时，溶液 pH 为 3.89，可用溴甲酚绿-甲基红或甲基橙作指示剂。

标定碱的基准物质常用的有邻苯二甲基氢钾或草酸。

邻苯二甲酸氢钾易得到纯制品，在空气中不吸水，容易保存，它与 NaOH 起反应时化学计量数为 1∶1，其摩尔质量较大，因此是标定碱标准溶液较好的基准物质。邻苯二甲酸氢钾通常于 $105 \sim 110℃$ 干燥至恒重后备用。标定反应如下：

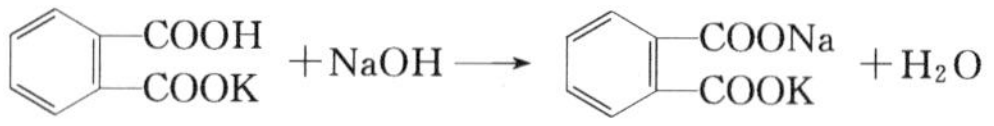

反应产物是邻苯二甲酸钾钠盐，在水溶液中显弱碱性，故可选用酚酞作为指示剂。

也可以用互标法进行碱的标定，即用已知浓度的酸标准溶液来标定。

空白实验即用溶剂代替试样而其他试剂都加入后进行滴定的操作。

三、试剂与仪器

1. 试剂

（1）0.1mol·L⁻¹HCl 溶液	500mL	（2）无水碳酸钠（Na₂CO₃）	1.0g
（3）0.10mol·L⁻¹NaOH 溶液	500mL	（4）邻苯二甲酸氢钾固体	4.0g
（5）1g·L⁻¹甲基橙溶液	10mL	（6）10g·L⁻¹酚酞指示剂	10mL

2. 仪器

（1）酸式滴定管	50mL×1	（2）碱式滴定管	50mL×1
（3）锥形瓶	250mL×3	（4）试剂瓶	500mL×2
（5）量筒	50mL×1	（6）吸量管	10mL×1
（7）移液管	25mL×1	（8）烧杯	100mL×1
（9）洗耳球	1只	（10）分析天平	
（11）托盘天平	1台		

四、操作步骤

1. $0.10mol \cdot L^{-1}$ HCl 溶液的配制

用吸量管移取浓盐酸（相对密度1.19）约4.3mL 于洁净的500mL试剂瓶中，加蒸馏水稀释到500mL，充分摇匀。

2. HCl 溶液的标定

（1）用减量法称取 $0.18\sim0.22g$ Na_2CO_3 三份，分别置于250mL锥形瓶中。

（2）加50mL蒸馏水，摇动，使其溶解。

（3）加 $2\sim3$ 滴甲基橙指示剂，用配制好的HCl溶液滴定至溶液由黄色变为橙色。读数并正确记录在表2-18内。重复上述操作，滴定其余两份基准物质。

（4）做空白实验一次。

HCl 标准滴定溶液的浓度（$mol \cdot L^{-1}$）按下式计算：

$$c(HCl) = \frac{m \times 1000}{(V_1 - V_0) \times \frac{1}{2}M(Na_2CO_3)}$$

式中 m——Na_2CO_3 的质量，g；

V_1——HCl 溶液的体积，mL；

V_0——空白实验 HCl 溶液的体积，mL；

$M(Na_2CO_3)$——Na_2CO_3 的摩尔质量，$g \cdot moL^{-1}$。

表 2-18   HCl 标准溶液的标定

项 目	1	2	3
敲样前 Na_2CO_3 的质量/g			
敲样后 Na_2CO_3 的质量/g			
Na_2CO_3 的质量 m/g			
天平零点/格			
消耗 HCl 溶液的体积 V_1/mL			
空白实验消耗 HCl 溶液的体积 V_0/mL			
$c(HCl)$/mol·L^{-1}			
$c(HCl)$平均值/mol·L^{-1}			
相对平均偏差/%			

3. $0.10mol \cdot L^{-1}$ NaOH 溶液的配制

用托盘天平称取固体NaOH 2.0g，置于100mL洁净烧杯中，加少量蒸馏水溶解后，转移至500mL试剂瓶中，并稀释到500mL，摇匀。

注意： NaOH 固体易潮解，称量完毕应及时盖好试剂瓶盖。

4. NaOH 溶液的标定

（1）基准物法

① 准确称取于 $105\sim110℃$ 电烘箱中干燥至恒重的工作基准试剂邻苯二甲酸氢钾 $0.68\sim0.82g$ 三份，分别置于250mL锥形瓶中。

注意

称量邻苯二甲酸氢钾所用锥形瓶外壁要干燥并编号。

② 加入 50mL 无二氧化碳的水使之溶解，加入 2 滴 $10g \cdot L^{-1}$ 酚酞指示剂。

③ 用 NaOH 溶液滴定至溶液呈粉红色，30s 不褪色即为终点，读数并正确记录在表 2-19内。重复上述操作，滴定其余两份基准物质。

④ 做空白实验。

NaOH 溶液浓度按下式计算：

$$c(\text{NaOH}) = \frac{m \times 1000}{(V_1 - V_0)M}$$

式中　m——邻苯二甲酸氢钾的质量，g；

$\quad V_1$——NaOH 溶液的体积，mL；

$\quad V_0$——空白实验 NaOH 溶液的体积，mL；

$\quad M$——邻苯二甲酸氢钾的摩尔质量，$g \cdot mol^{-1}$。

表 2-19　NaOH 标准溶液的标定（基准物法）

项　目	1	2	3
敲样前邻苯二甲酸氢钾的质量/g			
敲样后邻苯二甲酸氢钾的质量/g			
邻苯二甲酸氢钾的质量 m/g			
天平零点/格			
消耗 NaOH 溶液的体积 V_1/mL			
空白实验消耗 NaOH 溶液的体积 V_0/mL			
$c(\text{NaOH})$/mol·L^{-1}			
$c(\text{NaOH})$平均值/mol·L^{-1}			
相对平均偏差/%			

（2）互标法

① 吸取上述标定的 HCl 标准溶液 25.00mL 三份，分别置于 250mL 锥形瓶中。

② 加入 75mL 无二氧化碳的水，然后加入 1~2 滴 $10g \cdot L^{-1}$ 酚酞指示剂。

③ 用配制好的 NaOH 溶液滴定至溶液呈粉红色，30s 不褪色即为终点，读数并正确记录在表 2-20 内。重复上述操作，滴定其余两份。

④ 做空白实验。

NaOH 标准溶液浓度计算公式：

$$c(\text{NaOH}) = \frac{c(\text{HCl})V(\text{HCl})}{V_1 - V_0}$$

式中　$c(\text{HCl})$——HCl 标准溶液的浓度，mol·L^{-1}；

$\quad V(\text{HCl})$——吸取的盐酸标准溶液的体积，mL；

$\quad V_1$——滴定时消耗 NaOH 标准溶液的体积，mL；

$\quad V_0$——空白实验消耗 NaOH 溶液的体积，mL。

表 2-20　NaOH 标准溶液的标定（互标法）

项　目	1	2	3
HCl 标准溶液的体积 $V(HCl)$/mL			
HCl 标准溶液的浓度 $c(HCl)$/mol·L^{-1}			
消耗 NaOH 溶液的体积 V_1/mL			
空白实验消耗 NaOH 溶液的体积 V_0/mL			
$c(NaOH)$/mol·L^{-1}			
$c(NaOH)$平均值/mol·L^{-1}			
相对平均偏差/%			

五、思考题

1. 标定 HCl 溶液时，基准物 Na_2CO_3 称量 $0.18\sim0.22$g，标定 NaOH 溶液时，称量邻苯二甲基氢钾 $0.68\sim0.82$g，这些称量要求是怎么算出来的？

2. 标定用的基准物质应具备哪些条件？

3. 溶解基准物时加入 50mL 蒸馏水应使用移液管还是量筒？为什么？

4. 用邻苯二甲基氢钾标定 NaOH 溶液时，为什么选用酚酞指示剂？用甲基橙可以吗？为什么？

六、酸碱滴定法应用示例

酸碱滴定法的应用非常广泛，许多酸、碱及两性物质均可用酸碱滴定法测定。下面以混合碱的分析和氮含量的测定为例，介绍酸碱滴定分析法的具体应用。

1. 混合碱的分析

混合碱的组分主要有：NaOH、Na_2CO_3 和 $NaHCO_3$，由于 NaOH 与 $NaHCO_3$ 不可能共存，因此混合碱的组成或者为三种组分中任一种，或者为 NaOH 与 Na_2CO_3 的混合物，或者为 Na_2CO_3 与 $NaHCO_3$ 的混合物。若是单一组分的化合物，用 HCl 标准溶液直接滴定即可；若是两种组分的混合物，则一般用双指示剂法进行测定。

首先，在混合碱溶液中加入酚酞指示剂（变色的 pH 范围 $8.0\sim10.0$），用 HCl 标准滴定溶液滴定。当溶液颜色由红色变为无色时，滴定反应到达第一化学计量点。混合碱中的 NaOH 与 HCl 完全反应（产物 $NaCl+H_2O$）而 Na_2CO_3 与 HCl 反应一半生成 $NaHCO_3$，反应产物的 pH 约为 8.3。设此时消耗 HCl 标准滴定溶液的体积为 V_1mL。

然后，再加入甲基橙指示剂（变色的 pH 范围 $3.1\sim4.4$），继续用 HCl 标准滴定溶液滴定。当溶液颜色由黄色转变为橙色时，滴定反应到达第二化学计量点。溶液中 $NaHCO_3$ 与 HCl 完全反应（产物 $NaCl+H_2CO_3$），化学计量点时 pH 为 $3.8\sim3.9$。设此时消耗 HCl 标准滴定溶液的体积为 V_2mL。

按照化学计量关系，V_2 是把 $NaHCO_3$ 全部滴定为 H_2CO_3 所消耗的 HCl 标准滴定溶液的体积，而 Na_2CO_3 被滴定到 $NaHCO_3$ 和 $NaHCO_3$ 被滴定到 H_2CO_3，所消耗 HCl 标准滴定溶液的体积是相等的。如图 2-16 所示。

当 $V_1>V_2$ 时，试样为 NaOH 与 Na_2CO_3 的混合物。滴定 Na_2CO_3 所需的 HCl 是由两次滴定加入的，并且两次的用量相等。因此滴定 NaOH 消耗 HCl 的体积为 (V_1-V_2)

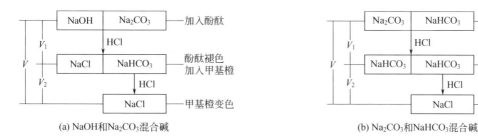

图 2-16　双指示剂法测定混合碱含量示意

mL。则

试样中 NaOH 与 Na_2CO_3 的质量分数分别为：

$$w(NaOH) = \frac{c(HCl)(V_1 - V_2) \times 10^{-3} M(NaOH)}{m_s} \qquad (2\text{-}24)$$

$$w(Na_2CO_3) = \frac{c(HCl)2V_2 \times 10^{-3} M\left(\frac{1}{2}Na_2CO_3\right)}{m_s} \qquad (2\text{-}25)$$

当 $V_1 < V_2$ 时，试样为 Na_2CO_3 与 $NaHCO_3$ 的混合物，此时 V_1 为将 Na_2CO_3 滴定为 $NaHCO_3$ 所消耗的 HCl 标准滴定溶液的体积，故 Na_2CO_3 所消耗 HCl 溶液的体积为 $2V_1$，滴定 $NaHCO_3$ 所消耗的 HCl 溶液的体积为 $(V_2 - V_1)$ mL。则试样中 Na_2CO_3 和 $NaHCO_3$ 的质量分数分别为：

$$w(Na_2CO_3) = \frac{c(HCl)2V_1 \times 10^{-3} M\left(\frac{1}{2}Na_2CO_3\right)}{m_s} \qquad (2\text{-}26)$$

$$w(NaHCO_3) = \frac{c(HCl)(V_2 - V_1) \times 10^{-3} M(NaHCO_3)}{m_s} \qquad (2\text{-}27)$$

可见，用双指示剂法测定混合碱时，还可以进行碱样组成的定性分析。由 V_1、V_2 的关系，可判断未知混合碱样的组成，如表 2-21 所示。

表 2-21　V_1、V_2 关系与混合碱样的组成

V_1 与 V_2 关系	$V_1 > V_2, V_2 > 0$	$V_1 < V_2, V_1 > 0$	$V_1 > 0, V_2 = 0$	$V_1 = V_2 \neq 0$	$V_1 = 0, V_2 > 0$
碱样组成	$OH^- + CO_3^{2-}$	$HCO_3^- + CO_3^{2-}$	OH^-	CO_3^{2-}	HCO_3^-

【例 2-15】　某纯碱试样 1.000g，溶于水后，以酚酞为指示剂，耗用 0.2500mol·L^{-1} HCl 溶液 20.40mL；再以甲基橙为指示剂，继续用 0.2500mol·L^{-1} HCl 溶液滴定，共耗去 48.86mL，求试样中各组分的相对含量。

解　$V_1 = 20.40$mL，$V_2 = 48.86 - 20.40 = 28.46$ （mL），$V_2 > V_1$，可见试样为 Na_2CO_3 和 $NaHCO_3$

$$w(Na_2CO_3) = \frac{c(HCl)2V_1 \times 10^{-3} M\left(\frac{1}{2}Na_2CO_3\right) \times 100\%}{m_s}$$

$$= \frac{0.2500 \times 2 \times 20.40 \times 10^{-3} \times \frac{1}{2} \times 106.0}{1.000} \times 100\%$$

$$= 54.06\%$$

$$w(\text{NaHCO}_3)=\frac{c(\text{HCl})(V_2-V_1)M(\text{NaHCO}_3)}{m}\times100\%$$

$$=\frac{0.2500\times(28.46-20.40)\times84.01\times10^{-3}}{1.000}\times100\%$$

$$=16.93\%$$

练一练

有一碱性溶液，可能是 NaOH、NaHCO 或 Na$_2$CO$_3$、或其中两者的混合物，用双指示剂法进行测定，开始用酚酞为指示剂，消耗 HCl 体积为 V_1，再用甲基橙为指示剂，又消耗 HCl 体积为 V_2，V_1 与 V_2 关系如下，试判断上述溶液的组成。

(1) $V_1>V_2$，$V_2\neq0$　　　　(2) $V_1<V_2$，$V_1\neq0$

(3) $V_1=V_2\neq0$　　　　　　(4) $V_1>V_2$，$V_2=0$

(5) $V_1<V_2$，$V_1=0$

2. 氮含量的测定

氮是生物生命活动过程中不可缺少的元素之一。对于这些物质中氮含量的测定，通常是将试样进行适当处理，使各种含氮化合物中的氮都转化为氨态氮，再进行测定。通常有两种方法：蒸馏法和甲醛法，其中蒸馏法是根据以下反应进行的：

$$\text{NH}_4^+(\text{aq})+\text{OH}^-(\text{aq})\xrightarrow{\triangle}\text{NH}_3(\text{g})+\text{H}_2\text{O}(\text{l})$$

$$\text{NH}_3(\text{g})+\text{HCl}(\text{aq})\longrightarrow\text{NH}_4^+(\text{aq})+\text{Cl}^-$$

$$\text{NaOH}(\text{aq})+\text{HCl}(\text{aq})(\text{剩余})\longrightarrow\text{NaCl}(\text{aq})+\text{H}_2\text{O}(\text{l})$$

即在 $(\text{NH}_4)_2\text{SO}_4$ 或 NH_4Cl 试样中加入过量 NaOH 溶液，加热煮沸，将蒸馏出的 NH$_3$ 用过量、而且已知准确浓度的 H$_2$SO$_4$ 或 HCl 标准溶液吸收，剩余的酸再以甲基红或甲基橙为指示剂，用 NaOH 标准溶液滴定，这样就能间接求得 $(\text{NH}_4)_2\text{SO}_4$ 或 NH_4Cl 的含量。

【例 2-16】 将 2.000g 的黄豆用浓 H$_2$SO$_4$ 进行消化处理，得到被测试液。然后加入过量的 NaOH 溶液，将释放出来的 NH$_3$ 用 50.00mL、0.6700mol·L^{-1} HCl 溶液吸收。多余的 HCl 采用甲基橙指示剂，以 0.6520mol·L^{-1} NaOH 溶液 30.10mL 滴定至终点。计算黄豆中氮的质量分数。

解　$$w(\text{N})=\frac{[c(\text{HCl})V(\text{HCl})-c(\text{NaOH})V(\text{NaOH})]M(\text{N})}{m_s}\times100\%$$

$$=\frac{(0.6700\times50.00-0.6520\times30.10)\times14.01\times10^{-3}}{2.000}\times100\%=9.72\%$$

【项目8】　混合碱成分与含量分析（双指示剂法）

一、目的要求

1. 会用双指示剂法测定混合碱中各组分的含量，能正确理解酸碱分步滴定的原理。

2. 会进行混合碱组分分析。

3. 能熟练使用容量瓶、移液管和酸式滴定管。

二、基本原理

混合碱是指 Na_2CO_3 与 $NaHCO_3$ 或 Na_2CO_3 与 NaOH 等的混合物。测定各组分含量时，可以在同一试液中分别用两种不同的指示剂来指示终点进行测定，这种方法即"双指示剂法"。若混合碱是由 Na_2CO_3 和 $NaHCO_3$ 组成，先以酚酞作指示剂，用 HCl 标准溶液滴定至溶液由红色变成无色，这是第一个滴定终点，此时消耗的 HCl 溶液的体积记为 V_1（mL），溶液中的滴定反应为：

$$Na_2CO_3 + HCl \longrightarrow NaHCO_3 + NaCl$$

再加入甲基橙指示剂，滴定至溶液由黄色变成橙色，此时反应为：

$$NaHCO_3 + HCl \longrightarrow NaCl + H_2O + CO_2 \uparrow$$

消耗 HCl 的体积为 V_2（mL）。根据 V_1、V_2 值求算出试样中 Na_2CO_3 和 $NaHCO_3$ 的含量。若混合碱为 Na_2CO_3 和 NaOH 的混合物，也可以用上述同样的方法滴定。若混合碱为未知组成的试样，还可根据 V_1、V_2 的数据，确定试样的组成，算出各组分的含量。

混合碱最常见组成为：Na_2CO_3 与 NaOH($V_1 > V_2$)或 Na_2CO_3 与 $NaHCO_3$($V_1 < V_2$)型。

混合碱组成为 Na_2CO_3 与 NaOH（$V_1 > V_2$）时，各组分含量计算公式为（m_s 为混合碱的总质量）：

$$w(NaOH) = \frac{c(HCl)(V_1 - V_2)\frac{M(NaOH)}{1000}}{m_s} \times 100\%$$

$$w(Na_2CO_3) = \frac{c(HCl)V_2\frac{M(Na_2CO_3)}{1000}}{m_s} \times 100\%$$

混合碱组成为 Na_2CO_3 与 $NaHCO_3$（$V_2 > V_1$）时，各组分含量计算公式为（m_s 为混合碱的总质量）：

$$w(Na_2CO_3) = \frac{c(HCl)V_1\frac{M(Na_2CO_3)}{1000}}{m_s} \times 100\%$$

$$w(NaHCO_3) = \frac{c(HCl)(V_2 - V_1)\frac{M(NaHCO_3)}{1000}}{m_s} \times 100\%$$

三、试剂与仪器

1. 试剂材料

（1）HCl 标准溶液（项目 7 所配溶液）	200mL	（2）0.2%酚酞指示剂	50mL
（3）0.2%甲基橙指示剂	50mL	（4）石灰试样	2.0g

2. 仪器

（1）酸式滴定管	50mL×1	（2）移液管	25mL×1
（3）烧杯	100mL×1	（4）玻璃棒	1根
（5）容量瓶	250mL×1	（6）洗耳球	1只
（7）分析天平	1台	（8）锥形瓶	250mL×3

四、操作步骤

1. 试液配制

（1）准确称取混合碱（石灰）试样 1.5～2.0g 于 100mL 烧杯中。

（2）加 30mL 蒸馏水使其溶解，必要时适当加热。

（3）冷却后，将溶液定量转移至 250mL 容量瓶中，稀释至刻度并摇匀。

2. 混合碱中各组分含量的测定

（1）准确移取 25.00mL 上述试液于锥形瓶中，加入 2 滴酚酞指示剂，用 HCl 标准溶液滴定（边滴加边充分摇动，以免局部 Na_2CO_3 直接被滴至 H_2CO_3）至溶液由红色变为无色，此时即为第一个终点，在表 2-22 中记录所用 HCl 体积 V_1。

（2）再加 1～2 滴甲基橙指示剂，继续用 HCl 滴定溶液由黄色变为橙色，即为第二个终点，在表 2-22 中记录所用 HCl 溶液的体积 V_2。平行测定三次。

（3）计算各组分的含量。

☞ **注意**

①用盐酸滴定混合碱时，酚酞终点比较难于观察。为得到较正确的结果，可用一参比溶液来对照。本实验可采用相同浓度的 $NaHCO_3$ 溶液，加 2 滴酚酞指示剂作参比溶液。②到达第一化学计量点前，滴定速度不宜过快或摇动不均匀。

五、数据记录和数据处理

数据记录见表 2-22。

表 2-22   混合碱中各组分含量的测定

滴定序号			1	2	3
混合碱溶液的体积/mL			25.00	25.00	25.00
HCl 溶液的体积/mL	起始读数				
	第一终点读数				
	第二终点读数				
	实际体积	V_1			
		V_2			
混合碱溶液的组成/%	NaOH	计算值			
		平均值			
		相对平均偏差			
	$NaHCO_3$	计算值			
		平均值			
		相对平均偏差			
	Na_2CO_3	计算值			
		平均值			
		相对平均偏差			

六、结论

混合碱溶液的组成是：

NaOH _____ %；NaHCO$_3$ _____ %；Na$_2$CO$_3$ _____ %

七、思考题

1. 何谓"双指示剂法"，混合碱的测定原理是什么？

2. 采用双指示剂法测定混合碱时，在同一份溶液中测定，试判断下列五种情况中混合碱的成分各是什么？

(1) $V_1 = 0$，$V_2 \neq 0$；(2) $V_1 \neq 0$，$V_2 = 0$；(3) $V_1 > V_2$；(4) $V_1 < V_2$；(5) $V_1 = V_2$

3. 用 HCl 滴定混合碱液时，将试液在空气中放置一段时间后滴定，将会给测定结果带来什么影响？若到达第一化学计量点前，滴定速度过快或摇动不均匀，对测定结果有何影响？

任务六
难溶电解质沉淀与溶解

案例分析

固体物质的溶解度是指在一定温度下，某物质在 100g 溶剂（通常是水）里达到饱和状态时所溶解的质量（g），用字母 s 表示，其单位是"g·(100g 水)$^{-1}$"。

通常把在室温（20℃）下，溶解度在 10g·(100g 水)$^{-1}$ 以上的物质叫易溶物质，溶解度在 1～10g·(100g 水)$^{-1}$ 的物质叫可溶物质，溶解度在 0.01～1g·(100g 水)$^{-1}$ 的物质叫微溶物质，溶解度小于 0.01g·(100g 水)$^{-1}$ 的物质叫难溶物质。

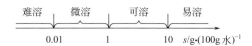

相关链接

沉淀反应的应用

(1) 应用　生成难溶电解质的沉淀，是工业生产、环保工程和科学研究中除杂或提纯物质的重要方法之一。

(2) 方法

① 调 pH

如：工业原料氯化铵中混有氯化铁

$$Fe^{3+} + 3NH_3 \cdot H_2O \longrightarrow Fe(OH)_3 \downarrow + 3NH_4^+$$

② 加沉淀剂

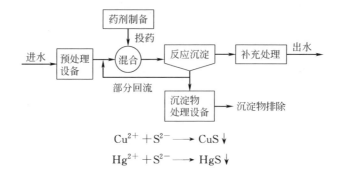

$$Cu^{2+} + S^{2-} \longrightarrow CuS\downarrow$$
$$Hg^{2+} + S^{2-} \longrightarrow HgS\downarrow$$

一、沉淀-溶解平衡与溶度积

任何难溶物在水中都有一定的溶解度，对其中溶解在水中并全部发生电离的难溶物称为难溶强电解质。在难溶强电解质的饱和溶液中，存在着未溶的固体和溶液中相应离子间的平衡，这类平衡属于多相离解平衡。

$BaSO_4$ 是由 Ba^{2+} 和 SO_4^{2-} 构成的难溶离子化合物。在一定温度下，把 $BaSO_4$ 放入水中，在水分子的作用下，同水接触的固体表面的 Ba^{2+} 和 SO_4^{2-} 进入水中，这个过程叫溶解。已溶解的一部分 Ba^{2+} 和 SO_4^{2-} 在运动中相互碰撞，又重新结合成 $BaSO_4$ 晶体，这个过程叫做结晶或沉淀。当溶解和沉淀的速率相等时，便建立了固体和溶液中离子之间的动态平衡，这种平衡称为沉淀-溶解平衡。可表示为：

$$BaSO_4(s) \rightleftharpoons Ba^{2+}(aq) + SO_4^{2-}(aq)$$

这个平衡的特点是：反应物为固体，生成物为离子，溶液为饱和溶液，服从化学平衡定律。则平衡常数表达式为

$$K = \frac{[c(Ba^{2+})/c^{\ominus}][c(SO_4^{2-})/c^{\ominus}]}{c(BaSO_4)/c^{\ominus}}$$

$BaSO_4$ 是固体，其浓度并入常数项，于是得到标准状态下的平衡常数（$K_{sp}^{\ominus}$）：

$$K_{sp}^{\ominus}(BaSO_4) = [c(Ba^{2+})/c^{\ominus}][c(SO_4^{2-})/(c^{\ominus})]$$

式中 $c(Ba^{2+})$——沉淀-溶解平衡时 Ba^{2+} 的平衡浓度，$mol \cdot L^{-1}$；

$c(SO_4^{2-})$——沉淀-溶解平衡时 SO_4^{2-} 的平衡浓度，$mol \cdot L^{-1}$；

$c^{\ominus}$——标准浓度，$1mol \cdot L^{-1}$。

$K_{sp}^{\ominus}$ 表示在一定温度下，难溶强电解质饱和溶液中离子的相对浓度各以其化学计量数为幂指数的乘积为一常数。此常数称为标准溶度积常数，简称溶度积。

在标准状态下，对于一般难溶强电解质（A_mB_n）的沉淀-溶解平衡可表示为

$$A_mB_n(s) \rightleftharpoons mA^{n+}(aq) + nB^{m-}(aq)$$

溶度积表达式为

$$K_{sp}^{\ominus}(A_mB_n) = [c(A^{n+})/c^{\ominus}]^m[c(B^{m-})/c^{\ominus}]^n \tag{2-28}$$

溶度积 $K_{sp}^{\ominus}$ 反映了难溶强电解质溶解能力的大小。其大小与物质溶解度有关。因物质的溶解度随温度改变而变化，所以同一种难溶强电解质在不同温度时，其 $K_{sp}^{\ominus}$ 值也不同，但与未溶解固体的量的多少无关。298K 时常见物质的溶度积见附录。

【例 2-17】 298K 时，$Mg(OH)_2$ 在水中达到沉淀溶解平衡，溶液中 Mg^{2+} 和 OH^- 的浓度分别为 $2.62 \times 10^{-4} mol \cdot L^{-1}$ 和 $6.87 \times 10^{-4} mol \cdot L^{-1}$，计算该温度下 $Mg(OH)_2$ 溶度积。

解　依据公式（2-28）可得 $Mg(OH)_2$ 溶度积为：

$$K_{sp}^{\ominus}[Mg(OH)_2] = [c(Mg^{2+})/c^{\ominus}][c(OH^-)/c^{\ominus}]^2$$
$$= 2.62 \times 10^{-4} \times (6.87 \times 10^{-4})^2$$
$$= 1.2 \times 10^{-10}$$

二、溶度积及其应用

溶度积 $K_{sp}^{\ominus}$ 是一定温度时难溶强电解质饱和溶液中离子浓度幂的乘积，溶解度（s）是一定温度时难溶强电解质饱和溶液中每 $100g$ 水溶解难溶强电解质的质量（以 g 为单位）。$K_{sp}^{\ominus}$ 和溶解度（s）都能反映难溶强电解质在水溶液中的溶解能力。因此，二者间可以相互换算。换算时注意两点：一是溶解度的单位要用 $mol \cdot L^{-1}$ 表示，二是饱和溶液的密度近似等于纯水的密度（$1g \cdot mL^{-1}$）。

【例 2-18】　$25℃$ 时，在水中 $AgCl$ 的溶解度为 $1.8 \times 10^{-3} g \cdot L^{-1}$，$Ag_2CrO_4$ 的溶解度为 $2.6 \times 10^{-2} g \cdot L^{-1}$，求其 $K_{sp}^{\ominus}$。

解　（1）先将溶解度（s）单位换算为 $mol \cdot L^{-1}$

故 $s(AgCl) = 1.8 \times 10^{-3}/143.4$
$$= 1.25 \times 10^{-5} (mol \cdot L^{-1})$$

$s(Ag_2CrO_4) = 2.6 \times 10^{-2}/331.7$
$$= 7.8 \times 10^{-5} (mol \cdot L^{-1})$$

（2）已溶解的 $AgCl$ 全部成为 Ag^+ 和 Cl^-

在饱和溶液中存在平衡　　　　　　　$AgCl \rightleftharpoons Ag^+ + Cl^-$

平衡浓度/$mol \cdot L^{-1}$　　　　　　　　　　　　　s　　　s

故 $K_{sp}^{\ominus}(AgCl) = [c(Ag^+)/c^{\ominus}][c(Cl^-)/c^{\ominus}] = (s/c^{\ominus})^2 = (1.25 \times 10^{-5})^2 = 1.56 \times 10^{-10}$

（3）Ag_2CrO_4 在饱和溶液中存在平衡　　　　$Ag_2CrO_4 \rightleftharpoons 2Ag^+ + CrO_4^{2-}$

平衡浓度/$mol \cdot L^{-1}$　　　　　　　　　　　　　　　　　$2s$　　　s

故 $K_{sp}^{\ominus}(Ag_2CrO_4) = [c(Ag^+)/c^{\ominus}]^2[c(CrO_4^{2-})/c^{\ominus}] = 4(s/c^{\ominus})^3 = 1.9 \times 10^{-12}$

对于 AB、A_2B/AB_2、A_3B/AB_3 型难溶强电解质 $K_{sp}^{\ominus}$ 与溶解度（s）之间的关系，可用通式表示如下：

AB 型难溶强电解质：$K_{sp}^{\ominus} = (s/c^{\ominus})^2$

A_2B/AB_2 型难溶强电解质：$K_{sp}^{\ominus} = 4(s/c^{\ominus})^3$

A_3B/AB_3 型难溶强电解质：$K_{sp}^{\ominus} = 27(s/c^{\ominus})^4$

如果已知某难溶强电解质的溶解度，可利用以上公式计算出溶度积。相反，也可利用以上公式计算出溶解度。

练一练

已知 $298K$ 时，$K_{sp}^{\ominus}(AgCl) = 1.8 \times 10^{-10}$，试求出在该温度下的溶解度。

对于同一类型难溶强电解质，可以用 $K_{sp}^{\ominus}$ 比较溶解度的大小：$K_{sp}^{\ominus}$ 大，溶解度大；$K_{sp}^{\ominus}$ 小，溶解度小。但对不同类型难溶强电解质，则不能用 $K_{sp}^{\ominus}$ 比较溶解度，必须通过换算。如上例中，$K_{sp}^{\ominus}(AgCl) > K_{sp}^{\ominus}(Ag_2CrO_4)$，但 $AgCl$ 的溶解度 $< Ag_2CrO_4$ 的溶解度。

三、溶度积规则及应用

1. 溶度积规则

难溶强电解质的多相离子平衡是暂时的、有条件的动态平衡。当条件改变时，可以使溶液中的离子生成沉淀，也可以使固体溶解。在沉淀-溶解平衡中，也可以用离子积 Q_c 和 $K_{sp}^{\ominus}$ 判断反应进行的方向。

A_nB_m 的难溶强电解质，沉淀-溶解平衡为：

$$A_mB_n(s) \Longleftrightarrow A^{n+}(aq) + nB^{m-}(aq)$$

在任意时刻，溶液中离子浓度幂的乘积用 Q_c 来表示，则

$$Q_c = [c(A^{n+})/c^{\ominus}]^m [c(B^{m-})/c^{\ominus}]^n \tag{2-29}$$

式中　$c(A^{n+})$，$c(B^{m-})$——任意时刻难溶强电解质溶液中离子的浓度。

根据平衡移动的原理，可得出以下结论：

当 $Q_c < K_{sp}^{\ominus}$ 时，为未饱和溶液，无沉淀生成或原有沉淀溶解；

当 $Q_c = K_{sp}^{\ominus}$ 时，为饱和溶液，沉淀、溶解达到动态平衡状态；

当 $Q_c > K_{sp}^{\ominus}$ 时，为过饱和溶液，有沉淀生成，直到溶液中离子积等于溶度积。

上述规则称为溶度积规则。不难看出，通过控制离子的浓度，便可以使沉淀-溶解平衡发生定向移动，使沉淀向人们需要的方向转化。

2. 溶度积规则的应用

利用溶度积规则，不仅可以通过改变离子的浓度控制沉淀反应的方向，还可以将混合溶液中的离子进行分离。

（1）控制条件沉淀或分离不同的离子

① 根据溶度积规则，要从溶液中沉淀出某一种离子，必须加入一种沉淀剂，使溶液中所含组成沉淀的各离子的离子积（离子浓度幂的乘积）大于其溶度积，从而析出沉淀。

【例 2-19】　在室温时将 $0.004mol \cdot L^{-1}$ $AgNO_3$ 和 $0.002mol \cdot L^{-1}$ K_2CrO_4 溶液混合时，有无红色 Ag_2CrO_4 沉淀析出？

解　两种溶液等体积混合，体积增加一倍，浓度各减小一半。

$$Q_c = [Ag^+]^2[CrO_4^{2-}] = 0.002^2 \times 0.001 = 4 \times 10^{-9}$$

查表得：Ag_2CrO_4 的 $K_{sp}^{\ominus} = 1.1 \times 10^{-12}$

$Q_c > K_{sp}^{\ominus}$，所以有 Ag_2CrO_4 沉淀生成。

② 当溶液中同时存在两种或两种以上的离子与某一沉淀剂均能发生沉淀反应时，沉淀不是同时发生，而是按生成的难溶物质溶解度由小到大的次序进行先后沉淀，这种现象叫分步沉淀。对于同类型难溶物质且离子浓度相同时，可直接由其 $K_{sp}^{\ominus}$ 判断沉淀的先后顺序，$K_{sp}^{\ominus}$ 小者先沉淀。而浓度不同或者类型不同时不能直接由 $K_{sp}^{\ominus}$ 判断，要根据溶度积规则来判断。

利用分步沉淀分离混合物中的离子，原则是：先沉淀的离子应完全沉淀，即溶液中的残留浓度 $\leqslant 10^{-5}mol/L$，此时，后沉淀的离子不沉淀，其离子浓度应保持初始浓度。

【例 2-20】　在浓度均为 $0.0100mol \cdot L^{-1}$ 的 Cl^-、I^- 混合溶液中，逐滴加入 $AgNO_3$ 溶液，哪种离子先沉淀？能否通过分步沉淀来分离？

解　计算 AgCl 和 AgI 开始沉淀时所需 Ag^+ 的浓度。

AgI 开始沉淀时 $c_1(Ag^+) = \dfrac{K_{sp}^{\ominus}(AgI)}{c(I^-)} = \dfrac{8.5 \times 10^{-17}}{0.0100} = 8.5 \times 10^{-15}(mol \cdot L^{-1})$

AgCl 开始沉淀时 $c_2(Ag^+) = \dfrac{K_{sp}^{\ominus}(AgCl)}{c(Cl^-)} = \dfrac{1.8 \times 10^{-10}}{0.0100} = 1.8 \times 10^{-8}(mol \cdot L^{-1})$

可见，沉淀 I^- 所需 Ag^+ 浓度比沉淀 Cl^- 小得多，显然 AgI 先沉淀。

随着 I^- 不断被沉淀为 AgI，溶液中 I^- 浓度不断减小，若要使 AgI 继续沉淀，必须不断加入 $AgNO_3$，以提高溶液中 Ag^+ 的浓度，满足 AgI 不断析出的要求。当 Ag^+ 浓度增加到 $1.8 \times 10^{-8}mol \cdot L^{-1}$ 时，AgCl 开始沉淀。这时由于 AgI 和 AgCl 处在同一饱和溶液，故溶液中 Ag^+ 浓度必然同时满足下列关系式：

$$[c(Ag^+)/c^{\ominus}][c(I^-)/c^{\ominus}] = K_{sp}^{\ominus}(AgI)$$

$$[c(Ag^+)/c^{\ominus}][c(Cl^-)/c^{\ominus}] = K_{sp}^{\ominus}(AgCl)$$

即

$$\dfrac{K_{sp}^{\ominus}(AgI)}{c(I^-)} = \dfrac{K_{sp}^{\ominus}(AgCl)}{c(Cl^-)}$$

当 Cl^- 开始沉淀时，溶液中 I^- 的残留浓度

$$c(I^-) = \dfrac{K_{sp}^{\ominus}(AgI)}{K_{sp}^{\ominus}(AgCl)}c(Cl^-) = \dfrac{8.5 \times 10^{-17}}{1.8 \times 10^{-10}} \times 0.0100$$

$$= 4.7 \times 10^{-9}mol \cdot L^{-1} < 10^{-5}mol \cdot L^{-1}$$

说明当 Cl^- 开始沉淀时，I^- 已沉淀完全，故两者可以通过分步沉淀来分离。

✎ **练一练**

在含有 $0.1mol \cdot L^{-1}$ 的 Cl^-、Br^- 和 I^- 的混合溶液中，逐滴加入 $AgNO_3$ 溶液，能分别生成 AgCl、AgBr、AgI 沉淀，问沉淀的顺序是什么？

已知 $K_{sp}^{\ominus}(AgCl) = 1.8 \times 10^{-10}$；$K_{sp}^{\ominus}(AgBr) = 5.0 \times 10^{-13}$；$K_{sp}^{\ominus}(AgI) = 8.5 \times 10^{-17}$。

（2）沉淀转化

在含有沉淀的溶液中，加入适当的沉淀剂，使溶度积较大的难溶物转化为溶度积较小的难溶物。

例如，$K_{sp}^{\ominus}(CaCO_3) = 3.36 \times 10^{-9} < K_{sp}^{\ominus}(CaSO_4) = 4.93 \times 10^{-5}$，向含有 $CaSO_4$ 的溶液中加入 Na_2CO_3 溶液，能使 $CaSO_4$ 转化为 $CaCO_3$ 沉淀。

这一原理常用于锅炉除垢。$CaCO_3$ 沉淀疏松，并可溶于酸，容易清除。

沉淀的转化过程是 $K_{sp}^{\ominus}$ 较大的沉淀不断溶解，而 $K_{sp}^{\ominus}$ 较小的沉淀不断生成的过程。因此，对于相同类型的难溶强电解质可以直接利用溶度积比较沉淀的转化，由 $K_{sp}^{\ominus}$ 较大的转化为 $K_{sp}^{\ominus}$ 较小的沉淀，两种沉淀的 $K_{sp}^{\ominus}$ 差别愈大，沉淀转化得愈完全。

（3）判断沉淀的完全程度

当利用沉淀反应来制备物质或分离杂质时，沉淀是否完全是关键问题。由于难溶强电解质溶液中始终存在着沉淀-溶解平衡，不论加入的沉淀剂如何过量，被沉淀离子的浓度都不可能等于零。所谓"完全沉淀"，并不是说溶液中某种离子绝对不存在了，而是指其含量少至某一标准。通常溶液中残留的离子浓度 $\leqslant 1.0 \times 10^{-5}mol \cdot L^{-1}$ 时，即可认为沉淀完全（在定量分析中，一般要求残留的离子浓度 $\leqslant 1.0 \times 10^{-6}mol \cdot L^{-1}$）。

【例 2-21】 取 5mL $0.0020mol \cdot L^{-1}$ 的 Na_2SO_4 溶液，加到 5mL $0.020mol \cdot L^{-1}$ 的

$BaCl_2$ 溶液中，试计算 SO_4^{2-} 是否沉淀完全？$K_{sp}^{\ominus}(BaSO_4)=1.1\times10^{-10}$。

解 等体积混合后 $c(SO_4^{2-})=0.0010\text{mol}\cdot\text{L}^{-1}$　$c(Ba^{2+})=0.010\text{mol}\cdot\text{L}^{-1}$

$$Q_c=[c(SO_4^{2-})/c^{\ominus}][c(Ba^{2+})/c^{\ominus}]=0.0010\times0.010=1.0\times10^{-5}$$
$$Q_c\gg1.1\times10^{-10}$$

所以，有 $BaSO_4$ 沉淀析出。因为 $c(SO_4^{2-})<c(Ba^{2+})$，所以当析出沉淀后，溶液中 Ba^{2+} 过剩，过剩的 Ba^{2+} 浓度为 $c(Ba^{2+})=0.010-0.0010=0.0090$（$\text{mol}\cdot\text{L}^{-1}$）。

达到平衡时，溶液中 SO_4^{2-} 浓度应为：

$$c(SO_4^{2-})=\frac{K_{sp}^{\ominus}(BaSO_4)}{c(Ba^{2+})}=\frac{1.1\times10^{-10}}{0.0090}=1.2\times10^{-8}\text{mol}\cdot\text{L}^{-1}<1.0\times10^{-5}\text{mol}\cdot\text{L}^{-1}$$

所以 SO_4^{2-} 已沉淀完全。

对于某些沉淀（如难溶的弱酸盐、金属氢氧化物和金属硫化物）反应，沉淀能否生成取决于溶液的 pH，而且开始沉淀和沉淀完全的 pH 也不相同。

① 生成金属氢氧化物。在 $M(OH)_n$ 型难溶氢氧化物的沉淀-溶解平衡中

$$M(OH)_n(s)\rightleftharpoons M^{n+}(aq)+nOH^-(aq)$$
$$K_{sp}^{\ominus}[M(OH)_n]=c(M^{n+})c^n(OH^-)$$
$$c(OH^-)=\sqrt[n]{\frac{K_{sp}^{\ominus}[M(OH)_n]}{c(M^{n+})}}$$

若要使产生 M^{n+} 开始生成沉淀 $M(OH)_n$，溶液中 OH^- 的最低浓度为

$$c(OH^-)=\sqrt[n]{\frac{K_{sp}^{\ominus}[M(OH)_n]}{c(M^{n+})}} \tag{2-30}$$

若要使 M^{n+} 沉淀完全，即溶液中 $c(M^{n+})\leqslant1.0\times10^{-5}\text{mol}\cdot\text{L}^{-1}$ 时，OH^- 的最低浓度为

$$c(OH^-)=\sqrt[n]{\frac{K_{sp}^{\ominus}[M(OH)_n]}{c(M^{n+})}}=\sqrt[n]{\frac{K_{sp}^{\ominus}[M(OH)_n]}{1.0\times10^{-5}}} \tag{2-31}$$

由此可见，难溶氢氧化物在溶液中开始沉淀和沉淀完全的 pH 主要取决于其溶度积的 $K_{sp}^{\ominus}$ 大小。不同难溶氢氧化物的 $K_{sp}^{\ominus}$ 不同，因此，调节溶液的 pH，可将金属离子以氢氧化物的形式进行分离或提纯。

【例 2-22】 在 $0.10\text{mol}\cdot\text{L}^{-1}$ 的 $CuSO_4$ 溶液中，含有 $0.010\text{mol}\cdot\text{L}^{-1}$ 的 Fe^{3+}，应控制溶液的 pH 为多大时，才能除去 Fe^{3+}？

解 Fe^{3+} 可通过形成 $Fe(OH)_3$ 沉淀除去。对 $0.010\text{mol}\cdot\text{L}^{-1}$ 的 Fe^{3+} 沉淀完全时的 pH 应满足 Cu^{2+} 不沉淀的要求。

$$Fe(OH)_3(s)\rightleftharpoons Fe^{3+}(aq)+3OH^-(aq)$$
$$[c(Fe^{3+})/c^{\ominus}][c(OH^-)/c^{\ominus}]^3=K_{sp}^{\ominus}[Fe(OH)_3]$$

欲使 $Fe(OH)_3$ 沉淀完全，溶液中 Fe^{3+} 的浓度应达到 $1.0\times10^{-5}\text{mol}\cdot\text{L}^{-1}$，此时

$$c(OH^-)=\sqrt[3]{\frac{K_{sp}^{\ominus}[Fe(OH)_3]}{c(Fe^{3+})}}=\sqrt[3]{\frac{2.97\times10^{-39}}{1.0\times10^{-5}}}=6.67\times10^{-12}(\text{mol}\cdot\text{L}^{-1})$$

$$pOH=11.18$$

则 $$pH=2.82$$

即 $Fe(OH)_3$ 沉淀完全的 pH 是 2.82，增大 pH 可进一步产生沉淀，但同时应考虑产生

Cu^{2+} 沉淀的 pH。

$$Cu(OH)_2(s) \rightleftharpoons Cu^{2+}(aq) + 2OH^-(aq)$$

根据溶度积规则，当 Cu^{2+} 开始沉淀时，应满足

$$[c(Cu^{2+})/c^{\ominus}][c(OH^-)/c^{\ominus}]^2 = K_{sp}^{\ominus}[Cu(OH)_2]$$

$$c(OH^-) = \sqrt{\frac{K_{sp}^{\ominus}[Cu(OH)_2]}{c(Cu^{2+})}} = \sqrt{\frac{2.20 \times 10^{-20}}{0.10}} = 4.69 \times 10^{-10} (mol \cdot L^{-1})$$

即

$$pOH = 9.33, \quad pH = 4.67$$

计算可知，溶液的 pH 应控制在 2.82～4.67 之间，就能达到除去 Fe^{3+} 而 Cu^{2+} 不沉淀的目的。

✎ 练一练

某溶液中含 Zn^{2+} 为 $0.1 mol \cdot L^{-1}$。试计算 $Zn(OH)_2$ 开始沉淀和沉淀完全时的 pH。$\{K_{sp}[Zn(OH)_2] = 1.2 \times 10^{-17}\}$

② 生成金属硫化物。当 M^{2+} 在饱和 H_2S 溶液中沉淀为 MS 型金属硫化物时，同时存在下列平衡

$$M^{2+}(aq) + S^{2-}(aq) \rightleftharpoons MS(s) \qquad\qquad 1/K_{sp}^{\ominus}(MS)$$

$$H_2S(aq) \rightleftharpoons H^+(aq) + HS^-(aq) \qquad\qquad K_{a1}^{\ominus}$$

$$HS^-(aq) \rightleftharpoons H^+(aq) + S^{2-}(aq) \qquad\qquad K_{a2}^{\ominus}$$

将各式相加，得到沉淀生成反应方程式

$$M^{2+}(aq) + H_2S(aq) \rightleftharpoons MS(s) + 2H^+(aq)$$

其平衡常数为

$$K^{\ominus} = \frac{c(H^+)^2}{c(H_2S)c(M^{2+})} = \frac{K_{a1}^{\ominus} K_{a2}^{\ominus}}{K_{sp}^{\ominus}(MS)}$$

因饱和 H_2S 溶液 $c(H_2S) = 0.1 mol \cdot L^{-1}$，故 MS 型金属硫化物开始沉淀时，溶液中的 H^+ 最大应为

$$c(H^+) = \sqrt{\frac{0.10 c(M^{2+}) K_{a1}^{\ominus} K_{a2}^{\ominus}}{K_{sp}^{\ominus}(MS)}} \tag{2-32}$$

若要使 M^{2+} 沉淀完全，即溶液中 $c(M^{n+}) \leqslant 1.0 \times 10^{-5} mol \cdot L^{-1}$，溶液中的 H^+ 最大应为

$$c(H^+) = \sqrt{\frac{0.10 \times 1.0 \times 10^{-5} K_{a1}^{\ominus} K_{a2}^{\ominus}}{K_{sp}^{\ominus}(MS)}} \tag{2-33}$$

四、影响沉淀-溶解平衡的因素

1. 同离子效应

除加入沉淀剂可使沉淀-溶解平衡向生成沉淀的方向移动外，加入含有同离子的易溶强电解质也可产生相同的作用。这种在难溶强电解质溶液中加入含有相同离子的易溶强电解质，使难溶强电解质溶解度降低的现象称为沉淀-溶解平衡中的同离子效应。

【例 2-23】 计算 298K 时 $BaSO_4$ 在 $0.10 mol \cdot L^{-1} Na_2SO_4$ 溶液中的溶解度。

解 设 $BaSO_4$ 的溶解度 (s) 为 $x mol \cdot L^{-1}$。

$$BaSO_4(s) \rightleftharpoons Ba^{2+}(aq) + SO_4^{2-}(aq)$$

平衡浓度/$mol \cdot L^{-1}$ $\qquad\qquad\qquad x \qquad\qquad 0.10+x$

$$K_{sp}^{\ominus}(BaSO_4) = [c(Ba^{2+})/c^{\ominus}][c(SO_4^{2-})/c^{\ominus}]$$

$$1.08 \times 10^{-10} = (x+0.10)x$$

因为 $K_{sp}^{\ominus}(BaSO_4)$ 很小，x 比 0.10 小得多，所以 $x+0.10 \approx 0.10$

故 $\qquad\qquad\qquad\qquad 0.10x = 1.08 \times 10^{-10}$

$$x = 1.08 \times 10^{-9}$$

即 $\qquad\qquad\qquad\qquad s(BaSO_4) = 1.1 \times 10^{-9} mol \cdot L^{-1}$

298K 时 $BaSO_4$ 在 $0.10 mol \cdot L^{-1}$ Na_2SO_4 溶液中的溶解度为纯水（1.08×10^{-5} $mol \cdot L^{-1}$）中的万分之一。

由此可见，利用同离子效应，可以使某种离子的溶解度减小。因此在进行沉淀反应时，为确保某一离子沉淀完全，可加入适当过量的沉淀剂。

📝 **练一练**

计算 298K 时，AgCl 在 $0.0100 mol \cdot L^{-1}$ 的 $AgNO_3$ 溶液中的溶解度。

已知氯化银的 $K_{sp}^{\ominus} = 1.8 \times 10^{-10}$。

---

2. 盐效应

加入适当过量沉淀剂会使沉淀趋于完全，但是并非沉淀剂越多越好。实验证实，加入过量的沉淀剂，增大了溶液中阴、阳离子浓度，使得带相反电荷的离子间的相互吸引和相互牵制阻碍了离子的运动，减小了离子的运动速度，从而减少了与沉淀剂相遇的机会，即降低了沉淀生成的速率，沉淀溶解的速率暂时超过了生成沉淀的速率，平衡向溶解方向移动，所以难溶强电解质的溶解度增大。加入易溶强电解质可使难溶强电解质溶解度稍有增大的效应称为盐效应。

表 2-23 列出了 $PbSO_4$ 在 Na_2SO_4 溶液中的溶解度。可以看出，当 Na_2SO_4 浓度由零增加到 $0.04 mol \cdot L^{-1}$ 时，$PbSO_4$ 溶解度不断降低，此时，同离子效应起主导作用。但当 Na_2SO_4 浓度超过 $0.04 mol \cdot L^{-1}$ 时，溶解度又有所增加，说明此时盐效应的作用已很明显。

表 2-23　$PbSO_4$ 在 Na_2SO_4 溶液中的溶解度

$c(Na_2SO_4)/mol \cdot L^{-1}$	0	0.001	0.01	0.02	0.04	0.10	0.20
$s(PbSO_4)/mol \cdot L^{-1}$	1.5×10^{-4}	2.4×10^{-5}	1.6×10^{-5}	1.4×10^{-5}	1.3×10^{-5}	1.5×10^{-5}	2.3×10^{-5}

同离子效应和盐效应是影响沉淀-溶解平衡的两个重要因素。在实际工作中，沉淀剂的用量一般以过量 20%～50% 为宜。表 2-23 的数据还表明同离子效应对难溶强电解质溶解度的影响大于盐效应。因此，在同离子效应的计算中，往往忽略盐效应。

3. 配位效应

在沉淀-溶解平衡体系中，若加入适当的配位剂，被沉淀的离子与配位剂发生配位反应，也会使沉淀-溶解平衡向着沉淀溶解的方向移动，从而使沉淀溶解度增大。这种因加入配位剂使沉淀溶解度增大的作用称为配位效应。

配位效应对沉淀溶解度的影响与配位剂的浓度以及形成配合物的稳定性有关。配合物的稳定性越高，沉淀越易溶解。

如果沉淀反应中的配位剂又是沉淀剂时，则同时存在配位效应和同离子效应，这样沉淀剂的加入量必须适当。例如，室温时 AgCl 沉淀在不同浓度的 NaCl 溶液中的溶解度见表 2-24。

表 2-24　室温时 AgCl 沉淀在不同浓度的 NaCl 溶液中的溶解度

NaCl 浓度/mol·L^{-1}	0	0.0039	0.0092	0.036	0.082	0.35	0.50
AgCl 溶解度/mg·L^{-1}	2.0	0.10	0.13	0.27	0.52	2.4	4.0

在 NaCl 浓度为 0.0039mol·L^{-1} 时，AgCl 的溶解度最小。随着 NaCl 浓度的增加，因 AgCl 与配位剂 Cl$^-$ 发生了配位反应

$$AgCl(s) + Cl^-(aq) \Longrightarrow [AgCl_2]^-(aq)$$

故使 AgCl 的溶解度反而增加。

4. 酸效应

在选择沉淀剂时，还要考虑沉淀剂的离解和水解等因素。正确控制溶液 pH，才能确保沉淀完全。溶液的酸度给沉淀溶解度带来的影响称为酸效应。

对于 BaSO$_4$、AgCl 等强酸盐沉淀，酸效应对其溶解度影响较小；对于 CaCO$_3$、CaC$_2$O$_4$、ZnS、FeS 等弱酸盐沉淀和金属氢氧化物沉淀，酸效应对其溶解度影响较大，有的可被完全溶解，并在其溶解反应产物中有弱电解质生成。

（1）生成弱酸

由弱酸所形成的难溶盐如 CaCO$_3$、FeS 等，当溶液中 H$^+$ 浓度较大时，生成相应的弱酸，使平衡体系中弱酸根离子浓度减小，从而满足了 $Q_c < K_{sp}^{\ominus}$，沉淀溶解。例如 FeS 在 HCl 溶液中有下列平衡

$$FeS(s) \Longrightarrow Fe^{2+}(aq) + S^{2-}(aq)$$
$$S^{2-}(aq) + H^+(aq) \Longrightarrow HS^-(aq)$$
$$HS^-(aq) + H^+(aq) \Longrightarrow H_2S$$

即溶解平衡　　　$$FeS(s) + 2H^+(aq) \Longrightarrow Fe^{2+}(aq) + H_2S(aq)$$

由于 H$^+$ 的作用，降低了溶液中 S^{2-} 的浓度，促使 FeS 沉淀溶解。

（2）生成水

金属氢氧化物在酸性溶液中发生溶解反应，生成了弱电解质水，例如：

$$Fe(OH)_3(s) \Longrightarrow Fe^{3+}(aq) + 3OH^-(aq)$$
$$H^+(aq) + OH^-(aq) \Longrightarrow H_2O$$

即　　　　　　$$Fe(OH)_3(s) + 3H^+(aq) \Longrightarrow Fe^{3+}(aq) + 3H_2O$$

由于 H$^+$ 和 OH$^-$ 结合生成 H$_2$O，降低了溶液中 OH$^-$ 的浓度，促使 Fe(OH)$_3$ 沉淀溶解。

（3）生成弱碱

一些溶度积较大的金属氢氧化物沉淀能溶于铵盐中，这是因为生成了弱碱 NH$_3$ 的缘故。如：

$$Mg(OH)_2(s) + 2NH_4^+(aq) \Longrightarrow Mg^{2+}(aq) + 2NH_3 + 2H_2O$$

但 Fe(OH)$_3$、Al(OH)$_3$ 溶度积很小，不能溶于铵盐中。

总之，溶液的酸度对于弱酸盐沉淀、金属氢氧化物的沉淀和一些硫化物沉淀的溶解度影响较大。因此，要使这些沉淀反应进行完全，应尽可能地控制在适当的酸度条件下进行。

【项目9】 难溶电解质的生成与性质验证

一、目的要求

1. 能运用溶度积规则解释沉淀的生成、溶解、转化。
2. 会使用电动离心机。

二、基本原理

在难溶电解质的饱和溶液中，未溶解的固体与溶液中相应离子之间建立了多相离子平衡。例如，在一定温度下，PbS 的沉淀平衡：

$$PbS(s) \rightleftharpoons Pb^{2+}(aq) + S^{2-}(aq)$$

$$K_{sp}^{\ominus}(PbS) = c(Pb^{2+})c(S^{2-})$$

在难溶电解质溶液中可存在三种不同状态：

$Q_c = K_{sp}^{\ominus}$ 时，动态平衡，溶液是饱和状态；

$Q_c > K_{sp}^{\ominus}$ 时，溶液是过饱和状态，平衡向沉淀生成的方向移动，直至 $Q_c = K_{sp}^{\ominus}$；

$Q_c < K_{sp}^{\ominus}$ 时，溶液是不饱和状态，平衡向沉淀溶解的方向移动（或没有沉淀生成）。

当溶液中同时含有数种离子时，加入一种共沉淀剂，离子按照达到溶度积的先后顺序依次沉淀，即分步沉淀。

两种沉淀之间，溶解度大的易转化成溶解度小的沉淀，溶解度差别越大，越易转化。同类型沉淀，$K_{sp}^{\ominus}$ 大的易转化为 $K_{sp}^{\ominus}$ 小的，二者的 $K_{sp}^{\ominus}$ 相差越大，越易发生转化。例如：

$$Ag_2CrO_4(s) + 2Cl^-(aq) \rightleftharpoons 2AgCl(s) + CrO_4^{2-}(aq)$$

$$K = \frac{K_{sp}^{\ominus}(Ag_2CrO_4)}{K_{sp}^{\ominus}(AgCl)} = 1.1 \times 10^3$$

在纯水中 Ag_2CrO_4 的溶解度大于 AgCl 的溶解度，则上述反应达到平衡时 K 值很大，砖红色极易转化为白色沉淀，但逆向转化极难。

三、试剂与仪器

1. 试剂

(1) 0.1mol·L^{-1} MnSO$_4$ 溶液	1mL	(2) 0.1mol·L^{-1} NaCl 溶液 2mL
(3) 0.1mol·L^{-1} ZnSO$_4$ 溶液	1mL	(4) 2.0mol·L^{-1} HCl 溶液 2mL
(5) 0.1mol·L^{-1} AgNO$_3$ 溶液	5mL	(6) 浓 HCl 1mL
(7) 2.0mol·L^{-1} HAc 溶液	2mL	(8) 2.0mol·L^{-1} HNO$_3$ 溶液 2mL
(9) 5% H$_2$O$_2$ 溶液	2mL	(10) 0.1mol·L^{-1} CdSO$_4$ 溶液 1mL
(11) 0.1mol·L^{-1} Na$_2$S 溶液	1mL	(12) 0.1mol·L^{-1} CuSO$_4$ 溶液 1mL
(13) 0.1mol·L^{-1} CaCl$_2$ 溶液	1mL	(14) 0.1mol·L^{-1} Na$_2$CO$_3$ 溶液 1mL
(15) 0.1mol·L^{-1} K$_2$CrO$_4$ 溶液	2mL	(16) 0.1mol·L^{-1} Pb(NO$_3$)$_2$ 溶液 1mL
(17) 2.0mol·L^{-1} H$_2$SO$_4$ 溶液	2mL	(18) 稀 HAc 1mL

2. 仪器

(1) 水浴锅	1只	(2) 毛细滴管	1支
(3) 试管	16支	(4) 试管刷	1把
(5) 玻璃棒	1根	(6) 酒精灯	1个
(7) 离心试管	2支	(8) 离心机	1台

四、操作步骤

1. 沉淀生成

取4支试管，分别加入 $AgNO_3$、$AgNO_3$、$Pb(NO_3)_2$、$Pb(NO_3)_2$ 溶液5滴，再依次加入 $NaCl$、K_2CrO_4、K_2CrO_4、Na_2S 溶液各2滴；观察现象。放置，留作下面沉淀转化使用。

2. 沉淀溶解

取4支试管，分别加入 $0.10mol \cdot L^{-1}$ 的 $MnSO_4$、$ZnSO_4$、$CdSO_4$、$CuSO_4$ 溶液2滴，再依次加入 $0.1mol \cdot L^{-1} Na_2S$ 溶液2滴，观察现象。

向上述试管中分别加入 $2.0mol \cdot L^{-1}$ 的 HAc、$2.0mol \cdot L^{-1}$ 的 HCl、浓 HCl、$2.0mol \cdot L^{-1}$ 的 HNO_3 各2mL，振荡。若沉淀未完全溶解，可微微加热。

3. 分步沉淀

取一支洁净的离心试管，滴加 $0.10mol \cdot L^{-1}$ 的 NaCl、K_2CrO_4 各5滴，稀释至2mL，然后滴加5滴 $0.10mol \cdot L^{-1} AgNO_3$，用玻璃棒轻缓搅拌均匀，用离心机沉降，观察沉淀颜色。用洁净毛细滴管吸取上层清液加入到另一试管中，再加数滴 $0.10mol \cdot L^{-1} AgNO_3$ 溶液，观察沉淀颜色变化。

☞ **注意**

① 若有多个离心试管中的溶液需离心分离，应放在对称的套管中且重量应相近。若只有一支离心试管中的溶液需离心分离，则应取一支装入等量水的离心试管放入其对称位置。目的是保持离心机的平衡，避免转动时发生震动，损坏离心机。②启动离心机时应由慢速开始，待运转平稳后再加快。③转速一般不超过 $2000r \cdot min^{-1}$，离心不超过 $3 \sim 4min$。④关机后，应待离心机转动自行停止，然后取出试管。

4. 沉淀转化

(1) 取开始实验制得的 Ag_2CrO_4 沉淀，向其中滴加 $0.10mol \cdot L^{-1}$ 的 NaCl 溶液，边滴加边振荡试管，直到砖红色沉淀全部转化为白色沉淀为止。

(2) 向已制得的 PbS 沉淀中加入 H_2O_2 溶液1mL，振荡试管。观察黑色沉淀转化为白色沉淀。如仍未转化，再加1mL H_2O_2 溶液。

(3) 取2支试管，分别加入 $0.10mol \cdot L^{-1}$ 的 $CaCl_2$ 0.5mL，再各滴加0.5mL $2.0mol \cdot L^{-1} H_2SO_4$，均用2mL蒸馏水稀释。待沉淀沉降后，弃去清液，观察沉淀的形状。留下备用。

在其中一支试管中加入 $0.10mol \cdot L^{-1} Na_2CO_3$ 溶液1mL，观察沉淀的变化。再加蒸馏水稀释到3mL，待沉淀沉降后，弃去清液，再加入0.5mL 稀 HCl，观察沉淀是否溶解。

再向另一支试管的沉淀中加入0.5mL 稀 HCl，观察沉淀是否溶解。

五、思考题

1. 从沉淀的溶解实验中总结金属硫化物的溶解效应有哪几种？它们分别受到哪种效应

的作用。

2. 在"3. 分步沉淀"中，为什么 AgCl 和 Ag_2CrO_4 不会同时沉淀。

3. Ag_2CrO_4 为什么能转化为 AgCl 沉淀？

4. 为什么 $CaCO_3$ 能溶于 HCl 溶液，而 $CaSO_4$ 则不能？$CaSO_4$ 转化为 $CaCO_3$ 的实验意义何在？

5. 在 PbS 转化为 $PbSO_4$ 沉淀时，为什么要加 H_2O_2？

任务七
沉淀滴定法测定卤素离子含量

 案例分析

利用生成难溶性银盐反应来进行测定的方法，称为银量法。银量法可以测定 Cl^-、Br^-、I^-、Ag^+、SCN^- 等，还可以测定经过处理而能定量地产生这些离子的有机物，如六六六、二氯酚等有机药物的测定。

一、沉淀滴定法

沉淀滴定法是以沉淀反应为基础的滴定分析方法，能生成沉淀的化学反应不少，但适用于沉淀滴定法的沉淀反应并不多。能用于沉淀滴定法进行定量分析的反应，必须具备下列条件：

① 沉淀反应必须迅速、定量地完成；

② 沉淀物的溶解度必须很小；

③ 有适当方法指示滴定终点；

④ 沉淀的吸附现象应不妨碍终点的确定。

目前应用最多的是生成难溶银盐的反应。例如：

$$Ag^+ + X^- \rightleftharpoons AgX\downarrow \ (X^- 为 Cl^-、Br^-、I^-)$$
$$Ag^+ + SCN^- \rightleftharpoons AgSCN\downarrow$$

二、银量法及其应用

利用生成难溶银盐反应的测定方法称为银量法。根据确定终点所用指示剂不同，银量法分为莫尔法、佛尔哈德法和法扬斯法三种。

1. 莫尔法

以硝酸银为标准溶液，用铬酸银为指示剂，在中性或弱碱性溶液中直接测定氯化物或溴化物含量的银量法，称为莫尔法。

（1）原理

在含有 Cl^- 的中性溶液中，以 K_2CrO_4 作指示剂，用 $AgNO_3$ 标准溶液滴定，由于 AgCl

的溶解度比 Ag_2CrO_4 小，根据分步沉淀原理，溶液中首先析出 AgCl 沉淀。当 AgCl 定量沉淀后，过量的 $AgNO_3$ 与 CrO_4^{2-} 生成砖红色的 Ag_2CrO_4 沉淀，即为滴定终点。滴定反应与指示剂的反应分别为

$$Ag^+ + Cl^- \rightleftharpoons AgCl\downarrow（白色） \qquad K_{sp}^{\ominus}(AgCl) = 1.8 \times 10^{-10}$$

$$2Ag^+ + CrO_4^{2-} \rightleftharpoons Ag_2CrO_4 （砖红色） \qquad K_{sp}^{\ominus}(Ag_2CrO_4) = 1.1 \times 10^{-12}$$

（2）滴定条件

莫尔法中指示剂的浓度和溶液的酸度是两个主要问题。

若指示剂 K_2CrO_4 的浓度过高，终点将过早出现，且因溶液颜色过深而影响终点的观察。若 K_2CrO_4 的浓度过低，则终点将出现过迟，也影响滴定的准确度。实验证明，K_2CrO_4 的滴定浓度为 $5.0 \times 10^{-5}\,mol \cdot L^{-1}$。

莫尔法滴定反应要在中性或弱碱性介质中进行。酸度太高会使 CrO_4^{2-} 转化为 $Cr_2O_7^{2-}$，溶液中 CrO_4^{2-} 的浓度将减小，指示终点的 Ag_2CrO_4 沉淀迟出现，甚至难以出现。但如果溶液的碱性太强，则有 Ag_2O 沉淀出现。通常莫尔法要求溶液的最适宜 pH 为 6.5～10.5。

（3）应用范围

直接滴定 Cl^- 或 Br^-。由于 AgI 及 AgSCN 沉淀具有强烈的吸附作用，使终点变色不明显，所以不能用于滴定 I^- 及 SCN^-。还可用莫尔法测定试样中的 Ag^+，但只能用返滴定法间接进行。即在试样中加入过量的 NaCl 标准溶液，然后用 $AgNO_3$ 标准溶液返滴定过量的 Cl^-。

凡能与 Ag^+ 生成沉淀或配合物的物质，都干扰测定，应设法消除。如加入过量的 Na_2SO_4 可消除 Ba^{2+} 的干扰。

（4）应用示例

水样中 Cl^- 含量测定

地面水和地下水都会含有氯化物，主要是钠、钙、镁的盐类，自来水用氯气消毒时也会带入一定量的氯化物。运用莫尔法就可对其进行测定。

准确吸取 100mL 水样放入锥形瓶中，加入指示剂 K_2CrO_4 2mL，用硝酸银标准溶液滴定至砖红色，消耗硝酸银体积为 V_1。同时做空白实验，消耗硝酸银体积为 V_2。

按下式计算：

氯化物$(Cl^-/mg \cdot L^{-1}) = c(AgNO_3)(V_1 - V_2)M(Cl^-) \times 1000/100$

✎ **练一练**

称取 NaCl 试液 20.00mL，加入 K_2CrO_4 指示剂，用 $0.1023\,mol \cdot L^{-1}$ $AgNO_3$ 标准溶液滴定，用去 27.00mL，求每升溶液中含 NaCl 的量（g）。

2. 佛尔哈德法

以 SCN^- 为标准溶液，用铁铵矾 $[NH_4Fe(SO_4)_2 \cdot 12H_2O]$ 为指示剂，在酸性溶液中测定 Ag^+ 或卤离子含量的银量法，称为佛尔哈德法。按滴定方式的不同可分为直接滴定法和返滴定法两种。

（1）直接滴定法——测定 Ag^+

在含有 Ag^+ 的酸性溶液中，以铁铵矾作指示剂，用 NH_4SCN 或 KSCN（也可以是 NaSCN）标准溶液滴定。溶液中首先析出 AgSCN 沉淀。当 Ag^+ 定量沉淀后，过量的

SCN$^-$与Fe^{3+}生成红色配合物，即为终点。直接滴定法用于测定Ag$^+$。滴定反应、指示剂的反应如下

$$Ag^+ + SCN^- \rightleftharpoons AgSCN \downarrow （白色）$$

$$Fe^{3+} + SCN^- \rightleftharpoons [Fe(SCN)]^{2+} （红色）$$

（2）返滴定法——测定Cl$^-$、Br$^-$、I$^-$、SCN$^-$

先于试液中加入过量的AgNO$_3$标准溶液，以铁铵矾作指示剂，再用NH$_4$SCN标准溶液滴定剩余的Ag$^+$。

由于AgSCN的溶解度比AgCl小，所以终点后，过量的SCN$^-$将与AgCl发生置换反应，使AgCl沉淀转化为AgSCN。

$$AgCl + SCN^- \rightleftharpoons AgSCN \downarrow + Cl^-$$

因此，当溶液中出现红色之后，随着不断地摇动溶液，红色又逐渐消失，得不到正确的终点。

为了避免上述误差，通常采取下述措施。

① 将溶液煮沸，使AgCl沉淀凝聚，以减少AgCl沉淀对Ag$^+$的吸附，滤去AgCl沉淀，并用稀HNO$_3$洗涤沉淀，洗涤液并入滤液中，然后用NH$_4$SCN标准溶液返滴定滤液中的过量的Ag$^+$。

② 加入有机溶剂如硝基苯或邻苯二甲酸二丁酯1～2mL，用力摇动，使AgCl沉淀表面覆盖一层有机溶剂，避免沉淀与溶液接触，就阻止了SCN$^-$与AgCl发生转化反应。此法比较简便，但硝基苯毒性较强。

③ 提高的Fe^{3+}浓度以减小终点SCN$^-$时的浓度，从而减小滴定误差。实验证明。当控制Fe^{3+}的浓度为0.2mol·L^{-1}时，滴定误差小于0.1%。

用返滴定法测定溴化物或碘化物时，由于AgBr及AgI的溶解度均比AgSCN小，不发生上述的转化反应。但在测定碘化物时，指示剂必须在加入过量的AgNO$_3$溶液后才能加入，否则Fe^{3+}将I$^-$氧化为I$_2$，影响分析结果的准确度。

（3）滴定条件

需注意控制指示剂浓度和溶液的酸度。实验表明，[Fe(SCN)]$^{2+}$的最低浓度为6×10^{-5}mol·L^{-1}时，能观察到明显的红色。滴定反应要在HNO$_3$介质中进行，溶液酸度一般大于0.3mol·L^{-1}。另外，用NH$_4$SCN标准溶液直接滴定Ag$^+$时要充分摇荡，避免AgSCN沉淀对Ag$^+$的吸附，防止终点过早出现。

（4）应用范围

由于佛尔哈德法在酸性介质中进行，许多弱酸根离子的存在不影响测定，因此选择性高于莫尔法。可用于测定Cl$^-$、Br$^-$、I$^-$、SCN$^-$、Ag$^+$等。但强氧化剂、氮的氧化物、铜盐、汞盐等能与SCN$^-$作用，对测定有干扰，需预先除去。

（5）应用示例

银盐中银含量的测定

准确称取银盐试样0.25～0.3g，置于锥形瓶中，加入6mol·L^{-1}HNO$_3$溶液10mL，加热溶解后，加水50mL，加入铁铵矾指示剂2mL，在充分剧烈摇动下，用0.1mol·L^{-1}NH$_4$SCN标准溶液滴定至溶液呈淡棕红色，经轻轻摇动后也不消失，即为终点。记录所消耗NH$_4$SCN标准溶液的体积。计算试样中银的质量分数。

按下式计算：

$$w(\mathrm{Ag})=\frac{c(\mathrm{NH_4SCN})V(\mathrm{NH_4SCN})M(\mathrm{Ag})}{m_s}\times100\%$$

练一练

称取银合金试样 0.3000g，溶解后加入铁铵矾指示剂 2mL，用 0.1000mol·L^{-1} NH$_4$SCN 标准溶液滴定至溶液呈淡棕红色，消耗 NH$_4$SCN 标准溶液 23.80mL。计算试样中银的质量分数。

3. 法扬斯法

（1）滴定原理

法扬斯法是利用吸附指示剂确定滴定终点的银量法。吸附指示剂是一类有机染料，当它吸附在沉淀表面上以后，由于其分子结构发生改变，因而改变了颜色。

例如，用 AgNO$_3$ 标准溶液滴定 Cl$^-$ 时，常用荧光黄作吸附指示剂，荧光黄是一种有机弱酸，可以用 HFIn 表示，在溶液中存在解离平衡：

$$\mathrm{HFIn}\rightleftharpoons\mathrm{FIn^-}+\mathrm{H^+}$$

荧光黄阴离子 FIn$^-$ 显黄绿色，在化学计量点前，由于溶液中 Cl$^-$ 过量，AgCl 的表面只能吸附 Cl$^-$ 而带负电荷，即 AgCl·Cl$^-$，但不吸附 FIn$^-$，而呈现指示剂阴离子的黄绿色。当滴定到化学计量点后，稍过量的 Ag$^+$ 被 AgCl 吸附而使沉淀表面带正电荷，形成 AgCl·Ag$^+$，这时，带正电荷的胶粒强烈地吸附 FIn$^-$，可能由于在 AgCl 表面上形成了荧光黄银化合物，使其结构发生变化而呈现粉红色。可用下列简式表示：

$$\underset{\text{（黄绿色）}}{\mathrm{AgCl\cdot Ag^+}}+\mathrm{FIn^-}\rightleftharpoons\underset{\text{（粉红色）}}{\mathrm{AgCl\cdot Ag\cdot FIn}}$$

如果用 NaCl 滴定 Ag$^+$，则颜色的变化恰好相反。

（2）滴定条件

① 由于吸附指示剂是吸附在沉淀表面上而变色，为了使终点的颜色变得更明显，就必须使沉淀有较大表面，这就需要把 AgCl 沉淀保持溶胶状态。所以滴定时一般都先加入糊精或淀粉溶液等胶体保护剂。

② 滴定必须在中性、弱碱性或很弱的酸性（如 HAc）溶液中进行。这是因为酸度较大时，指示剂的阴离子与 H$^+$ 结合，形成不带电荷的荧光黄分子（pK_a=10～7）而不被吸附。因此一般滴定是在 pH=7～10 的酸度下滴定。

对于酸性稍强一些的吸附指示剂（即离解常数大一些）。溶液的酸性也可以大一些，如二氯荧光黄（pK_a=10～4）可在 pH=4～10 范围内进行滴定。曙红（四溴荧光黄，pK_a=10～2）的酸性更强些在 pH=2 时仍可以应用。

③ 因卤化银易感光变灰，影响终点观察，所以应避免在强光下滴定。

④ 不同的指示剂离子被沉淀吸附的能力不同，在滴定时选择指示剂的吸附能力，应小于沉淀对被测离子的吸附能力。否则在计量点之前，指示剂离子即取代了被吸附的被测定离子而改变颜色，使终点提前出现。当然，如果指示剂离子吸附的能力太弱，则终点出现太晚，也会造成误差太大的结果。

4. 应用范围

用于 Ag$^+$、Cl$^-$、Br$^-$、I$^-$、SO$_4^{2-}$ 等离子的测定。

【项目 10】　粗食盐中氯的含量测定（莫尔法）

一、目的要求

1. 会配制和标定 $AgNO_3$ 标准溶液。
2. 能用莫尔法测定粗食盐中 Cl^- 含量。

二、基本原理

$AgNO_3$ 与有机物接触易起还原作用，具有腐蚀性，应注意切勿与皮肤接触。滴定时也必须用酸式滴定管。$AgNO_3$ 见光易分解，析出黑色金属银：

$$2AgNO_3 \longrightarrow 2Ag + 2NO_2 + O_2$$

所以应保存于棕色试剂瓶中，放置暗处。若保存过久使用前应重新标定。

一般的 $AgNO_3$ 试剂，往往含有水分、金属银、有机物、氧化银、亚硝酸银及游离酸和不溶物等杂质。因此，用不纯的 $AgNO_3$ 试剂配制的溶液，必须进行标定。标定时最常用的是基准 NaCl，但是 NaCl 容易吸收空气中的水分，所以在使用时应在 $500 \sim 600℃$ 烘箱中烘干 $2 \sim 3h$，冷却后，保存于干燥器中备用。

配制 $AgNO_3$ 的水应不含 Cl^-，而常用的去离子水中却常含有微量的 Cl^-，所以在使用之前应先用 $AgNO_3$ 溶液检查，证明不含 Cl^- 的水才能用来配制 $AgNO_3$ 溶液。

标定 $AgNO_3$ 溶液的方法，最好和用此标准溶液测定试样的方法相同，这可消除系统误差。

莫尔法测定是在中性或弱碱性溶液中，以 K_2CrO_4 为指示剂，用 $AgNO_3$ 标准溶液进行滴定。

AgCl 的溶解度比 Ag_2CrO_4 的小，所以在溶液中首先析出 AgCl 沉淀，当 AgCl 定量沉淀后，过量 $AgNO_3$ 溶液即与 CrO_4^{2-} 生成砖红色 Ag_2CrO_4 沉淀，指示终点的到达。反应式如下：

$$Ag^+ + Cl^- \Longleftrightarrow AgCl \downarrow （白色） \qquad K_{sp}^{\ominus}(AgCl) = 1.8 \times 10^{-10}$$

$$2Ag^+ + CrO_4^{2-} \Longleftrightarrow Ag_2CrO_4（砖红色） \qquad K_{sp}^{\ominus}(Ag_2CrO_4) = 1.1 \times 10^{-12}$$

此滴定最适宜的 pH 范围是 $6.5 \sim 10.5$，酸度过高（有 NH_4^+ 存在时 pH 范围则缩小为 $6.5 \sim 7.2$）会因 CrO_4^{2-} 质子化而不产生 Ag_2CrO_4 沉淀；酸度过低，则形成 Ag_2O 沉淀。指示剂的用量不当，对滴定终点的准确判断有影响，一般用量以 $5 \times 10^{-3} mol \cdot L^{-1}$ 为宜。

三、试剂与仪器

1. 试剂

（1）$0.1 mol \cdot L^{-1} AgNO_3$ 溶液	250mL	（2）NaCl 基准物质	1g
（3）5‰ K_2CrO_4 溶液	10mL	（4）粗食盐	2g

2. 仪器

（1）酸式滴定管	50mL×1	（2）锥形瓶	250mL×3

(3) 量筒	100mL×1	(4) 容量瓶	250mL×2
(5) 烧杯	100mL×2	(6) 试剂瓶	500mL×1
(7) 移液管	25mL×2	(8) 分析天平	1台
(9) 托盘天平	1台		

四、操作步骤

1. $0.1mol \cdot L^{-1}$ NaCl 标准溶液的配制

准确称取 $0.45 \sim 0.50g$ 基准试剂 NaCl 于 100mL 烧杯中，用蒸馏水溶解后，转移至 250mL 容量瓶中，稀释至刻度，摇匀。

2. $0.1mol \cdot L^{-1}$ $AgNO_3$ 溶液的配制及标定

用托盘天平称取 5.1g $AgNO_3$ 用少量不含 Cl^- 的蒸馏水溶解后，转入棕色试剂瓶中，稀释至 250mL，摇匀，将溶液置于暗处保存，以防止光照分解。

用移液管移取 25.00mL NaCl 标准溶液于 250mL 锥形瓶中，加入 20mL 蒸馏水，加 4 滴 K_2CrO_4 溶液，在不断摇动条件下，用 $AgNO_3$ 溶液滴定至呈现砖红色即为终点。读数并记录在表 2-25 内。平行标定三份。

用下式计算 $AgNO_3$ 溶液的浓度：

$$c(AgNO_3) = \frac{\dfrac{m(NaCl)}{250} \times V_1}{M(NaCl) \times (V_2 - V_0)} \times 10^3$$

式中　$m(NaCl)$——NaCl 的质量，g；

$\quad\quad V_1$——移取 NaCl 溶液体积，mL；

$\quad\quad V_2$——消耗 $AgNO_3$ 溶液体积，mL；

$\quad\quad V_0$——空白实验消耗 $AgNO_3$ 溶液的体积，mL；

$\quad M(NaCl)$——NaCl 的摩尔质量，$g \cdot mol^{-1}$。

3. 测定

准确称取粗食盐约 2g，置于 100mL 烧杯中，加蒸馏水 100mL 溶解后，转入 250mL 容量瓶中，加水稀释至标线，摇匀。

准确移取 25.00mL 试液于 250mL 锥形瓶中，加入 25mL 蒸馏水、4 滴 5% K_2CrO_4 溶液，然后在剧烈摇动下用 $AgNO_3$ 标准溶液滴定。当接近终点时，溶液呈浅砖红色，但经摇动后即消失。继续滴定至溶液刚显浅红色，虽经剧烈摇动仍不消失即为终点。读数并记录在表 2-26 内。平行测定三份。

用下式计算样品中氯的质量分数：

$$w(Cl)\% = \frac{c(AgNO_3) \times (V_2 - V_0) \times 10^{-3} \times M(Cl)}{m_s \times \dfrac{V_1}{250}} \times 100\%$$

式中　V_1——移取粗食盐试液体积，mL；

$\quad\quad V_2$——消耗 $AgNO_3$ 溶液体积，mL；

$\quad\quad V_0$——空白实验消耗 $AgNO_3$ 溶液的体积，mL；

$\quad M(Cl)$　——Cl 的摩尔质量，$g \cdot mol^{-1}$；

$\quad\quad m_s$——粗食盐的质量，g。

👉 **注意：** ①滴定时，最适宜的 pH 范围是 6.5～10.5，若有铵盐存在，为避免生成[$Ag(NH_3)_2$]$^+$，溶液的 pH 范围应控制在 6.5～7.2 为宜。② $AgNO_3$ 见光易分解，故需保存在棕色瓶中。③ $AgNO_3$ 若与有机物接触，则起还原作用，加热颜色变黑，所以不要使 $AgNO_3$ 与皮肤接触。④实验结束后，盛装 $AgNO_3$ 溶液的滴定管应先用蒸馏水冲洗 2～3 次，再用自来水冲洗，以免产生氯化银沉淀，难以洗净。⑤含银废液应予以回收，且不能随意倒入水槽。

表 2-25　硝酸银溶液的标定

项　目	1	2	3
敲样前 NaCl 质量/g			
敲样后 NaCl 质量/g			
$m(NaCl)$/g			
移取 NaCl 溶液体积 V_1/mL			
消耗 $AgNO_3$ 溶液体积 V_2/mL			
空白实验消耗 $AgNO_3$ 溶液体积 V_0/mL			
$c(AgNO_3)$/mol·L^{-1}			
$c(AgNO_3)$平均值/mol·L^{-1}			
相对平均偏差/%			

表 2-26　氯含量的测定

项　目	1	2	3
敲样前粗食盐质量/g			
敲样后粗食盐质量/g			
粗食盐质量 m_s/g			
移取粗食盐试液体积 V_1/mL			
消耗 $AgNO_3$ 溶液体积 V_2/mL			
空白实验消耗 $AgNO_3$ 溶液体积 V_0/mL			
$c(AgNO_3)$平均值/mol·L^{-1}			
$w(Cl)$/%			
$w(Cl)$平均值/%			
相对平均偏差/%			

五、思考题

1. 莫尔法测 Cl^- 时，为什么溶液 pH 需控制在 6.5～10.5 之间？
2. 测定过程中，为什么要充分摇动溶液？

思考与习题

任　务　一

一、单选题

1. 下列碳酸盐，溶解度最小的是（　　）。

A. $NaHCO_3$ B. Na_2CO_3 C. Li_2CO_3 D. K_2CO_3

2. 下列元素的化学性质最相似的是（   ）。

A. Be 和 Mg   B. Mg 和 Al   C. Li 和 Be   D. Be 和 Al

3. 下列元素中第一电离能最小的是（   ）。

A. Li   B. Be   C. Na   D. Mg

4. 下列氮化物中最稳定的是（   ）。

A. Li_3N B. Na_3N C. K_3N D. Ba_3N_2

5. 下列碳酸盐中热稳定性最差的是（   ）。

A. $BaCO_3$ B. $CaCO_3$ C. K_2CO_3 D. Na_2CO_3

6. 关于 s 区元素的性质下列叙述中不正确的是（   ）。

A. 由于 s 区元素的电负性小，所以都形成典型的离子型化合物

B. 在 s 区元素中，Be、Mg 因表面形成致密的氧化物保护膜而对水较稳定

C. s 区元素的单质都有很强的还原性

D. 除 Be、Mg 外，其它 s 区元素的硝酸盐或氯酸盐都可做焰火材料

7. 关于 Mg、Ca、Sr、Ba 及其化合物的性质下列叙述中不正确的是（   ）。

A. 单质都可以在氮气中燃烧生成氮化物 M_3N_2

B. 单质都易与水蒸气反应得到氢气

C. $M(HCO_3)_2$ 在水中的溶解度大于 MCO_3 的溶解度

D. 这些元素几乎总是生成 +2 价离子

二、是非题（判断下列各项叙述是否正确，对的在括号中填"√"，错的填"×"）

（   ）1. 因为氢可以形成 H^+，所以可以把它划分为碱金属。

（   ）2. 铍和其同族元素相比离子半径小极化作用强，所以形成键具有较多共价性。

（   ）3. 在周期表中，处于对角线位置的元素性质相似，这称为对角线规则。

（   ）4. 碱金属是很强的还原剂，所以碱金属的水溶液也是很强的还原剂。

（   ）5. 碱金属的氢氧化物都是强碱性的。

（   ）6. 氧化数为 +2 的碱土金属离子在过量碱性溶液中都是以氢氧化物的形式存在。

（   ）7. 碱金属和碱土金属很活泼，因此在自然界中没有它们的游离状态。

（   ）8. CaH_2 便于携带，遇水分解放出 H_2，故野外常用它来制取氢气。

（   ）9. 碱金属的熔点、沸点随原子序数增加而降低，可见碱土金属的熔点、沸点也具有此变化规律。

（   ）10. 由 Li 至 Cs 的原子半径逐渐增大，所以其第一电离能也逐渐增大。

（   ）11. 碳酸及碳酸盐的热稳定性次序是 $NaHCO_3 > Na_2CO_3 > H_2CO_3$。

三、填空题

1. 金属锂应保存在_____中，金属钠和钾应保存在_____中。

2. 在 s 区金属中熔点最高的是_____，熔点最低的是_____，密度最小的是_____，硬度最小的是_____。

3. 周期表中处于斜线位置的 B 与 Si、_____、_____性质十分相似，把这种现象称为对角线规则。

4. ⅡA 族元素中性质表现特殊的元素是_____，它与 p 区元素中的_____性质极相似，如两者的氯化物都是_____化合物，在有机溶剂中溶解度较大。

四、完成并配平下列反应方程式

1. 在过氧化钠固体上滴加水

2. 将二氧化碳通入过氧化钠

3. 将氮化镁投入水中

4. 向氯化锂溶液中滴加磷酸氢二钠溶液

5. 用 NaH 还原四氯化钛

6. 将臭氧化钾投入水中

7. 将氢化钠投入水中

五、简答题

1. 为什么把 CO_2 通入 $Ba(OH)_2$ 溶液时有白色沉淀，而把 CO_2 通入 $BaCl_2$ 溶液时没有沉淀产生？

2. 商品 NaOH 中常含有 Na_2CO_3，怎样用简单的方法加以检验？

3. $Ba(OH)_2$、$Mg(OH)_2$、$MgCO_3$ 都是白色粉末，如何用简单的实验区别之？

4. 钾要比钠活泼，但可以通过下述反应制备金属钾。请解释原因并分析由此制备金属钾是否切实可行。$Na + KCl \longrightarrow NaCl + K$

任 务 二

一、选择题

1. 氟与水反应很激烈，并有燃烧现象，它的主要产物是（　　）。

A. HF 和 O_2 B. HF、O_2、O_3

C. HF、O_2、O_3、H_2O_2、OF_2 D．HF、O_2、O_3、H_2O_2

2. 在常温下，氟和氯是气体，溴是易挥发的液体，碘为固体，在各卤素分子之间的结合力是（　　）。

A. 色散力   B. 取向力   C. 诱导力   D. 分子间作用力

二、判断题（判断下列各项叙述是否正确，对的在括号中填"√"，错的填"×"）

（　　）1. 除氟外，各种卤素都可以生成多种含氧酸根，例如，ClO_4^-、ClO_3^-、ClO_2^-、ClO^- 在这些酸根中，卤素的氧化态越高，它的氧化能力就越强，即 $ClO_4^- > ClO_3^- > ClO_2^- > ClO^-$。

（　　）2. 所有的非金属卤化物水解的产物都有氢卤酸。

（　　）3. 歧化反应就是发生在同一分子内的同一元素上的氧化还原反应。

（　　）4. 卤素是最活泼的非金属，它们在碱溶液中都能发生歧化反应，反应产物随浓度及温度的不同而不同。

（　　）5. 氟是最强的氧化剂之一，氟离子的还原性极弱。

（　　）6. 次卤酸都是极弱酸，且酸性随着卤素原子量递增而增强。即：酸性 HClO < HBrO < HIO。

三、综合题

有一种白色固体 A，加入油状无色液体 B，可得紫黑色固体 C。C 微溶于水，加入 A 后 C 的溶解度增大，成棕色溶液 D。将 D 分成两份，一份中加一种无色溶液 E；另一份通入气体 F，都褪色成无色透明溶液。E 溶液遇酸有淡黄色沉淀。将气体 F 通入溶液 E，在所得的溶液中加入 $BaCl_2$ 溶液有白色沉淀，后者难溶于 HNO_3。问 A 至 F 各代表何物质？用反应式表示以上过程。

任 务 三

一、选择题

1. 共轭酸碱对的 K_a 和 K_b 的关系是（　　）。

A. $K_a = K_b$ B. $K_a K_b = K_w$ C. $K_a / K_b = K_w$ D. $K_b / K_a = K_w$

2. $H_2PO_4^-$ 的共轭碱是（　　）。

A. H_3PO_4 B. HPO_4^{2-} C. PO_4^{3-} D. OH^-

3. NH_3 的共轭酸是（　　）。

A. NH_2^- B. NH_2OH C. N_2H_4 D. NH_4^+

4. 按质子理论，下列物质中不具有两性的是（　　）。

A. HCO_3^- B. CO_3^{2-} C. HPO_4^{2-} D. HS^-

5. 对反应 $HPO_4^{2-}+H_2O \rightleftharpoons H_2PO_4^-+OH^-$ 来说（　　　）。

A. H_2O 是酸，OH^- 是它的共轭碱　　　　　　B. H_2O 是酸，HPO_4^{2-} 是它的共轭碱

C. HPO_4^{2-} 是酸，OH^- 是它的共轭碱　　　　D. HPO_4^{2-} 是酸，$H_2PO_4^-$ 是它的共轭碱

6. 在下述各组相应的酸碱组分中，组成共轭酸碱关系的是（　　　）。

A. $H_2AsO_4^- - AsO_4^{3-}$　　　　　　　　　　　B. $H_2CO_3 - CO_3^{2-}$

C. $NH_4^+ - NH_3$　　　　　　　　　　　　　　　D. $H_2PO_4^- - PO_4^{3-}$

7. 根据酸碱质子理论，可以得出（　　　）。

A. 任何一种酸失去质子后就成为碱　　　　　　　B. 碱不可能是阳离子

C. 酸不可能是阴离子　　　　　　　　　　　　　D. 同一物质不可能既作为酸又作为碱

8. 根据酸碱质子理论，氨水离解时的酸和碱分别是（　　　）。

A. NH_4^+ 和 OH^-　　　　　　　　　　　　　B. H_2O 和 OH^-

C. NH_4^+ 和 NH_3　　　　　　　　　　　　　D. H_2O 和 NH_3

9. $HS^-+H_2O \rightleftharpoons H_2S+OH^-$，反应物中酸和碱分别是（　　　）。

A. H_2S 和 OH^-　　B. H_2S 和 HS^-　　C. H_2O 和 HS^-　　D. H_2S 和 H_2O

10. 下列属于共轭酸碱对的是（　　　）。

A. H_2CO_3 和 CO_3^{2-}　　　　　　　　　　　B. H_2S 和 S^{2-}

C. NH_4^+ 和 NH_3　　　　　　　　　　　　　D. H_3O^+ 和 OH^-

11. $0.10mol \cdot L^{-1}$ MOH 溶液 pH=10.0，则该碱的 K_b 为（　　　）。

A. 1.0×10^{-3}　　B. 1.0×10^{-19}　　　C. 1.0×10^{-13}　　　D. 1.0×10^{-7}

12. 已知 313K 时，水的 $K_w = 3.8 \times 10^{-14}$，此时 $c(H^+) = 1.0 \times 10^{-7} mol \cdot L^{-1}$ 的溶液是（　　　）。

A. 酸性　　　　　　　B. 中性　　　　　　　C. 碱性　　　　　　　D. 缓冲溶液

13. 某弱酸 HA 的 $K_a = 1 \times 10^{-5}$，则其 $0.1 mol \cdot L^{-1}$ 溶液的 pH 为（　　　）。

A. 1.0　　　　　　　B. 2.0　　　　　　　C. 3.0　　　　　　　D. 3.5

14. $0.1 mol \cdot L^{-1}$ $NaHCO_3$ 溶液的 pH 为（H_2CO_3 的 $K_{a1} = 4.47 \times 10^{-7}$，$K_{a2} = 4.68 \times 10^{-11}$）（　　　）。

A. 2.3　　　　　　　B. 6.3　　　　　　　C. 7.1　　　　　　　D. 8.3

二、填空题

1. 下列分子或离子：HS^-、CO_3^{2-}、$H_2PO_4^-$、NH_3、H_2S、NO_2^-、HCl、Ac^-、OH^-、H_2O，根据酸碱质子理论，属于酸的有＿＿＿＿＿＿＿＿＿＿＿，属于碱的有＿＿＿＿＿＿＿＿＿＿＿，既是酸又是碱的有＿＿＿＿＿＿＿＿＿＿＿。

2. 按照酸碱质子理论，NH_3 的共轭酸是＿＿＿＿＿。

3. 酸碱质子理论认为：H_2O 既是酸又是碱，其共轭酸是＿＿＿＿＿，共轭碱是＿＿＿＿＿。

4. 对某一共轭酸碱 $HA-A^-$，其 K_a 与 K_b 的关系是＿＿＿＿＿。

5. 根据酸碱质子理论，＿＿＿＿＿＿＿是酸，＿＿＿＿＿＿＿是碱，共轭酸碱对的 K_a 和 K_b 关系是＿＿＿＿＿＿＿。

6. $2.0 \times 10^{-3} mol \cdot L^{-1}$ HNO_3 溶液的 pH =＿＿＿＿＿＿＿。

三、计算题

1. 计算下列溶液的 pH。

(1) $0.02 mol \cdot L^{-1}$ HCl 溶液　　　　　　　(2) $0.05 mol \cdot L^{-1}$ KOH 溶液

(3) $0.10 mol \cdot L^{-1}$ HCOOH 溶液　　　　　(4) $0.20 mol \cdot L^{-1}$ $NH_3 \cdot H_2O$

(5) $0.20 mol \cdot L^{-1}$ HCN 溶液　　　　　　(6) $0.1 mol \cdot L^{-1}$ $NaHCO_3$ 溶液

2. 计算 $0.10 mol \cdot L^{-1}$ 的 $NH_3 \cdot H_2O$ 中的 $[OH^-]$ 和离解度。

3. 某弱酸 HA 在 $0.015 mol \cdot L^{-1}$ 时离解为 0.80%，浓度为 $0.10 mol \cdot L^{-1}$ 时离解度为多少？

任 务 四

一、选择题

1. 欲配制 pH＝9 的缓冲溶液，应选用的弱酸或弱碱及其盐来配制的是（　　）。

A. HNO_2（$K_a＝5×10^{-4}$）　　　　　　B. $NH_3·H_2O$（$K_b＝1×10^{-5}$）

C. HAc（$K_a＝1×10^{-5}$）　　　　　　D. HCOOH（$K_a＝1×10^{-4}$）

2. 与缓冲溶液的缓冲容量大小有关的因素是（　　）。

A. 缓冲溶液的 pH 范围　　　　　　B. 缓冲溶液的总浓度

C. 缓冲溶液组分的浓度比　　　　　　D. 外加的酸量

3. 如果把少量 NaAc 固体加到 HAc 溶液中，则 pH 将（　　）。

A. 增大　　　　　　B. 减小　　　　　　C. 不变　　　　　　D. 无法肯定

4. 需配制 pH＝5 的缓冲液，应选用的缓冲对是（　　）。

A. HAc-NaAc，pK_a(HAc)＝4.75　　　　B. $NH_3·H_2O$-NH_4Cl，pK_b(NH_3)＝4.75

C. Na_2CO_3-$NaHCO_3$，pK_{a2}(H_2CO_3)＝10.25　D. NaH_2PO_4-Na_2HPO_4，pK_{a2}($H_2PO_4^-$)＝7.2

5. 配制 pH＝10.0 的缓冲液，可考虑选用的缓冲对是（　　）。

A. HAc-NaAc　　B. HCOOH-HCOONa　　C. H_2CO_3-$NaHCO_3$　　D. NH_3-NH_4Cl

二、填空题

已知 K_a(HAc)＝1.75×10^{-5}，用 0.025mol·L^{-1} HAc 溶液和等体积 0.050mol·L^{-1} NaAc 溶液配制的缓冲溶液，其 pH＝_____，在该溶液中加入很少量 HCl 溶液，其 pH 将_____。

三、计算题

1. 计算下列溶液的 pH：

0.20mol·L^{-1} $NH_3·H_2O$ 和 0.2mol·L^{-1} NH_4Cl 组成的缓冲溶液

2. 欲配制 250mL 的 pH＝5.0 的缓冲溶液，问在 125mL 1.0mol·L^{-1} NaAc 溶液中应加多少 6.0mol·L^{-1} HAc 和多少水？

3. 欲使 100mL 0.10mol·L^{-1} HAc 溶液的 pH，从 1.00 增加至 4.44，需加入固体 NaAc 多少克（忽略溶液体积的变化）？〔已知 M(NaAc)＝82.03g·mol^{-1}〕

4. 欲配制 pH 为 3.0 和 4.0 的 HCOOH-HCOONa 缓冲溶液，应分别往 200mL 0.20mol·L^{-1} HCOOH 溶液中加入多少毫升 1.0mol·L^{-1} NaOH 溶液？

任 务 五

一、选择题

1. 酸碱滴定中选择指示剂的原则是（　　）。

A. 指示剂的变色范围与理论终点完全相符

B. 指示剂的变色范围全部或部分落入滴定的 pH 突跃范围之内

C. 指示剂的变色范围应完全落在滴定的 pH 突跃范围之内

D. 指示剂应在 pH＝7.00 时变色

2. 酸碱滴定突跃范围为 7.0～9.0，最适宜的指示剂为（　　）。

A. 甲基红（4.4～6.4）　　　　　　B. 酚酞（8.0～10.0）

C. 溴百里酚蓝（6.0～7.6）　　　　　　D. 甲酚红（7.2～8.8）

3. 某碱样为 NaOH 和 Na_2CO_3 混合溶液，用 HCl 标准溶液滴定，先以酚酞作指示剂，耗去 HCl 溶液 V_1mL，继续以甲基橙为指示剂，又耗去 HCl 溶液 V_2mL，V_1 与 V_2 的关系是（　　）。

A. $V_1＝V_2$　　B. $V_1＝2V_2$　　C. $V_1<V_2$　　D. $V_1>V_2$

4. 某碱样以酚酞作指示剂，用标准 HCl 溶液滴定到终点时耗去 V_1mL，继续以甲基橙作指示剂又耗去 HCl 溶液 V_2mL，若 $V_1<V_2$，则该碱样溶液是（　　）。

A. Na_2CO_3　　　　　　B. NaOH　　　　　　C. NaOH＋Na_2CO_3　　D. Na_2CO_3＋$NaHCO_3$

5. Na_2CO_3 和 $NaHCO_3$ 混合物可用 HCl 标准溶液来测定，测定过程中两种指示剂的滴加顺序为（　　）。

A. 酚酞、甲基橙　　B. 甲基橙、酚酞　　C. 酚酞、百里酚蓝　　D. 百里酚蓝、酚酞

6. 标定 HCl 和 NaOH 溶液常用的基准物质是（　　）。

A. 硼砂和 EDTA　　B. 草酸和 $K_2Cr_2O_7$　　C. $CaCO_3$ 和草酸　　D. 硼砂和邻苯二甲酸氢钾

二、填空题

1. 标定盐酸溶液常用的基准物质有_____和_____，滴定时应选用在_____性范围内变色的指示剂。

2. 酸碱指示剂变色的 pH 是由_____决定，选择指示剂的原则是使指示剂_____处于滴定的_____内，指示剂的_____越接近理论终点 pH 结果越_____。

三、计算题

1. 欲配制 $c(Na_2C_2O_4 \cdot 2H_2O)$ 为 $0.1000mol \cdot L^{-1}$ 溶液 500.00mL，需用 $Na_2C_2O_4 \cdot 2H_2O$ 多少克？

2. 滴定 NaOH 溶液（$0.1000mol \cdot L^{-1}$）20.00mL，至化学计量点时，消耗 H_2SO_4 溶液 19.95mL，问 H_2SO_4 溶液的浓度为多少？

3. 某一含 NaOH 的碱试样 1.1800g，溶于水用 $0.2942mol \cdot L^{-1}$ HCl 标准溶液滴定至滴定终点，用去 HCl 标准溶液 10.40mL。计算试样中 NaOH 的含量。

4. 某试样含有 Na_2CO_3 和 $NaHCO_3$，称取 0.3010g，用酚酞作指示剂，滴定时用去 $0.1060mol \cdot L^{-1}$ HCl 20.10mL，继续用甲基橙作指示剂滴定，共用去 HCl 47.70mL。计算试样中 Na_2CO_3 和 $NaHCO_3$ 质量分数。

5. 称取 Na_2CO_3 和 $NaHCO_3$ 的混合试样 0.6850g，溶于适量的水中。以甲基橙为指示剂，用 $0.2000mol \cdot L^{-1}$ HCl 溶液滴定至终点时，消耗 50.00mL。如改用酚酞为指示剂，用上述 HCl 溶液滴定至终点时，需消耗多少毫升？

6. 下列情况各引起什么误差？如果是系统误差，应如何消除？

（1）砝码被腐蚀

（2）称量时，试样吸收了空气中的水

（3）天平的零点稍有变动

（4）读取滴定管的读数时，最后一位有效数字估计不准

（5）$H_2C_2O_4 \cdot 2H_2O$ 基准物质结晶水部分风化

（6）试剂中含有被测物质

7. 下列数据各包括了几位有效数字？

（1）0.0330　　　　（2）10.030　　　　（3）0.01020

（4）8.7×10^{-5}　　（5）$pK_a = 4.74$　　（6）pH＝10.00

8. 根据有效数字保留规则，计算下列结果。

（1）$2.187 \times 0.854 + 9.6 \times 10^{-4} - 0.0326 \times 0.00814$

（2）$\dfrac{51.38}{8.709 \times 0.0946}$

（3）$\dfrac{9.827 \times 50.62}{0.005164 \times 136.6}$

（4）$0.0121 + 25.64 + 1.05782 + 0.0121 \times 25.64 \times 1.05782$

（5）pH＝12.20 溶液的 $[H^+]$

9. 某硅酸盐样品中 SiO_2 含量共测定 10 次，结果为 66.57，66.58，66.61，66.77，66.69，66.67，66.67，66.70，66.70，66.64。计算相对平均偏差。

任　务　六

一、选择题

1. 难溶强电解质 AB_2 的 $s=1.0\times10^{-3}\,mol\cdot L^{-1}$，其 K_{sp} 是（　　）。

A. 1.0×10^{-6}　　　　B. 1.0×10^{-9}　　　　C. 4.0×10^{-6}　　　　D. 4.0×10^{-9}

2. 某难溶强电解质 s 和 K_{sp} 的关系是 $K_{sp}=4s^3$，它的分子式可能是（　　）。

A. AB　　　　　　B. A_2B_3　　　　　　C. A_3B_2　　　　　　D. A_2B

3. 在饱和的 $BaSO_4$ 溶液中，加入适量的 $NaCl$，则 $BaSO_4$ 的溶解度（　　）。

A. 增大　　　　　　B. 不变　　　　　　C. 减小　　　　　　D. 无法确定

4. 已知 $K_{sp}[Mg(OH)_2]=1.8\times10^{-11}$，$Mg(OH)_2$ 在 $0.01\,mol\cdot L^{-1}$ $NaOH$ 溶液里 Mg^{2+} 浓度是（　　）$mol\cdot L^{-1}$。

A. 1.8×10^{-9}　　　　B. 3.6×10^{-6}　　　　C. 1.8×10^{-7}　　　　D. 1.0×10^{-4}

5. 在含有 $Mg(OH)_2$ 沉淀的饱和溶液中加入固体 NH_4Cl 后，则 $Mg(OH)_2$ 沉淀（　　）。

A. 溶解　　　　　　B. 增多　　　　　　C. 不变　　　　　　D. 无法判断

6. 微溶化合物 A_2B_3 水溶液中，测得 B 的浓度为 $3.0\times10^{-3}\,mol\cdot L^{-1}$，则微溶化合物 A_2B_3 的溶度积为（　　）。

A. 1.1×10^{-13}　　　B. 2.4×10^{-13}　　　C. 1.08×10^{-13}　　　D. 2.6×10^{-11}

7. 下列可减小沉淀溶解度的是（　　）

A. 酸效应　　　　　B. 盐效应　　　　　C. 同离子效应　　　　　D. 配位效应

二、判断题（判断下列各项叙述是否正确，对的在括号中填"√"，错的填"×"）

（　　）1. 由于 $K_{sp}(AgCl)>K_{sp}(Ag_2CrO_4)$，则 $AgCl$ 的溶解度大于 Ag_2CrO_4 的溶解度。

（　　）2. 因为 Ag_2CrO_4 的溶度积（$K_{sp}=2.0\times10^{-12}$）比 $AgCl$ 的溶度积（$K_{sp}=1.8\times10^{-10}$）小得多，所以，Ag_2CrO_4 必定比 $AgCl$ 更难溶于水。

（　　）3. 利用溶度积规则可以判断沉淀溶解平衡移动的方向。

（　　）4. 分别含有 Pb^{2+} 和 I^- 的两种溶液混合后，肯定会有 PbI_2 沉淀出现。

（　　）5. $Mg(OH)_2$ 沉淀既溶于 HCl 又溶于饱和 NH_4Cl 溶液。

（　　）6. 分步沉淀时，K_{sp} 小的先沉淀。

（　　）7. 沉淀剂加得越多，则被沉淀的离子一定沉淀越完全。

（　　）8. $AgCl$ 在 $1\,mol\cdot L^{-1}NaCl$ 的溶液中，由于盐效应的影响，使其溶解度比其在纯水中要略大一些。

三、简答题

1. 在氨水中 $AgCl$ 能溶解，$AgBr$ 仅稍溶解，而在 $Na_2S_2O_3$ 溶液中 $AgCl$ 和 $AgBr$ 均能溶解，解释此现象。

2. CaF_2 沉淀在 pH=3 溶液中的溶解度较 pH=5 中的大，为什么？

四、计算题

1. 298K 时 $K_{sp}^{\ominus}(PbI_2)=9.8\times10^{-9}$，若溶解的 PbI_2 全部电离。计算（1）PbI_2 在纯水中的溶解度；（2）PbI_2 在 $0.02\,mol\cdot L^{-1}KI$ 溶液中的溶解度。

2. 50mL 含 Ba^{2+} 浓度为 $0.01\,mol\cdot L^{-1}$ 的溶液与 30mL 浓度为 $0.02\,mol\cdot L^{-1}$ 的 Na_2SO_4 溶液混合。(1)是否会产生 $BaSO_4$ 沉淀？(2)反应后溶液中的 Ba^{2+} 浓度为多少？

3. 设溶液中 Cl^- 和 CrO_4^{2-} 的浓度均为 $0.0100\,mol\cdot L^{-1}$，当慢慢滴加 $AgNO_3$ 溶液时，问 $AgCl$ 和 Ag_2CrO_4 哪个先沉淀？当 Ag_2CrO_4 沉淀时，溶液中的 Cl^- 浓度是多少？$K_{sp}(AgCl)=1.8\times10^{-10}$，$K_{sp}(Ag_2CrO_4)=1.1\times10^{-12}$。

4. 欲除去 $0.1\,mol\cdot L^{-1}Fe^{2+}$ 溶液中含有的杂质 Fe^{3+}。控制 pH 在什么范围内，可使 Fe^{3+} 以 $Fe(OH)_3$ 形式沉淀完全，而 Fe^{2+} 不产生沉淀。(提示：当 Fe^{3+} 的浓度小于 $1\times10^{-5}\,mol\cdot L^{-1}$ 时，可认为沉淀完全；

已知：$K_{sp}[Fe(OH)_3]=2.97\times10^{-39}$，$K_{sp}[Fe(OH)_2]=4.87\times10^{-17}$）

任 务 七

一、选择题

1. 在沉淀滴定中，莫尔法选用的指示剂是（　　）。

A. 铬酸钾　　　　　　B. 重铬酸钾　　　　　　C. 铁铵矾　　　　　　D. 荧光黄

2. 莫尔法依据的原理是（　　）。

A. 生成沉淀颜色不同　　　　　　　　B. AgCl 和 Ag_2CrO_4 溶解度不同

C. AgCl 和 Ag_2CrO_4 溶度积不同　　　D. 分步沉淀

3. 莫尔法能用于 Cl^- 和 Br^- 的测定，其条件是（　　）。

A. 酸性条件　　　B. 中性和弱碱性条件　　　C. 碱性条件　　　D. 没有固定条件

4. 指出下列条件适用于佛尔哈德法的是（　　）。

A. pH＝6.5～10　　　　　　　　　　B. 以 K_2CrO_4 作指示剂

C. 滴定酸度为 0.1～1mol·L^{-1}　　　D. 以荧光黄为指示剂

5. 莫尔法测定 Cl^- 时，要求介质 pH 为 6.5～10，若酸度过高，则会产生（　　）。

A. AgCl 沉淀不完全　　　　　　　　B. AgCl 吸附 Cl^- 的作用增强

C. Ag_2CrO_4 的沉淀不易形成　　　　D. AgCl 的沉淀易溶解

二、判断题（判断下列各项叙述是否正确，对的在括号中填"√"，错的填"×"）

（　　）1. 沉淀滴定法是基于沉淀反应为基础的滴定分析方法。沉淀反应很多，但是只有符合下列条件的反应才能用于滴定分析。

A. 反应完全程度高，达到平衡时不易形成过饱和溶液

B. 沉淀的组成恒定，溶解度小，在沉淀过程中不易发生共沉淀

C. 有较简单的方法确定滴定终点

（　　）2. 佛尔哈德法应在酸性条件下进行测定。

三、填空题

1. 莫尔法是以_____为标准溶液，以_____为指示剂测定_____等离子的沉淀滴定法的一种。

2. 佛尔哈德法是以_____或_____为标准溶液，以_____为指示剂测定_____等离子的沉淀滴定法的一种。

3. 沉淀滴定法中莫尔法的指示剂是_____。

4. 沉淀滴定法中莫尔法滴定的酸度条件，即 pH＝_____。

5. 沉淀滴定法中佛尔哈德法的指示剂是_____。

6. 沉淀滴定法中佛尔哈德法测定 Cl^- 时，为保护 AgCl 的沉淀不被溶解须加入的试剂是_____。

7. 沉淀滴定法中，莫尔法测定 Cl^- 时的终点颜色变化是_____。

8. 法扬斯法采用的指示剂是_____。

四、简答题

1. 什么叫沉淀滴定法？沉淀滴定法所用的沉淀反应必须具备哪些条件？

2. 写出莫尔法和佛尔哈德法测定 Cl^- 的主要反应，并指出各种方法选用的指示剂和酸度条件。

五、计算题

1. 称取 NaCl 试液 20.00mL，加入 K_2CrO_4 指示剂，用 0.1023mol·L^{-1} AgNO₃ 标准溶液滴定，用去 27.00mL，求每升溶液中含 NaCl 多少克。

2. 称取银合金试样 0.3000g，溶解后加入铁铵矾指示剂，用 0.1000mol·L^{-1} NH₄SCN 标准溶液滴定，用去 23.80mL，计算银的质量分数。

3. 称取可溶性氯化物试样 0.2266g 用水溶解后，加入 0.1121mol·L^{-1} AgNO₃ 标准溶液 30.00mL。过量的 Ag^+ 用 0.1185mol·L^{-1} NH₄SCN 标准溶液滴定，用去 6.50mL，计算试样中氯的质量分数。

学习情境三

常见金属元素及其化合物

● **知识目标**

1. 熟悉铬、锰、铁元素和铜、锌元素单质及其化合物的性质和用途。
2. 掌握氧化还原反应的概念和配平（离子-电子法），原电池的组成原理、电极反应和电池符号的书写方法，能斯特方程和电极电势的应用。
3. 熟练掌握高锰酸钾法、重铬酸钾法和碘量法的原理、特点、滴定条件、标准溶液的配制及应用范围。
4. 掌握配合物的组成和命名，配离子的稳定常数及有关计算，EDTA 滴定法的原理和应用。

● **技能目标**

1. 能够运用能斯特方程计算氧化还原电对在不同条件下的电极电势。
2. 能够应用电极电势判断原电池的正负极，比较氧化剂、还原剂氧化还原能力的相对强弱，判断氧化还原反应进行的次序和方向。
3. 会利用元素标准电极电势图判断歧化反应能否发生。
4. 掌握氧化还原滴定法测定物质含量方法与结果计算。
5. 能正确命名配合物。
6. 能够运用配位平衡知识进行相关计算。
7. 掌握 EDTA 标准溶液的配制和标定方法。

任务一
铬、锰、铁元素及其化合物的性质识用

★ **案例分析**

扬州水质自动监测周报 2013 年度 6 期公布的瓜州、三江营和万福闸水中高锰酸盐含量如下：

水质监测周报 2013 年度 6 期

名称	pH	溶解氧/mg·L^{-1}	高锰酸盐/mg·L^{-1}
瓜洲	7.69～7.73	9.73	1.9
三江营	7.63～7.73	10.88	1.9
万福闸	8.28～8.37	8.14	2.8

高锰酸盐指数，是指在一定条件下，以高锰酸钾为氧化剂，处理水样时所消耗的量，以氧的单位体积质量（mg·L^{-1}）来表示。水中的亚硝酸盐、亚铁盐、硫化物等还原性无机物和在此条件下可被氧化的有机物，均可消耗高锰酸钾。因此，高锰酸盐指数常被作为水体受还原性有机（和无机）物质污染程度的综合指标。高锰酸盐指数越高，说明水体受到有机物污染的程度越严重。

根据我国生活饮用水质标准规定，凡是生活饮用水中锰含量大于 0.1mg·L^{-1} 的必须进行净化处理，过量的锰进入人体会严重危害人的健康。专家研究表明，人体中锰含量大约为 12～20mg，人们每天食用粮食、蔬菜即可满足这个需求，而饮用水中的锰则是越少越好。

据《中国环境保护全书》介绍过量的锰长期低剂量吸入，会引起慢性中毒，可出现震颤性麻痹，严重者可致永久性残废。锰的过量摄入对人体有慢性毒害作用，新近研究发现，过量的锰还会损伤动脉内壁和心肌，形成动脉粥样斑块，造成冠状动脉狭窄而至冠心病。

一、铬及其化合物

铬元素位于元素周期表第 4 周期、第Ⅵ B 族，在地壳中丰度居 21 位，主要矿物是铬铁矿，组成为 $FeO·Cr_2O_3·FeCr_2O_4$。我国的铬铁矿主要分布于青海、宁夏和甘肃等地。

铬的价电子构型为 $3d^5 4s^1$，能形成多种氧化态化合物，如+1、+2、+3、+4、+5、+6 等，其中以+3、+6 两种氧化态化合物最为重要。铬也是人体必需的微量元素之一。

1. 铬单质及其性质

铬具有银白色光泽，硬度大，熔点和沸点都较高。铬表面易形成氧化膜而钝化，对空气和水都比较稳定，抗腐蚀性能强，是一种优良的电镀材料。如自行车、汽车、精密仪器中的镀铬部件。把铬加入到钢中，能增强耐磨性、耐热性和耐腐蚀性，还能增强钢的硬度和弹性，故铬用于冶炼多种合金钢。含铬 12% 以上的钢称为"不锈钢"，广泛应用于机器制造、国防、冶金和化学工业中。铬和镍的合金用来制造电热丝和电热设备。

常温下，铬能缓慢地溶于稀盐酸、稀硫酸，但不溶于稀硝酸。在热的盐酸中，能很快溶解，并放出氢气，溶液呈现蓝色（Cr^{2+}），随即又为空气氧化成绿色（Cr^{3+}）。

$$Cr + 2HCl \longrightarrow CrCl_2 + H_2 \uparrow$$

$$4CrCl_2 + 4HCl + O_2 \longrightarrow 4CrCl_3 + 2H_2O$$

铬还能和热的浓硫酸发生如下反应：

$$2Cr + 6H_2SO_4 \longrightarrow Cr_2(SO_4)_3 + 3SO_2 \uparrow + 6H_2O$$

铬不溶于浓硝酸。

2. 铬（Ⅲ）化合物

（1）三氧化二铬和氢氧化铬

Cr_2O_3 为绿色晶体，不溶于水，具有两性，溶于酸形成铬（Ⅲ）盐，溶于强碱形成亚铬酸盐（CrO_2^-）。

$$Cr_2O_3 + 3H_2SO_4 \longrightarrow Cr_2(SO_4)_3 + 3H_2O$$

$$Cr_2O_3 + 2NaOH \longrightarrow 2NaCrO_2 + H_2O$$

Cr_2O_3 常用作媒染剂、有机合成的催化剂以及涂料的颜料"铬绿"，也是冶炼金属和制取铬盐的原料。

在铬（Ⅲ）中加入氨水或氢氧化钠溶液，即有灰蓝色 $Cr(OH)_3$ 的胶状沉淀析出：

$$Cr_2(SO_4)_3 + 6NaOH \longrightarrow 2Cr(OH)_3 \downarrow + 3Na_2SO_4$$

当碱过量时，$Cr(OH)_3$ 生成亮绿色的 $[Cr(OH)_4]^-$（或 CrO_2^- 形式）。

$$Cr(OH)_3 + OH^- \Longrightarrow [Cr(OH)_4]^-$$

（灰蓝色）　　　　　　（亮绿色）

$Cr(OH)_3$ 具有两性。向 $Cr(OH)_3$ 沉淀中无论加入酸或碱，沉淀都会溶解。

$$Cr(OH)_3 + 3HCl \longrightarrow CrCl_3 + 3H_2O$$

$$Cr(OH)_3 + NaOH \longrightarrow NaCr(OH)_4 （或 NaCrO_2）$$

（2）铬（Ⅲ）盐

最重要的铬（Ⅲ）盐有三氯化铬 $CrCl_3 \cdot 6H_2O$（紫色或绿色）、硫酸铬 $Cr_2(SO_4)_3 \cdot 18H_2O$（紫色）和铬钾矾 $KCr(SO_4)_2 \cdot 12H_2O$（蓝紫色）。它们都易溶于水，水合离子 $[Cr(H_2O)_6]^{3+}$ 不仅存在于溶液中，也存在于上述化合物的晶体中。

将 Cr_2O_3 溶于冷硫酸中，则得到紫色的硫酸铬 $Cr_2(SO_4)_3 \cdot 18H_2O$。此外还有绿色的 $Cr_2(SO_4)_3 \cdot 6H_2O$ 和桃红色的无水 $Cr_2(SO_4)_3$。

硫酸铬（Ⅲ）与碱金属硫酸盐可以形成铬矾：

$$MCr(SO_4)_2 \cdot 12H_2O \qquad (M = Na^+, K^+, Rb^+, Cs^+, NH_4^+, Ti^+)$$

（3）铬（Ⅲ）的配合物

铬（Ⅲ）离子的外围电子构型为 $3d^3 4s^0 4p^0$，有 6 个空轨道，容易形成配位数为 6 的配合物。最常见的铬（Ⅲ）离子的配合物有 $[Cr(H_2O)_6]^{3+}$。$[Cr(H_2O)_6]^{3+}$ 中的水分子可被 Cl^- 等其它配位体置换，形成多种配合物，如 $[CrCl_6]^{3-}$、$[Cr(NH_3)_6]^{3+}$、$[Cr(CN)_6]^{3-}$ 等。此外，还能形成含有多种配位体的配合物，如 $[CrCl(H_2O)_5]^{2+}$、$[Cr(NH_3)_2(H_2O)_4]^{3+}$、$[CrBrCl(NH_3)_4]^+$ 等。

3. 铬（Ⅵ）化合物

常见的铬（Ⅵ）化合物是氧化物 CrO_3、铬氧基 CrO_2^{2+}、含氧酸盐 CrO_4^{2-} 和 $Cr_2O_7^{2-}$，其中又以重铬酸钾 $K_2Cr_2O_7$（俗称红矾钾）、重铬酸钠 $Na_2Cr_2O_7$（俗称红矾钠）最为重要。

（1）三氧化铬（CrO_3）

CrO_3 是暗红色针状晶体。它极易从空气中吸收水分，并且易溶于水，形成铬酸，因此称为铬酐。

$$CrO_3 + H_2O \longrightarrow H_2CrO_4$$

H_2CrO_4 是二元强酸，只存在于溶液中。

CrO_3 在受热超过其熔点（196℃）时，就分解放出氧而变为 Cr_2O_3。CrO_3 是较强的氧化剂，遇有机物质易引起燃烧和爆炸。如往少量 CrO_3 上滴加酒精，则酒精立即燃烧。

浓 H_2SO_4 作用于饱和的 $K_2Cr_2O_7$ 溶液，可析出三氧化铬 CrO_3：

$$K_2Cr_2O_7 + H_2SO_4（浓）\longrightarrow 2CrO_3 \downarrow + K_2SO_4 + H_2O$$

CrO_3 是电镀铬的重要原料。

（2）铬酸和重铬酸的酸性

H_2CrO_4 和 $H_2Cr_2O_7$ 都是强酸，但后者酸性更强些。$H_2Cr_2O_7$ 的第一级离解是完全的：

$$HCr_2O_7^- \rightleftharpoons Cr_2O_7^{2-} + H^+ \qquad K_2^\ominus = 0.85$$

$$H_2CrO_4 \rightleftharpoons HCrO_4^- + H^+ \qquad K_1^\ominus = 9.55$$

$$HCrO_4^- \rightleftharpoons CrO_4^{2-} + H^+ \qquad K_2^\ominus = 3.2 \times 10^{-7}$$

铬酸盐和重铬酸盐 CrO_4^{2-} 和 $Cr_2O_7^{2-}$ 在溶液中存在下列平衡：

$$2CrO_4^{2-} + 2H^+ \rightleftharpoons 2HCrO_4^- \rightleftharpoons Cr_2O_7^{2-} + H_2O$$
$$（黄色）\qquad\qquad\qquad（橙红色）$$

在碱性或中性溶液中主要以黄色的 CrO_4^{2-} 存在。在 pH<2 的溶液中，主要以 $Cr_2O_7^{2-}$（橙红色）形式存在。从上述存在的平衡关系就可以理解为什么在 Na_2CrO_4 溶液中加入酸就能得到 $Na_2Cr_2O_7$，而在 $Na_2Cr_2O_7$ 的溶液中加入碱或碳酸钠时，又可以得到 Na_2CrO_4。方程式如下：

$$2Na_2CrO_4 + H_2SO_4 \longrightarrow Na_2Cr_2O_7 + H_2O + Na_2SO_4$$
$$Na_2Cr_2O_7 + 2NaOH \longrightarrow 2Na_2CrO_4 + H_2O$$

（3）重铬酸及其盐的氧化性

在碱性介质中，铬（Ⅵ）的氧化能力很差。在酸性介质中它是较强的氧化剂，即使在冷的溶液中，$Cr_2O_7^{2-}$ 也能把 H_2S、H_2SO_3 和 HI 等物质氧化，在加热的情况下它能氧化 HBr 和 HCl：

$$Cr_2O_7^{2-} + 3H_2S + 8H^+ \longrightarrow 2Cr^{3+} + 3S \downarrow + 7H_2O$$
$$Cr_2O_7^{2-} + 6Cl^- + 14H^+ \xrightarrow{\triangle} 2Cr^{3+} + 3Cl_2 \uparrow + 7H_2O$$

实验室常用的铬酸洗液就是由浓硫酸和饱和 $K_2Cr_2O_7$ 溶液配制而成，用于浸洗或润洗一些容量器皿，除去还原性或碱性的污物，特别是有机污物。此洗液可以反复使用，直到洗液发绿才失效。

固体重铬酸铵 $(NH_4)_2Cr_2O_7$ 在加热的情况下，也能发生氧化还原反应：

$$(NH_4)_2Cr_2O_7 \xrightarrow{\triangle} Cr_2O_3 + N_2 \uparrow + 4H_2O$$

实验室常利用这一反应来制取 Cr_2O_3。

（4）铬酸盐和重铬酸盐的溶解性

一些铬酸盐的溶解度要比重铬酸盐为小。当向铬酸盐溶液中加入 Ba^{2+}、Pb^{2+}、Ag^+ 时，可形成难溶于水的 $BaCrO_4$（柠檬黄色）、$PbCrO_4$（铬黄色）、Ag_2CrO_4（砖红色）沉淀。

$$2Ba^{2+}+Cr_2O_7^{2-}+H_2O \longrightarrow 2BaCrO_4 \downarrow +2H^+$$
$$2Pb^{2+}+Cr_2O_7^{2-}+H_2O \longrightarrow 2PbCrO_4 \downarrow +2H^+$$
$$4Ag^+ +Cr_2O_7^{2-}+H_2O \longrightarrow 2Ag_2CrO_4 \downarrow +2H^+$$

实验室常用 Ba^{2+}、Pb^{2+}、Ag^+ 来检验 CrO_4^{2-} 的存在。柠檬黄、铬黄作为颜料可用于制造涂料、油墨、水彩，还可用于色纸、橡胶、塑料制品的着色。

（5）铬（Ⅵ）的鉴定

在 $Cr_2O_7^{2-}$ 的溶液中加入 H_2O_2，可生成蓝色的过氧化铬 CrO_5 或写成 $CrO(O_2)_2$，其结构为：

$$Cr_2O_7^{2-}+4H_2O_2+2H^+ \longrightarrow 2CrO_5+5H_2O$$
$$或\ 2CrO_4^{2-}+3H_2O_2+2H^+ \longrightarrow 2CrO_5+4H_2O$$

CrO_5 很不稳定，很快分解为 Cr^{3+} 并放出 O_2。它在乙醚或戊醇溶液中较稳定。这一反应，常用来鉴定 CrO_4^{2-} 或 $Cr_2O_7^{2-}$ 的存在。

铬（Ⅲ）的鉴定是先把铬（Ⅲ）氧化到铬（Ⅵ）后再鉴定，方法如下：

$$Cr^{3+} \xrightarrow[\ ]{OH^-过量} Cr(OH)_4^- \xrightarrow[OH^-]{H_2O_2} CrO_4^{2-} \xrightarrow[乙醚]{H^++H_2O_2} CrO_5（蓝色）$$

或

$$Cr^{3+} \xrightarrow[\ ]{OH^-过量} Cr(OH)_4^- \xrightarrow[OH^-]{H_2O_2} CrO_4^{2-} \xrightarrow[\ ]{Pb^{2+}} PbCrO_4 \downarrow （黄色）$$

✎ 练一练

向 $K_2Cr_2O_7$ 溶液中加入下列试剂，各会发生什么现象？写出相应的化学反应式。

（1）$NaNO_2$ 或 $FeSO_4$　　　（2）H_2O_2 与乙醚　　　（3）$NaOH$

📚 互动坊

镀铬与汽车，你了解多少？

铬是微带蓝色的银白色金属。不能用做防护性镀层，一般常用铜-锡合金、铜或镍层做底层，以防止基体金属遭受腐蚀。

镀铬是目前产品造型设计中应用最广泛的镀层品种。在铜、镍或合金镀层表面上镀一层铬，可获得结晶细密、美观光亮、像镜面一样的银蓝色光泽层（有的称为罩蓝）。

镀铬层主要有装饰镀铬、镀黑铬等五种类型。其中装饰镀铬主要用于汽车、火车、机床以及日常用具外部零件的装饰层。由于装饰镀铬层明光耀眼，因此，在产品造型中应避免用于大面积的外观装饰表面，以免由于强烈的反光刺激操作者和使用者的眼睛，而引起疲劳。

二、锰及其化合物

锰元素位于元素周期表第 4 周期、第ⅦB 族，在地壳中丰度为 0.1%。主要以氧化物形式存在，如软锰矿 $MnO_2 \cdot xH_2O$、黑锰矿 Mn_3O_4 和水锰矿 $MnO(OH)$。在深海海底也发现了大量的锰矿——锰结核，它是一种在一层一层的铁锰氧化物层间夹有黏土层后构成的一个个同心圆状的团块，其中还含有铜、钴、镍等重要金属元素。我国南海有大量的锰结核资源。

锰元素的价电子构型是 $3d^5 4s^2$。它也许是迄今氧化态最多的元素，可以形成氧化数由 −3 到 +7 的化合物，其中以氧化数 +2、+4、+7 的化合物较重要。

1. 锰单质及其性质

锰的外形与铁相似，灰色粉末。纯锰用途不大，但它的合金非常重要。几乎所有的钢中都含有锰。当钢中含锰量超过 1%时，称为锰钢。如含 Mn 12%～15%、Fe 83%～87%、C 2%的锰钢很坚硬，抗冲击，耐磨损，可用于制造钢轨和钢甲、粉碎机等。锰还可替代镍制造不锈钢。

锰为活泼金属，在空气中表面生成一层致密氧化物保护膜。粉末状的锰能彻底被氧化，有时甚至能起火。锰能分解冷水。

$$Mn + 2H_2O \longrightarrow Mn(OH)_2 \downarrow + H_2 \uparrow$$

锰和卤族元素、S、C、N、Si 等非金属能直接化合生成 MnX_2、Mn_3N_2、MnS 等。

锰溶于一般无机酸，生成 Mn(Ⅱ) 盐；遇冷的浓硫酸作用缓慢。在有氧化剂存在下，锰能与熔融碱作用生成锰酸盐。例如：

$$2Mn + 4KOH + 3O_2 \longrightarrow 2K_2MnO_4 + 2H_2O$$

2. 锰（Ⅱ）化合物

锰（Ⅱ）化合物有一氧化锰 MnO、氢氧化锰以及锰（Ⅱ）盐，其中以锰（Ⅱ）盐最常见，如卤化锰、硝酸锰、硫酸锰等。

在碱性条件下锰（Ⅱ）具有较强的还原性，易被氧化。在酸性条件下锰（Ⅱ）具有较强的稳定性，只有用强氧化剂如 PbO_2、$NaBiO_3$、$(NH_4)_2S_2O_8$ 等才能使 Mn^{2+} 氧化为 MnO_4^-。例如在 HNO_3 溶液中，Mn^{2+} 与 $NaBiO_3$ 反应如下：

$$2Mn^{2+} + 5NaBiO_3 + 14H^+ \longrightarrow 2MnO_4^- + 5Bi^{3+} + 5Na^+ + 7H_2O$$

这一反应常用来鉴定 Mn^{2+} 的存在。

一氧化锰是绿色粉末，难溶于水，易溶于酸。与 MnO 相应的水合物 $Mn(OH)_2$ 是从锰（Ⅱ）盐与碱溶液作用而制得的。

$$Mn^{2+} + 2OH^- \longrightarrow Mn(OH)_2 \downarrow$$

$Mn(OH)_2$ 是白色难溶于水的物质。在空气中很快被氧化，而逐渐变成棕色的 MnO_2 的水合物。

$$Mn(OH)_2 \xrightarrow{O_2} Mn_2O_3 \cdot xH_2O \xrightarrow{O_2} MnO_2 \cdot yH_2O$$

多数锰（Ⅱ）盐如卤化锰、硝酸锰、硫酸锰等强酸盐都易溶于水。在水中，Mn^{2+} 常以淡紫色的水合离子 $[Mn(H_2O)_6]^{2+}$ 存在。从溶液中结晶析出的锰（Ⅱ）盐是带结晶水的粉红色晶体，如 $MnCl_2 \cdot 4H_2O$、$MnSO_4 \cdot 7H_2O$、$Mn(NO_3)_2 \cdot 6H_2O$ 等。

3. 锰（Ⅳ）化合物

锰（Ⅳ）化合物中最重要的是二氧化锰 MnO_2。

二氧化锰是锰（Ⅳ）最稳定的化合物。在自然界中它以软锰矿 $MnO_2 \cdot xH_2O$ 形式存在。MnO_2 是制取锰的化合物及金属锰的主要原料，它是不溶于水的黑色固态物质。在空气中加热到 530℃ 时就放出氧：

$$3MnO_2 \xrightarrow{>530℃} Mn_3O_4 + O_2 \uparrow$$

MnO_2 有较强的氧化能力。例如，浓盐酸或浓 H_2SO_4 与 MnO_2 在加热时按下式进行反应。

$$MnO_2 + 4HCl \xrightarrow{\triangle} MnCl_2 + 2H_2O + Cl_2 \uparrow$$

$$2MnO_2 + 2H_2SO_4 \xrightarrow{\triangle} 2MnSO_4 + 2H_2O + O_2 \uparrow$$

MnO_2 中锰处于中间氧化数，它既能被还原为锰（Ⅱ），也可以被氧化为锰（Ⅵ）（在碱性条件下）。例如，把 MnO_2 和 KOH 或 K_2CO_3 在空气中加热共熔，便得到可溶于水的绿色熔体。把熔体溶于水后，可从其中析出暗绿色的锰酸钾 K_2MnO_4 晶体。这被称为碱熔法。生成 K_2MnO_4 的反应式为：

$$2MnO_2 + 4KOH + O_2 \xrightarrow{共熔} 2K_2MnO_4 + 2H_2O$$

反应中的氧可以用 $KClO_3$ 或 KNO_3 等氧化剂来代替。

$$3MnO_2 + 6KOH + KClO_3 \xrightarrow{共熔} 3K_2MnO_4 + KCl + 3H_2O$$

二氧化锰用途很广，大量用于制造电池以及玻璃、陶瓷、火柴、油漆等工业，也是制备锰其它化合物的主要原料。

4. 锰（Ⅵ）化合物

锰（Ⅵ）化合物中，比较稳定的是锰酸盐，如锰酸钾 K_2MnO_4，它由 MnO_2 和 KOH 在空气中加热而制得。锰酸及其氧化物 MnO_3 都是极不稳定的化合物，因此尚未被分离出来。锰酸盐溶于水后，只有在碱性（pH＞13.5）溶液中才是稳定的，在这种条件下，MnO_4^{2-} 的绿色可以较长时间保持不变。相反，在中性或酸性溶液中，绿色的 MnO_4^{2-} 瞬间歧化生成紫色的 MnO_4^- 和棕色的 MnO_2 沉淀。

$$3MnO_4^{2-} + 4H^+ \longrightarrow MnO_2 \downarrow + 2MnO_4^- + 2H_2O$$

当以氧化剂（如氯气）作用于锰酸盐的溶液时，锰酸盐可以变为高锰酸盐。

$$2MnO_4^{2-} + Cl_2 \longrightarrow 2MnO_4^- + 2Cl^-$$

5. 锰（Ⅶ）化合物

锰的最高氧化数是+7。0℃ 时 Mn_2O_7 即分解为 MnO_2 和 O_2。

$$2Mn_2O_7 \longrightarrow 4MnO_2 + 3O_2 \uparrow$$

Mn_2O_7 溶于大量冷水后，形成稳定的高锰酸 $HMnO_4$，它既是强酸又是强氧化剂。

MnO_4^- 带有特征紫色。

锰（Ⅶ）的化合物中，应用最广的是高锰酸钾 $KMnO_4$。高锰酸钾是暗紫色晶体。加热至 200℃ 以上时按下式分解。

$$2KMnO_4 \xrightarrow{\triangle} K_2MnO_4 + MnO_2 + O_2 \uparrow$$

在实验室中有时也利用这一反应制取少量的氧气。

$KMnO_4$ 溶液不太稳定，日光对 $KMnO_4$ 的分解有催化作用。因此 $KMnO_4$ 应保存在黑色或棕色瓶中。

$KMnO_4$ 是工业上和实验室常用的重要氧化剂。在不同的酸碱性介质中被还原为不同的产物。

在酸性介质中，MnO_4^- 被还原成 Mn^{2+}。

$$2MnO_4^- + 6H^+ + 5SO_3^{2-} \longrightarrow 2Mn^{2+} + 5SO_4^{2-} + 3H_2O$$

$$MnO_4^- + 5Fe^{2+} + 8H^+ \longrightarrow Mn^{2+} + 5Fe^{3+} + 4H_2O$$

分析化学中利用这一反应测定亚铁含量。

如果 MnO_4^- 过量，将进一步和它自身的还原产物 Mn^{2+} 发生反应生成 MnO_2 沉淀，紫色随即消失。

$$2MnO_4^- + 3Mn^{2+} + 2H_2O \longrightarrow 5MnO_2 \downarrow + 4H^+$$

在微酸性、中性或弱碱性介质中，MnO_4^- 被还原成 MnO_2。

$$2MnO_4^- + H_2O + 3SO_3^{2-} \longrightarrow 2MnO_2 \downarrow + 3SO_4^{2-} + 2OH^-$$

在碱性溶液中，MnO_4^- 被还原成 MnO_4^{2-}。

$$2MnO_4^- + 2OH^- + SO_3^{2-} \longrightarrow 2MnO_4^{2-} + SO_4^{2-} + H_2O$$

溶液由紫色变成绿色，常被用来检验 MnO_4^-。

还原产物还会因氧化剂与还原剂相对量的不同而不同。例如，MnO_4^- 与 SO_3^{2-} 在酸性条件下的反应，若 SO_3^{2-} 过量，MnO_4^- 的还原产物为 Mn^{2+}；若 MnO_4^- 过量，则最终的还原产物为 MnO_2。

✐ **练一练**

根据下述实验，写出有关的反应式。

（1）向高锰酸钾溶液滴加双氧水。

（2）向 $MnSO_4$ 溶液中加入 NaOH 溶液后再通入空气。

（3）硝酸锰加热分解。

（4）选择三种氧化剂将 Mn^{2+} 氧化成 MnO_4^-。

（5）用实验说明 $KMnO_4$ 的氧化能力比 $K_2Cr_2O_7$ 强。

三、铁及其化合物

铁元素位于元素周期表第 4 周期、第ⅧB 族，在地壳中的丰度居于第四位，仅次于铝。也是最常用的金属。在自然界，游离态的铁只能从陨石中找到，分布在地壳中的铁都以化合物的状态存在。铁的主要矿石有：赤铁矿 Fe_2O_3，含铁量在 50% ~ 60% 之间；磁铁矿 Fe_3O_4，含铁量 60% 以上，有亚铁磁性；此外还有褐铁矿 $Fe_2O_3 \cdot H_2O$、菱铁矿 $FeCO_3$ 和黄铁矿

FeS_2，它们的含铁量低一些，但比较容易冶炼。中国的铁矿资源非常丰富，著名的产地有湖北大冶、东北鞍山等。中国是发现和掌握炼铁技术最早的国家。

👉 相关链接

生铁、熟铁和钢

铁分为生铁、熟铁和钢三类。

生铁含碳量在 1.7%～4.5% 之间，牛铁坚硬耐磨，可以浇铸成型，如铁锅、火炉等，所以又称为铸铁。生铁没有延展性，不能锻打。

熟铁含碳量在 0.1% 以下，近似于纯铁，韧性很强，可以锻打成型，如铁勺、锅炉等，所以又叫锻铁。

钢的基本成分也是铁，但钢的含碳量比熟铁高，比生铁低，在 0.1%～1.7% 之间。钢兼具有生铁和熟铁的优点，既刚硬又强韧。

用生铁炼钢，就是降低生铁内的碳量达 2.11% 以下，使硅、锰、钼、钒、镍、铬等元素的含量在要求范围内，同时尽量除去硫和磷杂质。

1. 铁单质及其性质

铁是有光泽的银白色金属，硬而有延展性，熔点为 1535℃，沸点 2750℃，有很强的铁磁性，并有良好的可塑性和导热性。

铁的价电子构型为 $3d^6 4s^2$，氧化态有 0、+2、+3、+4、+5、+6，其中以 +2、+3 最常见。铁的化学性质活泼，为强还原剂，在室温条件下可缓慢地从水中置换出氢，在 500℃ 以上反应速率增高：

$$3Fe + 4H_2O\ (g) \longrightarrow Fe_3O_4 + 4H_2 \uparrow$$

铁在干燥空气中很难与氧发生作用，但在潮湿空气中很容易腐蚀，若含有酸性气体或卤素蒸气时，腐蚀更快。铁可从溶液中还原金、铂、银、汞、铋、锡、镍或铜等离子，如：

$$CuSO_4 + Fe \longrightarrow FeSO_4 + Cu$$

铁溶于非氧化性的酸如盐酸和稀硫酸中，形成二价铁离子并放出氢气。

$$Fe + H_2SO_4 \longrightarrow FeSO_4 + H_2 \uparrow$$

铁与氧化性酸反应时，若铁不足，则产生三价铁离子，如铁与足量稀硝酸反应：

$$Fe + 4HNO_3 \longrightarrow Fe(NO_3)_3 + NO \uparrow + 2H_2O$$

若铁足量，则产生亚铁离子，如铁与少量稀硝酸反应：

$$3Fe + 8HNO_3 \longrightarrow 3Fe(NO_3)_2 + 2NO \uparrow + 4H_2O$$

铁与足量的浓硝酸反应：

$$Fe + 6HNO_3（浓）\longrightarrow Fe(NO_3)_3 + 3NO_2 \uparrow + 3H_2O$$

铁与少量的浓硝酸反应：

$$Fe + 4HNO_3（浓）\longrightarrow Fe(NO_3)_2 + 2NO_2 \uparrow + 2H_2O$$

铁与氯在加热时反应剧烈：

$$2Fe + 3Cl_2 \longrightarrow 2FeCl_3$$

铁也能与硫、磷、硅、碳直接化合。铁与氮不能直接化合，但与氨作用，形成氮化铁 Fe_2N_3。

✏️ 练一练

如何除去硫酸亚铁中混有的少量杂质硫酸铜？试写出操作过程和有关的化学方程式。

相关链接

铁 与 生 活

在我们的生活里，铁可以算得上是最有用、最价廉、最丰富、最重要的金属了。铁是碳钢、铸铁的主要元素，工农业生产中，装备制造、铁路车辆、道路、桥梁、轮船、码头、房屋、土建均离不开钢铁构件，我国年产钢材 4 亿吨以上、铸件 3350 万吨。钢铁的年产量代表一个国家的现代化水平。

铁元素也是构成人体的必不可少的元素之一。成人体内有 4～5g 铁，若经常饮用大量的红茶和咖啡，会阻碍铁的吸收。

铁在代谢过程中可反复被利用。除了肠道分泌排泄和皮肤、黏膜上皮脱落损失一定数量的铁（每日 1mg）外，几乎没有其它途径的丢失。

2. 铁（Ⅱ）化合物

Fe^{2+} 呈淡绿色，在碱性溶液中易被氧化成 Fe^{3+}。铁（Ⅱ）化合物主要有氧化亚铁 FeO、氯化亚铁 $FeCl_2$、硫酸亚铁 $FeSO_4$、氢氧化亚铁 $Fe(OH)_2$ 等。

（1）氧化亚铁 FeO

FeO 为黑色固体，碱性化合物，不溶于水或碱性溶液中，只溶于酸。

在隔绝空气的条件下，将草酸亚铁加热可以制得 FeO。

$$FeC_2O_4 \longrightarrow FeO + CO\uparrow + CO_2\uparrow$$

（2）硫酸亚铁 $FeSO_4$

在铁（Ⅱ）化合物中 $FeSO_4$ 最为普通。工业上的 $FeSO_4$ 是用氧化黄铁矿的方法制取。

$$2FeS_2 + 7O_2 + 2H_2O \longrightarrow 2FeSO_4 + 2H_2SO_4$$

$FeSO_4$ 从溶液中析出时带七个分子的水，称为绿矾 $FeSO_4 \cdot 7H_2O$。

$FeSO_4 \cdot 7H_2O$ 在空气中不稳定，可逐渐风化失水，并且表面容易被空气中的氧氧化，生成黄色或铁锈色的碱式硫酸铁（Ⅲ）盐。

$$4FeSO_4 + 2H_2O + O_2 \longrightarrow 4Fe(OH)SO_4$$

所以，在绿矾晶体表面常有铁锈色斑点，其溶液久置后常有棕红色沉淀。因此，保存 $FeSO_4$ 溶液时，应加入足够浓度的硫酸，必要时加入几颗铁钉来防止氧化。

铁（Ⅱ）盐在酸性介质中比较稳定，但在强氧化剂 $KMnO_4$、K_2CrO_7、Cl_2 等存在时，Fe^{2+} 也会被氧化成 Fe^{3+}。

$$5Fe^{2+} + MnO_4^- + 8H^+ \longrightarrow 5Fe^{3+} + Mn^{2+} + 4H_2O$$

$$6Fe^{2+} + Cr_2O_7^{2-} + 14H^+ \longrightarrow 6Fe^{3+} + 2Cr^{3+} + 7H_2O$$

硫酸亚铁对于空气中的氧不稳定，但硫酸亚铁与碱金属或铵的硫酸盐形成的复盐 $M_2SO_4 \cdot FeSO_4 \cdot 6H_2O$ 要比硫酸亚铁稳定得多。最重要的复盐是硫酸亚铁铵 $FeSO_4 \cdot (NH_4)_2SO_4 \cdot 6H_2O$，俗称莫尔盐，是常用的还原剂。在分析化学中，常用硫酸亚铁铵代替 $FeSO_4$ 标定高锰酸钾或重铬酸钾的浓度。

（3）氢氧化亚铁 $Fe(OH)_2$

在亚铁盐溶液中加入碱，开始可以生成氢氧化亚铁的白色胶状沉淀。

$$Fe^{2+} + 2OH^- \longrightarrow Fe(OH)_2\downarrow$$

$Fe(OH)_2$ 不稳定，很容易被空气中的氧所氧化变成棕红色的氢氧化铁 $Fe(OH)_3$ 沉淀。

$$4Fe(OH)_2 + O_2 + 2H_2O \longrightarrow 4Fe(OH)_3\downarrow$$

氢氧化亚铁 $Fe(OH)_2$ 主要呈碱性，酸性很弱，但它能溶于浓碱溶液中生成

$[Fe(OH)_6]^{4-}$ 配离子。

$$Fe(OH)_2 + 4OH^- \longrightarrow [Fe(OH)_6]^{4-}$$

3. 铁（Ⅲ）化合物

Fe^{3+} 的颜色随水解程度的增大而由黄色经橙色变到棕色。纯净的 Fe^{3+} 为淡紫色。铁（Ⅲ）化合物主要有氧化铁 Fe_2O_3、氯化铁 $FeCl_3$、硫酸铁 $Fe_2(SO_4)_3$、氢氧化铁 $Fe(OH)_3$ 等。

（1）氧化铁 Fe_2O_3

Fe_2O_3 是砖红色固体，可以用作红色颜料、涂料、媒染剂、磨光粉以及某些反应的催化剂。Fe_2O_3 具有 α 和 γ 两种不同的构型。α 型是顺磁性的，而 γ 型是铁磁性的。γ 型 Fe_2O_3 在 673K 以上可以转变为 α 型。

自然界中存在的赤铁矿是 α 型 Fe_2O_3，将硝酸铁或草酸铁加热，可得 α 型 Fe_2O_3。将 α 型 Fe_2O_3 氧化所得产物是 γ 型 Fe_2O_3。Fe_2O_3 是碱性为主的两性氧化物。

铁除了生成 FeO 和 Fe_2O_3 之外，还生成一种 FeO 和 Fe_2O_3 的混合氧化物——Fe_3O_4，亦称为磁性氧化铁，它具有磁性，是电的良导体，是磁铁矿的主要成分。

将铁或氧化亚铁在空气中加热，或让水蒸气通过烧热的铁，都可以得到 Fe_3O_4。

$$3Fe + 2O_2 \longrightarrow Fe_3O_4$$
$$6FeO + O_2 \longrightarrow 2Fe_3O_4$$
$$3Fe + 4H_2O \longrightarrow Fe_3O_4 + 4H_2\uparrow$$

（2）氢氧化铁 $Fe(OH)_3$

向铁（Ⅲ）盐溶液中加碱，可以沉淀出红棕色的氢氧化铁 $Fe(OH)_3$。

$$Fe^{3+} + 3OH^- \longrightarrow Fe(OH)_3\downarrow$$

这红棕色的沉淀实际是水合氧化铁 $Fe_2O_3 \cdot xH_2O$，只是习惯上把它写作 $Fe(OH)_3$。

新沉淀出来的 $Fe(OH)_3$ 略有两性，主要显碱性，易溶于酸中。能溶于浓的强碱溶液中形成 $[Fe(OH)_6]^{3-}$。

$$Fe(OH)_3 + 3OH^- \longrightarrow [Fe(OH)_6]^{3-}$$

$Fe(OH)_3$ 溶于盐酸生成 $FeCl_3$。

$$Fe(OH)_3 + 3HCl \longrightarrow FeCl_3 + 3H_2O$$

（3）氯化铁 $FeCl_3$

$FeCl_3$ 是比较重要的铁（Ⅲ）盐，主要用于有机染色反应中的催化剂。因为它能引起蛋白质的迅速凝聚，在医疗上用作外伤止血剂。另外它还用于照相、印染、印刷电路的腐蚀剂和氧化剂。

例如，工业上常应用 $FeCl_3$ 的酸性溶液在铁制部件上刻蚀字样，反应式为：

$$2Fe^{3+} + Fe \rightleftharpoons 3Fe^{2+}$$

同理在 Fe^{2+} 的溶液中加入金属铁，可防止 Fe^{2+} 被氧化为 Fe^{3+}。

在无线电工业上，常利用 $FeCl_3$ 的溶液来刻蚀铜，制造印刷线路。其反应式为：

$$2Fe^{3+} + Cu \rightleftharpoons 2Fe^{2+} + Cu^{2+}$$

铜板上需要去掉的部分，在 $FeCl_3$ 溶液的作用下，变为 Cu^{2+} 而溶解掉。

氧化数高于 +3 的铁系元素的盐类，已经制得的有高铁酸钾 K_2FeO_4 和高钴酸钾 K_3CoO_4。它们在酸性溶液中都是很强的氧化剂。

> **练一练**
>
> 某化工厂为消除所排出废气中的 Cl_2 对环境的污染，将含 Cl_2 的废气通过含过量铁粉的 $FeCl_2$ 溶液即可有效地除去 Cl_2。请写出这一处理过程的化学方程式。

4. 铁的配位化合物

铁能形成多种配合物，例如，铁能与 CN^-、F^-、$C_2O_4^{2-}$、Cl^-、SCN^- 等离子形成配合物。大多数铁的配合物呈八面体形，配位数为 6。主要介绍以下几种铁的配合物。

（1）氨配位化合物

Fe^{2+} 与氨水作用不能生成氨的配合物，生成的是 $Fe(OH)_2$ 沉淀。只有无水状态下，$FeCl_2$ 与液氨作用，可以生成 $[Fe(NH_3)_6]Cl_2$ 配合物，但遇水即分解。

$$[Fe(NH_3)_6]Cl_2 + 6H_2O \Longleftrightarrow Fe(OH)_2 \downarrow + 4NH_3 \cdot H_2O + 2NH_4Cl$$

Fe^{3+} 与氨水作用也不能生成氨的配合物，Fe^{3+} 强烈水解生成 $Fe(OH)_3$ 沉淀。

$$[Fe(H_2O)_6]^{3+} + 3NH_3 \Longleftrightarrow Fe(OH)_3 \downarrow + 3NH_4^+ + 3H_2O$$

（2）氰根配位化合物

CN^- 与 Fe^{3+}、Fe^{2+} 都能形成配位数为 6 或 4 的配合物，在溶液中都很稳定。

铁的氰根配位化合物主要有六氰合铁（Ⅱ）酸钾和六氰合铁（Ⅲ）酸钾。

① 六氰合铁（Ⅱ）酸钾　使亚铁盐与 KCN 溶液反应，得到 $Fe(CN)_2$ 沉淀，该沉淀溶解在过量的 KCN 溶液中。

$$FeS + 2KCN \longrightarrow Fe(CN)_2 \downarrow + K_2S$$

$$Fe(CN)_2 + 4KCN \longrightarrow K_4[Fe(CN)_6] \downarrow$$

从溶液中析出来的黄色晶体 $K_4[Fe(CN)_6] \cdot 3H_2O$ 是六氰合铁（Ⅱ）酸钾，或称为亚铁氰化钾，俗称黄血盐。黄血盐在 373K 时失去所有的结晶水，形成白色的粉末 $K_4[Fe(CN)_6]$，进一步加热即分解。

$$K_4[Fe(CN)_6] \longrightarrow 4KCN + FeC_2 + N_2 \uparrow$$

$[Fe(CN)_6]^{4-}$ 在水溶液中十分稳定，只含有 K^+ 和 $[Fe(CN)_6]^{4-}$，几乎检验不出 Fe^{2+} 的存在。但 $[Fe(CN)_6]^{4-}$ 遇到 Fe^{3+} 立即产生蓝色沉淀，这种沉淀俗称普鲁士蓝，其反应式为。

$$4Fe^{3+} + 3[Fe(CN)_6]^{4-} \longrightarrow Fe_4[Fe(CN)_6]_3 \downarrow$$

这一反应也是检查溶液中是否存在 Fe^{3+} 的灵敏反应。普鲁士蓝俗称铁蓝，在工业上用作燃料和颜料。

② 六氰合铁（Ⅲ）酸钾　用氯气来氧化黄血盐溶液，把 Fe^{2+} 氧化成 Fe^{3+}，就可以得到深红色的六氰合铁（Ⅲ）酸钾 $K_3[Fe(CN)_6]$ 晶体，或称为铁氰酸钾，俗称赤血盐。

$$2K_4[Fe(CN)_6] + Cl_2 \longrightarrow 2KCl + 2K_3[Fe(CN)_6]$$

赤血盐在碱性溶液中有氧化作用。

$$4K_3[Fe(CN)_6] + 4KOH \longrightarrow 4K_4[Fe(CN)_6] + O_2 \uparrow + 2H_2O$$

在中性溶液中赤血盐有微弱的水解作用。因此，使用赤血盐溶液时，最好现用现配。

$[Fe(CN)_6]^{3-}$ 与 Fe^{2+} 在溶液中也产生蓝色沉淀，这种沉淀俗称滕氏蓝，其反应式为：

$$3Fe^{2+} + 2[Fe(CN)_6]^{3-} \longrightarrow Fe_3[Fe(CN)_6]_2 \downarrow$$

这一反应也是检查溶液中是否存在 Fe^{2+} 的灵敏反应。经结构研究证明，滕氏蓝的组成与结构和普鲁士蓝一样。

Fe^{3+} 与 $[Fe(CN)_6]^{3-}$ 在溶液中不生成沉淀，但溶液变成暗棕色。Fe^{2+} 与 $[Fe(CN)_6]^{4-}$ 作用则生成白色的 $Fe_2[Fe(CN)_6]$ 沉淀。由于 Fe^{2+} 易被空气氧化，所以最后也形成普鲁士蓝。

在铁的氰合物中，还有许多配合物只有五个 CN^-，另外再结合一个其它离子（如 NO_2^-、SO_3^{2-}）或中性分子（NO、CO、NH_3、H_2O）。其中比较重要的是 $Na_2[Fe(CN)_5NOS]$。它与 S^{2-}（但不与 HS^-）作用生成 $Na_2[Fe(CN)_5NOS]$ 而显特殊的红紫色。它与 $ZnSO_4$ 及 $K_4[Fe(CN)_6]$ 的混合液，遇到 SO_3^{2-} 则生成红色沉淀。因此它被用来检验溶液中是否有 S^{2-}、SO_3^{2-} 的存在。

（3）硫氰根配位化合物

向 Fe^{3+} 溶液中加入硫氰化钾 KSCN 或硫氰化铵 NH_4SCN，溶液立即呈现出血红色。

$$Fe^{3+} + nSCN^- \longrightarrow [Fe(SCN)_n]^{3-n}$$

$n=1\sim6$，随 SCN^- 的浓度而异。这是鉴定 Fe^{3+} 的灵敏反应之一，这一反应也常用于 Fe^{3+} 的比色分析。

该反应必须在酸性环境下进行，因为溶液的酸度小时，Fe^{3+} 会发生水解生成 $Fe(OH)_3$ 而破坏了硫氰合铁（Ⅲ）的配合物。

（4）卤离子配位化合物

Fe^{3+} 能与卤素离子形成配位化合物，它和 F^- 有较强的亲和力，当向血红色的 $[Fe(SCN)_n]^{3-n}$ 配合物溶液中加入氟化钠 NaF（NaF 溶液的 $pH \approx 8$）时，血红色的 $[Fe(SCN)_n]^{3-n}$ 被破坏，生成了无色的 $[FeF_6]^{3-}$。

$$[Fe(SCN)_6]^{3-} + 6F^- \longrightarrow [FeF_6]^{3-} + 6SCN^-$$
$$（无色）$$

这是由于一方面 Fe^{3+} 与 F^- 有较强的亲和力，另一方面 NaF 降低了溶液的酸度，导致血红色的配合物 $[Fe(SCN)_n]^{3-n}$ 解体了。

在很浓的盐酸中，Fe^{3+} 能形成四面体的 $[FeCl_4]^-$。

$$Fe^{3+} + 4HCl \longrightarrow [FeCl_4]^- + 4H^+$$

【项目 11】　铬、锰、铁、钴、镍的性质验证

一、目的要求

1. 熟悉氢氧化铬的两性。
2. 熟悉铬常见氧化态间的相互转化及转化条件。
3. 了解一些难溶的铬酸盐。
4. 熟悉 Mn(Ⅱ) 盐与高锰酸盐的性质。
5. 熟悉 Fe(Ⅱ)、Co(Ⅱ)、Ni(Ⅱ)化合物的还原性和 Fe(Ⅲ)、Co(Ⅲ)、Ni(Ⅲ)化合物的氧化性。
6. 会鉴定 Cr^{3+}、Mn^{2+}、Fe^{3+} 和 Fe^{2+}。

二、试剂与仪器

1. 试剂

(1) 0.1mol·L^{-1} MnSO$_4$ 溶液	3mL	(2) 0.1mol·L^{-1} NiSO$_4$ 溶液	2mL
(3) 0.1mol·L^{-1} KI 溶液	1mL	(4) 2.0mol·L^{-1} HCl 溶液	1mL
(5) 0.1mol·L^{-1} AgNO$_3$ 溶液	1mL	(6) 浓 HCl	5mL
(7) 2.0mol·L^{-1} H$_2$SO$_4$ 溶液	7mL	(8) 3.0mol·L^{-1} HNO$_3$ 溶液	2mL
(9) 3‰ H$_2$O$_2$ 溶液	1mL	(10) 0.1mol·L^{-1} CoCl$_2$ 溶液	3mL
(11) 2.0mol·L^{-1} NaOH 溶液	12mL	(12) 0.1mol·L^{-1} Cr$_2$(SO$_4$)$_3$ 溶液	2mL
(13) 6.0mol·L^{-1} NaOH 溶液	1mL	(14) 0.1mol·L^{-1} BaCl$_2$ 溶液	1mL
(15) 0.1mol·L^{-1} K$_2$Cr$_2$O$_7$ 溶液	5mL	(16) 0.1mol·L^{-1} Pb(NO$_3$)$_2$ 溶液	1mL
(17) 0.1mol·L^{-1} KSCN 溶液	1mL	(18) 0.1mol·L^{-1} K$_2$CrO$_4$ 溶液	3mL
(19) 0.01mol·L^{-1} KMnO$_4$ 溶液	4mL	(20) 固体 FeSO$_4$	1g
(21) 0.1mol·L^{-1} FeCl$_3$ 溶液	1mL	(22) 固体 Na$_2$SO$_3$	1g
(23) 0.1mol·L^{-1} K$_4$[Fe(CN)$_6$] 溶液	1mL	(24) 0.1mol·L^{-1} K$_3$[Fe(CN)$_6$] 溶液	1mL
(25) 固体 NaBiO$_3$	1g	(26) 固体 (NH$_4$)$_2$Fe(SO$_4$)$_2$·6H$_2$O	1g
(27) CCl$_4$	1mL	(28) 溴水	1mL
(29) KI-淀粉试纸	2 张		

2. 仪器

(1) 试管	16 支	(2) 试管刷	1 把
(3) 玻璃棒	1 根	(4) 酒精灯	1 个

三、操作步骤

1. 氢氧化铬的生成和性质

在两支试管中均加入 10 滴 0.1mol·L^{-1} Cr$_2$(SO$_4$)$_3$ 溶液，滴加 2.0mol·L^{-1} NaOH 溶液，观察灰蓝色 Cr(OH)$_3$ 沉淀的生成。然后在一支试管中继续滴加 2.0mol·L^{-1} NaOH 溶液，而在另一支试管中滴加 2.0mol·L^{-1} 的 HCl 溶液，观察现象。写出反应方程式。

2. Cr(Ⅲ)与 Cr(Ⅵ)的相互转化

(1) 在试管中加入 1mL 0.1mol·L^{-1} Cr$_2$(SO$_4$)$_3$ 溶液和过量 2.0mol·L^{-1} NaOH 溶液，使之成为 CrO$_2^-$（至生成的沉淀刚好溶解），再加入 5~8 滴 3‰ H$_2$O$_2$ 溶液，在水浴中加热，观察黄色 CrO$_4^{2-}$ 的生成。写出反应方程式。

(2) 在试管中加入 10 滴 0.1mol·L^{-1} K$_2$Cr$_2$O$_7$ 溶液和 1mL 2.0mol·L^{-1} H$_2$SO$_4$ 溶液，然后滴加 3‰ H$_2$O$_2$ 溶液，振荡，观察现象。写出反应方程式。

(3) 在试管中加入 10 滴 0.1mol·L^{-1} K$_2$Cr$_2$O$_7$ 溶液和 1mL 2.0mol·L^{-1} H$_2$SO$_4$ 溶液，然后加入黄豆大小的 Na$_2$SO$_3$ 固体，振荡，观察溶液颜色的变化。写出反应方程式。

(4) 在试管中加入 10 滴 0.1mol·L^{-1} K$_2$Cr$_2$O$_7$ 溶液和 3~5mL 6.0mol·L^{-1} HCl，微热，用湿润的 KI-淀粉试纸在试管口检验逸出的气体，观察试纸和溶液颜色的变化。写出反应方程式。

3. Cr$_2$O$_7^{2-}$ 与 CrO$_4^{2-}$ 的相互转化

在试管中加入 1mL 0.1mol·L^{-1} K$_2$Cr$_2$O$_7$ 溶液，逐滴加入 2.0mol·L^{-1} NaOH 溶液，

观察溶液由橙黄色变为黄色，再逐滴加入 $2.0\,mol\cdot L^{-1}H_2SO_4$ 酸化，观察溶液由黄色变为橙黄色，写出转化的平衡方程式。

4. 难溶铬酸盐的生成

取三支试管，分别加入 10 滴 $0.1\,mol\cdot L^{-1}AgNO_3$、$BaCl_2$、$Pb(NO_3)_2$ 溶液，然后均滴加 $0.1\,mol\cdot L^{-1}K_2CrO_4$ 溶液，观察生成沉淀的颜色。写出反应方程式。

5. Mn(Ⅱ) 盐与高锰酸盐的性质

（1）取三支试管，均加入 10 滴 $0.1\,mol\cdot L^{-1}MnSO_4$ 溶液，再滴加 $2.0\,mol\cdot L^{-1}NaOH$ 溶液，观察沉淀的颜色，写出反应方程式。然后，在第一支试管中滴加 $2.0\,mol\cdot L^{-1}NaOH$ 溶液，观察沉淀是否溶解；在第二支试管中加入 $2.0\,mol\cdot L^{-1}H_2SO_4$ 溶液，观察沉淀是否溶解；将第三支试管充分振荡后放置，观察沉淀颜色的变化。写出反应方程式。

（2）在试管中加入 2mL $3.0\,mol\cdot L^{-1}HNO_3$ 溶液和 $1\sim2$ 滴 $0.1\,mol\cdot L^{-1}MnSO_4$ 溶液，然后加入绿豆大小的 $NaBiO_3$ 固体，微热，观察紫红色 MnO_4^- 的生成，写出反应方程式。

（3）取三支试管，均加入 1mL $0.01\,mol\cdot L^{-1}KMnO_4$ 溶液，再分别加入 $2.0\,mol\cdot L^{-1}$ H_2SO_4 溶液、$6.0\,mol\cdot L^{-1}NaOH$ 溶液及水各 1mL，然后均加入少量 Na_2SO_3 固体，振荡试管，观察反应现象。比较它们的产物，写出离子方程式。

6. Fe(Ⅱ)、Co(Ⅱ)、Ni(Ⅱ) 化合物的还原性

（1）取一支试管，加入 $1\sim2mL$ H_2O 和 $3\sim5$ 滴 $2.0\,mol\cdot L^{-1}H_2SO_4$ 溶液，煮沸，驱除溶解氧，加入黄豆大小的 $(NH_4)_2Fe(SO_4)_2\cdot6H_2O$ 固体，振荡，使之溶解；另取一支试管，加入 $1\sim2mL$ $2.0\,mol\cdot L^{-1}NaOH$ 溶液，煮沸，驱除溶解氧，迅速倒入第一支试管中，观察现象。然后振荡试管，放置片刻，观察沉淀颜色的变化，写出反应方程式。

（2）在试管中加入 1mL $0.01\,mol\cdot L^{-1}KMnO_4$ 溶液，用 1mL $2.0\,mol\cdot L^{-1}H_2SO_4$ 溶液酸化，然后加入黄豆大小的 $(NH_4)_2Fe(SO_4)_2\cdot6H_2O$ 固体，振荡，观察 $KMnO_4$ 溶液颜色的变化，写出反应方程式。

（3）在试管中加入 2mL $0.1\,mol\cdot L^{-1}CoCl_2$ 溶液，滴加 $2.0\,mol\cdot L^{-1}NaOH$ 溶液，观察粉红色沉淀的产生，振荡试管或微热，观察沉淀颜色的变化，写出反应方程式。

（4）在试管中加入 2mL $0.1\,mol\cdot L^{-1}NiSO_4$ 溶液，滴加 $2.0\,mol\cdot L^{-1}NaOH$ 溶液观察绿色沉淀的产生，放置，再观察沉淀颜色是否发生变化。

通过上述实验比较 Fe(Ⅱ)、Co(Ⅱ)、Ni(Ⅱ) 化合物的还原性

7. Fe(Ⅲ)、Co(Ⅲ)、Ni(Ⅲ) 化合物的氧化性

（1）在试管中加入 1mL $0.1\,mol\cdot L^{-1}FeCl_3$ 溶液，滴加 $2.0\,mol\cdot L^{-1}NaOH$ 溶液，在生成的 $Fe(OH)_3$ 沉淀上滴加浓 HCl，观察是否有气体产生，写出有关的反应方程式。

（2）在试管中加入 1mL $0.1\,mol\cdot L^{-1}FeCl_3$ 溶液，滴加 $0.1\,mol\cdot L^{-1}KI$ 溶液至红棕色，加入 5 滴左右的 CCl_4，振荡，观察 CCl_4 层的颜色变化，写出反应方程式。

（3）在试管中加入 1mL $0.1\,mol\cdot L^{-1}CoCl_2$ 溶液，滴加 $5\sim10$ 滴溴水后，再滴加 $2.0\,mol\cdot L^{-1}NaOH$ 溶液至棕色 $Co(OH)_3$ 沉淀产生，将沉淀加热后静置，吸去上层清液并以少量水洗涤沉淀，然后在沉淀上滴加 5 滴浓 HCl，加热，以湿润的 KI-淀粉试纸检验放出的气体，写出反应方程式。

（4）以 $NiSO_4$ 代替 $CoCl_2$ 重复（3）的操作。写出有关反应方程式。

8. 铁的配合物

（1）在试管中加入 1mL $0.1\,mol\cdot L^{-1}K_4[Fe(CN)_6]$ 溶液，滴加 $0.1\,mol\cdot L^{-1}FeCl_3$ 溶

液，观察蓝色沉淀的产生。该反应用于 Fe^{3+} 的鉴定。写出反应方程式。

（2）在试管中加入 1mL 0.1mol·L^{-1} $FeCl_3$ 溶液，滴加 0.1mol·L^{-1} KSCN 溶液，观察现象，该反应用于 Fe^{3+} 的鉴定。写出反应方程式。

（3）在试管中加入 1mL 0.1mol·L^{-1} $K_3[Fe(CN)_6]$ 溶液，滴加新配制的 0.1mol·L^{-1} $FeSO_4$ 溶液，观察蓝色沉淀的产生。该反应用于 Fe^{2+} 的鉴定。写出反应方程式。

四、思考题

1. 如何实现 Cr(Ⅲ) 和 Cr(Ⅵ) 的相互转化？

2. $KMnO_4$ 的还原产物与介质有什么关系？

3. 由实验总结 Fe(Ⅱ)、Co(Ⅱ)、Ni(Ⅱ) 化合物的还原性和 Fe(Ⅲ)、Co(Ⅲ)、Ni(Ⅲ) 化合物的氧化性强弱顺序。

4. 如何检验 Cr^{3+}、Mn^{2+}、Fe^{2+} 和 Fe^{3+}？

任务二
铜族和锌族元素及其化合物的性质识用

案例分析

铜是人类应用最古老的金属之一。早在公元前约 3000 年，用铜和锡制成的青铜合金，使人类进入了青铜时代。我国劳动人民在很早以前就在铜的冶炼、铸造与合金制造上获得了辉煌的成就。铜可锻、耐蚀、有韧性，而且是电和热的优良导体；铜和其它金属如锌、铝、锡、镍等形成的合金，具有新的特性，有许多特殊用途。今天铜已经广泛应用于家庭、工业、高技术等场合。铜是所有金属中最易再生的金属之一，目前，再生铜约占世界铜总供应量的 40%。

锌最重要的用途是制造锌合金和作为其它金属的保护层，如电镀锌，以及制造黄铜、锰青铜、白铁和干电池等。锌粉是有机合成工业的重要还原剂。

一、铜族元素

铜族元素主要包括的有铜、银和金，位于周期系中第ⅠB族，属于周期表中的 ds 区，价电子层构型为 $(n-1)d^{10}ns^1$。铜族元素比同周期相应的碱金属元素的活泼性弱。

1. 单质及其性质

铜、银、金在地壳中的丰度分别为 $7.0\times10^{-3}\%$，$1.0\times10^{-5}\%$，$5.0\times10^{-7}\%$。金属中铜、银和金是为人类最早熟悉的，因其化学性质不活泼，所以它们在自然界中有游离的单质存在。铜的游离态很少，主要以硫化物和含氧化物的形式存在于矿石中。如黄铜矿 $CuFeS_2$、辉铜矿 Cu_2S、斑铜矿 Cu_3FeS_4、赤铜矿 Cu_2O、蓝铜矿 $2CuCO_3·Cu(OH)_2$、孔雀石 $CuCO_3·Cu(OH)_2$ 等。我国的铜矿储量居世界第三位，主要集中在江西、云南、甘肃、湖北、安徽、西藏。现已在江西德兴建立了我国最大的现代化铜业基地。

银主要以硫化物形式存在。除较少的闪银矿 Ag_2S 外，硫化银常与方铅矿共生，我国银的铅锌矿非常丰富。

金主要以游离态存在、以分散形式分布于岩石中。金矿主要是自然金，自然金有岩脉金（散布在岩石中）和冲积金（存在于砂砾中）两种。我国黑龙江和新疆都盛产金。

铜、银、金单质依次是紫红色、银白色和黄色。铜族单质具有密度较大，熔沸点较高，优良的导电、传热和延展性等共同特性。

☞ 相关链接

铜族元素用途

铜族单质具有密度较大，熔沸点较高，优良的导电、传热性等共同特性。银的导电性和导热性在金属中占第一位。由于银比较贵，所以它的用途受到限制，银主要用来制造器皿、饰物、货币等。

铜的导电性能仅次银居第二位。铜在生命系统中有重要作用，人体中有 30 多种蛋白质和酶含有铜。现已知铜最重要生理功能是在人血清中的铜蓝蛋白，有协同铁的功能。铜在电气工业中也有着广泛的应用。

铜族单质延展性很好。特别是金，1g 金能抽成长达 3km 金丝，或压成厚约 0.0001mm 的金箔。

金是贵金属，常用于电镀、镶牙和饰物。

铜族元素常见氧化数：Cu 为 +1、+2，Ag 为 +1，Au 为 +1、+3。铜族元素的化学性质总的来说都不够活泼，并且按铜、银、金的顺序降低，主要表现在与空气中氧的反应和与酸的反应。铜族元素易形成共价化合物和配合物。

① 与氧反应　在纯净干燥空气中，室温时，都很稳定；加热时，铜形成黑色氧化物；银和金不与氧反应。

$$2Cu + O_2 \xrightarrow{\triangle} 2CuO \qquad\qquad 4Cu + O_2 \xrightarrow{高温} 2Cu_2O$$

在含有 CO_2 的潮湿空气中久置后，铜表面生成铜锈 $Cu(OH)_2 \cdot CuCO_3$，银和金不发生该反应。

$$2Cu + O_2 + H_2O + CO_2 \longrightarrow CuCO_3 \cdot Cu(OH)_2（灰绿色）$$

② 与硫反应　铜可与硫反应，银与硫和硫化氢极易反应，金不与硫直接反应。配制含小苏打和食盐的稀溶液于铝制容器中，将发黑的银器与铝制容器接触，Ag_2S 可溶解，发黑银器变亮。

$$3Ag_2S + 2Al + 8OH^- \longrightarrow 6Ag + 3S^{2-} + 2Al(OH)_4^-$$

③ 与卤素反应　铜族元素均能与卤素反应。铜在常温下就能与卤素作用，银作用很慢，金则须在加热时才同干燥的卤素起作用，反应程度按 $Cu \rightarrow Ag \rightarrow Au$ 的顺序逐渐下降。

④ 与酸反应　铜族元素都在氢以后，所以不能置换稀酸中的氢。但当有空气存在时，铜可缓慢溶解于这些稀酸中。

$$2Cu + 4HCl + O_2 \longrightarrow 2CuCl_2 + 2H_2O$$

$$2Cu + 2H_2SO_4 + O_2 \longrightarrow 2CuSO_4 + 2H_2O$$

浓盐酸在加热时也能与铜反应，这是因为 Cl^- 和 Cu^+ 形成配离子 $[CuCl_4]^{3-}$。

$$2Cu + 8HCl（浓）\xrightarrow{\triangle} 2H_3[CuCl_4] + H_2 \uparrow$$

铜易被 HNO_3、热浓硫酸等氧化性酸氧化而溶解。

$$Cu + 4HNO_3（浓）\longrightarrow Cu(NO_3)_2 + 2NO_2 \uparrow + 2H_2O$$

$$3Cu + 8HNO_3（稀）\longrightarrow 3Cu(NO_3)_2 + 2NO \uparrow + 4H_2O$$

$$Cu+2H_2SO_4（浓）\xrightarrow{\triangle}CuSO_4+SO_2\uparrow+2H_2O$$

银与酸的反应与铜相似，但更困难一些。

$$2Ag+2H_2SO_4（浓）\xrightarrow{\triangle}Ag_2SO_4+SO_2\uparrow+2H_2O$$

而金只能溶解在王水中。

$$Au+4HCl+HNO_3\longrightarrow HAuCl_4+NO\uparrow+2H_2O$$

⑤ Cu、Ag、Au 溶于含氧的碱性氰化物中。

$$4Au+O_2+8CN^-+2H_2O\longrightarrow 4[Au(CN)_2]^-+4OH^-$$

⑥ Cu 可溶于含氧的氨水中。

$$4Cu+O_2+8NH_3+2H_2O\longrightarrow 4[Cu(NH_3)_2]^++4OH^-$$

$$[Cu(NH_3)_2]^++O_2+2NH_3+2H_2O\longrightarrow[Cu(NH_3)_4]^{2+}+4OH^-$$

⑦ 铜、银、金在强碱中均很稳定。

2. 铜的化合物

铜的特征氧化数为 +2，也有氧化数为 +1、+3 的化合物。氧化数为 +3 的化合物如 Cu_2O_3、$KCuO_2$、$K_3[CuF_6]$，不常见，在此就不讨论了。

(1) 铜（Ⅰ）化合物

① 氧化物　含有酒石酸钾钠的硫酸钠碱性溶液或碱性铜酸钠盐 $Na_2Cu(OH)_4$ 溶液用葡萄糖还原，可以得到 Cu_2O。

$$2[Cu(OH)_4]^{2-}+CH_2OH(CHOH)_4CHO\longrightarrow$$
$$Cu_2O+4OH^-+CH_2OH(CHOH)_4COOH+2H_2O$$

分析化学上利用这个反应测定醛，医学上用这个反应来检查糖尿病。由于制备方法和条件不同，Cu_2O 晶粒大小各异，而呈现多种颜色，如黄色、橘黄色、鲜红色或深棕色。Cu_2O 溶于稀硫酸，立即发生歧化反应。

$$Cu_2O+H_2SO_4\longrightarrow Cu_2SO_4+H_2O$$
$$Cu_2SO_4\longrightarrow CuSO_4+Cu$$

Cu_2O 对热十分稳定，在 1508K 时熔化而不分解。Cu_2O 不溶于水，具有半导体性质，常用它和铜装置成亚铜整流器。在制造玻璃和陶瓷时，用作红色颜料。Cu_2O 溶于氨水和氢卤酸，分别形成稳定的无色配合物 $[Cu(NH_3)_2]^+$ 和 $[CuX_2]^-$，$[Cu(NH_3)_2]^+$ 很快被空气中的氧气氧化成蓝色的 $[Cu(NH_3)_4]^{2+}$，利用这个反应可以除去气体中的氧。

$$Cu_2O+4NH_3\cdot H_2O\longrightarrow 2[Cu(NH_3)_2]^++2OH^-+3H_2O$$
$$2[Cu(NH_3)_2]^++4NH_3\cdot H_2O+O_2\longrightarrow 2[Cu(NH_3)_4]^{2+}+4OH^-+2H_2O$$

合成氨工业经常用醋酸二氨合铜（Ⅰ）$[Cu(NH_3)_2]Ac$ 溶液吸收对氨合成催化剂有毒害的 CO 气体。

$$[Cu(NH_3)_2]Ac+CO+2NH_3\longrightarrow[Cu(NH_3)_4]Ac\cdot CO$$

这是一个放热和体积减小的反应，降温、加压有利于吸收 CO。吸收 CO 以后的醋酸铜氨液，经减压和加热，又能将气体放出而再生，继续循环使用。

$$[Cu(NH_3)_4]Ac\cdot CO\longrightarrow[Cu(NH_3)_2]Ac+CO\uparrow+2NH_3\uparrow$$

② 卤化物　往硫酸铜溶液中逐滴加入 KI 溶液，可以看到生成白色的碘化亚铜沉淀和棕色的碘。

$$2Cu^{2+}+4I^-\longrightarrow 2CuI\downarrow+I_2$$

由于这个反应能快速定量进行，反应析出的碘可用硫代硫酸钠标准溶液滴定，所以分析化学常用此反应定量测定铜。

在含有 $CuSO_4$ 及 KI 的热溶液中，再通入 SO_2，由于溶液中棕色的碘与 SO_2 反应而褪色，白色 CuI 沉淀就看得更清楚了，其反应为：

$$2Cu^{2+} + 4I^- \longrightarrow 2CuI \downarrow + I_2$$

$$I_2 + SO_2 + 2H_2O \longrightarrow H_2SO_4 + 2HI$$

$CuCl_2$ 或 $CuBr_2$ 的热溶液与各种还原剂如 SO_2、$SnCl_2$ 等反应可以得到白色 CuCl 或 CuBr 沉淀。

$$2CuCl_2 + SO_2 + 2H_2O \longrightarrow 2CuCl \downarrow + H_2SO_4 + 2HCl$$

$$2CuCl_2 + SnCl_2 \longrightarrow 2CuCl \downarrow + SnCl_4$$

在热、浓盐酸中，用 Cu 将 $CuCl_2$ 还原，也可以制得 CuCl。

$$Cu + CuCl_2 \longrightarrow 2CuCl$$

CuX（X＝Cl、Br、I）都是白色难溶化合物，其溶解度依 Cl、Br、I 顺序而减小。如表 3-1 所示。

表 3-1 卤化亚铜溶解度和溶度积

卤化亚铜	CuCl	CuBr	CuI
溶解度(298K)/mg·L^{-1}	110	29	0.42
溶度积 K_{sp}	1.2×10^{-6}	5.2×10^{-9}	1.1×10^{-12}

氯化亚铜在不同浓度的 KCl 溶液中，可以形成 $[CuCl_2]^-$、$[CuCl_3]^{2-}$ 及 $[CuCl_3]^{3-}$ 等配离子。

练一练

在含有 $CuSO_4$ 及 KI 的热溶液中，怎样才能更清楚地看到白色 CuI 沉淀？

③ 硫化亚铜　硫化亚铜是难溶的黑色物质，它可由过量的铜和硫加热制得：

$$2Cu + S \longrightarrow Cu_2S$$

在硫酸铜溶液中，加入硫代硫酸钠溶液，加热，也能生成 Cu_2S 沉淀，分析化学中常用此反应除去铜：

$$2Cu^{2+} + 2S_2O_3^{2-} + 2H_2O \longrightarrow Cu_2S \downarrow + S \downarrow + 2SO_4^{2-} + 4H^+$$

（2）铜（Ⅱ）化合物

① 氧化铜和氢氧化铜　在硫酸铜溶液中加入强碱，生成淡蓝色的氢氧化铜沉淀。氢氧化铜（Ⅱ）受热易分解。溶液加热至 353K，$Cu(OH)_2$ 脱水变为黑褐色的 CuO。

$$Cu(OH)_2 \xrightarrow{\triangle} CuO + H_2O$$

CuO 是碱性氧化物。加热时易被氢气、C、CO、NH_3 等还原为铜。

$$3CuO + 2NH_3 \longrightarrow 3Cu + 3H_2O + N_2 \uparrow$$

氧化铜对热是稳定的，只有超过 1273K 时．才会发生明显的分解作用。

$$2CuO \xrightarrow{\triangle} Cu_2O + \frac{1}{2}O_2 \uparrow$$

$Cu(OH)_2$ 微显两性，既溶于酸，又溶于过量的浓碱溶液中。

$$Cu(OH)_2 + H_2SO_4 \longrightarrow CuSO_4 + 2H_2O$$

$$Cu(OH)_2 + 2NaOH \longrightarrow Na_2[Cu(OH)_4]$$

向硫酸铜溶液中加入少量氨水，得到的不是氢氧化铜，而是浅蓝色的碱式硫酸铜沉淀。若继续加入氨水，碱式硫酸铜沉淀就溶解，得到深蓝色的四氨合铜配离子。

$$Cu_2(OH)_2SO_4 + 8NH_3 \longrightarrow 2[Cu(NH_3)_4]^{2+} + SO_4^{2-} + 2OH^-$$

这个铜氨溶液具有溶解纤维的性能，在所得的纤维溶液中再加酸时，纤维可沉淀析出。工业上利用这种性质来制造人造丝。先将棉纤维溶于铜氨液中，然后从很细的喷丝嘴中将溶解了棉纤维的铜氨溶液喷注于稀酸中，纤维素以细长而具有蚕丝光泽的细丝从稀酸中沉淀出来。

② 卤化铜　除碘化铜（Ⅱ）不存在外，其它卤化铜都可通过氧化铜和氢卤酸反应来制备，例如：

$$CuO + 2HCl \longrightarrow CuCl_2 + H_2O$$

卤化铜随阴离子变形性增大，颜色加深。$CuCl_2$ 在很浓的溶液中显黄绿色，在浓溶液中显绿色，在稀溶液中显蓝色。黄色是由于 $[CuCl_4]^{2-}$ 配离子的存在，而蓝色是由于 $[Cu(H_2O)_6]^{2-}$ 配离子的存在，两者并存时显绿色。$CuCl_2$ 在空气中潮解，它不但易溶于水，而且易溶于乙醇和丙酮。$CuCl_2$ 与碱金属氯化物反应，生成 $M[CuCl_3]$ 或 $M_2[CuCl_4]$ 型配盐，与盐酸反应生成 $H_2[CuCl_4]$ 配酸，由于 Cu^{2+} 卤配离子不够稳定，只能存在过量卤离子时形成。$CuCl_2 \cdot 2H_2O$ 受热时，按下式分解：

$$2CuCl_2 \cdot 2H_2O \xrightarrow{\triangle} Cu(OH)_2 \cdot CuCl_2 + 2HCl$$

所以制备无水 $CuCl_2$ 时，要在 HCl 气流中，$CuCl_2 \cdot 2H_2O$ 加热到 413～423K 的条件下进行。无水 $CuCl_2$ 进一步受热，则按下式进行分解。

$$2CuCl_2 \xrightarrow{\triangle} 2CuCl + Cl_2$$

③ 硫酸铜　五水硫酸铜俗名胆矾或蓝矾，是蓝色斜方晶体。它是用热浓硫酸溶解铜屑，或在氧气存在时用稀热硫酸与铜屑反应而制得。

$$Cu + 2H_2SO_4(浓) \longrightarrow CuSO_4 + SO_2\uparrow + 2H_2O$$
$$2Cu + 2H_2SO_4(稀) + O_2 \longrightarrow 2CuSO_4 + 2H_2O$$

氧化铜与稀硫酸反应，经蒸发浓缩也可得到五水硫酸铜。硫酸铜在不同温度下，可以发生下列变化：

$$CuSO_4 \cdot 5H_2O \xrightarrow{375K} CuSO_4 \cdot 3H_2O \xrightarrow{386K} CuSO_4 \cdot H_2O \xrightarrow{531K} CuSO_4 \xrightarrow{923K} CuO$$

无水硫酸铜为白色粉末，不溶于乙醇和乙醚，其吸水性很强，吸水后显出特征的蓝色。可利用这一性质来检验乙醇、乙醚等有机溶剂中的微量水分。也可以用无水硫酸铜作干燥剂，从这些有机物中除去少量水分。

硫酸铜是制备其它含铜化合物的重要原料，在工业上用于镀铜和制备颜料。在农业上，以质量比 $CuSO_4 \cdot 5H_2O$：CaO：H_2O（1：1：100）混合得到波尔多液，用作杀菌剂，尤其在果园中最常用。

④ 硝酸铜　硝酸铜的水合物有 $Cu(NO_3)_2 \cdot 3H_2O$、$Cu(NO_3)_2 \cdot 6H_2O$ 和 $Cu(NO_3)_2 \cdot 9H_2O$。将 $Cu(NO_3)_2 \cdot 3H_2O$ 加热到 443K 时，得到碱式盐 $Cu(NO_3)_2 \cdot Cu(OH)_2$，进一步加热到 473K 则分解为 CuO。

$Cu(NO_3)_2$ 的制备是将铜溶于乙酸乙酯的 N_2O_4 溶液中后，从溶液中结晶出

$Cu(NO_3)_2N_2O_4$。将它加热到 363K，得到蓝色的 $Cu(NO_3)_2$。$Cu(NO_3)_2$ 在真空中加热到 473K，它升华但不分解。

⑤ 硫化铜　在硫酸铜溶液中，通入 H_2S，即有黑色硫化铜沉淀析出。

$$Cu^{2+}+S^{2-}\longrightarrow CuS\downarrow$$

CuS 不溶于水，也不溶于稀酸，但溶于热的稀 HNO_3 中。

$$3CuS+8HNO_3\longrightarrow 3Cu(NO_3)_2+2NO\uparrow+3S\downarrow+4H_2O$$

CuS 也溶于 KCN 溶液中，生成 $[Cu(CN)_4]^{3-}$。

$$2CuS+10CN^-\longrightarrow 2[Cu(CN)_4]^{3-}+(CN)_2\uparrow+2S^{2-}$$

⑥ 配合物　Cu^{2+} 价层电子构型是 $3d^9$，Cu^+ 价层电子构型是 $3d^{10}$，因此，Cu^{2+} 比 Cu^+ 更容易形成配合物。常见的铜的配合物如下。

$[Cu(NH_3)_4]^{2+}$ 配阳离子　在 Cu^{2+} 的简单配合物中，深蓝色的 $[Cu(NH_3)_4]^{2+}$ 较稳定，它是平面正方形的配离子，常以 $[Cu(NH_3)_4]^{2+}$ 的颜色来鉴定 Cu^{2+} 的存在。

在合成氨工厂中不能用铜作阀门或管道，这是因为有如下反应，铜被腐蚀。

$$2Cu+8NH_3+2H_2O+O_2\longrightarrow 2[Cu(NH_3)_4]^{2+}+4OH^-$$

$[Cu(OH)_4]^{2-}$ 配阴离子　$[Cu(OH)_4]^{2-}$ 能离解出少量的 Cu^{2+}，Cu^{2+} 有一定的氧化性，它可以被含有醛基的葡萄糖还原成红色的氧化亚铜 Cu_2O。

$Cu_2[Fe(CN)_6]$ 配合物　在近中性溶液中，Cu^{2+} 与 $[Fe(CN)_6]^{4-}$ 反应，生成红棕色沉淀 $Cu_2[Fe(CN)_6]$。

$$2Cu^{2+}+[Fe(CN)_6]^{4-}\longrightarrow Cu_2[Fe(CN)_6]\downarrow$$

这一反应常用来鉴定 Cu^{2+} 存在。

（3）Cu（Ⅱ）与 Cu（Ⅰ）的相互转化

铜有氧化数为 +1 和 +2 的化合物。从离子结构来说，Cu^+ 比 Cu^{2+} 稳定。铜的第二离解能（1970kJ/mol）较高，故在气态时 Cu^+ 的化合物是稳定的。但在水溶液中是不稳定的。

$$2Cu^+\longrightarrow Cu+Cu^{2+}$$

例如，将 Cu_2O 溶于稀硫酸中得到的不是硫酸亚铜而是 Cu 和 $CuSO_4$。

只有当 Cu^+ 形成沉淀或配合物时，使溶液中 Cu^+ 浓度减少到非常小，反应才能向 Cu^+ 浓度减少方向进行。例如，铜与氯化铜在热浓盐酸中形成 Cu^+ 化合物。

$$Cu+CuCl_2\longrightarrow 2CuCl \qquad CuCl+HCl\longrightarrow [CuCl_2]^-+H^+$$

由于生成了配离子 $[CuCl_2]^-$，导致 Cu^+ 浓度降低到非常小，反应可继续向右进行到完全程度。前面讲到的 Cu^{2+} 与 I^- 反应由于生成 CuI 沉淀，也是反应向生成 CuI 的方向进行。在水溶液中，Cu^+ 的化合物除不溶解的或以配离子的形式存在外，都是不稳定的。

在高温下，Cu^{2+} 化合物不稳定，受热转变成稳定的 Cu^+ 化合物。例如，氧化铜加热到 1273K 以上就分解为 O_2 和 Cu_2O。其它如 CuS、$CuCl_2$、$CuBr_2$ 在高温下，都分解为 Cu^+ 化合物。可见两种氧化数的铜的化合物各以一定条件而存在，当条件变化时，又相互转化。

3. 银的化合物

银的化合物主要是氧化数为 +1 的化合物，氧化数为 +2 的化合物很少，如 AgO、AgF_2，一般不稳定，是极强的氧化剂。氧化数为 +3 的化合物极少，如 Ag_2O_3。

银盐的一个特点是多数难溶于水，能溶的只有硝酸银、硫酸银、氟化银、高氯酸银等少数几种。Ag^+ 和 Cu^{2+} 相似，形成配合物的倾向很大，把难溶盐转化成配合物是溶解难溶银盐的最重要方法。

（1）氧化银

在 $AgNO_3$ 溶液中加 NaOH，反应首先析出白色 AgOH。常温下 AgOH 极不稳定，立即脱水生成暗棕色 Ag_2O 沉淀。

$$Ag^+ + OH^- \longrightarrow AgOH$$
$$2AgOH \longrightarrow Ag_2O\downarrow + H_2O$$

Ag_2O 微溶于水，293K 时，1L 水能溶 13mg，所以溶液呈微碱性。

Ag_2O 具有较强的氧化性，与有机物摩擦可引起燃烧，能氧化 CO、H_2O_2，本身被还原为单质银：

$$Ag_2O + CO \longrightarrow 2Ag + CO_2\uparrow$$
$$Ag_2O + H_2O_2 \longrightarrow 2Ag + H_2O + O_2\uparrow$$

Ag_2O 和 MnO_2、Co_2O_3、CuO 的混合物能在室温下将 CO 迅速氧化成 CO_2，可用在防毒面具中。

（2）卤化银

在硝酸银溶液中加入卤化物，可以生成 AgCl、AgBr、AgI 沉淀。卤化银的颜色依 Cl、Br、I 的顺序加深。它们都难溶于水，溶解度依 Cl、Br、I 顺序而降低。表 3-2 列出了卤化银的若干性质。

表 3-2　卤化银的性质

性　　质	AgF	AgCl	AgBr	AgI
熔点/K	708	728	703	831
沸点/K	—	1830	1806	1777
颜色	白色	白色	浅黄色	黄色
溶解度(298K)/mg·L^{-1}	180.0	0.03	0.0055	5.6×10^{-5}
溶度积	—	1.8×10^{-10}	5.0×10^{-13}	9.3×10^{-17}

由于 AgF 为离子型化合物，在水中溶解度较大，可由氢氟酸和氧化银或碳酸银反应制得。

$$Ag_2O + 2HF \longrightarrow 2AgF + H_2O$$

AgCl、AgBr、AgI 都不溶于稀硝酸。

AgCl、AgBr、AgI 都具有感光性，照相工业上常用 AgBr 制造照相底片或印相纸等。照相底片、印相纸上涂一薄层含有细小溴化银的明胶。摄影时强弱不同的光线射到底片上时，就引起底片上 AgBr 不同程度的分解。分解产物溴与明胶化合，银成为极细小的银核析出。底片上哪部分感光强，AgBr 分解就越多，那部分就越黑。

$$2AgBr \longrightarrow 2Ag + Br_2$$

（3）硝酸银

绝大多数简单银盐都是难溶物，如 AgX 和 Ag_2S，只有 $AgNO_3$ 和 AgF 是易溶盐。可溶性银盐中，$AgNO_3$ 最重要，是制备其它银盐的原料。

$AgNO_3$ 的工业制法是将银溶于硝酸，然后蒸发并结晶而制得。

$$Ag + 2HNO_3(浓) \longrightarrow AgNO_3 + NO_2\uparrow + H_2O$$
$$3Ag + 4HNO_3(稀) \longrightarrow 3AgNO_3 + NO\uparrow + 2H_2O$$

选用浓硝酸时，反应速度快，但酸消耗大；选用稀硝酸时，反应速度慢，但酸消耗降低。所以，生产 $AgNO_3$ 时用中等浓度的酸为宜，通常浓硝酸和水的比例为 $1:3$。

如有微量的有机物存在或日光直接照射，则 $AgNO_3$ 就会逐渐分解。因此硝酸银晶体或溶液应当装在棕色玻璃瓶中。

硝酸银遇到蛋白质即生成黑色蛋白银，因此它对有机组织有破坏作用，使用时要避免与皮肤接触。10% 的 $AgNO_3$ 溶液在医药上作消毒剂和腐蚀剂。大量的硝酸银用于制造照相底片上的卤化银，也是重要的化学试剂。

（4）配合物

在水溶液中，Ag^+ 能与多种配位体形成配合物，其配位数一般是 2。由于 Ag^+ 的许多化合物都是难溶于水的，在 Ag^+ 溶液中加入配位剂时，常首先生成难溶化合物。当配位剂过量时，此难溶化合物将形成配离子而溶解。例如，在 Ag^+ 的溶液中加入氨水，首先生成难溶于水的 Ag_2O 沉淀。

$$2Ag^+ + 2NH_3 + H_2O \longrightarrow Ag_2O\downarrow + 2NH_4^+$$

溶液中氨水浓度增加时，Ag_2O 即溶解并生成 $[Ag(NH_3)_2]^+$。

$$Ag_2O(s)\downarrow + 4NH_3 + H_2O \longrightarrow 2[Ag(NH_3)_2]^+ + 2OH^-$$

含有 $[Ag(NH_3)_2]^+$ 的溶液能把醛和某些糖类氧化，本身被还原为 Ag。例如：

$$2[Ag(NH_3)_2]^+ + HCHO + 3OH^- \longrightarrow HCOO^- + 2Ag\downarrow + 4NH_3 + 2H_2O$$

工业上利用这类反应来制镜子或在暖水瓶的夹层上镀银。

再如 Ag^+ 与 $S_2O_3^{2-}$ 作用先产生 $Ag_2S_2O_3$，产物迅速分解，颜色由白色经黄色、棕色，最后成黑色的 Ag_2S。但若 $S_2O_3^{2-}$ 过量，则反应最终产生配离子。

$$Ag^+ + 2S_2O_3^{2-} \longrightarrow [Ag(S_2O_3)_2]^{3-}$$

$[Ag(S_2O_3)_2]^{3-}$ 也是常见的银的一种配合物，照相底片上未曝光的溴化银在定影液（$S_2O_3^{2-}$）中形成 $[Ag(S_2O_3)_2]^{3-}$ 而溶解。

$$AgBr + 2S_2O_3^{2-} \longrightarrow [Ag(S_2O_3)_2]^{3-} + Br^-$$

$Ag(I)$ 的许多难溶于水的化合物可以转化为配离子而溶解，常利用这一特性，把 Ag^+ 从混合离子溶液中分离出来。例如，在含有 Ag^+ 和 Ba^{2+} 的溶液中，若加入过量的 K_2CrO_4 溶液时，会有 Ag_2CrO_4 和 $BaCrO_4$ 沉淀析出，再加入足量的氨水，Ag_2CrO_4 转化为 $[Ag(NH_3)_2]^+$ 而溶解。

$$Ag_2CrO_4(s) + 4NH_3 \longrightarrow 2[Ag(NH_3)_2]^+ + CrO_4^{2-}$$

$BaCrO_4$ 则不溶于氨水，这样可使混合的 Ba^{2+} 和 Ag^+ 分离。

难溶于水的 Ag_2S 的溶解度太小，难以借配位反应使它溶解，通常借助于氧化还原反应使它溶解。例如，用 HNO_3 来氧化 Ag_2S，发生如下反应。

$$3Ag_2S(s) + 8H^+ + 2NO_3^- \xrightarrow{\triangle} 6Ag^+ + 2NO\uparrow + 3S\downarrow + 4H_2O$$

从而使 Ag_2S 溶解。CuS 同样也可借此方法溶解。

4. 金的化合物

金，是人类最早发现的金属之一，比铜、锡、铅、铁、锌都早。金的熔点较高，达 $1063℃$，用火不易烧熔它。金的化学性质非常稳定，任凭火烧，也不会锈蚀。古代的金器到现在已几千年了，仍是金光闪闪。金元素比较稳定，不容易与其它元素发生化学反应。

金在 473K 下同氯气作用，可得到褐红色晶体三氯化金。在固态和气态时，该化合物均为二聚体。用有机物如草酸、甲醛、葡萄糖等可将其还原为胶态金溶液。在金的化合物中，

+3 氧化态是最稳定的。金（Ⅰ）很易转化为金（Ⅲ）氧化态。

$$3Au^+ \longrightarrow Au^{3+} + 2Au$$

二、锌族元素

锌族元素主要包括锌、镉和汞，价层电子构型为 $(n-1)d^{10}ns^2$，是与 p 区元素相邻的 ds 区元素，具有与 d 区元素相似的性质，如易于形成配合物等。在某些性质上它们又与第四、五、六周期的 p 区金属元素相似，如熔点都较低、水合离子都无色等。

1. 单质及其性质

锌、镉、汞均为银白色金属，其中锌略带蓝白色。单质熔、沸点较低，按锌、镉、汞的顺序降低，这与 p 区金属类似，并且比 d 区和铜族金属低得多。

锌、镉、汞之间或和其它金属可形成合金。大量金属锌用于制锌铁板（白铁皮）和干电池，锌与铜形成的合金（黄铜）应用也很广泛。在冶金工业上，锌粉作为还原剂应用于金属镉、金、银的冶炼。

镉既耐大气腐蚀，又对碱和海水有较好的抗腐蚀性，有良好的延展性，也易于焊接，且能长久保持金属光泽，因此，广泛应用于飞机和船舶零件的防腐镀层。

汞是室温下唯一的液态金属，具有挥发性和毒害作用，室内空气中即使含有微量的汞蒸气，都有害于人体健康。汞能溶解许多金属形成汞齐，如汞和钠的合金（钠汞齐）与水接触时，其中的汞仍保持其惰性，而钠则与水反应放出氢气。不过同纯的金属相比，反应进行得比较平稳。根据此性质，钠汞齐在有机合成中常用作还原剂。利用汞与某些金属形成汞齐的特点，自矿石中提取金、银等。银锡合金用汞溶解制得银锡汞齐，它能在很短的时间内硬化，并有很好的强度，故作补牙的充填材料。

无论在物理性质或化学性质方面，锌、镉都比较相近，而汞较特殊。

锌是比较活泼的金属，镉的化学活泼性不如锌，而汞的化学活泼性差得多。锌在加热条件下可以和绝大多数非金属发生化学反应，如在 1000℃ 时，锌在空气中燃烧生成氧化锌。汞需加热至沸腾时才缓慢与氧作用生成氧化汞，在 500℃ 以上又重新分解成氧和汞。

$$2Zn + O_2 \xrightarrow{1000℃} 2ZnO$$

$$2Hg + O_2 \xrightarrow{加热至沸} 2HgO$$

$$2HgO \xrightarrow{500℃} 2Hg + O_2$$

锌在潮湿空气中，表面生成的一层致密碱式碳酸盐 $Zn(OH)_2 \cdot ZnCO_3$ 起保护作用，使锌有防腐蚀的性能，故铜铁等制品表面常镀锌防腐。

$$2Zn + O_2 + H_2O + CO_2 \longrightarrow Zn(OH)_2 \cdot ZnCO_3$$

锌与铝相似，具有两性，既可溶于酸，也可溶于碱。

$$Zn + 2H^+ \longrightarrow Zn^{2+} + H_2 \uparrow$$

$$Zn + 2OH^- + 2H_2O \longrightarrow [Zn(OH)_4]^{2-} + H_2 \uparrow$$

与铝不同的是，锌与氨水能形成配离子而溶解。

$$Zn + 4NH_3 + 2H_2O \longrightarrow [Zn(NH_3)_4](OH)_2 + H_2 \uparrow$$

汞和硫粉很容易形成硫化汞，据此性质，可以在洒落汞的地方撒上硫粉，使汞转化成硫化汞，以消除汞蒸气的毒性。

2. 锌的重要化合物

（1）氧化锌和氢氧化锌

锌与氧直接化合得白色粉末状氧化锌 ZnO，俗称锌白，它可以作白色颜料。ZnO 对热稳定，微溶于水，显两性，溶于酸、碱分别形成锌盐和锌酸盐。

$$ZnO + 2HCl \longrightarrow ZnCl_2 + H_2O$$

$$ZnO + 2NaOH \longrightarrow Na_2ZnO_2 + H_2O$$

由于 ZnO 对气体吸附力强，在石油化工上用作脱氢、苯酚和甲醛缩合等反应的催化剂。通过适当的热处理，ZnO 电导性增加，并出现半导体特性。近年来的光催化反应中用 ZnO 作催化剂。ZnO 大量用作橡胶填料及涂料颜料，医药上用它制软膏、锌糊、橡皮膏等。

在锌盐溶液中，加入适量的碱可析出 $Zn(OH)_2$ 沉淀。$Zn(OH)_2$ 也显两性，溶于酸成锌盐，溶于碱成锌酸盐：

$$Zn(OH)_2 + 2OH^- \longrightarrow [Zn(OH)_4]^{2-}$$

$Zn(OH)_2$ 能溶于氨水，形成配合物：

$$Zn(OH)_2 + 4NH_3 \longrightarrow [Zn(NH_3)_4]^{2+} + 2OH^-$$

（2）氯化锌

无水氯化锌（$ZnCl_2$）为白色固体，可由锌与氯气反应，或在 $700℃$ 下用干燥的氯化氢通过金属锌可制得。$ZnCl_2$ 吸水性很强，极易溶于水，其水溶液由于 Zn^{2+} 的水解而显酸性。

$$Zn^{2+} + H_2O \longrightarrow Zn(OH)^+ + H^+$$

$ZnCl_2$ 的浓溶液中，由于形成配位酸 $H[ZnCl_2(OH)]$ 而使溶液具有显著的酸性（如 $6mol \cdot L^{-1}$ $ZnCl_2$ 溶液的 $pH=1$）能溶解金属氧化物。

$$ZnCl_2 + H_2O \longrightarrow H[ZnCl_2(OH)]$$

$$Fe_2O_3 + 6H[ZnCl_2(OH)] \longrightarrow 2Fe[ZnCl_2(OH)]_3 + 3H_2O$$

因此在用锡焊接金属之前，常用 $ZnCl_2$ 浓溶液清除金属表面的氧化物，焊接时它不损害金属表面，当水分蒸发后，熔盐覆盖在金属表面，使之不再氧化，能保证焊接金属的直接接触。

欲制得无水 $ZnCl_2$，可将含水 $ZnCl_2$ 和 $SOCl_2$（氯化亚硫）一起加热。

$$ZnCl_2 \cdot xH_2O + xSOCl_2 \longrightarrow ZnCl_2 + 2xHCl + xSO_2$$

$ZnCl_2$ 主要用作有机合成工业的脱水剂、缩合剂及催化剂，以及印染业的媒染剂，也用作石油净化剂和活性炭活化剂。此外，$ZnCl_2$ 还用于干电池、电镀、医药、木材防腐和农药等方面。

（3）硫化锌

往锌盐溶液中通入 H_2S 时，生成 ZnS。

$$Zn^{2+} + H_2S \longrightarrow ZnS \downarrow （白色） + 2H^+$$

ZnS 是常见的难溶硫化物中唯一呈白色的，可用作白色颜料，它同 $BaSO_4$ 共沉淀所形成的混合物晶体 $ZnS \cdot BaSO_4$ 叫做锌钡白（俗称立德粉，是一种优良的白色颜料）。无定形 ZnS 在 H_2S 气氛中灼烧可以转变为晶体 ZnS。若在 ZnS 晶体中加入微量 Cu、Mn、Ag 作活化剂，经光照射后可发出不同颜色的荧光，这种材料可作荧光粉，制作荧光屏。

（4）配合物

Zn^{2+} 与氨水、氰化钾等能形成无色的四配位的配离子，用于电镀工艺。例如，它和 $[Cu(CN)_4]^{3-}$ 的混合液用于镀黄铜（Cu-Zn 合金）。

$$Zn^{2+} + 4NH_3 \longrightarrow [Zn(NH_3)_4]^{2+}$$

$$Zn^{2+} + 4CN^- \longrightarrow [Zn(CN)_4]^{2-}$$

3. 汞的重要化合物

汞能形成氧化值为 +1、+2 的化合物。在锌族 M(I) 的化合物中，以 Hg(I) 的化合物最为重要。

(1) 氧化汞

氧化汞（HgO）有红、黄两种变体，都不溶于水，有毒。500℃时分解为汞和氧气。在汞盐溶液中加入碱，可得到黄色 HgO。这是由于生成的 $Hg(OH)_2$ 极不稳定，立即脱水分解。红色的 HgO 一般是由硝酸汞受热分解而制得。

$$Hg^{2+} + 2OH^- \longrightarrow HgO\downarrow(黄色) + H_2O$$

$$2Hg(NO_3)_2 \xrightarrow{\triangle} 2HgO\downarrow(红色) + 4NO_2\uparrow + O_2\uparrow$$

HgO 是制备许多汞盐的原料，还用作医药制剂、分析试剂、陶瓷颜料等。

(2) 氯化汞和氯化亚汞

氯化汞（$HgCl_2$）可在过量的氯气中加热金属汞而制得。

$HgCl_2$ 为共价型化合物，氯原子以共价键与汞原子结合成直线形分子 Cl—Hg—Cl。$HgCl_2$ 熔点较低（280℃），易升华，因而俗名升汞。$HgCl_2$ 略溶于水，在水中解离度很小，主要以 $HgCl_2$ 分子形式存在，所以 $HgCl_2$ 有假盐之称。$HgCl_2$ 在水中稍有水解。

$$HgCl_2 + H_2O \longrightarrow Hg(OH)Cl + HCl$$

$HgCl_2$ 与稀氨水反应则生成难溶解的氨基氯化汞。

$$HgCl_2 + 2NH_3 \longrightarrow Hg(NH_2)Cl\downarrow(白色) + NH_4Cl$$

$HgCl_2$ 还可与碱金属氯化物反应形成四氯合汞（II）配离子 $[HgCl_4]^{2-}$，使 $HgCl_2$ 的溶解度增大。

$$HgCl_2 + 2Cl^- \longrightarrow [HgCl_4]^{2-}$$

$HgCl_2$ 在酸性溶液中有氧化性，适量的 $SnCl_2$ 可将之还原为难溶于水的白色氯化亚汞 Hg_2Cl_2。

$$2HgCl_2 + SnCl_2 \longrightarrow Hg_2Cl_2\downarrow + SnCl_4$$

如果 $SnCl_2$ 过量，生成的 Hg_2Cl_2 可进一步被 $SnCl_2$ 还原为金属汞，使沉淀变黑。

$$Hg_2Cl_2 + SnCl_2 \longrightarrow 2Hg\downarrow + SnCl_4$$

在分析化学中利用此反应鉴定 Hg(II) 或 Sn(II)。$HgCl_2$ 的稀溶液有杀菌作用，外科上用作消毒剂。$HgCl_2$ 也用作有机反应的催化剂。

金属汞与 $HgCl_2$ 固体一起研磨，可制得氯化亚汞（Hg_2Cl_2）。

$$HgCl_2 + Hg \longrightarrow Hg_2Cl_2$$

Hg_2Cl_2 分子结构为直线形（Cl—Hg—Hg—Cl），为白色固体，难溶于水。少量的无毒，因为略甜，俗称甘汞。常用于制作甘汞电极。见光易分解。

$$Hg_2Cl_2 \xrightarrow{光} HgCl_2 + Hg$$

因此应保存在棕色瓶中。

Hg_2Cl_2 与氨水反应可生成氨基氯化汞和汞，而使沉淀显灰色：

$$Hg_2Cl_2 + 2NH_3 \longrightarrow Hg(NH_2)Cl\downarrow(白色) + Hg\downarrow(黑色) + NH_4Cl$$

此反应可用于鉴定 Hg(I)。在医药上，Hg_2Cl_2 用作腹泻剂和利尿剂。

(3) 硝酸汞和硝酸亚汞

硝酸汞 $Hg(NO_3)_2$ 和硝酸亚汞 $Hg_2(NO_3)_2$ 都溶于水，并水解生成碱式盐沉淀。

$$2Hg(NO_3)_2 + H_2O \longrightarrow HgO \cdot Hg(NO_3)_2 \downarrow + 2HNO_3$$
$$Hg_2(NO_3)_2 + H_2O \longrightarrow Hg_2(OH)NO_3 \downarrow + HNO_3$$

在配制 $Hg(NO_3)_2$ 和 $Hg_2(NO_3)_2$ 溶液时，应先溶于稀硝酸中。

在 $Hg(NO_3)_2$ 溶液中加入 KI 可产生橘红色 HgI_2 沉淀，后者溶于过量 KI 中，形成无色 $[HgI_4]^{2-}$。

$$Hg^{2+} + 2I^- \longrightarrow HgI_2 \downarrow$$
$$HgI_2 + 2I^- \longrightarrow [HgI_4]^{2-}$$

同样，在 $Hg_2(NO_3)_2$ 溶液中加入 KI，先生成浅绿色 Hg_2I_2 沉淀，继续加入 KI 溶液则形成 $[HgI_4]^{2-}$，同时有汞析出。

$$Hg_2^{2+} + 2I^- \longrightarrow Hg_2I_2 \downarrow$$
$$Hg_2I_2 + 2I^- \longrightarrow [HgI_4]^{2-} + Hg \downarrow$$

在 $Hg(NO_3)_2$ 溶液中加入氨水，可得碱式氨基硝酸汞白色沉淀。

$$2Hg(NO_3)_2 + 4NH_3 + H_2O \longrightarrow HgO \cdot NH_2HgNO_3 \downarrow + 3NH_4NO_3$$

而在硝酸亚汞溶液中加入氨水，不仅有上述白色沉淀产生，同时有汞析出。

$$2Hg_2(NO_3)_2 + 4NH_3 + H_2O \longrightarrow HgO \cdot NH_2HgNO_3（白色）\downarrow + 2Hg（黑色）\downarrow + 3NH_4NO_3$$

$Hg(NO_3)_2$ 是实验室常用的化学试剂，用于制备汞的其它化合物。

$Hg_2(NO_3)_2$ 受热易分解。

$$Hg_2(NO_3)_2 \xrightarrow{\triangle} 2HgO + 2NO_2 \uparrow$$

$Hg_2(NO_3)_2$ 溶液与空气接触时易被氧化为 $Hg(NO_3)_2$。

$$2Hg_2(NO_3)_2 + O_2 + 4HNO_3 \longrightarrow 4Hg(NO_3)_2 + 2H_2O$$

可在 $Hg(NO_3)_2$ 溶液中加入少量金属汞，使所生成的 Hg^{2+} 被还原为 Hg_2^{2+}。

$$Hg^{2+} + Hg \Longleftrightarrow Hg_2^{2+}$$

除此之外，汞还能形成许多稳定的有机化合物，如甲基汞 $Hg(CH_3)_2$、乙基汞 $Hg(C_2H_5)_2$ 等。这些化合物中都含有 C—Hg—C 共价键直线结构，较易挥发、毒性较大，在空气和水中相当稳定。

（4）配合物

$Hg(I)$ 形成配合物的倾向较小，$Hg(II)$ 易和 Cl^-、Br^-、I^-、CN^-、SCN^- 等形成较稳定的配离子，配位数均为 4，如 $[HgCl_4]^{2-}$、$[HgI_4]^{2-}$、$[Hg(SCN)_4]^{2-}$、$[Hg(CN)_4]^{2-}$ 等。

碱性溶液中的 $K_2[HgI_4]$（奈斯勒试剂）是鉴定 NH_4^+ 的特效试剂。这个反应因试剂和 OH^- 相对量不同，可生成几种颜色不同的沉淀。

$$2[HgI_4]^{2-} + NH_4^+ + 4OH^- \longrightarrow O\begin{matrix}Hg\\ \diagdown\\ Hg\end{matrix}NH_2I \downarrow（褐色）+ 7I^- + 3H_2O$$

$$2[HgI_4]^{2-} + NH_4^+ + 3OH^- \longrightarrow \begin{matrix}HO-Hg\\ \\ I-Hg\end{matrix}NH_2I \downarrow（深褐色）+ 6I^- + 2H_2O$$

$$2[HgI_4]^{2-} + NH_4^+ + 2OH^- \longrightarrow \begin{matrix}I-Hg\\ \\ I-Hg\end{matrix}NH_2I \downarrow（红棕色）+ 5I^- + 2H_2O$$

HgS 难溶于水，但能溶于过量的浓的 Na_2S 溶液中生成二硫合汞（II）离子

$[HgS_2]^{2-}$。

$$HgS(s) + S^{2-} \longrightarrow [HgS_2]^{2-}$$

在实验室中通常用王水溶解 HgS。

$$3HgS(s) + 12Cl^- + 8H^+ + 2NO_3^- \longrightarrow 3[HgCl_4]^{2-} + 3S\downarrow + 2NO\uparrow + 4H_2O$$

生成的配离子 $[HgCl_4]^{2-}$ 能促使 HgS 溶解。

（5）Hg(Ⅱ) 和 Hg(Ⅰ) 的相互转化

在溶液中 Hg^{2+} 可氧化 Hg 而生成 Hg_2^{2+}。

$$Hg^{2+} + Hg \rightleftharpoons Hg_2^{2+}$$

在平衡时，Hg^{2+} 基本上都转变为 Hg_2^{2+}，因此 Hg(Ⅱ) 化合物用金属汞还原，即可得到 Hg(Ⅰ) 化合物。例如前面提到的，$HgCl_2$ 和 $Hg(NO_3)_2$ 在溶液中与金属汞接触时，可转变为 Hg(Ⅰ) 化合物。

除用汞作还原剂外，还可用其它还原剂将 Hg(Ⅱ) 还原为 Hg(Ⅰ)，并保证无单质汞产生。若用更强的还原剂时，Hg(Ⅱ) 必须过量方能使 Hg(Ⅱ)转化为 Hg(Ⅰ)，因为此时产生的单质汞可与过量的 Hg(Ⅱ)反应变为 Hg(Ⅰ)。

由于 $Hg^{2+} + Hg \rightleftharpoons Hg_2^{2+}$ 反应的平衡常数较大，平衡偏向于生成 Hg_2^{2+} 的一方，为使 Hg(Ⅰ) 转化为 Hg(Ⅱ)，即 Hg_2^{2+} 的歧化反应能够进行，必须降低溶液中 Hg^{2+} 的浓度，例如使之变为某些难溶物或难解离的配合物：

$$Hg_2^{2+} + 2OH^- \longrightarrow HgO\downarrow + Hg\downarrow + H_2O$$
$$Hg_2^{2+} + S^{2-} \longrightarrow HgS\downarrow + Hg\downarrow$$
$$Hg_2Cl_2 + 2NH_3 \longrightarrow Hg(NH_2)Cl\downarrow + Hg\downarrow + NH_4Cl$$
$$Hg_2^{2+} + 2CN^- \longrightarrow Hg(CN)_2 + Hg\downarrow$$
$$Hg_2^{2+} + 4I^- \longrightarrow [HgI_4]^{2-} + Hg\downarrow$$

除 Hg_2F_2 外，Hg_2X_2 都是难溶的，如果用适量 X^-（包括拟卤素）和 Hg_2^{2+} 作用，生成物是相应难溶 Hg_2X_2。只有当 X^- 过量时，才能歧化成 $[HgX_4]^{2-}$ 和 Hg。

互动坊

你知道水银温度计里的那 1g 汞吗？

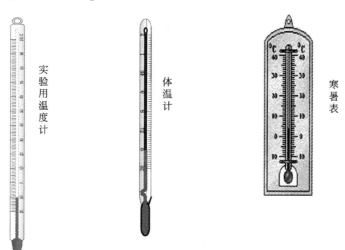

实验用温度计　　体温计　　寒暑表

汞有一种相当漂亮的颜色，即使在常温下，它也散发着银白色的光芒。如果含汞体温计被打破，这种被称作"水银"的液态金属，就会像小水滴一样散落在地。这些泄漏的汞滴会在地面上迅速蒸发，但这并不意味着它们消失了。相反，它们只是更加隐蔽地钻进了衣柜、地板或地毯等地方。

一支标准的水银体温计含 1g 汞。这些数量的汞全部蒸发后，可使一间 $15m^2$、3m 高的房间内的汞浓度达到 $22.2mg \cdot m^{-3}$。而普通人在汞浓度为 $1 \sim 3mg \cdot m^{-3}$ 的房间里，只需 2h 就可能导致头痛、发烧、腹部绞痛、呼吸困难等症状。不仅如此，中毒者的呼吸道和肺组织很可能会受到损伤，甚至因呼吸衰竭而死亡。

据四川大学华西第四医院中毒科专家介绍，水银（汞）温度计里面的汞是一种对人体有很大毒害作用的重金属，但温度计里的汞的数量相对很少，只要是室内的通风没有问题，应该还达不到明显损害健康的程度。

三、过渡元素通性

ds 区和 d 区元素通常称为过渡元素或过渡金属，包括周期表中第 I B～Ⅷ B 族元素（不包括镧以外的镧系元素和锕以外的锕系元素）。过渡元素原子的价层电子构型为 $(n-1)d^{1\sim10}ns^{0\sim2}$。过渡元素周期性变化规律不明显，如同周期的金属性递变不显著，原子半径、离解能等随原子序数增加，虽有变化但不显著。过渡元素按周期分为三个系列。位于周期表中第 4 周期中的 Sc～Zn 为第一过渡系列元素；第 5 周期中的 Y～Cd 为第二过渡系列元素；第 6 周期中的 La～Hg 为第三过渡系列元素。

习惯上把第一过渡系列元素称为轻过渡元素，把第二、第三过渡系列称为重过渡元素。第一过渡系的元素及其化合物应用较广，并有一定的代表性。

1. 氧化数

过渡元素以其多变价为特征。第一过渡系元素的一般性质与氧化数列于表 3-3 中。

表 3-3   第一过渡系元素的一般性质与氧化数

第一过渡系	价层电子构型	熔点/℃	沸点/℃	原子半径/pm	第一离解能/kJ·mol⁻¹	氧 化 数
Sc	$3d^14s^2$	1541	2836	161	639.5	**3**
Ti	$3d^24s^2$	1668	3287	145	664.6	$-1,0,2,3,$**4**
V	$3d^34s^2$	1917	3421	132	656.5	$-1,0,2,3,$**4,5**
Cr	$3d^54s^1$	1907	2679	125	659.0	$-2,-1,0,2,$**3**,4,5,**6**
Mn	$3d^54s^2$	1244	2095	124	723.8	$-2,-1,0,$**2**,3,4,5,6,**7**
Fe	$3d^64s^2$	1535	2861	124	765.7	0,**2,3**,4,5,6
Co	$3d^74s^2$	1494	2927	125	764.9	0,**2,3**,4
Ni	$3d^84s^2$	1453	2884	125	742.5	0,**2**,3,4
Cu	$3d^{10}4s^1$	1085	2562	128	751.7	**1,2**,3
Zn	$3d^{10}4s^2$	420	907	133	912.6	**2**

注：表中黑体数字为常见氧化数，氧化数为 0 的表示这种元素形成羰基化合物时的氧化数。

过渡元素的价电子不仅包括最外层的 s 电子，还包括次外层全部或部分 d 电子（Zn、Cd、Hg 除外）。这样的电子构型使得它们能形成多种氧化数的化合物。它们的最高氧化数等于最外层 s 电子和次外层 d 电子数的总和。但在第Ⅷ族、I B、Ⅱ B 族中这一规律不完全适用。另外，除Ⅲ B 及Ⅱ B 族中的 Zn、Cd 外，其它过渡元素的氧化数都是可变的。具有较低氧化数的过渡元素，大都以"简单"离子（M^+、M^{2+}、M^{3+}）存在。

2. 主要物理性质

过渡元素大都是高熔点、高沸点（Zn、Cd、Hg 除外）、密度大、导电和导热性能良好的重金属。它们被广泛用于冶金工业上制造合金钢，例如不锈钢（含镍和铬）、弹簧钢（含钒）、锰钢等。熔点最高的单质是钨，硬度最大的是铬，单质密度最大的是锇（Os）。

3. 主要化学性质

钪 Sc、钇 Y、镧 La 是过渡元素中最活泼的金属。例如，在空气中 Sc、Y、La 能迅速地被氧化，与水作用放出氢。它们的活泼性接近于碱土金属。Sc、Y、La 的性质之所以比较活泼，是因为它们的原子次外层 d 轨道中仅有一个电子，这个电子对它们的影响尚不显著，所以它们的性质较活泼并接近于碱土金属。

同一族的过渡元素除ⅢB族外，其它各族都是自上而下活泼性降低。一般认为这是由于同族元素自上而下原子半径增加不大，而核电荷数却增加较多，对电子吸引增强，所以第二、三过渡系元素的活泼性急剧下降。特别是镧以后的第三过渡系的元素，原子半径与第二过渡系相应的元素的原子半径几乎相等。因此第二、三过渡系的同族元素及其化合物，在性质上很相似。例如，锆与铪在自然界中彼此共生在一起，把它们的化合物分离开比较困难。铌和钽也是这样。同一过渡系的元素在化学活泼性上，总的来说自左向右减弱，但是减弱的程度不大。

过渡元素的原子或离子都具有空的价电子轨道，这种电子构型为接受配位体的孤对电子形成配价键创造了条件。因此它们的原子或离子都有形成配合物的倾向。

4. 离子的颜色

过渡元素的大多数水合离子常带有一定的颜色。过渡元素的水合离子之所以具有颜色，与它们的离子具有未成对的 d 电子有关。无未成对 d 电子的离子如 Sc^{3+}、Zn^{2+}、Ag^+、Cu^+ 等都是无色的，而有未成对 d 电子的离子则呈现出颜色，如 Cu^{2+}、Cr^{3+}、Co^{2+} 等。

【项目 12】 铜、银、锌、汞的性质验证

一、目的要求

1. 熟悉 Cu^{2+}、Zn^{2+}、Ag^+、Hg^{2+} 与 NaOH、氨水、硫化氢的反应。
2. 熟悉 Cu^{2+}、Ag^+、Hg^{2+} 与碘化钾的反应及其氧化性。

二、试剂与仪器

1. 试剂

(1) $0.1mol \cdot L^{-1}CuSO_4$ 溶液　5mL	(2) $0.1mol \cdot L^{-1}ZnSO_4$ 溶液　4mL	
(3) $0.1mol \cdot L^{-1}KI$ 溶液　2mL	(4) $2.0mol \cdot L^{-1}HCl$ 溶液　2mL	
(5) $0.1mol \cdot L^{-1}AgNO_3$ 溶液　4mL	(6) $6.0mol \cdot L^{-1}HCl$ 溶液　3mL	
(7) $2.0mol \cdot L^{-1}H_2SO_4$ 溶液　4mL	(8) $6.0mol \cdot L^{-1}HNO_3$ 溶液　3mL	
(9) $0.1mol \cdot L^{-1}Na_2S_2O_3$ 溶液　1mL	(10) $6.0mol \cdot L^{-1}NH_3 \cdot H_2O$　5mL	
(11) $2.0mol \cdot L^{-1}NaOH$ 溶液　6mL	(12) $2.0mol \cdot L^{-1}NH_3 \cdot H_2O$　3mL	

(13) 6.0mol·L^{-1}NaOH 溶液	2mL	(14) 0.1mol·L^{-1}NaCl 溶液	1mL
(15) 0.1mol·L^{-1}NH$_4$Cl 溶液	1mL	(16) 0.1mol·L^{-1}SnCl$_2$ 溶液	1mL
(17) 0.1mol·L^{-1}KSCN 溶液	1mL	(18) 0.5mol·L^{-1}KSCN 溶液	1mL
(19) 0.1mol·L^{-1}HgCl$_2$ 溶液	1mL	(20) 0.1mol·L^{-1}Hg(NO$_3$)$_2$ 溶液	1mL
(21) 0.1mol·L^{-1}FeCl$_3$ 溶液	1mL	(22) 1.0mol·L^{-1}FeCl$_3$ 溶液	1mL
(23) 饱和 H$_2$S 溶液	2mL	(24) 0.2%淀粉溶液	1mL
(25) 2%甲醛溶液	1mL		

2. 仪器

(1) 水浴锅	1只	(2) 滴管	1支
(3) 试管	16 支	(4) 试管刷	1把
(5) 玻璃棒	1根	(6) 酒精灯	1个
(7) 离心试管	2支	(8) 离心机	1台

三、操作步骤

1. Cu^{2+}、Zn^{2+}、Ag$^+$、Hg^{2+} 与 NaOH 的反应

(1) 取三支试管，均加入 1mL 0.1mol·L^{-1}CuSO$_4$ 溶液，并滴加 2.0mol·L^{-1}NaOH 溶液，观察 Cu(OH)$_2$ 沉淀的颜色。然后进行下列实验。

第一支试管中滴加 2.0mol·L^{-1}H$_2$SO$_4$ 溶液。观察现象。写出化学方程式。

第二支试管中加入过量的 6.0mol·L^{-1}NaOH 溶液。观察现象。写出化学方程式。

将第三支试管加热，观察现象。写出反应方程式。

(2) 取两支试管，均加入 1mL 0.1mol·L^{-1}ZnSO$_4$ 溶液，并滴加 2.0mol·L^{-1} NaOH 溶液（不要过量），观察 Zn(OH)$_2$ 沉淀的颜色。然后在一支试管中滴加 2.0mol·L^{-1}HCl 溶液，在另一支试管中滴加 2.0mol·L^{-1}NaOH 溶液，观察现象。写出反应方程式。

比较 Cu(OH)$_2$ 和 Zn(OH)$_2$ 的两性。

(3) 在试管中加入 5 滴 0.1mol·L^{-1}AgNO$_3$ 溶液，然后逐滴加入新配制的 2.0mol·L^{-1}NaOH 溶液，观察产物的状态和颜色，写出反应方程式。

(4) 在试管中加入 10 滴 0.1mol·L^{-1}Hg(NO$_3$)$_2$ 溶液，然后滴加 2.0mol·L^{-1}NaOH 溶液，观察产物的状态和颜色，写出反应方程式。

2. Cu^{2+}、Zn^{2+}、Ag$^+$、Hg^{2+} 与氨水的反应

(1) 在试管中加入 1mL 0.1mol·L^{-1}CuSO$_4$ 溶液，逐滴加入 6.0mol·L^{-1}NH$_3$·H$_2$O，观察沉淀的产生。继续滴加 6.0mol·L^{-1}NH$_3$·H$_2$O 至沉淀溶解，写出反应方程式。

将上述溶液分为两份。一份滴加 6.0mol·L^{-1}NaOH 溶液，另一份滴加 2.0mol·L^{-1}H$_2$SO$_4$ 溶液，观察沉淀重新生成。写出反应方程式（并说明配位平衡的移动情况）。

(2) 在试管中加入 1mL 0.1mol·L^{-1}ZnSO$_4$ 溶液，逐滴加入 2.0mol·L^{-1}NH$_3$·H$_2$O，观察沉淀的产生。继续滴加 2.0mol·L^{-1}NH$_3$·H$_2$O 至沉淀溶解，写出反应方程式。

将上述溶液分为两份。一份加热至沸腾，另一份逐滴加入 2.0mol·L^{-1}HCl 溶液，观察现象。写出反应方程式。

(3) 在试管中加入 5 滴 0.1mol·L^{-1}AgNO$_3$ 溶液，再滴加 5 滴 0.1mol·L^{-1}NaCl 溶液观察白色沉淀的产生。然后滴加 6.0mol·L^{-1}NH$_3$·H$_2$O 至沉淀溶解，写出反应方

程式。

（4）在试管中加入 5 滴 $0.1mol \cdot L^{-1}Hg(NO_3)_2$ 溶液，并滴加 $2.0mol \cdot L^{-1}NH_3 \cdot H_2O$，观察沉淀的产生。加入过量的 $NH_3 \cdot H_2O$，沉淀是否溶解？

3. Cu^{2+}、Zn^{2+}、Ag^+、Hg^{2+} 与硫化氢的反应

取四支试管，分别加入 $0.5mL$ $0.1mol \cdot L^{-1}CuSO_4$、$0.1mol \cdot L^{-1}$ $ZnSO_4$、$0.1mol \cdot L^{-1}$ $AgNO_3$、$0.1mol \cdot L^{-1}Hg(NO_3)_2$ 溶液，再各滴加饱和 H_2S 水溶液，观察它们反应后生成沉淀的颜色。然后观察依次与 $6.0mol \cdot L^{-1}HCl$ 溶液和 $6.0mol \cdot L^{-1}HNO_3$ 溶液作用的情况。

4. Cu^{2+}、Ag^+、Hg^{2+} 与碘化钾的反应

（1）在离心试管中，加入 5 滴 $0.1mol \cdot L^{-1}CuSO_4$ 溶液和 $1mL$ $0.1mol \cdot L^{-1}KI$ 溶液，观察沉淀的产生及颜色，离心分离，在清液中滴加 1 滴淀粉溶液，检查是否有 I_2 存在；在沉淀中滴加 $0.1mol \cdot L^{-1}Na_2S_2O_3$ 溶液，再观察沉淀的颜色。

（2）在试管中加入 3～5 滴 $0.1mol \cdot L^{-1}AgNO_3$ 溶液，然后滴加 $0.1mol \cdot L^{-1}KI$ 溶液，观察现象。写出反应方程式。

（3）在试管中加入 5 滴 $0.1mol \cdot L^{-1}Hg(NO_3)_2$ 溶液，然后逐滴加入 $0.1mol \cdot L^{-1}KI$ 溶液，观察沉淀的产生，继续滴加 KI 溶液至沉淀溶解。写出反应方程式。

5. Cu^{2+}、Ag^+、Hg^{2+} 的氧化性

（1）Cu^{2+} 的氧化性：见实验内容 4（1）。

（2）银镜反应：取一支洁净试管，加入 $1mL$ $0.1mol \cdot L^{-1}AgNO_3$ 溶液，逐滴加入 $6.0mol \cdot L^{-1}NH_3 \cdot H_2O$ 至产生沉淀后又刚好消失，再多加 2 滴。然后加入 1～2 滴 2% 甲醛溶液，将试管置于 77～87℃ 的水浴中加热数分钟，观察银镜的产生。

（3）在试管中加入 10 滴 $0.1mol \cdot L^{-1}HgCl_2$ 溶液，滴加 $SnCl_2$ 溶液，观察沉淀的生成及颜色的变化。写出反应方程式。

四、思考题

1. $Cu(OH)_2$ 与 $Zn(OH)_2$ 的两性有何差别？

2. Hg^{2+}、Ag^+、$NaOH$ 溶液反应的产物为何不是氢氧化物？

3. Cu^{2+}、Zn^{2+}、Ag^+、Hg^{2+} 与 $NH_3 \cdot H_2O$ 反应有何异同？

4. Cu^{2+}、Ag^+、Hg^{2+} 与 KI 溶液反应有何不同？

任务三
电极电势的产生及应用

 案例分析

氧化还原反应的用途非常广泛，除了各种各样的金属都是通过氧化还原反应从矿石中提

炼而得到的以外，许多重要化工产品的制造，如合成氨、合成盐酸、接触法制硫酸、氨氧化法制硝酸、电解食盐水制烧碱等，主要反应都是氧化还原反应。石油化工的催化去氢、催化加氢、链烃氧化制羧酸、环氧树脂的合成等也是氧化还原反应。

一、氧化还原反应的基本概念

氧化还原反应是物质之间有电子转移（或偏移）的化学反应。电子转移元素氧化数发生变化，因此氧化还原反应也是指元素氧化数发生变化的化学反应。

1. 氧化数

氧化数是某元素一个原子的荷电数（原子所带净电荷），这种荷电数是将成键电子指定给电负性较大的原子而求得。

确定元素原子氧化数的一般规则如下。

① 单质元素的氧化数为零。例如，S_8 中的 S，Cl_2 中的 Cl，H_2 中的 H，金属 Cu、Al 等，氧化数均为零。

② 在电中性化合物中，所有元素氧化数的代数和为零。

③ 单原子离子元素的氧化数等于它所带的电荷数。如碱金属的氧化数为 +1，碱土金属的氧化数为 +2。

多原子的离子中所有元素的氧化数的代数和等于离子所带的电荷数。

④ 氧在化合物中的氧化数一般为 -2；

在过氧化物中，氧的氧化数为 -1，如 $H_2\overset{-1}{O}_2$、$Ba\overset{-1}{O}_2$；

在超氧化物中，氧的氧化数为 $-\frac{1}{2}$，如 $K\overset{-\frac{1}{2}}{O}_2$；

在臭氧化物中，氧的氧化数为 $-\frac{1}{3}$，如 $K\overset{-\frac{1}{3}}{O}_3$；

在氟氧化物中，氧的氧化数为 +1 和 +2，如 $\overset{+1}{O}_2F_2$ 和 $\overset{+2}{O}F_2$。

⑤ 氢在化合物中的氧化数一般为 +1，但在活泼金属的氢化物中，氢的氧化数为 -1，如 $Na\overset{-1}{H}$。

⑥ 在共价化合物中，共用电子对偏向电负性大的元素的原子，原子的"形式电荷数"即为其氧化数。

根据以上规则，我们既可以计算化合物分子中各种组成元素的氧化数，亦可以计算多原子离子中各组成元素的氧化数。例如：

MnO_4^- 中 Mn 的氧化数为：$x+4\times(-2)=-1$ $x=7$

$Cr_2O_7^{2-}$ 中 Cr 的氧化数为：$2x+7\times(-2)=-2$ $x=6$

由于氧化数是在指定条件下的计算结果，所以氧化数不一定是整数。如在连四硫酸根离子（$S_4O_6^{2-}$）中，S 的氧化数为 $+\frac{5}{2}$。这是由于分子中同一元素的硫原子处于不同的氧化态，而按上法计算的是 S 元素氧化数的平均值，所以氧化数有非整数出现。

元素氧化数的改变也是定义氧化剂、还原剂和配平氧化还原反应方程式的依据。

元素氧化数升高的变化称为氧化，氧化数降低的变化称为还原。而在氧化还原反应中氧化与还原是同时发生的，且元素氧化数升高的总数必等于氧化数降低的总数。

2.氧化剂和还原剂

在氧化还原反应中，如果某物质的组成原子或离子氧化数升高，称此物质为还原剂，还原剂使另一物质还原，其本身在反应中被氧化，它的反应产物叫氧化产物；反之，称为氧化剂，氧化剂使另一物质氧化，其本身在反应中被还原，它的反应产物叫还原产物。例如：

$$\overset{+7}{2KMnO_4}+\overset{-1}{5H_2O_2}+3H_2SO_4\longrightarrow \overset{+2}{2MnSO_4}+K_2SO_4+\overset{0}{5O_2}\uparrow+8H_2O$$

氧化剂　　　还原剂　　　　　　还原产物　　　　　氧化产物

分子式上面的数字，代表各相应原子的氧化数。上述反应中，$KMnO_4$是氧化剂，Mn 的氧化数从+7降到+2，它本身被还原，使得 H_2O_2 被氧化。H_2O_2 是还原剂，O 的氧化数从 −1 升到 0，它本身被氧化，使 $KMnO_4$ 被还原。虽然 H_2SO_4 也参加了反应，但没有氧化数的变化，通常把这类物质称为介质。

氧化剂和还原剂是同一物质的氧化还原反应，称为自身氧化还原反应。例如：

$$2KClO_3\longrightarrow 2KCl+3O_2$$

某物质中同一元素、同一氧化态的原子部分被氧化、部分被还原的反应称为歧化反应。歧化反应是自身氧化还原反应的一种特殊类型。例如：

$$Cl_2+H_2O\longrightarrow HClO+HCl$$

3.氧化还原半反应和氧化还原电对

任何氧化还原反应都可以拆成两个半反应，其中表示氧化过程的称为氧化反应；表示还原过程的称为还原反应。例如：

$$Zn+Cu^{2+}\longrightarrow Zn^{2+}+Cu$$

氧化反应　　　　　　　$Zn-2e\longrightarrow Zn^{2+}$

还原反应　　　　　　　$Cu^{2+}+2e\longrightarrow Cu$

每一个半反应都是由同一种元素不同氧化数的两种物质构成，其中氧化数较高的称为氧化态或氧化型物质，如 Zn^{2+}，Cu^{2+}；氧化数较低的称为还原态或还原型物质，如 Zn，Cu。半反应中的氧化态和还原态是彼此依存、相互转化的，这种共轭的氧化还原整体称为氧化还原电对，用"氧化态/还原态"表示，如 Cu^{2+}/Cu，Zn^{2+}/Zn。一个电对就代表一个半反应，半反应可用下列通式表示：

$$氧化态+ne\longrightarrow 还原态$$

二、氧化还原反应方程式的配平

氧化还原反应的特征是元素的氧化数发生变化，配平氧化还原反应方程式的方法常用的有氧化数法和离子-电子法两种。

1.氧化数法

氧化数法配平氧化还原反应方程式的依据是：反应中氧化剂的氧化数降低的总数与还原剂的氧化数升高的总数相等；反应前后各原子数目相等。配平步骤见下例。

【例 3-1】 配平 Cu_2S 与 HNO_3 反应的化学方程式。

解 (1) 写出未配平的反应式，并将有变化的氧化数注明在相应的元素符号的上方。

$$\overset{+1}{Cu_2}\overset{-2}{S}+\overset{+5}{HNO_3}\longrightarrow \overset{+2}{Cu(NO_3)_2}+H_2\overset{+6}{S}O_4+\overset{+2}{N}O\uparrow$$

(2) 按最小公倍数的原则，对还原剂的氧化数升高值和氧化剂的氧化数降低值各乘以适当系数，使两者绝对值相等。

$$\left.\begin{array}{l}
\text{氧化数升高值：} \quad \text{Cu} \quad 2[(+2)-(+1)]=+2 \\
\phantom{\text{氧化数升高值：}} \quad \text{S} \quad (+6)-(-2)=+8
\end{array}\right\}=+10 \quad \Big| \quad \times 3=+30$$

$$\text{氧化数降低值：} \quad \text{N} \quad (+2)-(+5)=-3 \qquad \times 10=-30$$

（3）将系数分别写入还原剂和氧化剂的化学式前边，并配平氧化数有变化的元素原子个数。

$$3Cu_2S + 10HNO_3 \longrightarrow 6Cu(NO_3)_2 + 3H_2SO_4 + 10NO\uparrow$$

（4）配平其它元素的原子数，必要时可加上适当数目的酸、碱以及水分子。上式右边有 12 个未被还原的 NO_3^-，所以左边要增加 12 个 HNO_3，即

$$3Cu_2S + 22HNO_3 \longrightarrow 6Cu(NO_3)_2 + 3H_2SO_4 + 10NO\uparrow$$

（5）检查氢和氧原子个数，显然在反应式右边应配上 8 个 H_2O。两边各元素的原子数目相等后，把箭头改为等号，即

$$3Cu_2S + 22HNO_3 = 6Cu(NO_3)_2 + 3H_2SO_4 + 10NO\uparrow + 8H_2O$$

2. 离子-电子法

离子-电子法配平氧化还原反应的原则是：氧化剂和还原剂得失电子总数相等，反应前后各元素的原子数目相等。配平步骤如下例。

【例 3-2】 写出酸性介质中，高锰酸钾与草酸反应的方程式。

解 （1）写出未配平的离子方程式。

$$MnO_4^- + H_2C_2O_4 \longrightarrow Mn^{2+} + CO_2$$

（2）将反应改为两个半反应，并配平原子数和电子数。

$$\left.\begin{array}{l}
H_2C_2O_4 \longrightarrow 2CO_2 + 2H^+ + 2e \\
MnO_4^- + 8H^+ + 5e \longrightarrow Mn^{2+} + 4H_2O
\end{array}\right| \begin{array}{l} \times 5 \\ \times 2 \end{array}$$

（3）合并两个半反应，即得配平的反应式。

$$2MnO_4^- + 5H_2C_2O_4 + 6H^+ = 2Mn^{2+} + 10CO_2 + 8H_2O$$

配平半反应式时，如果氧化剂或还原剂与其产物内所含的氧原子数目不同，可以根据介质的酸碱性，分别在半反应式中加 H^+、OH^- 和 H_2O，并利用水的离解平衡使两边的氢和氧原子数相等。

【例 3-3】 用离子-电子法配平 $KMnO_4$ 与 Na_2SO_3 反应的方程式（中性溶液中）。

解 （1）写出离子方程式。

$$MnO_4^- + SO_3^{2-} \longrightarrow MnO_2 + SO_4^{2-}$$

（2）将反应改为两个半反应，并配平原子个数和电荷数。

$$MnO_4^- + 2H_2O + 3e \longrightarrow MnO_2 + 4OH^-$$

$$SO_3^{2-} + 2OH^- \longrightarrow SO_4^{2-} + H_2O + 2e$$

（3）合并两个半反应，消去式中的电子，即得配平的反应式。

$$2MnO_4^- + 3SO_3^{2-} + H_2O = 2MnO_2 + 3SO_4^{2-} + 2OH^-$$

✎ **练一练**

用离子-电子法配平下列化学反应式。

$$MnO_4^- + SO_3^{2-} + H^+ \longrightarrow Mn^{2+} + SO_4^{2-} + \underline{\quad} \qquad （酸性介质）$$

$$MnO_4^- + SO_3^{2-} + \underline{\quad} \longrightarrow MnO_4^{2-} + SO_4^{2-} + H_2O \qquad （碱性介质）$$

$$MnO_4^- + SO_3^{2-} + \underline{\quad} \longrightarrow MnO_2 + SO_4^{2-} + \underline{\quad} \qquad （中性介质）$$

三、电极电势的产生

1. 原电池

一切氧化还原反应均为电子从还原剂转移给氧化剂的过程。例如，将 Zn 片放到 $CuSO_4$ 溶液中，即发生如下的氧化还原反应：

$$\overset{\overset{\displaystyle 2e}{\underset{\Big\downarrow}{\big|\!\!-\!\!-\!\!-\!\!-\!\!-}}}{Zn} + Cu^{2+} \longrightarrow Zn^{2+} + Cu$$

上述反应虽然发生了电子从 Zn 转移到 Cu^{2+} 的过程，但反应的化学能没有转变为电能，而变成了热能释放出来，导致溶液的温度升高。若把 Zn 片和 $ZnSO_4$ 溶液、Cu 片和 $CuSO_4$ 溶液分别放在两个容器内，两溶液以盐桥（由饱和 KCl 溶液和琼脂装入 U 形管中制成，其作用是沟通两个半电池，保持溶液的电荷平衡，使反应能持续进行）沟通，金属片之间用导线接通，并串联一个检流计。当线路接通后，会看到检流计的指针立刻发生偏转，说明导线上有电流通过；从指针偏转的方向判断，电流是由 Cu 极流向 Zn 极或者电子是由 Zn 极流向 Cu 极。如图 3-1 所示。同时，Zn 片慢慢溶解，Cu 片上有金属铜析出。说明在发生上述氧化还原反应的同时，把化学能转变为电能。这种借助氧化还原反应，将化学能转变为电能的装置称为原电池。

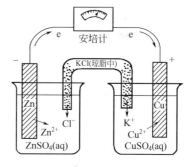

图 3-1　Cu-Zn 原电池示意图

原电池中，组成原电池的导体称为电极。电子流出的电极为负极，电子流入的电极为正极，正、负电极之间发生氧化还原反应。如在 Cu-Zn 原电池中：

负极（Zn）　　$Zn - 2e \longrightarrow Zn^{2+}$　　发生氧化反应

正极（Cu）　$Cu^{2+} + 2e \longrightarrow Cu$　　发生还原反应

原电池由两个半电池组成。每个半电池都是由同一元素不同氧化数的两种物质即一个电对构成。如在 Cu-Zn 原电池就是由 Zn 和 $ZnSO_4$ 溶液、Cu 和 $CuSO_4$ 溶液两个半电池组成。电极反应又称为半电池反应，两个半电池反应之和为电池反应。如：

半电池反应　　　　　　　　$Zn - 2e \longrightarrow Zn^{2+}$

$$Cu^{2+} + 2e \longrightarrow Cu$$

电池反应（氧化还原反应）　$Zn + Cu^{2+} \longrightarrow Zn^{2+} + Cu$

通常用电池符号来表示一个原电池的组成。如 Cu-Zn 原电池可表达如下：

$$(-)Zn(s)|ZnSO_4(1mol \cdot L^{-1}) \| CuSO_4(1mol \cdot L^{-1})|Cu(s)(+)$$

电池符号书写有如下规定：

① 一般把负极写左边，正极写右边；

② 用"│"表示界面，不存在界面用","表示，用"‖"表示盐桥；

③ 电极反应物质为溶液时要注明其浓度，若为气体时要注明其分压，如不注明，一般指 $1mol \cdot L^{-1}$ 或 $100kPa$；

④ 对于某些电极的电对自身不是金属导电体时，则需外加一个能导电而又不参与电极反应的惰性电极，通常用铂作惰性电极。

【例 3-4】　写出下列电池反应对应的电池符号。

（1）$2Fe^{3+} + 2I^- \longrightarrow 2Fe^{2+} + I_2$

（2）$Zn + 2H^+ \longrightarrow Zn^{2+} + H_2 \uparrow$

解 (1) $(-)Pt|I_2(s)|I^-(c_1)\parallel Fe^{2+}(c_2),Fe^{3+}(c_3)|Pt(+)$

(2) $(-)Zn(s)|Zn^{2+}(c_1)\parallel H^+(c_2)|H_2(p_{H_2})|Pt(+)$

2. 电极类型

(1) 金属-金属离子电极（$M^{n+}|M$）

由金属及其离子的溶液组成。通常是将金属插入含有该金属离子的溶液中构成的。例如 $Zn^{2+}|Zn(s);Cu^{2+}|Cu(s);Ag^+|Ag(s)$ 等，该类电极所发生的电极反应为：$M^{n+}+ne\longrightarrow M$。

(2) 气体-离子电极（$X^{n-}|X_2|Pt$）

由非金属单质与其离子组成。通常是将气体流冲击着的某惰性金属（如 Pt）置于含有该气体离子溶液中构成的电极。如 $H^+|H_2(g)|Pt$；$Cl^-|Cl_2(g)|Pt$；$OH^-|O_2(g)|Pt$ 等电极，电极反应以氢电极为例：

$$2H^++2e\longrightarrow H_2(g)$$

(3) 金属-金属难溶盐电极（微溶盐的阴离子|M 的微溶盐|M）

由金属与其金属难溶盐和该金属难溶盐阴离子构成，也称固体电极。电极的构造为在金属表面覆盖一层该金属的难溶盐，将其插入与该金属难溶盐含有相同阴离子的易溶盐的溶液中而构成电极。例如，$Cl^-|AgCl(s)|Ag(s);Cl^-|Hg_2Cl_2(s)|Hg(s)$ 等，其中 $Cl^-|Hg_2Cl_2(s)|Hg(s)$ 称为甘汞电极，电极反应为

$$Hg_2Cl_2(s)+2e\longrightarrow 2Hg+2Cl^-$$

饱和甘汞电极常用于做参比电极，构造如图 3-2 所示。

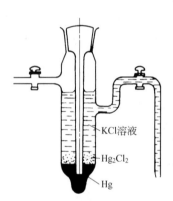

图 3-2　饱和甘汞电极

（标注：KCl溶液、Hg_2Cl_2、Hg）

(4) 金属-金属难溶氧化物电极（含 H^+ 或 OH^- 的溶液|M 的难溶氧化物|M）

由金属与其难溶氧化物在含有 H^+ 或 OH^- 的溶液中构成。例如，$H^+,H_2O|Sb_2O_3(s),Sb(s);OH^-|AgO(s),Ag(s)$ 等电极。电极 $H^+,H_2O|Sb_2O_3(s),Sb(s)$ 的电极反应为：

$$Sb_2O_3(s)+6H^++6e\longrightarrow 2Sb(s)+3H_2O$$

若在碱性条件下则电极反应为：$Sb_2O_3(s)+3H_2O(l)+6e\longrightarrow 2Sb(s)+6OH^-$

(5) 均相氧化还原电极（$Pt|M^{3+},M^{2+}$）

由惰性金属插入同一元素不同氧化数的离子溶液中形成。例如，$Pt|Fe^{3+},Fe^{2+}$；$Pt|Cr^{3+},Cr^{2+}$；$Pt|Cu^{2+},Cu^+$ 等电极。

以 $Pt|Cr^{3+},Cr^{2+}$ 为例，其电极反应：

$$Cr^{3+}+e\longrightarrow Cr^{2+}$$

【例 3-5】 将下列化学反应设计成原电池。

(1) $Zn(s)+H_2SO_4(aq)\longrightarrow H_2(p)+ZnSO_4(aq)$

(2) $Pb(s)+HgO(s)\longrightarrow Hg(l)+PbO(s)$

(3) $Ag^+(c_1)+Br^-(c_2)\longrightarrow AgBr(s)$

解 (1) 该化学反应中

氧化反应为：$Zn(s)\longrightarrow Zn^{2+}+2e$

还原反应为：$2H^++2e\longrightarrow H_2$

此原电池的表示符号为：$(-)Zn(s)|ZnSO_4(aq)\parallel H_2SO_4(aq)|H_2(p)|Pt(+)$

（2）该反应中涉及元素价态的变化，HgO 和 Hg；PbO 和 Pb 均为难溶氧化物电极，而且都对 OH^- 可逆，可以共用一个溶液成为单液电池。

氧化反应：$Pb(s)+2OH^- \longrightarrow PbO(s)+H_2O+2e$

还原反应：$HgO(s)+H_2O+2e \longrightarrow Hg(l)+2OH^-$

此原电池的表示符号为：$(-)Pb(s),PbO(s) \mid OH^- \mid Hg(l) \mid HgO(s)(+)$

（3）由反应物质可以判断出，该电池的电极分别是由金属与其难溶盐、金属及其金属离子构成，从产物中有 AgBr（s）、反应物中有 Br^- 可以断定该电池对应的电极中有 Ag(s)，$AgBr(s) \mid Br^-$，其电极反应为：

$$Ag(s)+Br^- \longrightarrow AgBr(s)+e$$

则电池反应与该电极反应之差即为另一电极反应：

$$Ag^+ +Br^- \longrightarrow AgBr(s)$$
$$\underline{-)Ag(s)+Br^- \longrightarrow AgBr(s)+e}$$
$$Ag^+ \longrightarrow Ag(s)-e$$

可见，电池的另一电极是 $Ag^+ \mid Ag$。所以该原电池的符号为：

$$(-)Ag(s),AgBr(s) \mid Br^-(c_2) \parallel Ag^+(c_1) \mid Ag(s)(+)$$

3. 电极电势

（1）电极电势的产生

金属晶体中存在有金属离子和自由电子。将一种金属插入其盐溶液时，金属表面晶格上的金属离子受到溶液中水分子的吸引而脱离晶格并以水合离子（M^{n+}）的状态进入溶液，金属越活泼，这种倾向越大。另一方面，盐溶液中的金属离子（M^{n+}）又从金属（M）表面获得电子而沉积在金属表面，金属越不活泼，溶液越浓，这种倾向越大。这两种对立的倾向可达到下列平衡：

$$M-ne \Longleftrightarrow M^{n+}$$

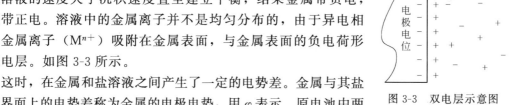

金属越活泼，盐溶液浓度越小，对正反应越有利，金属离子进入溶液的速度大于沉积速度直至建立平衡，结果金属带负电，溶液带正电。溶液中的金属离子并不是均匀分布的，由于异电相吸，金属离子（M^{n+}）吸附在金属表面，与金属表面的负电荷形成双电层。如图 3-3 所示。

这时，在金属和盐溶液之间产生了一定的电势差。金属与其盐溶液界面上的电势差称为金属的电极电势，用 φ 表示。原电池中两电极间的电势差称为原电池的电动势，用 E 表示。$E=\varphi(+)-\varphi(-)$，单位为伏（V）。

图 3-3 双电层示意图

（2）标准电极电势

到目前为止，电极电势的绝对值还无法测量，常用比较法确定其相对值。为此就需要选择标准电极。常规下，都是以标准氢电极作为比较的标准。

① 标准氢电极 如图 3-4 所示，把镀有铂黑的铂片浸入氢离子浓度 $c(H^+)=1mol \cdot L^{-1}$ 的溶液中，且不断通入压力为标准压力（$p^{\ominus}=100kPa$）的纯净氢气，氢气被铂黑吸附并达到饱和，并与溶液中的 H^+ 建立了动态平衡：

$$2H^+ +2e \Longleftrightarrow H_2$$

氢气与溶液中的 H^+ 构成了 H^+/H_2 电对。也就是说，在标准状态下，饱和了氢气的铂片和酸溶液构成了电极，这种电极称为标准氢电极。其电极符号为：

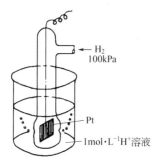

图 3-4 标准氢电极

$$H^+(1mol \cdot L^{-1}) \mid H_2(g, p^\ominus) \mid Pt$$

规定 298K 时，标准氢电极的电极电势为零，即 $\varphi^\ominus(H^+/H_2)=0V$。

② 标准电极电势　任何处于标准状态的电极电势，都称为标准电极电势，用 $\varphi^\ominus$ 表示。欲测定某电极的标准电极电势时，可把它与标准氢电极组成一个原电池。用检流计测定该原电池的标准电动势 $E^\ominus$，再根据 $E^\ominus = \varphi^\ominus(+) - \varphi^\ominus(-)$ 可求得某电极的标准电极电势 $\varphi^\ominus$。

如欲测铜电极的标准电极电势，可将处于标准态的铜电极与标准氢电极组成原电池。根据检流计指针偏转方向，可确定标准铜电极为正极，标准氢电极为负极。同时测得 298K 时该原电池的标准电动势 $E^\ominus = 0.337V$。则 $\varphi^\ominus(Cu^{2+}/Cu) = E^\ominus + \varphi^\ominus(H^+/H_2) = E^\ominus = 0.337V$。

用类似方法可测得一系列金属或大多数电对的标准电极电势。附录中列出了 298K 时各种电对的标准电极电势。标准电极电势不因书写方向的改变而改变，是强度性质，无加合性。在酸性溶液或者中性溶液中的标准电极电势用 $\varphi_A^\ominus$ 表示，在碱性溶液中的标准电极电势用 $\varphi_B^\ominus$ 表示。书后附录中列举的标准电极电势是在标准状态下的水溶液中测定的，对非水溶液、高温下固相及液相反应不适用，在使用时应注意。

（3）电极电势的计算——能斯特（Nernst）方程

对于任意电极，当电极反应为"氧化态 $+ne \rightarrow$ 还原态"形式时，电极电势的计算通式为：

$$\varphi(氧化态/还原态) = \varphi^\ominus(氧化态/还原态) - \frac{RT}{nF}\ln\frac{[还原态]}{[氧化态]} \tag{3-1}$$

式中　$\varphi(氧化态/还原态)$——电对在某一条件下的电极电势，V；

$\quad\varphi^\ominus(氧化态/还原态)$——电对的标准电极电势，V；

$\quad[氧化态]$、$[还原态]$——表示电极反应中的氧化态、还原态一侧各物质平衡浓度的幂次积；

$\quad F$——法拉第常数，$96500C \cdot mol^{-1}$；

$\quad R$——气体热力学常数，$8.314J \cdot mol^{-1} \cdot K^{-1}$；

$\quad T$——反应的热力学温度，K；

$\quad n$——电极反应中电子转移的物质的量，mol。

式（3-1）称为电极电势能斯特（Nernst）方程。

若温度取 298K，将上述各种数据代入式（3-1）中，并将自然对数换为常用对数，式（3-1）可改为：

$$\varphi(氧化态/还原态) = \varphi^\ominus(氧化态/还原) - \frac{0.0592}{n}\lg\frac{[还原态]}{[氧化态]} \tag{3-2}$$

对于任一电池反应，$aA(c_A) + bB(c_B) = eE(c_E) + fF(c_F)$，电动势 $E = \varphi(+) - \varphi(-)$，根据式（3-1）可推出

$$E = E^\ominus - \frac{RT}{nF}\ln\frac{[c(E)]^e[c(F)]^f}{[c(A)]^a[c(B)]^b} \tag{3-3}$$

式中　E——某一条件下的电池电动势，V；

$\quad E^\ominus$——电池的标准电动势，V。

式（3-3）称为电池反应能斯特（Nernst）方程。

当温度为298K时，将自然对数换为常用对数，式(3-3)可改为：

$$E = E^{\ominus} - \frac{0.0592}{n} \lg \frac{[c(E)]^e [c(F)]^f}{[c(A)]^a [c(B)]^b} \tag{3-4}$$

当氧化态、还原态物质的浓度均为$1\text{mol} \cdot \text{L}^{-1}$时的电极电势为标准电极电势。

若纯固体或纯液体参加电极反应时，则不列入方程式中；有气体参加电极反应时，应以其相对分压代入浓度项。

【例3-6】　试计算下列电池在298K时的电动势。

$$(-)\text{Zn} \mid \text{Zn}^{2+}(0.1\text{mol} \cdot \text{L}^{-1}) \parallel \text{Cu}^{2+}(0.3\text{mol} \cdot \text{L}^{-1}) \mid \text{Cu}(+)$$

解　对于各种浓度时电池的电动势的计算有两种方法。

方法一　由电极电势能斯特方程计算

① 写出电极反应和电池反应。

负极　$\qquad\qquad\qquad\qquad\text{Zn} \longrightarrow \text{Zn}^{2+} + 2e$

正极　$\qquad\qquad\qquad\text{Cu}^{2+} + 2e \longrightarrow \text{Cu}$

电池反应　$\qquad\qquad\text{Zn} + \text{Cu}^{2+} \longrightarrow \text{Zn}^{2+} + \text{Cu}$

② 查表得 $\varphi^{\ominus}(\text{Zn}^{2+}/\text{Zn}) = -0.762\text{V}$；$\varphi^{\ominus}(\text{Cu}^{2+}/\text{Cu}) = 0.342\text{V}$。

③ 计算两个电极的电极电势。

铜电极的电极电势为

$$\varphi(\text{Cu}^{2+}/\text{Cu}) = \varphi^{\ominus}(\text{Cu}^{2+}/\text{Cu}) - \frac{0.0592}{2} \lg \frac{c(\text{Cu})}{c(\text{Cu}^{2+})}$$

$$= 0.342 - \frac{0.0592}{2} \lg \frac{1}{0.3}$$

$$= 0.3265 \text{（V）}$$

锌电极的电极电势为

$$\varphi(\text{Zn}^{2+}/\text{Zn}) = \varphi^{\ominus}(\text{Zn}^{2+}/\text{Zn}) - \frac{0.0592}{2} \lg \frac{c(\text{Zn})}{c(\text{Zn}^{2+})}$$

$$= -0.762 - \frac{0.0592}{2} \lg \frac{1}{0.1}$$

$$= -0.7916 \text{（V）}$$

④ 计算电池电动势为 $\quad E = \varphi(+) - \varphi(-) = 0.3245 - (-0.7916) = 1.116 \text{（V）}$

方法二　由电池电动势能斯特方程计算。

① 写出电极反应和电池反应。

负极　$\qquad\qquad\qquad\qquad\text{Zn} \longrightarrow \text{Zn}^{2+} + 2e$

正极　$\qquad\qquad\qquad\text{Cu}^{2+} + 2e \longrightarrow \text{Cu}$

电池反应　$\qquad\qquad\text{Zn} + \text{Cu}^{2+} \longrightarrow \text{Zn}^{2+} + \text{Cu}$

② 查表得 $\varphi^{\ominus}(\text{Zn}^{2+}/\text{Zn}) = -0.763\text{V}$；$\varphi^{\ominus}(\text{Cu}^{2+}/\text{Cu}) = 0.342\text{V}$。

计算电池标准电动势　$E^{\ominus} = \varphi^{\ominus}(+) - \varphi^{\ominus}(-) = 0.342 - (-0.763) = 1.105 \text{（V）}$。

③ 根据电池反应，由电池电动势能斯特方程计算 E。

$$E = E^{\ominus} - \frac{0.0592}{n} \lg \frac{c(\text{Zn}^{2+})}{c(\text{Cu}^{2+})}$$

$$= 1.105 - \frac{0.0592}{2} \lg \frac{0.1}{0.3}$$

$$= 1.119 \text{（V）}$$

4. 电极电势的变化

电极电势是电极和溶液间的电势差。溶液中离子的浓度、气体的压强和温度等能引起电极电势发生变化。对于某一电极来讲，在常温或温度变动不大的情况下，一般认为 φ 不随 T 变化。对电极电势影响较大的是离子浓度。

（1）浓度对电极电势的影响

由能斯特方程可以看出，若还原态物质的浓度增大，则电极电势减小；若氧化态物质的浓度增大，则电极电势增大。一般认为，每一电极都有一个极限最低浓度，低于这个浓度，能斯特方程将不能使用。例如，金属电极中金属离子的浓度一般不能低于 $1 \times 10^{-6} \text{mol} \cdot \text{L}^{-1}$。浓度对电极电势的影响程度可由能斯特方程求算。

【例 3-7】 计算 $c(\text{OH}^-) = 0.1 \text{mol} \cdot \text{L}^{-1}$ 时，电对 O_2/OH^- 的电极电势。已知 $p(\text{O}_2) = 100 \text{kPa}$。

解 电极反应 $\text{O}_2(\text{g}) + 2\text{H}_2\text{O}(\text{l}) + 4\text{e} \longrightarrow 4\text{OH}^-(\text{aq})$

查表得 $\varphi^{\ominus}(\text{O}_2/\text{OH}^-) = 0.401\text{V}$

由能斯特方程求得：

$$\varphi(\text{O}_2/\text{OH}^-) = \varphi^{\ominus}(\text{O}_2/\text{OH}^-) - \frac{0.0592}{4}\lg\frac{c(\text{OH}^-)^4}{p_{\text{O}_2}/p^{\ominus}}$$

$$= 0.401 - \frac{0.0592}{4}\lg\frac{0.1^4}{1} = 0.460 \ (\text{V})$$

（2）酸度对电极电势的影响

如果电极反应中包含着 H^+ 和 OH^-，那么介质的酸度对电极电势也会产生影响。

【例 3-8】 计算在 $c(\text{H}^+) = 10 \text{mol} \cdot \text{L}^{-1}$ 的酸性介质中，电对 $\text{MnO}_2/\text{Mn}^{2+}$ 的电极电势。设 $c(\text{Mn}^{2+}) = 1 \text{mol} \cdot \text{L}^{-1}$。

解 电极反应 $\text{MnO}_2(\text{s}) + 4\text{H}^+(\text{aq}) + 2\text{e} \longrightarrow \text{Mn}^{2+}(\text{aq}) + 2\text{H}_2\text{O}(\text{l})$

查表得 $\varphi^{\ominus}(\text{MnO}_2/\text{Mn}^{2+}) = 1.224\text{V}$

由能斯特方程求得：

$$\varphi(\text{MnO}_2/\text{Mn}^{2+}) = \varphi^{\ominus}(\text{MnO}_2/\text{Mn}^{2+}) - \frac{0.0592}{2}\lg\frac{c(\text{Mn}^{2+})}{c(\text{H}^+)^4}$$

$$= 1.224 + \frac{0.0592}{2}\lg 10^4 = 1.3424 \ (\text{V})$$

在该电极反应中，由于氢离子浓度的指数很高，氢离子浓度甚至可成为控制电极电势的决定因素。

（3）沉淀对电极电势的影响

在氧化还原反应中，若加入一种能与电对的氧化态或还原态生成沉淀的沉淀剂时，也会改变氧化态或还原态的浓度，引起电对的电极电势变化。

以 Ag^+/Ag 电对为例，其标准电极电势为 0.799V。若在溶液中加入 NaCl，便产生 AgCl 沉淀：

$$\text{Ag}^+ + \text{Cl}^- \Longrightarrow \text{AgCl}\downarrow$$

当达到平衡时，如果 Cl^- 浓度为 $1 \text{mol} \cdot \text{L}^{-1}$，$\text{Ag}^+$ 浓度则为：

$$c(\text{Ag}^+) = K_{\text{sp}}^{\ominus}/c(\text{Cl}^-) = 1.6 \times 10^{-10} \text{mol} \cdot \text{L}^{-1}$$

$$\varphi(\text{Ag}^+/\text{Ag}) = \varphi^{\ominus}(\text{Ag}^+/\text{Ag}) + 0.0592\lg c(\text{Ag}^+) = 0.221(\text{V})$$

因为加入 NaCl，产生 AgCl 沉淀后形成了一种新的 AgCl/Ag 电极，电极电势下降

了 0.578V。

（4）配合物对电极电势的影响

已知电对 $Cu^{2+}+2e \longrightarrow Cu$，$\varphi^{\ominus}=0.342V$。

当在该体系中加入氨水时，由于 Cu^{2+} 和 NH_3 分子生成了难离解的 $[Cu(NH_3)_4]^{2+}$ 配离子，

$$Cu^{2+}+4NH_3 \longrightarrow [Cu(NH_3)_4]^{2+}$$

溶液中 Cu^{2+} 浓度降低，因而电极电势值也随之下降。

$$[Cu(NH_3)_4]^{2+} \longrightarrow Cu^{2+}+4NH_3 \qquad \varphi^{\ominus}=-0.065V$$

5. 电极电势的应用

电极电势的数值是比较重要的，除用来判断原电池的正负极，计算原电池的电动势外，还可以比较氧化剂和还原剂的相对强弱，判断氧化还原反应进行的方向、顺序、程度等。

（1）比较氧化剂和还原剂的相对强弱

在任一电极反应中，即：氧化态 $+ne \rightarrow$ 还原态。氧化态物质氧化能力强弱和还原态物质还原能力强弱可以从 φ 值大小来判断。φ 越大，氧化态物质氧化能力越强，对应的还原态物质还原能力越弱。

【例 3-9】 $\varphi^{\ominus}(MnO_4^-/Mn^{2+})=1.51V$，$\varphi^{\ominus}(Cr_2O_7^{2-}/Cr^{3+})=1.33V$，$\varphi^{\ominus}(Cl_2/Cl^-)=1.36V$。请比较其氧化性和还原性强弱。

解 因为 $\varphi^{\ominus}(MnO_4^-/Mn^{2+})>\varphi^{\ominus}(Cl_2/Cl^-)>\varphi^{\ominus}(Cr_2O_7^{2-}/Cr^{3+})$，所以氧化性由强到弱的顺序是 $MnO_4^->Cl_2>Cr_2O_7^{2-}$，还原性由强到弱的顺序是 $Cr^{3+}>Cl^->Mn^{2+}$。

（2）选择氧化还原反应的氧化剂和还原剂

根据 φ 大小可选择适当的氧化剂或还原剂，使之选择性地氧化或还原某些物质。

【例 3-10】 某一溶液含有 Cl^-、Br^-、I^- 三种离子，从 MnO_4^-、Fe^{3+} 选一种氧化剂只氧化 I^- 而不氧化 Cl^- 和 Br^-。

解 查电极电位表得：$\varphi^{\ominus}(Cl_2/Cl^-)=1.36V$，$\varphi^{\ominus}(Br_2/Br^-)=1.087V$，$\varphi^{\ominus}(I_2/I^-)=0.535V$，$\varphi^{\ominus}(MnO_4^-/Mn^{2+})=1.51V$，$\varphi^{\ominus}(Fe^{3+}/Fe^{2+})=0.771V$。

从电极电势数值可知，$\varphi^{\ominus}(MnO_4^-/Mn^{2+})>\varphi^{\ominus}(Cl_2/Cl^-)>\varphi^{\ominus}(Br_2/Br^-)>\varphi^{\ominus}(I_2/I^-)$，所以 $KMnO_4$ 能将 Cl^-、Br^-、I^- 全部氧化。但 $\varphi^{\ominus}(I_2/I^-)<\varphi^{\ominus}(Fe^{3+}/Fe^{2+})<\varphi^{\ominus}(Br_2/Br^-)<\varphi^{\ominus}(Cl_2/Cl^-)$，$Fe^{3+}$ 可以使 I^- 氧化，而不能将 Cl^-、Br^- 氧化。故应选择 Fe^{3+}。

（3）判断氧化还原反应进行的方向

对于由氧化还原反应组成的原电池如果 $E=\varphi(+)-\varphi(-)>0$，则该氧化还原反应可自发进行；如果其 $E=\varphi(+)-\varphi(-)<0$，则反应不能自发进行。

【例 3-11】 已知 $\varphi(Fe^{3+}/Fe^{2+})=0.77V$，$\varphi(I_2/I^-)=0.54V$，判断反应自发进行的方向。

解 $$I^-+Fe^{3+} \longrightarrow I_2+Fe^{2+}$$
$$\varphi(Fe^{3+}/Fe^{2+})-\varphi(I_2/I^-)=0.77-0.54=0.23>0$$

反应能自发进行。

（4）判断氧化还原反应的先后次序

在较复杂的反应体系中，氧化还原反应总是在最强的氧化剂和最强的还原剂之间首先发生的，即在 $\Delta\varphi$ 最大的相关物质间首先发生。

【例 3-12】 向含 I^- 和 Br^- 的混合溶液中通入 Cl_2，首先反应的是哪种离子？

解 查表得：$\varphi^\ominus(Cl_2/Cl^-)=1.36V$，$\varphi^\ominus(Br_2/Br^-)=1.087V$，$\varphi^\ominus(I_2/I^-)=0.535V$。因为 $\varphi^\ominus(Cl_2/Cl^-)>\varphi^\ominus(Br_2/Br^-)>\varphi^\ominus(I_2/I^-)$，$I^-$ 和 Br^- 都可以与 Cl_2 反应。但 $\varphi^\ominus(Cl_2/Cl^-)-\varphi^\ominus(I_2/I^-)>\varphi^\ominus(Cl_2/Cl^-)-\varphi^\ominus(Br_2/Br^-)$，所以先反应的是 I^-。

（5）判断氧化还原反应进行的程度

氧化还原反应同其它可逆反应一样，用平衡常数可以定量地说明反应进行的程度。

从理论上讲，任何氧化还原反应都可以在原电池中进行。例如：

$$Cu+2Ag^+ \longrightarrow Cu^{2+}+2Ag$$

当反应开始时，设各离子浓度都为 $1mol \cdot L^{-1}$，两个半电池的电极电势分别为：

正极 $\qquad\qquad Ag^+ + e \longrightarrow Ag \qquad \varphi^\ominus=0.7996V$

负极 $\qquad\qquad Cu^{2+}+2e \longrightarrow Cu \qquad \varphi^\ominus=0.3419V$

原电池的电动势 $E^\ominus=\varphi^\ominus(+)-\varphi^\ominus(-)=0.7996-0.3419=0.4577(V)$

随着反应正向的进行，正极中 Ag^+ 浓度不断降低，银电极的电极电势不断降低；负极中 Cu^{2+} 浓度不断增加，铜电极的电极电势不断升高。正、负两电极的电势逐渐接近，电动势也逐渐变小，最后，两电极的电势必将相等。此时，原电池的电动势等于零，氧化还原反应达到平衡状态，各离子浓度均为平衡浓度。

根据上述平衡原理，可以从两个电对的电极电势的数值，计算标准平衡常数 $K^\ominus$。

$$\lg K^\ominus=\frac{n[\varphi^\ominus(+)-\varphi^\ominus(-)]}{0.0592}=\frac{nE^\ominus}{0.0592} \tag{3-5}$$

若标准平衡常数 $K^\ominus$ 值很大，表示该氧化还原反应进行得相当完全。

由式（3-5）可知，当 $E^\ominus$ 值越大，平衡常数 $K^\ominus$ 值也就越大，反应进行得越完全。在温度一定时，氧化还原反应的标准平衡常数与标准态的电池电动势 $E^\ominus$ 及转移的电子数有关。即标准平衡常数只与氧化剂和还原剂的本性有关，而与反应物的浓度无关。

若电池反应发生在非标准态下，则此时的平衡常数 K 可以用下面公式计算：

$$\lg K=\frac{n[\varphi(+)-\varphi(-)]}{0.0592}=\frac{nE}{0.0592} \tag{3-6}$$

【例 3-13】 写出电池 $(-)Cd(s)|Cd^{2+}(0.01mol \cdot L^{-1})\|Cl^-(0.5mol \cdot L^{-1})|Cl_2(p^\ominus)|Pt(+)$ 的电极反应和电池反应，并计算 298K 时该电池反应的标准平衡常数。

解 电极反应：

负极 $\qquad\qquad Cd(s) \longrightarrow Cd^{2+}+2e$

正极 $\qquad\qquad Cl_2(p^\ominus)+2e \longrightarrow 2Cl^-$

电池反应：$\qquad Cd(s)+Cl_2(p^\ominus) \longrightarrow Cd^{2+}+2Cl^-$

查表可知：$\varphi^\ominus(Cd^{2+}/Cd)=-0.4030V$；$\varphi^\ominus(Cl^-/Cl_2)=1.358(V)$

则 $E^\ominus=\varphi^\ominus(Cl^-/Cl_2)-\varphi^\ominus(Cd^{2+}/Cd)=+1.761(V)$

根据 $\qquad\qquad \lg K^\ominus=\frac{n[\varphi^\ominus(+)-\varphi^\ominus(-)]}{0.0592}=\frac{nE^\ominus}{0.0592}$

$$\lg K^\ominus=2\times1.761/0.0592=59.49$$

所以 $\qquad\qquad K^\ominus=3.09\times10^{59}$

四、元素电势图及应用

大多数非金属元素和过渡元素可以存在不同种的氧化态，各种氧化态之间都有相应的标准电极电势，将标准电极电势以图解方式表示。这种图称为元素标准电极电势图或拉提默图。比较简单的元素电势图是把同一元素的各种氧化态按照高低顺序排列成横列。有两种书写方式：一种是从左至右，氧化数由低到高排列；另一种是从左到右氧化数由高到低排列。在两种氧化态之间若构成一个电对，就用一条直线把它们连接起来，并在直线上方标出这个电对所对应的标准电极电势。例如：

碘的元素电势图

$$\varphi/V \quad H_5IO_6 \overset{+1.601}{——} IO_3^- \overset{+1.13}{——} HIO \overset{+1.419}{——} I_2 \overset{+0.535}{——} I^-$$

（图中：IO_3^- 到 I_2 上方 +1.195；HIO 到 I^- 下方 +0.987）

1. 判断歧化反应能否进行

某元素不同氧化数的三种物质组成两个电对，按其氧化数由高到低排列顺序为 A、B、C，元素电势图如下：

$$A \overset{\varphi^{\ominus}(左)}{——} B \overset{\varphi^{\ominus}(右)}{——} C$$

若 B 能发生歧化反应，则 $E^{\ominus} = \varphi^{\ominus}(+) - \varphi^{\ominus}(-) > 0$，即 $E^{\ominus} = \varphi^{\ominus}(右) - \varphi^{\ominus}(左) > 0$，$\varphi^{\ominus}(右) > \varphi^{\ominus}(左)$。

若 $\varphi^{\ominus}(右) < \varphi^{\ominus}(左)$，则 B 不能发生歧化反应，只能发生歧化反应的逆反应。

【例 3-14】　（1）铜元素的标准电极电势图如下，请判断 Cu^+ 能否发生歧化反应？

$$\varphi/V \quad Cu^{2+} \overset{+0.153}{——} Cu^+ \overset{+0.521}{——} Cu$$

（Cu^{2+} 到 Cu 上方 +0.342）

（2）铁元素的标准电极电势图如下，请判断 Fe^{2+} 能否发生歧化反应？

$$\varphi/V \quad Fe^{3+} \overset{+0.77}{——} Fe^{2+} \overset{-0.447}{——} Fe$$

（Fe^{3+} 到 Fe 上方 −0.037）

解　（1）因为 $\varphi^{\ominus}(右) > \varphi^{\ominus}(左)$，故 Cu^+ 易发生歧化反应。
（2）因为 $\varphi^{\ominus}(右) < \varphi^{\ominus}(左)$，故 Fe^{2+} 不易发生歧化反应。

2. 计算电对的标准电极电势

例如，某元素电势图为：

$$A \overset{\frac{\varphi_1^{\ominus}}{n_1}}{——} B \overset{\frac{\varphi_2^{\ominus}}{n_2}}{——} C \overset{\frac{\varphi_3^{\ominus}}{n_3}}{——} D$$

（A 到 D 上方 $\frac{\varphi^{\ominus}}{n}$）

从理论上可导出下列公式

$$n\varphi^{\ominus} = n_1\varphi_1^{\ominus} + n_2\varphi_2^{\ominus} + n_3\varphi_3^{\ominus}$$

$$\varphi^{\ominus} = (n_1\varphi_1^{\ominus} + n_2\varphi_2^{\ominus} + n_3\varphi_3^{\ominus})/n$$

式中　n_1，n_2，n_3，n——相应电对的电子转移数，其中 $n = n_1 + n_2 + n_3$。

【例 3-15】　根据碱性介质中溴的电势图，求 $\varphi^{\ominus}(BrO_3^-/Br^-)$ 和 $\varphi^{\ominus}(BrO_3^-/BrO^-)$。

$$\varphi/V \quad BrO_3^- \overset{?}{——} BrO^- \overset{+0.45}{——} Br_2 \overset{+1.09}{——} Br^-$$

（BrO_3^- 到 Br_2 上方 +0.52；BrO^- 到 Br^- 下方 ?）

解

$$\varphi^{\ominus}(BrO_3^-/Br^-)=[5\varphi^{\ominus}(BrO_3^-/Br_2)+1\varphi^{\ominus}(Br_2/Br^-)]/6$$
$$=(5\times0.52+1\times1.09)/6=0.61(V)$$
$$\varphi^{\ominus}(BrO_3^-/BrO^-)=[5\varphi^{\ominus}(BrO_3^-/Br_2)-1\varphi^{\ominus}(BrO^-/Br_2)]/4$$
$$=(5\times0.52-1\times0.45)/4=0.54(V)$$

查一查

请上网查阅资料，了解钢铁腐蚀的途径、原理及其防护措施与防护原理。

【项目 13】　氧化还原性物质的生成与性质验证

一、目的要求

1. 能掌握几种重要的氧化剂、还原剂的氧化还原性质。

2. 能掌握电极电势、反应介质的酸度、反应物的浓度、沉淀平衡、配位平衡等对氧化还原反应的影响。

3. 会装置电解池。

二、实验原理

氧化还原反应是一类很重要的化学反应，其本质特征是在反应过程中有电子的转移，因而使元素的氧化数发生变化。影响氧化还原反应方向的主要因素有电极电势、反应介质的酸度、反应物浓度、沉淀平衡、配位平衡等。

原电池和电解池装置的作用原理在实践中，特别是在分析化学中有着非常重要的应用。

三、试剂与仪器

1. 试剂

(1) $0.2mol\cdot L^{-1}CuSO_4$ 溶液　　1mL　　(2) $1.0mol\cdot L^{-1}CuSO_4$ 溶液　　50mL

(3) $0.1mol\cdot L^{-1}KI$ 溶液　　8mL　　(4) $2.0mol\cdot L^{-1}HCl$ 溶液　　2mL

(5) $6.0mol\cdot L^{-1}HCl$ 溶液　　2mL　　(6) 浓 HCl　　1mL

(7) $3.0mol\cdot L^{-1}H_2SO_4$ 溶液　　6mL　　(8) $2.0mol\cdot L^{-1}HNO_3$ 溶液　　2mL

(9) $10\%H_2O_2$ 溶液　　2mL　　(10) 浓 HNO_3　　2mL

(11) $1.0mol\cdot L^{-1}NaOH$ 溶液　　1mL　　(12) $0.1mol\cdot L^{-1}FeSO_4$ 溶液　　1mL

(13) $6.0mol\cdot L^{-1}NaOH$ 溶液　　1mL　　(14) $0.2mol\cdot L^{-1}SnCl_2$ 溶液　　1mL

(15) $0.1mol\cdot L^{-1}K_2Cr_2O_7$ 溶液　　2mL　　(16) $0.1mol\cdot L^{-1}KBr$ 溶液　　1mL

(17) $0.1mol\cdot L^{-1}Na_2S_2O_3$ 溶液　　2mL　　(18) $0.5mol\cdot L^{-1}Na_2S_2O_3$ 溶液　　1mL

(19) $0.1mol\cdot L^{-1}KMnO_4$ 溶液　　3mL　　(20) $0.1mol\cdot L^{-1}Na_2SO_3$ 溶液　　2mL

(21) $0.1mol\cdot L^{-1}FeCl_3$ 溶液　　3mL　　(22) $0.1mol\cdot L^{-1}Na_3AsO_4$ 溶液　　1mL

(23) $1.0mol\cdot L^{-1}ZnSO_4$ 溶液　　50mL　　(24) 浓 $NH_3\cdot H_2O$　　10mL

(25) 饱和溴水	1mL	(26) 饱和碘水	1mL
(27) CCl_4 溶液	6mL	(28) 饱和 NH_4F 溶液	1mL
(29) 酚酞试液	1mL	(30) 1% 淀粉溶液	1mL
(31) 饱和 NaCl 溶液	10mL	(32) 固体 MnO_2	2g
(33) 固体 $NaHCO_3$	1g	(34) 淀粉-KI 试纸	2 张
(35) 锌粒	2 粒	(36) 红色石蕊试纸	2 张

2. 仪器

(1) 水浴锅	1 只	(2) 滴管	1 支
(3) 试管	16 支	(4) 试管刷	1 把
(5) 玻璃棒	1 根	(6) 酒精灯	1 个
(7) 离心试管	2 支	(8) 离心机	1 台
(9) 烧杯	100mL×2　250mL×1	(10) 量筒	10mL×1　100mL×1
(11) 洗瓶	500mL×1	(12) 表面皿	9cm×1
(13) 盐桥	1 只	(14) 导线	2 根
(15) 电位差计	1 台	(16) U 形管	1 只
(17) 石墨电极	2 支	(18) 锌片电极	1 片
(19) 直流电源	1 台	(20) 铜片电极	1 片

四、实验内容

1. 几种常见的氧化剂和还原剂的氧化还原性质

(1) Fe^{3+} 的氧化性与 Fe^{2+} 的还原性　在试管中加入 5 滴 $0.1mol \cdot L^{-1} FeCl_3$ 溶液，再逐滴加入 $0.2mol \cdot L^{-1} SnCl_2$ 溶液，边滴边摇动试管，直到溶液黄色褪去。再向该无色溶液中滴加 4～5 滴 10% H_2O_2，观察溶液颜色的变化。写出有关离子方程式。

(2) I_2 的氧化性与 I^- 的还原性　在试管中加入 2 滴 $0.1mol \cdot L^{-1} KI$ 溶液，再加入 2 滴 $3.0mol \cdot L^{-1} H_2SO_4$ 及 1mL 蒸馏水，摇匀。再逐滴加入 $0.1mol \cdot L^{-1} KMnO_4$ 溶液至溶液呈淡黄色。然后滴入 $0.1mol \cdot L^{-1} Na_2S_2O_3$ 溶液至黄色褪去。写出有关离子方程式。

(3) H_2O_2 的氧化性和还原性

① H_2O_2 的氧化性。在试管中加入 2 滴 $0.1mol \cdot L^{-1} KI$ 溶液和 3 滴 $3.0mol \cdot L^{-1} H_2SO_4$ 溶液。再加入 2～3 滴 10% H_2O_2 溶液，观察溶液颜色的变化。再加入 15 滴 CCl_4，振荡，观察 CCl_4 层的颜色，并解释之。

② H_2O_2 的还原性。在试管中加入 5 滴 $0.1mol \cdot L^{-1} KMnO_4$ 溶液和 5 滴 $3.0mol \cdot L^{-1} H_2SO_4$ 溶液，再逐滴加入 10% H_2O_2，直至紫色褪去。观察是否有气泡产生，写出离子方程式。

(4) $K_2Cr_2O_7$ 的氧化性。在试管中加入 5 滴 $0.1mol \cdot L^{-1} K_2Cr_2O_7$ 溶液，再加入 5 滴 $3.0mol \cdot L^{-1} H_2SO_4$ 溶液，然后加入 $0.1mol \cdot L^{-1} Na_2SO_3$ 溶液，观察溶液颜色的变化。写出离子方程式。

2. 电极电势与氧化还原反应的关系

(1) 在试管中加入 10 滴 $0.1mol \cdot L^{-1} KI$ 溶液、5 滴 $0.1mol \cdot L^{-1} FeCl_3$ 溶液，混匀，

再加入 20 滴 CCl_4 溶液，充分振荡后，静置片刻，观察 CCl_4 层的颜色。

用 $0.1mol \cdot L^{-1}KBr$ 代替 $0.1mol \cdot L^{-1}KI$ 进行上述同样实验，观察现象。

（2）向试管中加入 1 滴溴水、5 滴 $0.1mol \cdot L^{-1}FeSO_4$ 溶液，混匀，再加入 $1mL$ CCl_4 溶液，振荡后观察 CCl_4 层的颜色。

以碘水代替溴水进行上述同样实验，观察现象。

根据以上四个实验结果，比较 Br_2/Br^-、I_2/I^- 及 Fe^{3+}/Fe^{2+} 三个电对的标准电极电势高低，指出其中最强的氧化剂和最强的还原剂，并说明电极电势与氧化还原反应方向的关系。

3. 介质的酸碱性对氧化还原反应的影响

（1）取三支试管，分别加入 1 滴 $0.1mol \cdot L^{-1}$ 的 $KMnO_4$ 溶液，再在第一支试管中加入 4 滴 $3.0mol \cdot L^{-1}H_2SO_4$ 溶液，在第二支试管中加入 4 滴 $6.0mol \cdot L^{-1}NaOH$ 溶液，第三支试管中加入 4 滴蒸馏水，然后在三支试管中各加入 $4\sim5$ 滴 $Na_2S_2O_3$ 溶液，摇匀，观察各试管有何变化。观察并说明其结果，写出有关离子方程式。

（2）在试管中加入 4 滴 $0.1mol \cdot L^{-1}K_2Cr_2O_7$ 溶液，再加入 1 滴 $1.0mol \cdot L^{-1}NaOH$ 溶液，再加入 10 滴 $0.1mol \cdot L^{-1}Na_2SO_3$ 溶液，观察颜色变化，并说明原因。再继续加入 10 滴 $3.0mol \cdot L^{-1}H_2SO_4$ 溶液，观察溶液颜色的变化。写出有关离子方程式。

（3）在试管中加入 5 滴 $0.1mol \cdot L^{-1}Na_3AsO_4$ 溶液、2 滴 KI 溶液，混匀，微热。再加入 2 滴 $6.0mol \cdot L^{-1}HCl$ 和 1 滴 1% 淀粉溶液，观察现象。然后加入少许 $NaHCO_3$ 固体，以调节溶液至微碱性，观察颜色变化，再加入 1 滴 $6.0mol \cdot L^{-1}$ HCl，观察溶液颜色变化，并加以解释。

4. 浓度对氧化还原反应的影响

（1）取少量固体 MnO_2 于试管中，滴入 5 滴 $2.0mol \cdot L^{-1}HCl$，观察现象。用湿润的淀粉-KI 试纸检查是否有 Cl_2 产生。

以浓 HCl 代替 $2.0mol \cdot L^{-1}HCl$ 进行试验，并检查是否有 Cl_2 产生。

（2）向两支分别盛有 $2mL$ 浓 HNO_3 和 $2mL$ $2.0mol \cdot L^{-1}HNO_3$ 溶液的试管中各加入一小粒 Zn，观察现象，产物有何不同？浓 HNO_3 的还原产物可以从气体来判断，稀 HNO_3 的还原产物可以用检验溶液中有无 NH_4^+ 的方法来判断。

5. 沉淀对氧化还原反应的影响

在试管中加入 20 滴 $0.2mol \cdot L^{-1}CuSO_4$ 溶液、4 滴 $3.0mol \cdot L^{-1}H_2SO_4$ 溶液，混匀，再加入 10 滴 $0.1mol \cdot L^{-1}KI$ 溶液。然后滴加 $0.5mol \cdot L^{-1}Na_2S_2O_3$ 溶液，以除去反应中生成的碘。离心分离后观察沉淀的颜色，并用电极电势解释现象。写出反应方程式。

6. 配合物的形成对氧化还原反应的影响

向试管中加入 10 滴 $0.1mol \cdot L^{-1}FeCl_3$ 溶液，再滴加饱和 NH_4F 溶液至溶液恰好为无色，然后再滴入 10 滴 $0.1mol \cdot L^{-1}KI$ 溶液及 5 滴 CCl_4，充分振荡，静置后观察 CCl_4 层的颜色。与实验 2.(1) 的实验结果比较，并解释之。

7. 原电池

（1）在两个 $100mL$ 烧杯中分别加入 $50mL$ $0.1mol \cdot L^{-1}CuSO_4$ 和 $50mL$ $0.1mol \cdot L^{-1}ZnSO_4$ 溶液，再分别插入铜片和锌片，组成两个电极。两烧杯用盐桥连接，并将锌片和铜片通过导线分别与伏特计的负极和正极相连接，测定两电极间的电势差。

（2）在 $CuSO_4$ 溶液中加入浓 $NH_3 \cdot H_2O$ 至生成的沉淀溶解，此时 Cu^{2+} 与 NH_3 配位

$$Cu^{2+} + 4NH_3 \Longrightarrow [Cu(NH_3)_4]^{2+}（深蓝色）$$

测量此时两电极的电势差，观察有何变化。

（3）在 $ZnSO_4$ 溶液中加入浓 $NH_3 \cdot H_2O$ 至生成的沉淀全部溶解，此时 Zn^{2+} 与 NH_3 配位

$$Zn^{2+} + 4NH_3 \Longrightarrow [Zn(NH_3)_4]^{2+}（无色）$$

测量电势差，观察又有何变化。

以上结果说明了什么？

8. 电解饱和 NaCl 水

在一 U 形玻璃管中加入饱和 NaCl 溶液，用石墨作电极分别与交流电源的正极和负极相接。在阳极附近的液面滴加 1% 淀粉和 1 滴 $0.1 mol \cdot L^{-1}$ KI 溶液，阴极附近的液面加 1 滴酚酞试液，观察现象，并写出电极反应和电解总反应方程式。

五、思考题

1. Fe^{3+} 能将 Cu 氧化成 Cu^{2+}，而 Cu^{2+} 又能将 Fe 氧化成 Fe^{2+}，这两个反应是否有矛盾？为什么？

2. H_2O_2 为什么既有氧化性又有还原性？

3. 以 $KMnO_4$ 为例，说明 pH 对氧化还原产物的影响。

4. 说明 $K_2Cr_2O_7$ 和 K_2CrO_4 在溶液中的相互转化，比较它们的氧化能力。

任务四
氧化还原滴定法测定铁、铜离子含量

案例分析

化学需氧量（COD 或 COD_{Cr}）是指在一定严格的条件下，水中的还原性物质在外加的强氧化剂的作用下，被氧化分解时所消耗氧化剂的数量，以氧的 $mg \cdot L^{-1}$ 表示。化学需氧量反映了水中受还原性物质污染的主要指标之一，目前已成为环境监测分析的重要项目。其测定方法是在水样的强酸性溶液中，用重铬酸钾氧化水样中的还原性物质，过量的重铬酸钾以试亚铁灵作为指示剂，用硫酸亚铁铵溶液回滴，由消耗的重铬酸钾的量即可计算出水样中有机物被氧化时相当于消耗的氧化剂的量。此法重铬酸钾法，为氧化还原滴定方法之一。

一、氧化还原滴定法

氧化还原滴定法是以氧化还原反应为基础的滴定分析方法。利用氧化还原滴定法可以直接或间接测定许多具有氧化性或还原性的物质，某些非变价元素（如 Ca^{2+}、Sr^{2+}、Ba^{2+} 等）也可以用氧化还原滴定法间接测定。因此，它的应用非常广泛。

氧化还原反应是电子转移的反应，比较复杂，电子转移往往分步进行，反应速率比较

慢，也可能因不同的反应条件而产生副反应或生成不同的产物。因此，在氧化还原滴定中，必须创造和控制适当的反应条件，加快反应速率，防止副反应发生，以利于分析反应的定量进行。

在氧化还原滴定中，要使分析反应定量地进行完全，常常用强氧化剂和较强的还原剂作为标准溶液。根据所用标准溶液不同，氧化还原滴定法可分为高锰酸钾法、重铬酸钾法、碘量法、铈量法、溴酸钾法等，前三种方法最常用。

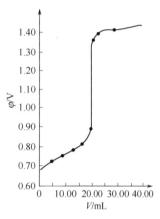

图 3-5　Ce(SO$_4$)$_2$ 标准
溶液滴定 FeSO$_4$

1. 氧化还原滴定曲线

在氧化还原滴定中，随着标准溶液的不断加入，氧化剂或还原剂的浓度发生改变，相应电对的电极电势也随之不断改变，在化学计量点附近溶液的电极电势产生突跃。表示滴定过程中溶液电极电势变化的曲线称为氧化还原滴定曲线。对正确选取氧化还原指示剂具有重要作用。

氧化还原滴定曲线中，以溶液电极电势 φ 为纵坐标，以加入滴定剂的量为横坐标。φ 值的大小可以通过实验方法测得，也可用能斯特方程式进行计算。

如用 $0.1000\text{mol}\cdot\text{L}^{-1}\text{Ce}(\text{SO}_4)_2$ 标准溶液滴定 20.00mL $0.1000\text{mol}\cdot\text{L}^{-1}\text{FeSO}_4$ 溶液的滴定曲线见图 3-5。从曲线可以看出，计量点前后有一个相当大的突跃范围，这与两电对的标准电极电势 $\varphi^{\ominus}$ 有关，两电对的标准电极电势差值 $\Delta\varphi^{\ominus}$ 越大，滴定突跃范围越大。一般 $\Delta\varphi^{\ominus} \geqslant 0.40\text{V}$ 时，才有明显的突跃，可选择指示剂指示终点。否则不易进行氧化还原滴定分析。

2. 氧化还原滴定法指示剂

① 自身指示剂　有些滴定剂本身有很深的颜色，而滴定产物无色或颜色很浅，则滴定时就无需另加指示剂。例如，MnO_4^- 就具有很深的紫红色，用它来滴定 Fe^{2+} 或 $\text{C}_2\text{O}_4^{2-}$ 溶液时，反应的产物 Mn^{2+}、Fe^{3+}、CO_2 颜色都很浅甚至无色，滴定到计量点后，稍过量的 MnO_4^- 就能使溶液呈现浅粉红色。这种以滴定剂本身的颜色变化就能指示滴定终点的物质称为自身指示剂。

② 特殊指示剂　有些物质本身并不具有氧化还原性，但它能与滴定剂或被测物或反应产物产生很深的特殊颜色，因而可指示滴定终点。例如，淀粉与碘生成深蓝色配合物，此反应极为灵敏。因此碘量法中常用淀粉作指示剂，可根据蓝色的出现或褪去来判断终点到达。

③ 氧化还原指示剂　指示剂本身是氧化剂或还原剂，其氧化态与还原态具有不同的颜色。在滴定过程中，因被氧化或被还原而发生颜色变化从而指示终点。若以 InOx 和 InRed 分别表示指示剂的氧化态和还原态，滴定中指示剂的电极反应可表示为：

$$\text{InOx} + ne \Longrightarrow \text{InRed}$$

（氧化态颜色）　　（还原态颜色）

由能斯特方程式得：

$$\varphi_{\text{In}} = \varphi_{\text{In}}^{\ominus} + \frac{0.0592}{n}\lg\frac{c_{\text{In}}(\text{Ox})}{c_{\text{In}}(\text{Red})}$$

与酸碱指示剂相似，氧化还原指示剂颜色的改变也存在着一定的变色范围。当 $c_{\text{In}}(\text{Ox}) = c_{\text{In}}(\text{Red})$ 时，溶液呈中间色，$\varphi_{\text{In}} = \varphi_{\text{In}}^{\ominus}$，此时溶液的电极电势等于指示剂的标准电极电势，称为指示剂的变色点。当 $\dfrac{c_{In}(Ox)}{c_{In}(Red)} \geqslant 10$ 时，溶液呈现指示剂氧化态的颜色；当 $\dfrac{c_{In}(Ox)}{c_{In}(Red)} \leqslant$ 1/10时，溶液呈现指示剂还原态的颜色。因而氧化还原指示剂的变色范围是：$\varphi_{In} = \varphi_{In}^{\ominus} \pm \dfrac{0.0592}{n}$。

氧化还原指示剂的选择原则与酸碱指示剂的选择类似，即指示剂变色的电极电势要全部或部分落在滴定曲线突跃范围内。

值得注意的是氧化还原指示剂本身的氧化还原作用也要消耗一定量的标准溶液，当标准溶液浓度较大时，其影响可忽略不计，但在较精确测定或用较稀（$<0.01 mol \cdot L^{-1}$）的标准溶液进行测定时，则需做空白试验以校正指示剂的误差。

☞ **相关链接**

滴 定 度

当分析对象固定时（如生产单位对某些组分的例行分析），为简化计算，常采用滴定度来表示标准溶液的浓度。滴定度是指每毫升标准溶液相当于待测组分的质量，用符号 $T_{待测组分/标准溶液}$ 表示，单位为 g·mL^{-1}。例如，用 $K_2Cr_2O_7$ 标准溶液测定铁含量时，表示每毫升 $K_2Cr_2O_7$ 标准溶液可将 0.005286g Fe^{2+} 氧化成 Fe^{3+}。如果一次滴定中消耗 $K_2Cr_2O_7$ 标准溶液 24.40mL，则试样溶液中含有铁 $0.005286 \times 24.40 = 0.1290$（mg）。

$$T_{Fe/K_2Cr_2O_7} = 0.005286 g \cdot mL^{-1}$$

二、氧化还原滴定示例

1. 高锰酸钾法

（1）原理和条件　弱酸、中性或弱碱性溶液中，MnO_4^- 被还原为棕色不溶物 MnO_2，因 MnO_2 能使溶液浑浊，妨碍终点观察，所以高锰酸钾法通常在较强的酸性溶液中进行。滴定时使用 H_2SO_4 控制酸度，避免使用 HNO_3（有氧化性）和 HCl（有还原性）。

在强酸性溶液中，MnO_4^- 被还原为 Mn^{2+}

$$MnO_4^- + 8H^+ + 5e \Longrightarrow Mn^{2+} + 4H_2O$$
$$\varphi^{\ominus}(MnO_4^-/Mn^{2+}) = 1.51V$$

$KMnO_4$ 还原为 Mn^{2+} 的反应在常温下进行得较慢。因此，滴定较难氧化的物质时，常需要加热或加催化剂。高锰酸钾法的指示剂是 $KMnO_4$ 本身，在 100mL 水中只要加 1 滴 0.1mol·L^{-1} $KMnO_4$ 溶液就可以呈现明显的紫红色，而它的还原产物 Mn^{2+} 则近无色，所以高锰酸钾法不需另加指示剂。

$KMnO_4$ 氧化性强，在强酸性溶液中可直接滴定一些还原性物质，如 Fe^{2+}、AsO_3^{3-}、NO_2^-、Sb^{3+}、H_2O_2、$C_2O_4^{2-}$、甲醛、葡萄糖和水杨酸等；也可间接滴定一些氧化性物质，如 MnO_2、PbO_2、CrO_3^- 等；还可测定一些能与氧化剂或还原剂起反应，但无氧化性或还原性的物质，如 Ca^{2+}、Ba^{2+}、Zn^{2+} 和 Cd^{2+} 等。例如，Ca^{2+} 能与 $C_2O_4^{2-}$ 形成沉淀溶于 H_2SO_4 中，然后用 $KMnO_4$ 溶液滴定生成 $H_2C_2O_4$，从而测出 Ca^{2+} 的含量。

高锰酸钾法的主要缺点是选择性较差，标准溶液不够稳定。

（2）$KMnO_4$ 标准溶液的配制

纯的 $KMnO_4$ 溶液是相当稳定的。但一般 $KMnO_4$ 试剂中常含有少量 MnO_2 和其它杂质，而且蒸馏水中也含有微量还原性物质，它们可与 $KMnO_4$ 反应而析出 MnO_2 沉淀，

MnO_2 具有催化作用，会进一步促进 $KMnO_4$ 溶液的分解，故 $KMnO_4$ 标准溶液不能用直接法配制。通常先配成近似浓度的溶液，配好后加热微沸 1h 左右，然后需放置 2～3d，使溶液中可能存在的还原性物质完全氧化，过滤除去 MnO_2 沉淀，并保存于棕色瓶中，存放在阴暗处以待标定。

（3）$KMnO_4$ 标准溶液的标定

标定 $KMnO_4$ 溶液浓度的基准物质有：$Na_2C_2O_4$、$FeSO_4 \cdot 7H_2O$、$(NH_4)_2C_2O_4$、As_2O_3 和纯铁丝等，其中 $Na_2C_2O_4$ 较为常用。在 H_2SO_4 溶液中，MnO_4^- 与 $C_2O_4^{2-}$ 的反应如下：

$$2MnO_4^- + 5C_2O_4^{2-} + 16H^+ \longrightarrow 2Mn^{2+} + 10CO_2 \uparrow + 8H_2O$$

计算公式为：

$$c\left(\frac{1}{5}KMnO_4\right) = \frac{m(Na_2C_2O_4)}{M\left(\frac{1}{2}Na_2C_2O_4\right)V\left(\frac{1}{5}KMnO_4\right) \times 10^{-3}}$$

标定时应注意以下问题。

① 温度　室温下反应速率缓慢，常将溶液加热到 75～85℃时趁热滴定，滴定完毕时，溶液的温度也不应低于 60℃。但温度也不宜过高，若高于 90℃，会使部分 $H_2C_2O_4$ 发生分解，使 $KMnO_4$ 用量减少，标定结果偏高。

② 酸度　一般在开始滴定时，溶液的酸度 H^+ 约为 0.5～1mol·L^{-1}，滴定终了时，酸度约为 0.2～0.5mol·L^{-1}。酸度不足时，容易生成 MnO_2 沉淀；酸度过高时，又会促使 $H_2C_2O_4$ 分解。

③ 滴定速度　开始滴定时，因反应速率慢，滴定不宜太快，滴入的第一滴 $KMnO_4$ 溶液褪色后，由于生成了催化剂 Mn^{2+}，反应逐渐加快，此现象称为自动催化反应。随后的滴定速度可以快些，但仍需逐滴加入，否则滴入的 $KMnO_4$ 来不及与 $Na_2C_2O_4$ 发生反应，$KMnO_4$ 就分解了，从而使结果偏低。

$$4MnO_4^- + 12H^+ \longrightarrow 4Mn^{2+} + 5O_2 \uparrow + 6H_2O$$

④ 滴定终点　用 $KMnO_4$ 溶液滴定至终点后，溶液出现的浅红色不能持久，因为空气中的还原性气体和灰尘都能与 MnO_4^- 缓慢作用，使 MnO_4^- 还原，溶液的浅红色逐渐消失。所以滴定时溶液中出现的浅红色在 0.5min 内不褪色，便可认定已达滴定终点。

（4）应用示例

① 直接滴定法测定 H_2O_2 的含量　高锰酸钾在酸性溶液中能定量氧化过氧化氢，其反应式为：

$$2MnO_4^- + 5H_2O_2 + 6H^+ \longrightarrow 2Mn^{2+} + 5O_2 \uparrow + 8H_2O$$

滴定开始时反应比较慢，待有少量 Mn^{2+} 生成后，由于 Mn^{2+} 的催化作用，反应速率加快。根据等物质的量规则有 $5n(MnO_4^-) = 2n(H_2O_2)$，H_2O_2 的含量可按下式计算：

$$\rho(H_2O_2) = \frac{\frac{5}{2}c(KMnO_4)V(KMnO_4)M(H_2O_2)}{V_s}$$

② 间接滴定法测定 Ca^{2+}　试样中钙含量的测定步骤为：先将试样中的 Ca^{2+} 沉淀为 CaC_2O_4，然后将沉淀过滤，洗净，并用稀硫酸溶解，最后用 $KMnO_4$ 标准溶液滴定。其有关反应式如下：

$$Ca^{2+} + C_2O_4^{2-} \longrightarrow CaC_2O_4 \downarrow$$

$$CaC_2O_4 + 2H^+ \longrightarrow H_2C_2O_4 + Ca^{2+}$$

$$2MnO_4^- + 5H_2C_2O_4 + 6H^+ \longrightarrow 2Mn^{2+} + 10CO_2\uparrow + 8H_2O$$

根据等物质的量规则，$n\left(\dfrac{1}{5}KMnO_4\right) = n\left(\dfrac{1}{2}Ca^{2+}\right)$，得：

$$w(Ca) = \dfrac{\dfrac{5}{2}c(KMnO_4)V(KMnO_4)M(Ca)\times 10^{-3}}{m_s}\times 100\%$$

2. 重铬酸钾法

（1）原理和条件

重铬酸钾法是以 $K_2Cr_2O_7$ 为标准溶液的氧化还原滴定法。在酸性溶液中，$K_2Cr_2O_7$ 与还原剂作用被还原为 Cr^{3+}，半反应为：

$$Cr_2O_7^{2-} + 14H^+ + 6e \Longleftrightarrow 2Cr^{3+} + 7H_2O \qquad \varphi^{\ominus}(Cr_2O_7^{2-}/Cr^{3+}) = 1.33V$$

室温下 $K_2Cr_2O_7$ 不与 Cl^- 作用，故可在 HCl 溶液中滴定，选择性高。但当 HCl 浓度太大或将溶液煮沸时，$K_2Cr_2O_7$ 也能部分地被 Cl^- 还原。

重铬酸钾法中，虽然橙色的 $Cr_2O_7^{2-}$ 被还原后转化为绿色的 Cr^{3+}，但由于 $Cr_2O_7^{2-}$ 的颜色不是很深，故不能根据自身的颜色变化来确定终点，需另加氧化还原指示剂，一般采用二苯胺磺酸钠作指示剂。重铬酸钾法常用于铁和土壤中有机质的测定。$K_2Cr_2O_7$ 的氧化能力不如 $KMnO_4$ 强，应用范围也不如 $KMnO_4$ 法广泛。

（2）$K_2Cr_2O_7$ 标准溶液配制

$K_2Cr_2O_7$ 易提纯，可直接配制标液。$K_2Cr_2O_7$ 标液非常稳定，可长期保存。

（3）应用示例

亚铁盐中亚铁含量的测定可用 $K_2Cr_2O_7$ 标准溶液滴定，在酸性溶液中反应式为：

$$Cr_2O_7^{2-} + 6Fe^{2+} + 14H^+ \longrightarrow 2Cr^{3+} + 6Fe^{3+} + 7H_2O$$

准确称取试样在酸性条件下溶解后，加入适量的 H_3PO_4，并加入二苯胺磺酸钠指示剂，滴定至终点。

根据等物质的量规则，$n\left(\dfrac{1}{6}K_2Cr_2O_7\right) = n(Fe^{2+})$，得

$$w(Fe) = \dfrac{c\left(\dfrac{1}{6}K_2Cr_2O_7\right)V(K_2Cr_2O_7)M(Fe)\times 10^{-3}}{m_s}\times 100\%$$

3. 碘量法

碘量法是利用 I_2 的氧化性和 I^- 的还原性进行滴定的分析方法。

$$I_2 + 2e \Longleftrightarrow 2I^- \qquad \varphi^{\ominus}(I_2/I^-) = 0.53V$$

从电极电势可知，I_2 是一种较弱的氧化剂，而 I^- 是中等强度的还原剂。电对电极电势低于 $\varphi^{\ominus}(I_2/I^-)$ 的还原性物质如 $S_2O_3^{2-}$、SO_3^{2-}、AsO_3^{3-}、SbO_3^{3-} 和维生素 C 等，能用 I_2 标准溶液直接滴定，这种方法叫直接碘量法。电对电极电势高于 $\varphi^{\ominus}(I_2/I^-)$ 的氧化性物质如 Cu^{2+}、$Cr_2O_7^{2-}$、CrO_4^{2-}、MnO_4^-、H_2O_2 和漂白粉等，可先将 I^- 氧化成 I_2，再用 $Na_2S_2O_3$ 标准溶液滴定生成的 I_2。这种滴定方法叫间接碘量法。

（1）直接碘量法

用直接碘量法来测定还原性物质时，一般应在弱碱性、中性或弱酸性溶液中进行。如测定 AsO_3^{3-} 需在弱碱性 $NaHCO_3$ 溶液中进行。

　　I_2 标准溶液可用升华法制得的纯碘直接配制。但 I_2 具有挥发性和腐蚀性，不宜在天平上称量，故通常先配成近似浓度的溶液，然后进行标定。由于碘在水中的溶解度很小，通常在配制 I_2 溶液时加入过量的 KI 以增加其溶解度，降低 I_2 的挥发性。直接碘量法可利用淀粉作指示剂，I_2 遇淀粉呈蓝色。

　　（2）间接碘量法

　　间接碘量法测定氧化性物质时，须在中性或弱酸性溶液中进行。例如，测定 $K_2Cr_2O_7$ 含量的反应如下：

$$Cr_2O_7^{2-} + 6I^- + 14H^+ \longrightarrow 2Cr^{3+} + 3I_2 + 7H_2O$$

$$I_2 + 2S_2O_3^{2-} \longrightarrow 2I^- + S_4O_6^{2-}$$

若溶液为碱性，则存在如下反应：

$$4I_2 + S_2O_3^{2-} + 10OH^- \longrightarrow 8I^- + 2SO_4^{2-} + 5H_2O$$

在强酸性溶液中，$S_2O_3^{2-}$ 易被分解：

$$S_2O_3^{2-} + 2H^+ \longrightarrow S\downarrow + SO_2 + H_2O$$

　　间接碘量法也用淀粉作指示剂，但它不是在滴定前加入，若指示剂加得过早，则由于淀粉与 I_2 形成的牢固结合会使 I_2 不易与 $Na_2S_2O_3$ 立即作用，以致滴定终点不敏锐。故一般在近终点时加入。应用碘量法除了需要掌握好酸度外，还应注意以下几点。

　　① 防止碘挥发。其办法有：

　　a. 加入过量的 KI，使 I_2 变成 I_3^-；

　　b. 反应时溶液不可加热；

　　c. 反应在碘量瓶中进行，滴定时不要过分摇动溶液。

　　② 防止 I^- 被空气氧化。方法有：

　　a. 避免阳光照射；

　　b. Cu^{2+}、NO_2^- 等能催化空气对 I^- 的氧化，应该设法除去；

　　c. 滴定应该快速进行。

　　（3）标准溶液的配制和标定

　　① $Na_2S_2O_3$ 溶液的配制和标定　结晶的 $Na_2S_2O_3 \cdot 5H_2O$，一般含有少量 S、Na_2SO_3、Na_2CO_3、NaCl 等杂质，因此不能用直接法配制标准溶液。而且 $Na_2S_2O_3$ 溶液不稳定，容易与水中的 CO_2、空气中的氧气作用，以及被微生物分解而使浓度发生变化。因此，配制 $Na_2S_2O_3$ 标准溶液时应先煮沸蒸馏水，除去水中的 CO_2 及杀灭微生物，加入少量 Na_2CO_3 使溶液呈微碱性，以防止 $Na_2S_2O_3$ 分解。日光能促使 $Na_2S_2O_3$ 分解，所以 $Na_2S_2O_3$ 溶液应贮存于棕色瓶中，放置暗处，经一两周后再标定。长期保存的溶液，在使用时应重新标定。

　　标定 $Na_2S_2O_3$ 溶液常用 $K_2Cr_2O_7$、$KBrO_3$、KIO_3 等基准物质，用间接碘量法进行标定。如在酸性溶液中，有过量 KI 存在下，一定量的 $K_2Cr_2O_7$ 与 KI 反应产生等物质的量的 I_2。

$$Cr_2O_7^{2-} + 6I^- + 14H^+ \longrightarrow 2Cr^{3+} + 3I_2 + 7H_2O$$

用 $Na_2S_2O_3$ 标准溶液滴定析出的 I_2。

$$I_2 + 2S_2O_3^{2-} \longrightarrow 2I^- + S_4O_6^{2-}$$

根据 $K_2Cr_2O_7$ 的质量及 $Na_2S_2O_3$ 用量计算 $Na_2S_2O_3$ 物质的量浓度。公式为：

$$c(Na_2S_2O_3) = \frac{m(K_2Cr_2O_7)}{M\left(\frac{1}{6}K_2Cr_2O_7\right)V(Na_2S_2O_3) \times 10^{-3}}$$

② I_2 标准溶液的配制和标定　市售的 I_2 含有杂质，采用间接法配制 I_2 标准溶液。I_2 在水中的溶解度很小，且易挥发，常将它溶解在较浓的 KI 溶液中，以提高其溶解度。碘见光遇热时浓度会发生变化，故应装在棕色瓶中，并置于暗处保存。贮存和使用 I_2 溶液时，应避免与橡皮等有机物质接触。

标定 I_2 溶液的浓度，用已经标定好的 $Na_2S_2O_3$ 标准溶液来比较。

根据等物质的量规则：$n\left(\dfrac{1}{2}I_2\right) = n(Na_2S_2O_3)$

所以

$$c\left(\frac{1}{2}I_2\right) = \frac{c(Na_2S_2O_3)V(Na_2S_2O_3)}{V(I_2)}$$

（4）碘量法应用示例

① 维生素 C 含量的测定　维生素 C 分子中含有烯二醇基，易被 I_2 定量氧化成含二酮基的脱氢维生素 C，故可用直接碘量法测定含量。

$$C_6H_8O_6 + I_2 \longrightarrow C_6H_6O_6 + 2HI$$

从上式可以看出，在碱性条件下有利于反应向右进行，但维生素 C 的还原性很强，在碱性环境中易被空气中的 O_2 氧化，故滴定时加一些 HAc 使滴定在弱酸性溶液中进行，以减少被空气氧化。

$$w(C_6H_8O_6) = \frac{c(I_2)V(I_2)M(C_6H_8O_6)\times10^{-3}}{m_s}\times100\%$$

② 硫酸铜含量的测定　在硫酸铜溶液中加入过量的 KI，使 Cu^{2+} 与 KI 作用生成 CuI，并析出等物质的量的 I_2，再用 $Na_2S_2O_3$ 标准溶液滴定析出的 I_2。

$$2Cu^{2+} + 4I^- \longrightarrow 2CuI\downarrow + I_2$$

$$I_2 + 2S_2O_3^{2-} \longrightarrow 2I^- + S_4O_6^{2-}$$

因 CuI 溶解度相对较大，且对 I_2 的吸附较强，终点不明显。为此，在计量点前加入 KSCN，使 CuI 转化为更难溶的 CuSCN 沉淀，CuSCN 吸附碘的倾向较小，提高了测定的准确度。但应注意，SCN^- 对 I_2 和 Cu^{2+} 同时还有还原作用，故应在近终点时加入。

$$CuI(s) + SCN^- \longrightarrow CuSCN\downarrow + I^-$$

为了防止 Cu^{2+} 的水解，反应必须在酸性溶液中（pH = 3.5～4）进行，由于 Cu^{2+} 容易与 Cl^- 形成配离子，因此酸化时常用 H_2SO_4 或 HAc 而不用 HCl。

由于 Fe^{3+} 容易氧化 I^- 生成 I_2，使结果偏高。若试样中含有 Fe^{3+} 时，应分离除去或加入 NaF 使 Fe^{3+} 形成配离子 $[FeF_6]^{3-}$ 而掩蔽，以消除干扰。

由消耗的 $Na_2S_2O_3$ 标准溶液体积和标准溶液浓度计算铜的含量：

$$w(Cu) = \frac{c(Na_2S_2O_3)V(Na_2S_2O_3)M(Cu)\times10^{-3}}{m_s}\times100\%$$

【项目 14】　$K_2Cr_2O_7$ 法测定溶液亚铁含量

一、目的要求

1. 会用 $K_2Cr_2O_7$ 法测定亚铁盐中亚铁含量。
2. 能正确使用二苯胺磺酸钠指示剂，并正确判断滴定终点颜色变化。

二、基本原理

在硫酸酸性溶液中，$K_2Cr_2O_7$ 与 Fe^{2+} 的反应式为：

$$Cr_2O_7^{2-}+6Fe^{2+}+14H^+\longrightarrow 2Cr^{3+}+6Fe^{3+}+7H_2O$$

用二苯胺磺酸钠作为指示剂，溶液由无色经绿色到蓝紫色即为终点。

三、试剂与仪器

1. 试剂

(1) 5g·L^{-1}二苯胺磺酸钠指示液　　　4mL　　(2) 重铬酸钾　　　0.20g

(3) 85% H_3PO_4 溶液　　　25mL　　(4) 20% H_2SO_4 溶液　10mL

(5) $(NH_4)_2SO_4·FeSO_4·6H_2O$ 试样　　2.0g

试剂配制

二苯胺磺酸钠指示液（5g·L^{-1}）：称取 0.5g 二苯胺磺酸钠，溶于水，稀释至 100mL。

2. 仪器

(1) 酸式滴定管　50mL×1　　　　(2) 锥形瓶　　250mL×2

(3) 量筒　　　50mL×1　　　　(4) 试剂瓶　　500mL×1

(5) 移液管　　25mL×1　　　　(6) 容量瓶　　250mL×2

(7) 烧杯　　　100mL×1　250mL×1　(8) 洗耳球　　1 只

　　　　　　500mL×1　　　　　(9) 托盘天平　1 台

(10) 分析天平　1 台

四、操作步骤

1. 重铬酸钾标准溶液的配制

准确称取 0.12~0.20g 已在 120℃±2℃ 的电烘箱中干燥至恒重的基准试剂重铬酸钾于小烧杯中，溶于蒸馏水，定量转移至 250mL 容量瓶中，稀释至刻度。

重铬酸钾标准溶液的浓度（mol·L^{-1}）按下式计算：

$$c(K_2Cr_2O_7)=\frac{m\times1000}{VM(K_2Cr_2O_7)}$$

式中　　　　m——$K_2Cr_2O_7$ 的质量，g；

　　　　　　V——$K_2Cr_2O_7$ 溶液体积，mL；

$M(K_2Cr_2O_7)$——$K_2Cr_2O_7$ 的摩尔质量，g·mol^{-1}。

2. 测定溶液中亚铁含量

(1) 称取 1.1~1.5g $(NH_4)_2SO_4·FeSO_4·6H_2O$ 固体置于 250mL 烧杯中。

(2) 加入 8mL 20% H_2SO_4 溶液防止水解，加入蒸馏水，加热溶解，定量转移到 250mL 容量瓶，稀释到刻度。

(3) 准确移取 25.00mL 试液，置于锥形瓶中，加入 50mL 蒸馏水、10mL 20% H_2SO_4 溶液，再加入 5~6 滴二苯胺磺酸钠指示剂，摇匀。

👉 注意

①在酸性溶液中，亚铁易被氧化，加入硫酸后，应立即进行滴定；②二苯胺磺酸钠的水溶液若配制过久，呈深绿色，不能再继续使用。该指示剂要消耗一定量的滴定溶液，所以其加入量不能太多。

（4）用 $K_2Cr_2O_7$ 标准溶液滴定，至溶液出现深绿色时，加 5.0mL 85% H_3PO_4 溶液，继续滴至溶液呈紫色或蓝紫色。记录消耗 $K_2Cr_2O_7$ 标准溶液的体积。

👉 注意

加入 H_3PO_4 的主要作用：该实验的滴定突跃范围为 0.93~1.34V，用二苯胺磺酸钠作指示剂时，滴定突跃变为 0.85V。加入 H_3PO_4 能降低铁电对电极电势 $\varphi(Fe^{3+}/Fe^{2+})$，使电极电势降低为 0.71~1.34，指示剂可以在此范围内变色。此外，H_3PO_4 能与黄色的 Fe^{3+} 生成无色 $[Fe(HPO_4)_2]^-$ 配离子，使终点容易观察。

（5）平行测定四次，同时作空白实验。

溶液中亚铁含量计算：

$$w(Fe^{2+}) = \frac{6 \times c(K_2Cr_2O_7)(V_1 - V_0)M(Fe^{2+}) \times 10^{-3}}{m_s \times \dfrac{25.00}{250}} \times 100\%$$

式中　$w(Fe^{2+})$——硫酸亚铁铵中亚铁含量；

　　　$c(K_2Cr_2O_7)$——$K_2Cr_2O_7$ 标准溶液浓度，$mol \cdot L^{-1}$；

　　　　　V_1——滴定时消耗 $K_2Cr_2O_7$ 标准溶液体积，mL；

　　　　　V_0——空白实验消耗 $K_2Cr_2O_7$ 标准溶液体积，mL；

　　　$M(Fe^{2+})$——Fe 的摩尔质量，$g \cdot mol^{-1}$；

　　　　　m_s——硫酸亚铁铵固体质量，g。

五、数据记录和数据处理

数据记录见表 3-4 和表 3-5。

六、思考题

1. $K_2Cr_2O_7$ 法测定亚铁盐的含量时，加入 H_2SO_4、H_3PO_4 的作用各是什么？

表 3-4　重铬酸钾标准溶液的配制

项　　　目	
敲样前质量/g	
敲样后质量/g	
$K_2Cr_2O_7$ 的质量 m/g	
天平零点/格	
$c(K_2Cr_2O_7)$/mol · L^{-1}	

表 3-5　测定溶液中亚铁含量

项　　　目	1	2	3	4
试液体积/mL				
消耗 $K_2Cr_2O_7$ 标准溶液的体积 V_1/mL				
空白实验消耗 $K_2Cr_2O_7$ 溶液的体积 V_0/mL				
$c(K_2Cr_2O_7)$/mol · L^{-1}				
$w(Fe^{2+})$/%				
$w(Fe^{2+})$ 平均值/%				
相对平均偏差/%				

2. 如何选择氧化还原指示剂？

3. 为什么能直接称量配制准确浓度的 $K_2Cr_2O_7$ 标准溶液？

【项目 15】 $Na_2S_2O_3$ 标准溶液的标定和胆矾中 $CuSO_4 \cdot 5H_2O$ 含量测定

一、目的要求

1. 会配制和标定 $Na_2S_2O_3$ 溶液。

2. 会用间接碘量法测定胆矾中 $CuSO_4 \cdot 5H_2O$ 含量。

二、基本原理

硫代硫酸钠（$Na_2S_2O_3 \cdot 5H_2O$）容易风化，且含有少量杂质（如 S、Na_2SO_4、NaCl、Na_2CO_3）等，配制的溶液不稳定易分解，因此先配制所需近似浓度的溶液，加少量 Na_2CO_3 放置一定时间，待溶液稳定后，再进行标定。

标定 $Na_2S_2O_3$ 溶液多用 $K_2Cr_2O_7$ 基准物，反应式为：

$$K_2Cr_2O_7 + 6KI + 7H_2SO_4 \longrightarrow 3I_2 + Cr_2(SO_4)_3 + 4K_2SO_4 + 7H_2O$$

析出的 I_2，用 $Na_2S_2O_3$ 溶液滴定：

$$I_2 + 2Na_2S_2O_3 \longrightarrow 2NaI + Na_2S_4O_6$$

淀粉作指示剂。滴定至近终点时加指示剂，继续滴定至蓝色消失，溶液呈亮绿色为终点。

胆矾主要成分 $CuSO_4 \cdot 5H_2O$，经过处理后，在弱酸性介质中，Cu^{2+} 与过量的 KI 作用生成 CuI 沉淀，并定量析出碘。以淀粉为指示剂，用 $Na_2S_2O_3$ 标准溶液滴定。反应式为：

$$2CuSO_4 + 4KI \longrightarrow 2K_2SO_4 + 2CuI\downarrow + I_2$$
$$I_2 + 2Na_2S_2O_3 \longrightarrow Na_2S_4O_6 + 2NaI$$

由于 CuI 表面吸附 I_3^- 粒子，会使测定结果偏低，可在大部分 I_2 被 $Na_2S_2O_3$ 溶液滴定后，加入 KSCN，将 CuI 转化为溶解度更小的 CuSCN 沉淀，把吸附的碘释放出来，使反应得以进行完全。

由于碘极易挥发，因此本实验中有许多特别注意的地方：如加入硫酸后立即盖上瓶塞并在瓶口用水封，从暗处拿出后进行滴定，开始滴定时，先快滴（要成直线）慢摇，逐步减慢滴定速度并加快摇动，至加完指示剂后，要慢滴快摇，但最初的滴定速度要能使上下液层基本均匀，不能有明显分层，否则极易过量。另外颜色变化较多，要特别注意比较前后的颜色变化，才能准确判断。

三、试剂与仪器

1. 试剂

（1）固体 $Na_2S_2O_3 \cdot 5H_2O$(A. R.)	13g	（2）固体 KI(A. R.)	8g
（3）基准物 $K_2Cr_2O_7$	8g	（4）20% H_2SO_4 溶液	80mL

（5）5g·L^{-1}淀粉溶液　　　　20mL　　（6）1mol·L^{-1} H$_2$SO$_4$ 溶液　　20mL

（7）100g·L^{-1} KI 溶液　　　40mL　　（8）10% KSCN 溶液　　　40mL

（9）CuSO$_4$·5H$_2$O 样品　　　　3g

2. 仪器

（1）酸式滴定管　　50mL×1　　　　（2）碘量瓶　　　　250mL×1

（3）量筒　　　　　50mL×1　　　　（4）试剂瓶　　　　500mL×1

（5）烧杯　　　　　100mL×1　　　　（6）托盘天平　　　1台

　　　　　　　　　250mL×1　　　　（7）分析天平　　　1台

　　　　　　　　　500mL×1

四、操作步骤

1. c(Na$_2$S$_2$O$_3$)=0.1mol·L^{-1} 的 Na$_2$S$_2$O$_3$ 溶液的配制

称取 13g 硫代硫酸钠（Na$_2$S$_2$O$_3$·5H$_2$O），溶于 500mL 蒸馏水中，缓缓煮沸 10min，冷却。放置两周后过滤。

2. Na$_2$S$_2$O$_3$ 标准溶液的标定

（1）准确称取 0.12～0.18g 于 120℃±2℃ 干燥至恒重的基准试剂重铬酸钾，置于碘量瓶中。

（2）加入 25mL 蒸馏水，加 2g 碘化钾及 20mL H$_2$SO$_4$ 溶液（20%）摇匀，立刻盖上碘量瓶塞，摇匀，瓶口加少量蒸馏水封，于暗处放置 10min。

（3）加 50mL 蒸馏水（15～20℃），加水时注意先把瓶塞轻轻提离一点用蒸馏水冲洗。

（4）用配制好的 Na$_2$S$_2$O$_3$ 溶液滴定，近终点时（溶液出现淡黄绿色）加 2mL 淀粉指示液（5g·L^{-1}），继续滴定至溶液由蓝色变为亮绿色。

（5）平行 3～4 次，同时做空白实验。

Na$_2$S$_2$O$_3$ 标准溶液的浓度（mol·L^{-1}）按下式计算：

$$c(\text{Na}_2\text{S}_2\text{O}_3)=\frac{m\times1000}{(V_1-V_0)M\left(\frac{1}{6}\text{K}_2\text{Cr}_2\text{O}_7\right)}$$

式中　　　　m——重铬酸钾的质量，g；

　　　　　　V_1——消耗 Na$_2$S$_2$O$_3$ 溶液体积，mL；

　　　　　　V_0——空白实验消耗 Na$_2$S$_2$O$_3$ 溶液体积，mL；

$M\left(\frac{1}{6}\text{K}_2\text{Cr}_2\text{O}_7\right)$——$\frac{1}{6}K_2Cr_2O_7$ 的摩尔质量，g·mol^{-1}。

注意

① 操作条件对滴定结果的准确度影响很大，为防止碘的挥发和碘离子氧化，必须严格按照规程谨慎操作。②用重铬酸钾标定 Na$_2$S$_2$O$_3$ 溶液时，滴定至终点的溶液放置一段时间可能又变为蓝色。如果放置 5min 后变蓝，是由于空气中 O$_2$ 的氧化作用所致，可不予考虑；如果很快变蓝，说明 K$_2$Cr$_2$O$_7$ 与 KI 的反应没有定量进行完全，必须弃去重做。

3. 胆矾含量的测定

（1）准确称取胆矾试样 0.5～0.6g，置于碘量瓶中。

（2）加 100mL 蒸馏水和 5mL 1mol·L^{-1} H$_2$SO$_4$ 溶液使其溶解，加 100g·L^{-1} KI 溶液

10mL，迅速盖上瓶塞，摇匀后，于暗处放置 3min，此时出现 CuI 白色沉淀。

（3）打开瓶塞，用少量蒸馏水冲洗瓶塞和瓶壁，立即用 $Na_2S_2O_3$ 标准溶液滴定至溶液显浅黄色，加 3mL 淀粉指示液，继续滴定至浅蓝色，再加 10% KSCN 溶液 10mL（溶液颜色略转深）。继续用 $Na_2S_2O_3$ 标准溶液滴定至蓝色恰好消失为终点，此时溶液为米色的 CuSCN 悬浮液。

（4）平行测定 3～4 次，同时做空白实验。

$$w(CuSO_4 \cdot 5H_2O) = \frac{c(Na_2S_2O_3)(V_2 - V_0) \times 10^{-3} \times M(CuSO_4 \cdot 5H_2O)}{m_s} \times 100\%$$

式中　$w(CuSO_4 \cdot 5H_2O)$——胆矾中 $CuSO_4 \cdot 5H_2O$ 的质量分数；

　　　$c(Na_2S_2O_3)$——$Na_2S_2O_3$ 标准溶液浓度，$mol \cdot L^{-1}$；

　　　V_2——滴定时消耗 $Na_2S_2O_3$ 标准溶液体积，mL；

　　　V_0——空白实验消耗 $Na_2S_2O_3$ 标准溶液体积，mL；

$M(CuSO_4 \cdot 5H_2O)$——$CuSO_4 \cdot 5H_2O$ 的摩尔质量，$g \cdot mol^{-1}$；

　　　m_s——胆矾试样的质量，g。

五、数据记录和数据处理

数据记录见表 3-6 和表 3-7。

表 3-6　$Na_2S_2O_3$ 标准滴定溶液的标定

项　目	1	2	3	4
敲样前质量/g				
敲样后质量/g				
$m(K_2Cr_2O_7)$/g				
天平零点/格				
滴定时消耗 $Na_2S_2O_3$ 溶液的体积 V_1/mL				
空白实验消耗 $Na_2S_2O_3$ 溶液的体积 V_0/mL				
$c(Na_2S_2O_3)$/mol $\cdot$ L^{-1}				
$c(Na_2S_2O_3)$平均值/mol $\cdot$ L^{-1}				
相对平均偏差/%				

表 3-7　胆矾含量的测定

项　目	1	2	3	4
敲样前质量/g				
敲样后质量/g				
样品质量 m/g				
天平零点/格				
滴定时消耗 $Na_2S_2O_3$ 溶液的体积 V_2/mL				
空白实验消耗 $Na_2S_2O_3$ 溶液的体积 V_0/mL				
$c(Na_2S_2O_3)$平均值/mol $\cdot$ L^{-1}				
$w(CuSO_4 \cdot 5H_2O)$/%				
$w(CuSO_4 \cdot 5H_2O)$的平均值/%				
相对平均偏差/%				

六、思考题

1. 配制硫代硫酸钠标准溶液为什么要煮沸、放置 2 周后过滤？

2. 用重铬酸钾标定硫代硫酸钠溶液时，下列做法的原因是什么？

① 加入 KI 后于暗处放置 10min；

② 滴定前加 150mL 蒸馏水；

③ 近终点时加淀粉指示剂。

3. 用间接碘量法测定硫酸铜的含量时，溶液的 pH 应在什么范围内？pH 过高或过低对测定有何影响？

【项目 16】　KMnO₄ 标准溶液的标定和过氧化氢含量测定

一、目的要求

1. 会配制和保存 $KMnO_4$ 标准溶液。

2. 会用 $Na_2C_2O_4$ 作为基准物标定 $KMnO_4$ 溶液。

3. 会用 $KMnO_4$ 标准溶液测定 H_2O_2 含量。

二、基本原理

市售的 $KMnO_4$ 试剂常含有少量杂质，同时，由于 $KMnO_4$ 是强氧化剂，容易与水中有机物、空气中尘埃等还原性物质反应以及自身能自动分解，因此 $KMnO_4$ 标准溶液不能直接配制成准确浓度，只能配制成粗略浓度，经过煮沸，过滤处理后，用基准物标定其准确浓度。

长期贮存的 $KMnO_4$ 标准溶液，应保存在棕色试剂瓶中，并定期进行标定。标定 $KMnO_4$ 溶液的基准物有 $(NH_4)_2Fe(SO_4)_2 \cdot 6H_2O$、$(NH_4)_2C_2O_4$、$Na_2C_2O_4$、$FeSO_4 \cdot 7H_2O$、$H_2C_2O_4 \cdot 2H_2O$ 和纯铁丝等。由于 $Na_2C_2O_4$ 易提纯，性质稳定且不含结晶水，因此是标定 $KMnO_4$ 溶液最常用的基准物。在酸性介质中 $Na_2C_2O_4$ 与 $KMnO_4$ 发生下列反应：

$$2MnO_4^- + 5C_2O_4^{2-} + 16H^+ \longrightarrow 2Mn^{2+} + 10CO_2 \uparrow + 8H_2O$$

酸性溶液中，H_2O_2 遇氧化性比它更强的 $KMnO_4$，则按下式被氧化：

$$2MnO_4^- + 6H^+ + 5H_2O_2 \longrightarrow 2Mn^{2+} + 8H_2O + 5O_2 \uparrow$$

利用 MnO_4^- 本身的颜色指示滴定终点。

滴定时应注意以下几点。

1. 温度

上述反应在室温下进行较慢，常需将溶液加热到 $75 \sim 80℃$，并趁热滴定，滴定完毕时的温度不应低于 $60℃$。但加热温度不能过高，若高于 $90℃$，$H_2C_2O_4$ 会分解。

2. 酸度

滴定反应需在酸性介质中进行，并以 H_2SO_4 调节酸度，不能用 HCl 或 HNO_3 调节，因 Cl^- 有还原性，能与 MnO_4^- 反应；HNO_3 有氧化性，能与被滴定的还原性物质反应。为使反应定量进行，溶液酸度一般控制在 $0.5 \sim 1.0 mol \cdot L^{-1}$ 范围内。

3. 滴定速度

滴定反应为自动催化反应，反应中生成的 Mn^{2+} 具有催化作用。因此滴定开始时的速度不宜太快，应逐滴加入，待到第一滴 $KMnO_4$ 溶液颜色褪去后，再加入第二滴。否则酸性热溶液中 MnO_4^- 来不及与 $C_2O_4^{2-}$ 而分解，导致结果偏低。

4. 滴定终点

$KMnO_4$ 溶液为自身指示剂。当反应到达化学计量点附近时，滴加一滴 $KMnO_4$ 溶液后，锥形瓶中溶液呈稳定的微红色且 30s 不褪色即为终点。若在空气中放置一段时间后，溶液颜色消失，不必再加入 $KMnO_4$ 溶液，这是因为 $KMnO_4$ 溶液与空气中还原性物质发生反应所致。

三、试剂与仪器

1. 试剂

(1) $KMnO_4$（固体 A.R.）	1.6g		(2) $Na_2C_2O_4$（基准试剂）	1.0g
(3) 约 30% H_2O_2 溶液	100mL		(4) 3.0mol·L^{-1} H_2SO_4 溶液	100mL

2. 仪器

(1) 分析天平	1台		(2) 酸式滴定管	50mL×1
(3) 锥形瓶	250mL×4		(4) 温度计	100℃×1
(5) 烧杯	250mL×1　500mL×1		(6) 玻璃棒	1根
(7) 塑料洗瓶	1个		(8) 微孔玻璃漏斗	1只
(9) 吸量管	10mL×1		(10) 量筒	50mL×1
(11) 移液管	25mL×1		(12) 电炉	1台
(13) 托盘天平	1台			

四、操作步骤

1. 0.02mol·L^{-1} $KMnO_4$ 溶液的配制

(1) 在托盘天平上称取 1.6g $KMnO_4$ 溶解于 500mL 的蒸馏水中。

(2) 加热煮沸 0.5h，冷却后在暗处放置一周。

(3) 用微孔玻璃漏斗（或玻璃棉）过滤，滤液贮存于棕色试剂瓶中备用。

☞ **注意**

市售 $KMnO_4$ 中常含少量 MnO_2 杂质，在配成溶液后，MnO_2 起催化剂作用使 $KMnO_4$ 逐渐分解，所以必须过滤除去。配制必须使用新煮沸并放冷的蒸馏水，也不应含有有机还原剂，以防还原 $KMnO_4$。光线能促使 $KMnO_4$ 分解，故配好的 $KMnO_4$ 溶液应贮于棕色玻璃瓶中，密闭保存，并在暗处放置 7～10d 后再标定。

2. $KMnO_4$ 标准溶液浓度的标定

(1) 在分析天平上用递减称量法，准确称取 0.15～0.20g $Na_2C_2O_4$ 基准物四份，分别于洁净的 250mL 锥形瓶中。

(2) 加入 20～30mL 蒸馏水溶解，再加入 10～15mL 3.0mol·L^{-1} H_2SO_4 溶液，摇均匀。

(3) 加热至 75～80℃。

（4）趁热用 $KMnO_4$ 标准溶液滴定到溶液微红色且 30s 不褪色即为终点。滴定终点时，溶液温度应不低于 60℃。

（5）记录消耗 $KMnO_4$ 溶液的体积，平行测定四次。

（6）根据称取 $Na_2C_2O_4$ 基准物的质量、消耗 $KMnO_4$ 溶液的体积，计算 $KMnO_4$ 标准溶液的浓度。

☞ **注意**

标定 $KMnO_4$ 滴定终了时，若溶液温度低于 60℃，则因反应速度较慢会影响终点的观察与准确性。

3. 过氧化氢含量的测定

（1）移取 H_2O_2 样品溶液 1.00mL 于 250mL 容量瓶中。

（2）加蒸馏水稀释至刻度，摇匀。

（3）用移液管移取 25.00mL 于 250mL 锥形瓶中。

（4）加 $3mol \cdot L^{-1}$ 的 H_2SO_4 溶液 10mL，用 $0.02mol \cdot L^{-1}$ $KMnO_4$ 标准溶液滴定至显微红色，30s 不褪色，即达终点。

（5）平行测定四次。

☞ **注意**

过氧化氢溶液有很强的腐蚀性，要防止溅洒到皮肤或衣物上。

五、数据处理和记录

1. $0.02mol \cdot L^{-1}$ $KMnO_4$ 标准溶液的标定

数据记录见表 3-8，计算公式：

$$c(KMnO_4) = \frac{2m(Na_2C_2O_4)}{5V(KMnO_4)\dfrac{M(Na_2C_2O_4)}{1000}}$$

式中　$c(KMnO_4)$——$KMnO_4$ 溶液的浓度，$mol \cdot L^{-1}$；

　　　$m(Na_2C_2O_4)$——$Na_2C_2O_4$ 的质量，g；

　　　$M(Na_2C_2O_4)$——$Na_2C_2O_4$ 的摩尔质量，$g \cdot mol^{-1}$；

　　　$V(KMnO_4)$——滴定时消耗 $KMnO_4$ 标准溶液的体积，mL。

表 3-8　$KMnO_4$ 标准溶液标定

项　　目	1	2	3	4
敲样前质量/g				
敲样后质量/g				
$Na_2C_2O_4$ 的准确质量 $m(Na_2C_2O_4)$/g				
天平零点/格				
滴定时消耗 $KMnO_4$ 标准溶液的体积 $V(KMnO_4)$/mL				
$c(KMnO_4)$/$mol \cdot L^{-1}$				
$c(KMnO_4)$的平均值/$mol \cdot L^{-1}$				
相对平均偏差/%				

2. H_2O_2 含量测定

数据记录见表 3-9，计算公式：

$$\rho(\mathrm{H_2O_2}) = \frac{5c(\mathrm{KMnO_4})V(\mathrm{KMnO_4}) \times 10^{-3} \times \frac{1}{2} M(\mathrm{H_2O_2})}{V \frac{25}{250}} \times 1000$$

式中　$\rho(\mathrm{H_2O_2})$——过氧化氢的质量浓度，$g \cdot L^{-1}$；

$\quad c(\mathrm{KMnO_4})$——$\mathrm{KMnO_4}$ 标准溶液的浓度，$mol \cdot L^{-1}$；

$\quad V(\mathrm{KMnO_4})$——滴定时消耗 $\mathrm{KMnO_4}$ 标准溶液的体积，mL；

$\quad V$——过氧化氢的体积，mL；

$\quad M(\mathrm{H_2O_2})$——过氧化氢的摩尔质量，$g \cdot mol^{-1}$。

表 3-9　$\mathrm{H_2O_2}$ 含量测定

项　目	1	2	3	4
$\mathrm{H_2O_2}$ 试样的体积 V/mL				
滴定时消耗 $\mathrm{KMnO_4}$ 标准滴定溶液的体积 $V(\mathrm{KMnO_4})$/mL				
$c(\mathrm{KMnO_4})$/mol·L^{-1}				
$\rho(\mathrm{H_2O_2})$/g·L^{-1}				
$\rho(\mathrm{H_2O_2})$ 平均值/g·L^{-1}				
相对平均偏差/%				

六、思考题

1. 配制的 $\mathrm{KMnO_4}$ 标准溶液，为什么要煮沸 $\mathrm{KMnO_4}$ 溶液，并放置一周过滤后，才能标定？

2. 用 $\mathrm{Na_2C_2O_4}$ 作为基准物标定 $\mathrm{KMnO_4}$ 标准溶液时，应注意哪些事项？

任务五
配位化合物稳定性及变化

案例分析

向硫酸铜溶液中滴加氨水，开始有蓝色的碱式硫酸铜沉淀 $\mathrm{Cu_2(OH)_2SO_4}$ 生成。当氨水过量时，蓝色沉淀消失，变成深蓝色的溶液。向该深蓝色溶液中加入乙醇，立即有深蓝色晶体析出。通过化学分析确定其组成为 $\mathrm{CuSO_4 \cdot 4NH_3 \cdot H_2O}$。利用 X 射线结构分析技术确知晶体中 4 个 $\mathrm{NH_3}$ 与 1 个 $\mathrm{Cu^{2+}}$ 互相结合，形成复杂离子 $[\mathrm{Cu(NH_3)_4}]^{2+}$。

一、配位化合物的基本概念

配位化合物简称配合物，是一类组成复杂、应用广泛的化合物。

1. 配合物的概念

配合物是一类含有配位单元的复杂化合物。通常以酸、碱、盐形式存在，也可以电中性的配位分子形式存在。如 $[Cu(NH_3)_4]SO_4$、$K_4[Fe(CN)_6]$、$[Fe(CO)_5]$ 等。配位单元一般是指由金属原子或金属离子与其它分子或离子以配位键结合而形成的复杂离子或化合物。如 $[Cu(NH_3)_4]^{2+}$、$[Fe(CN)_6]^{4-}$、$[Fe(CO)_5]$、$[PtCl_2(NH_3)_2]$ 等。离子型配位单元又称为配离子。根据配离子所带电荷的不同，可分为配阳离子和配阴离子，如 $[Cu(NH_3)_4]^{2+}$、$[Fe(CN)_6]^{4-}$。习惯上把配离子也称为配合物。

2. 配合物的组成

配合物的核心是配位单元。通常把配合物分为内界和外界两个部分。内界是配离子，外界是反离子，内界和外界之间以离子键结合。

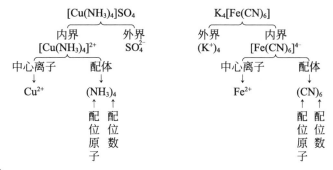

（1）中心原子

在配离子（或配位分子）中，接受孤对电子的阳离子或原子统称为中心原子。中心原子位于配合物的中心位置，是配合物的核心部分，也称为配合物的形成体。中心原子必须具有空轨道，可以接受孤对电子。常见的中心原子多为副族的金属离子或原子。如 $[Cu(NH_3)_4]^{2+}$ 的中心原子是 Cu^{2+}，$[Fe(CO)_5]$ 的中心原子是 Fe 等。

（2）配位体和配位原子

在配合物中，与中心原子以配位键结合的阴离子或中性分子称为配位体，简称配体。如 $[Cu(NH_3)_4]SO_4$、$K_4[Fe(CN)_6]$ 和 $[Fe(CO)_5]$ 中的 NH_3、CN^- 和 CO 都是配位体。配位体中能提供孤对电子与中心原子以配位键相结合的原子称为配位原子。如 NH_3 中的 N、CN^- 中的 C 以及 CO 中的 C。常见的配位体有：NH_3、H_2O、CN^-、SCN^-、Cl^- 等。常见的配位原子有：N、O、C、S、Cl 等。

按配位体中配位原子的多少，配位体可分为单齿配位体和多齿配位体。含有一个配位原子的配位体为单齿配位体，常见的单齿配体有中性分子 H_2O、NH_3、CO、CH_3NH_2，阴离子 X^-、OH^-、CN^-、ONO^-、NO_2^-、SCN^-、NCS^-。含有两个或两个以上配位原子的配位体为多齿配位体。如：

$$H_2\ddot{N}—CH_2CH_2—\ddot{N}H_2$$

乙二胺

$$\begin{array}{c}^-\ddot{O}OCH_2C\\^-OOCH_2C\end{array}\!\!>\!\!\ddot{N}—CH_2CH_2—\ddot{N}\!\!<\!\!\begin{array}{c}CH_2CO\ddot{O}^-\\CH_2COO^-\end{array}$$

乙二胺四乙酸根离子

多齿配位体与中心原子形成的配合物也称为螯合物。

（3）配位数

在配合物中，与中心原子结合成键的配位原子的数目称为配位数。如 $K_4[Fe(CN)_6]$ 中有 6 个 C 原子与 Fe^{2+} 成键，Fe^{2+} 的配位数是 6。对于单齿配体的配合物，配位数等于配位体的总数；对多齿配体，配位数＝配位体数×每个配位体的配位原子数。如 $[Cu(en)_2]^{2+}$ 中，en(en 代表乙二胺）为双齿配体，故 Cu^{2+} 的配位数为 $2×2=4$；$[Co(en)_2Cl_2]^+$ 中

Co^{3+} 的配位数为 $2\times2+2\times1=6$。

中心原子最常见的配位数为 6 和 4、2，也有极少数的配位数为 3、5、7、8 等。

（4）配离子的电荷

配离子的电荷数等于中心原子与配位体电荷数的代数和。例如，在 $[Cu(NH_3)_4]SO_4$ 中，配离子的电荷数为 +2，写作 $[Cu(NH_3)_4]^{2+}$。在 $K_4[Fe(CN)_6]$ 中，配离子的电荷数为 −4，写作 $[Fe(CN)_6]^{4-}$。

由于配合物是电中性的，因此，外界离子的电荷总数和配离子的电荷总数相等，符号相反，所以配离子的电荷数也可以根据外界离子来确定。

3. 配合物的命名

配合物的命名与一般无机化合物的命名原则相同。

（1）配合物的命名顺序

阴离子在前，阳离子在后，像一般无机化合物中的酸、碱、盐一样，命名为"某化某"、"某酸"、"氢氧化某"和"某酸某"。

（2）配离子的命名顺序

配位体数目（中文数字表示）-配位体名称-合-中心原子名称-中心原子氧化数（罗马数字表示）。有的配离子可用简称。

$[Ag(NH_3)_2]^+$	二氨合银（Ⅰ）配离子（银氨配离子）
$[Fe(CN)_6]^{3-}$	六氰合铁（Ⅲ）配离子
$[Fe(CO)_5]$	五羰基合铁（0）

（3）配位体命名顺序

若配位体不止一种，则先无机配位体，后有机配位体；先阴离子，后中性分子。若均为中性分子或均为阴离子，可按配位原子元素符号英文字母顺序排列。不同配位体之间以圆点"·"分开，复杂的配位体名称写在圆括号中，以免混淆。

下列是一些配合物的命名示例：

$[Pt(NO_2)_2(NH_3)_4]^{2+}$	二硝基·四氨合铂（Ⅳ）配离子
$[Co(NH_3)_5H_2O]^{3+}$	五氨·一水合钴（Ⅲ）配离子
$[Ag(NH_3)_2]OH$	氢氧化二氨合银（Ⅰ）
$[Cu(NH_3)_4]SO_4$	硫酸四氨合铜（Ⅱ）
$K_3[Fe(CN)_6]$	六氰合铁（Ⅲ）酸钾（铁氰化钾或赤血盐）
$H_2[PtCl_6]$	六氯合铂（Ⅳ）酸
$[Co(NH_3)_5H_2O]Cl_3$	三氯化五氨·一水合钴（Ⅲ）

✎ 练一练

1. 命名下列配合物：

（1）$(NH_4)_3[SbCl_6]$ （2）$[Co(en)_3]Cl_3$

（3）$[Co(NO_2)_6]$ （4）$NH_4[Cr(SCN)_4(NH_3)_2]$

2. 请指出下列各配合物的配位体和配位数：

（1）$[Cu(NH_3)_4]SO_4$ （2）$[Pt(NO_2)_2(NH_3)_4]^{2+}$

（3）$[Cu(en)_2](OH)_2$ （4）$NH_4[Cr(SCN)_4(NH_3)_2]$

4. 螯合物

螯合物是由中心离子和多齿配体结合而成的具有环状结构的配合物。例如，Cu^{2+} 与两个乙二胺（$H_2NCH_2CH_2NH_2$）形成两个五原子环的螯合离子 $[Cu(en)_2]^{2+}$：

$$Cu^{2+} + 2 \begin{array}{c} CH_2-\ddot{N}H_2 \\ | \\ CH_2-\ddot{N}H_2 \end{array} \longrightarrow$$

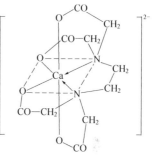

在 $[Cu(en)_2]^{2+}$ 中，乙二胺是一个双齿配体，每个乙二胺分子有两个配位氮原子可与中心离子结合，好像螃蟹双螯钳住中心离子，所以通常把形成螯合物的配合剂称为螯合剂。乙二胺四乙酸（H_4Y）具有 4 个可置换的 H^+ 和 6 个配位原子（2 个氨基氮原子和 4 个羟基氧原子），是应用最广的氨羧配位剂，大多数金属离子都能与它形成很稳定的具有五原子环的螯合物。$[CaY]^{2-}$ 的结构如图 3-6 所示。

螯合物中的环称为螯环。螯环的形成使螯合物具有特殊的稳定性。通常螯合物比结构相似而且配位原子相同的非螯环配合物稳定。

图 3-6 $[CaY]^{2-}$ 结构示意图

螯合物的稳定性还与螯环的大小和多少有关。一般五原子环或六原子环的螯合物最稳定。一个多齿配体与中心离子形成的螯环数越多，螯合物越稳定。如在螯合离子 $[CaY]^{2-}$ 中，有 5 个五原子环，因而它很稳定，利用这种性质可以测定硬水中 Ca^{2+}、Mg^{2+} 的含量。另外，很多螯合物具有特征的颜色，难溶于水，易溶于有机溶剂。

 互动坊

螯合物与我们有多近？

螯合物在自然界存在得比较广泛，并且对生命现象有着重要的作用。血红素就是一种含铁的螯合物，它在人体内起着送氧的作用。维生素 B_{12} 是含钴的螯合物，对恶性贫血有防治作用。胰岛素是含锌的螯合物，对调节体内的物质代谢（尤其是糖类代谢）有重要作用。有些螯合物可用作重金属（Pb^{2+}，Pt^{2+}，Cd^{2+}，Hg^{2+}）中毒的解毒剂，如二巯基丙醇或 EDTA 二钠盐等可治疗金属中毒。因为它们能和有毒金属离子形成稳定的螯合物，水溶性螯合物可以从肾脏排出。

有些药物本身就是螯合物。例如，有些用于治疗疾病的某些金属离子，因其毒性、刺激性、难吸收性等不适合临床应用，将它们变成螯合物后就可以降低其毒性和刺激性，帮助吸收。

人体中的微量元素 Fe、Zn、Cu、I、Co、Se、Mn、Mo 等都以配合物的形式存在与体内，其中金属离子为中心原子，生物大分子（蛋白质、核酸等）为配体。

另外在生化检验、药物分析、环境监测等方面也经常用到螯合物。

二、配位化合物的价键理论

1931 年鲍林（Pauling）把价键概念应用到配合物中，用以说明配合物的化学键本质，随后经过逐步完善，形成了近代的配合物价键理论。其要点为：形成体 M 与配体 L 形成配合物时，形成体以适当空的杂化轨道，接受配体提供的孤电子对，形成 σ 配位键（一般用 M←：L 表示）。即形成体空的杂化轨道同配位原子的充满孤电子对的原子轨道相互重叠而形成配位键。形成体杂化轨道的类型决定配合物的几何构型和配位键型。

1. 配合物的几何构型

由于形成体的杂化轨道具有一定的方向性，所以配合物具有一定的几何构型，例如，Ni^{2+} 的外电子层结构为：

其最外层能级相近的 4s 和 4p 轨道皆空着，当 Ni^{2+} 与 4 个氨分子结合为 $[Ni(NH_3)_4]^{2+}$ 时，Ni^{2+} 的一个 4s 和三个 4p 空轨道进行杂化，形成四个 sp^3 杂化轨道，容纳四个氨分子中的氮原子提供的四对孤电子对而形成四个配位键（虚线内杂化轨道中的共用电子对由氮原子提供）：

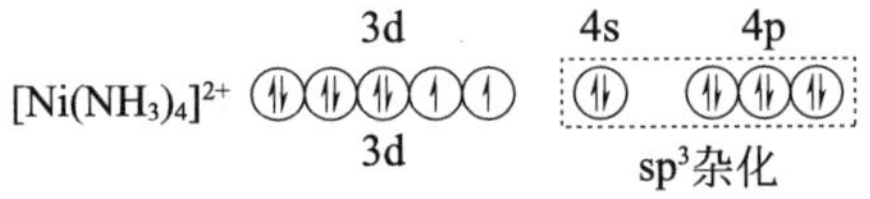

所以 $[Ni(NH_3)_4]^{2+}$ 的几何构型为正四面体形，Ni^{2+} 位于正四面体的中心，四个配位原子 N 在正四面体的四个顶角上。见表 3-10。

当 Ni^{2+} 与四个 CN^- 结合为 $[Ni(CN)_4]^{2-}$ 时，Ni^{2+} 在配体的影响下，3d 电子发生重排，原有自旋平行的电子数减少，空出一个 3d 轨道与一个 4s、两个 4p 空轨道进行杂化，形成四个 dsp^2 杂化轨道，容纳四个 CN^- 中的四个 C 原子所提供的四对孤电子对而形成四个配位键：

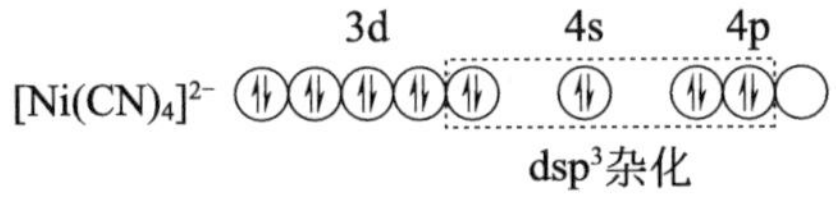

各 dsp^2 杂化轨道间夹角为 90°，在一个平面上，各杂化轨道的方向是从平面正方形中心指向四个顶角，所以 $[Ni(CN)_4]^{2-}$ 的几何构型为平面正方形。Ni^{2+} 在正方形的中心，四个配位原子 C 在四个顶角上。见表 3-10。

表 3-10　轨道杂化类型与配合物的几何构型

配位数	杂化类型	几何构型	实　　例
2	sp	直线形 	$[Ag(CN)_2]^-$、$[Ag(NH_3)_2]^+$、$[CuCl_2]^-$
3	sp^2	平面等边三角形 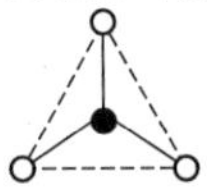 	$[CuCl_3]^{2-}$、$[HgI_3]^-$

续表

配位数	杂化类型	几何构型	实　例
4	sp^3	正四面体形 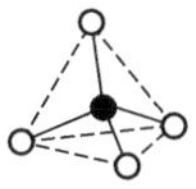	$[Ni(NH_3)_4]^{2+}$、$[Zn(NH_3)_4]^{2+}$、$[Ni(CO)_4]^{2+}$、$[HgI_4]^{2-}$、$[CoCl_4]^{2-}$
	dsp^2	正方形 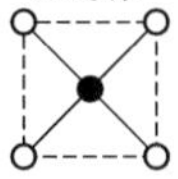	$[Cu(NH_3)_4]^{2+}$、$[Ni(CN)_4]^{2-}$、$[Cu(CN)_4]^{2-}$、$[PtCl_4]^{2-}$、$[PtCl_2(NH_3)_2]$
5	dsp^3	三角双锥形 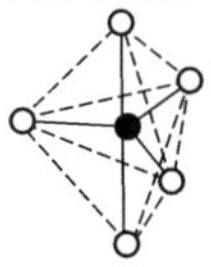	$[Fe(CO)_5]$、$[Co(CN)_5]^{3-}$
6	sp^3d^2	正八面体形 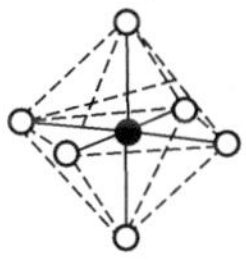	$[FeF_6]^{3-}$、$[CoF_6]^{3-}$、$[Fe(H_2O)_6]^{3+}$
	d^2sp^3		$[Fe(CN)_6]^{4-}$、$[Fe(CN)_6]^{3-}$、$[Co(NH_3)_6]^{3+}$、$[PtCl_6]^{2-}$

再如 Fe^{3+} 的外电子层结构如下：

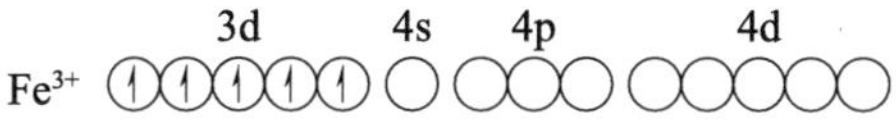

当 Fe^{3+} 与六个 F^- 形成 $[FeF_6]^{3-}$ 时，Fe^{3+} 的一个 4s、三个 4p 和两个 4d 空轨道进行杂化，形成六个 sp^3d^2 杂化轨道，容纳由六个 F^- 提供的六对孤电子对，形成六个配位键。六个 sp^3d^2 杂化轨道空间分布对称，正好推向正八面体的六个顶角，轨道夹角为 90°。所以 $[FeF_6]^{3-}$ 的几何构型为正八面体形，Fe^{3+} 位于正八面体的中心，六个 F^- 在正八面体的六个顶角上。见表 3-10。

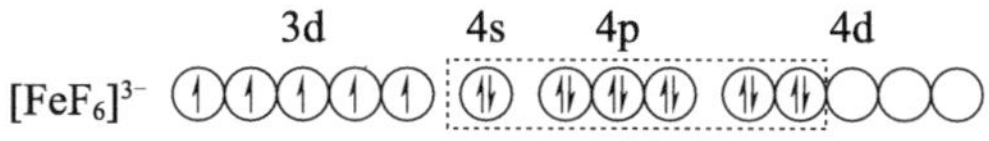

但当 Fe^{3+} 与 CN^- 结合时，Fe^{3+} 在配体的影响下，3d 电子重新分布，原有未成对电子数减少，空出两个 3d 轨道，这两个 3d 轨道和一个 4s、三个 4p 轨道进行杂化，形成六个 d^2sp^3 杂化轨道（也是正八面体形），容纳六个 CN^- 中的六个 C 原子所提供的六对孤电子对，形成六个配位键：

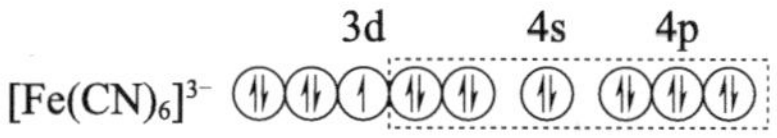

现将常见的轨道杂化类型与配合物几何构型的对应关系列在表 3-10 中。

2. 内轨配合物与外轨配合物

中心离子以最外层的轨道（ns、np、nd）组成杂化轨道，和配位原子形成的配位键，称为外轨配键，其对应的配合物称为外轨（型）配合物；若中心离子以部分次外层轨道如（$n-1$）d 轨道参与组成杂化轨道，则形成内轨配键，其对应的配合物称为内轨（型）配合物。

$[Ni(CN)_4]^{2-}$ 和 $[Fe(CN)_6]^{3-}$，中心离子 Ni^{2+} 和 Fe^{3+} 分别以 $(n-1)d$、ns、np 轨道组成 dsp^2 和 d^2sp^3 杂化轨道与配位原子成键，这样的配位键皆为内轨配键，所形成的配合物为内轨型。属于内轨配合物的还有 $[Cu(H_2O)_4]^{2+}$、$[Cu(CN)_4]^{2-}$、$[Fe(CN)_6]^{4-}$、$[Co(NH_3)_6]^{3+}$、$[Co(CN)_6]^{4-}$、$[PtCl_6]^{2-}$ 等。

在 $[Ni(NH_3)_4]^{2+}$ 和 $[FeF_6]^{3-}$ 中，Ni^{2+} 和 Fe^{3+} 分别以 ns、np 和 ns、np、nd 轨道组成 sp^3 和 sp^3d^2 杂化轨道与配位原子成键，这样的配位键皆为外轨配键，所形成的配合物为外轨型。属于外轨配合物的还有 $[HgI_4]^{2-}$、$[CdI_4]^{2-}$ 以及 $[Fe(H_2O)_6]^{2+}$、$[Fe(H_2O)_6]^{3+}$、$[Co(H_2O)_6]^{2+}$、$[Co(NH_3)_6]^{2+}$、$[CoF_6]^{4-}$ 等。

配合物是内轨型还是外轨型，主要取决于中心离子的电子构型、离子所带的电荷和配位原子的电负性大小。如 Cu^+、Ag^+、Zn^{2+}、Cd^{2+}、Hg^{2+} 不能形成内轨型配合物；就配位体而言，F^-、H_2O 等多形成外轨型配合物，NH_3、Cl^- 既可形成外轨型配合物，也可形成内轨型配合物，而 CN^- 多形成内轨型配合物。

对于同一中心离子，外轨型配合物所用的杂化轨道比内轨型配合物的能量要高。前面讨论的 $[FeF_6]^{3-}$ 与 $[Fe(CN)_6]^{3-}$，前者参与轨道杂化的是 4s、4p、4d 轨道，而后者为 3d、4s、4p 轨道，显然后者能量低，稳定性高。对于同一中心离子，内轨型配合物一般比外轨型配合物稳定。

☞ 相关链接

如何判断一种化合物是内轨配合物还是外轨配合物呢？

通常可利用配合物的中心原子的未成对电子数进行判断。

配合物磁矩与未成对电子数的近似关系为

$\mu = \sqrt{n(n+2)}$　单位为玻尔磁子（记作 BM）

首先根据磁矩（μ）计算出配合物中心原子或离子的单电子数 n_2，然后根据价键理论推理出自由中心原子或离子的单电子数 n_1，当 $n_2 = n_1$ 时为外轨配合物；当 $n_2 < n_1$ 时为内轨配合物。

例如，$[FeF_6]^{3-}$ 中有五个未成对电子，它的磁矩理论值为：

$$\mu = \sqrt{5(5+2)} = 5.92(BM)$$

根据实验测得的磁矩值，可以推出配合物中的单电子数。如实验测得 $[FeF_6]^{3-}$ 和 $[Fe(CN)_6]^{3-}$ 的磁矩分别为 5.88BM 和 2.25BM，依据上式计算及价键理论分析，前者应有 5 个单电子，因此 $[FeF_6]^{3-}$ 中 Fe^{3+} 所含未成对电子数没有变化，故为外轨型配合物；而后者只有 1 个单电子，为内轨型配合物。

三、配合物的稳定性

含配离子的可溶性配合物在水溶液中内界和外界全部离解，如

$$[Cu(NH_3)_4]SO_4 \longrightarrow [Cu(NH_3)_4]^{2+} + SO_4^{2-}$$

离解出的配离子在水溶液中有一小部分会再离解为其组成离子和分子，这种理解如同弱电解质在水溶液中的离解，存在着离解平衡，亦称为配位平衡。

$$[Cu(NH_3)_4]^{2+} \underset{\text{配位}}{\overset{\text{离解}}{\rightleftharpoons}} Cu^{2+} + 4NH_3$$

对于不同的配离子，离解的程度不同。为定量描述不同配离子在溶液中的离解程度，一般用配合物的不稳定常数（$K_{不稳}^{\ominus}$）或稳定常数（$K_{稳}^{\ominus}$）来表示。

1. 配离子的离解常数

当配离子在溶液中离解达平衡时，

$$[Cu(NH_3)_4]^{2+} \Longleftrightarrow Cu^{2+} + 4NH_3$$

其平衡常数为：
$$K_{不稳}^{\ominus} = \frac{c(Cu^{2+})c^4(NH_3)}{c([Cu(NH_3)_4]^{2+})}$$

$K_{不稳}^{\ominus}$ 称之为配合物 $[Cu(NH_3)_4]^{2+}$ 的不稳定常数。一般来说，$K_{不稳}^{\ominus}$ 越大，配离子离解出来的各物质浓度也越大，说明该配离子越不稳定。

若以配离子的生成表示上述平衡，则相应平衡常数称为该配离子的稳定常数，用 $K_{稳}^{\ominus}$ 表示。如

$$Cu^{2+} + 4NH_3 \Longleftrightarrow [Cu(NH_3)_4]^{2+}$$

$$K_{稳}^{\ominus} = \frac{c([Cu(NH_3)_4]^{2+})}{c(Cu^{2+})c^4(NH_3)}$$

$K_{稳}^{\ominus}$ 值越大，表示该配离子在水中越稳定。

显然任何一个配离子的稳定常数与其不稳定常数互为倒数关系：

$$K_{稳}^{\ominus} = \frac{1}{K_{不稳}^{\ominus}}$$

在溶液中配离子的离解或生成都是分步进行的，每一步都有一个对应的不稳定常数或稳定常数，称为逐级不稳定常数或逐级稳定常数。例如：

$$Cu^{2+} + NH_3 \Longleftrightarrow [Cu(NH_3)]^{2+}$$

$$K_{稳1}^{\ominus} = \frac{c([Cu(NH_3)]^{2+})}{c(Cu^{2+})c(NH_3)} = \frac{1}{K_{不稳4}^{\ominus}}$$

$$[Cu(NH_3)]^{2+} + NH_3 \Longleftrightarrow [Cu(NH_3)_2]^{2+}$$

$$K_{稳2}^{\ominus} = \frac{c([Cu(NH_3)_2]^{2+})}{c([Cu(NH_3)]^{2+})c(NH_3)} = \frac{1}{K_{不稳3}^{\ominus}}$$

$$[Cu(NH_3)_2]^{2+} + NH_3 \Longleftrightarrow [Cu(NH_3)_3]^{2+}$$

$$K_{稳3}^{\ominus} = \frac{c([Cu(NH_3)_3]^{2+})}{c([Cu(NH_3)_2]^{2+})c(NH_3)} = \frac{1}{K_{不稳2}^{\ominus}}$$

$$[Cu(NH_3)_3]^{2+} + NH_3 \Longleftrightarrow [Cu(NH_3)_4]^{2+}$$

$$K_{稳4}^{\ominus} = \frac{c([Cu(NH_3)_4]^{2+})}{c([Cu(NH_3)_3]^{2+})c(NH_3)} = \frac{1}{K_{不稳1}^{\ominus}}$$

若将逐级稳定常数依次相乘，就得到各级累积稳定常数（β_n）：

$$\beta_1 = K_{稳1}^{\ominus} = \frac{c([Cu(NH_3)]^{2+})}{c(Cu^{2+})c(NH_3)}$$

$$\beta_2 = K_{稳1}^{\ominus}K_{稳2}^{\ominus} = \frac{c([Cu(NH_3)_2]^{2+})}{c([Cu(NH_3)]^{2+})c^2(NH_3)}$$

$$\beta_3 = K_{稳1}^{\ominus}K_{稳2}^{\ominus}K_{稳3}^{\ominus} = \frac{c([Cu(NH_3)_3]^{2+})}{c([Cu(NH_3)_2]^{2+})c^3(NH_3)}$$

$$\beta_4 = K_{稳1}^{\ominus}K_{稳2}^{\ominus}K_{稳3}^{\ominus}K_{稳4}^{\ominus} = \frac{c([Cu(NH_3)_4]^{2+})}{c([Cu(NH_3)_3]^{2+})c^4(NH_3)}$$

最后一级累积稳定常数为各级配合物的总的稳定常数。

多配体配离子的总不稳定常数或总稳定常数等于逐级不稳定常数或逐级稳定常数的乘积：

$$K_{\text{不稳}}^{\ominus}=K_{\text{不稳}1}^{\ominus}K_{\text{不稳}2}^{\ominus}\cdots K_{\text{不稳}(n-1)}^{\ominus}K_{\text{不稳}n}^{\ominus}$$

$$K_{\text{稳}}^{\ominus}=K_{\text{稳}1}^{\ominus}K_{\text{稳}2}^{\ominus}\cdots K_{\text{稳}(n-1)}^{\ominus}K_{\text{稳}n}^{\ominus}$$

$K_{\text{稳}}^{\ominus}$ 或 $K_{\text{不稳}}^{\ominus}$ 均为配离子的总稳定常数或总不稳定常数。

$K_{\text{稳}}^{\ominus}$ 或 $K_{\text{不稳}}^{\ominus}$ 和其它化学平衡常数一样，不随浓度变化，只随温度变化。在分析化学手册中，列出的经常是各级稳定常数 K_n 或累积稳定常数 β_n，或是它们的对数值，使用时不要混淆。

2. 配离子稳定常数的应用

利用配离子的稳定常数，可以计算配合物溶液中有关离子的浓度，判断配离子与沉淀之间、配离子之间转化的可能性，还可以利用 $K_{\text{稳}}^{\ominus}$ 值计算有关电对的电极电势。

(1) 计算配合物溶液中有关离子的浓度

由于一般配离子的逐级稳定常数彼此相差不太大，因此在计算离子浓度时应注意考虑各级配离子的存在。但在实际工作中，一般所加配位剂过量，此时中心离子基本上处于最高配位状态，而低级配离子可以忽略不计，这样就可以根据总的稳定常数 $K_{\text{稳}}^{\ominus}$ 进行计算。

【例 3-16】 计算溶液中与 $1.0\times10^{-3}\,\text{mol}\cdot\text{L}^{-1}$ $[\text{Cu(NH}_3)_4]^{2+}$ 和 $1.0\,\text{mol}\cdot\text{L}^{-1}\,\text{NH}_3$ 处于平衡状态时游离 Cu^{2+} 的浓度。

解 设平衡时 $c(\text{Cu}^{2+})=x\,\text{mol}\cdot\text{L}^{-1}$

$$\text{Cu}^{2+}+4\text{NH}_3\rightleftharpoons[\text{Cu(NH}_3)_4]^{2+}$$

平衡浓度/mol·L⁻¹ x 1.0 1.0×10^{-3}

查附录得知 $[\text{Cu(NH}_3)_4]^{2+}$ 的 $K_{\text{稳}}^{\ominus}=2.09\times10^{13}$

有

$$K_{\text{稳}}^{\ominus}=\frac{c([\text{Cu(NH}_3)_4]^{2+})}{c(\text{Cu}^{2+})c^4(\text{NH}_3)}=\frac{1.0\times10^{-3}}{x\times1.0^4}=2.09\times10^{13}$$

$$x=\frac{1.0\times10^{-3}}{1.0\times2.09\times10^{13}}=4.8\times10^{-17}$$

即

$$c(\text{Cu}^{2+})=4.8\times10^{-17}\,\text{mol}\cdot\text{L}^{-1}$$

【例 3-17】 将 10.0mL 0.20mol·L⁻¹ $AgNO_3$ 溶液与 10.0mL 1.0mol·L⁻¹ $NH_3\cdot H_2O$ 溶液混合，计算溶液中 $c(\text{Ag}^+)$ 值。

解 两种溶液混合后，因溶液中 $NH_3\cdot H_2O$ 过量，Ag^+ 能定量地转化为 $[\text{Ag(NH}_3)_2]^+$，且每形成 1mol $[\text{Ag(NH}_3)_2]^+$ 要消耗 2mol $NH_3\cdot H_2O$。

$$\text{Ag}^+ \ + \ 2\text{NH}_3 \ \rightleftharpoons \ [\text{Ag(NH}_3)_2]^+$$

起始浓度/mol·L⁻¹   0.10   0.50   0

平衡浓度/mol·L⁻¹ x $0.50-2\times0.10+2x\approx0.3$ $0.1-x\approx0.1$

$$K_{\text{稳}}^{\ominus}=\frac{c([\text{Ag(NH}_3)_2]^+)}{c(\text{Ag}^+)c^2(\text{NH}_3)}=1.12\times10^7$$

$$x=\frac{0.10}{0.30^2\times1.12\times10^7}=9.9\times10^{-8}$$

$$c(\text{Ag}^+)=9.9\times10^{-8}\,\text{mol}\cdot\text{L}^{-1}$$

(2) 判断配离子与沉淀之间转化的可能性

判断的方法是：首先明确配离子与沉淀之间转化的反应式，然后计算出沉淀反应的离子积，根据离子积与溶度积的大小，判断该反应转化的可能性。

【例 3-18】　在 1.0L【例 3-16】所述的溶液中，①加入 0.0010mol NaOH，有无 $Cu(OH)_2$ 沉淀生成？②若加入 0.0010mol Na_2S，有无 CuS 沉淀生成？（设溶液体积基本不变）

解　① 当加入 0.001mol NaOH 后，溶液中的 $c(OH^-)=0.001mol \cdot L^{-1}$，已知 $Cu(OH)_2$ 的 $K_{sp}^{\ominus}=2.2 \times 10^{-20}$，则该溶液中有关离子浓度的乘积：

$$Q_c=c(Cu^{2+})c^2(OH^-)$$
$$=4.8 \times 10^{-17} \times (10^{-3})^2=4.8 \times 10^{-23} < K_{sp}^{\ominus}[Cu(OH)_2]=2.2 \times 10^{-20}$$

加入 0.001mol NaOH 后无 $Cu(OH)_2$ 沉淀生成。

② 若加入 0.001mol Na_2S，溶液中 $c(S^{2-})=0.001mol \cdot L^{-1}$（$S^{2-}$ 的水解忽略不计），已知 CuS 的 $K_{sp}^{\ominus}=6.3 \times 10^{-36}$，则该溶液中有关离子浓度的乘积：

$$Q_c=c(Cu^{2+})c(S^{2-})$$
$$=4.8 \times 10^{-17} \times 10^{-3}=4.8 \times 10^{-20} > K_{sp}^{\ominus}(CuS)=6.3 \times 10^{-36}$$

加入 0.001mol Na_2S 后有 CuS 沉淀生成。

（3）判断配离子之间转化的可能性

配离子之间的转化，与沉淀之间的转化相类似，反应向着生成更稳定的配离子的方向进行。两种配离子的稳定常数相差越大，转化越完全。

【例 3-19】　向含有 $[Ag(NH_3)_2]^+$ 的溶液中加入 KCN，此时可能发生下列反应：

$$[Ag(NH_3)_2]^+ + 2CN^- \rightleftharpoons [Ag(CN)_2]^- + 2NH_3$$

通过计算，判断 $[Ag(NH_3)_2]^+$ 是否能转化为 $[Ag(CN)_2]^-$。

解　此反应的平衡常数表达式为：

$$K^{\ominus}=\frac{c([Ag(CN)_2]^-)c^2(NH_3)}{c([Ag(NH_3)_2]^+)c^2(CN^-)}$$

分子、分母同乘 $c(Ag^+)$，有

$$K^{\ominus}=\frac{c([Ag(CN)_2]^-)c^2(NH_3)}{c([Ag(NH_3)_2]^+)c^2(CN^-)}\frac{c(Ag^+)}{c(Ag^+)}=\frac{K_{稳}^{\ominus}([Ag(CN)_2]^-)}{K_{稳}^{\ominus}([Ag(NH_3)_2]^+)}$$

查附录得知 $[Ag(NH_3)_2]^+$ 和 $[Ag(CN)_2]^-$ 的 $K_{稳}^{\ominus}$ 分别为 1.12×10^7 和 1.26×10^{21}。则

$$K^{\ominus}=\frac{1.26 \times 10^{21}}{1.12 \times 10^7}=1.12 \times 10^{14}$$

$K^{\ominus}$ 值很大，说明转化反应能进行完全，$[Ag(NH_3)_2]^+$ 可以完全转化为 $[Ag(CN)_2]^-$。

3. 配位平衡的移动

金属离子 M^{n+} 和配位体 A^- 生成配离子 $MA_x^{(n-x)+}$，在水溶液中存在如下平衡：

$$M^{n+} + xA^- \rightleftharpoons MA_x^{(n-x)+}$$

根据平衡移动原理，改变 M^{n+} 或 A^- 的浓度，会使上述平衡发生移动。若在上述溶液中加入某种试剂使 M^{n+} 生成难溶化合物，都会使平衡向左移动。若改变溶液的酸度使 A^- 生成难离解的弱酸，也可使平衡向左移动。

配位平衡同样是一种相对的平衡状态，它同溶液的 pH、沉淀反应、氧化还原反应等都有密切的关系。

（1）与酸度的关系

根据酸碱质子理论，所有的配位体都可以看作是一种碱。因此，在增加溶液中的 H^+ 浓度时，由于配位体同 H^+ 结合成弱酸而使配位平衡向右移动，配离子被破坏，这种现象称为

酸效应，例如：

$$[Ag(NH_3)_2]^+ \rightleftharpoons Ag^+ + 2NH_3$$

$$\begin{array}{c} + \\ 2H^+ \\ \Updownarrow \\ 2NH_4^+ \end{array}$$

配位体的碱性越强，溶液的 pH 越小，配离子越易被破坏。

金属离子在水中，都会有不同程度的水解。溶液的 pH 愈大，愈有利于水解的进行。例如，Fe^{3+} 在碱性介质中容易发生水解反应，溶液的碱性越强，水解越彻底［生成 $Fe(OH)_3$ 沉淀］。

$$[FeF_6]^{3-} \rightleftharpoons Fe^{3+} + 6F^-$$

$$\begin{array}{c} + \\ 3OH^- \\ \Updownarrow \\ Fe(OH)_3 \end{array}$$

因此，在碱性介质中，由于 Fe^{3+} 水解成难溶的 $Fe(OH)_3$ 沉淀而使平衡向右移动，因而 $[FeF_6]^{3-}$ 遭到破坏，这种现象称为金属离子的水解效应。

（2）与沉淀反应的关系

当向含有氯化银沉淀的溶液中加入氨水时，沉淀即溶解。

$$AgCl(s) \rightleftharpoons Ag^+ + Cl^-$$

$$\begin{array}{c} + \\ 2NH_3 \\ \Updownarrow \\ [Ag(NH_3)_2]^+ \end{array}$$

当在上述溶液中加入溴化钠溶液时，又有淡黄色的沉淀生成。

$$[Ag(NH_3)_2]^+ \rightleftharpoons Ag^+ + 2NH_3$$

$$\begin{array}{c} + \\ Br^- \\ \Updownarrow \\ AgBr^- \end{array}$$

由于 AgBr 的溶解度比 AgCl 的溶解度小得多，因而 Br^- 争夺 Ag^+ 的能力比 Cl^- 的大，所以能产生 AgBr 沉淀而不能产生 AgCl 沉淀。沉淀剂与金属离子生成沉淀的溶解度越小，越能使配离子破坏而生成沉淀。

【例 3-20】 有一含 $0.0100mol \cdot L^{-1}$ NH_4Cl 和 $0.100mol \cdot L^{-1}$ $[Cu(NH_3)_4]^{2+}$ 的混合溶液，向其中通入氨气至 $0.100mol \cdot L^{-1}$，问有无沉淀生成？

已知 $[Cu(NH_3)_4]^{2+}$ 的 $K_稳 = 2.10 \times 10^{13}$，$K_b(NH_3) = 1.76 \times 10^{-5}$，$Cu(OH)_2$ 的 $K_{sp} = 2.20 \times 10^{-20}$

解　$$K_b = \frac{[NH_4^+][OH^-]}{[NH_3]}, K_稳 = \frac{[Cu(NH_3)_4^{2+}]}{[Cu^{2+}][NH_3]^4}$$

$$[OH^-] = \frac{K_b[NH_3]}{[NH_4^+]} = \frac{1.76 \times 10^{-5} \times 0.100}{0.0100} = 1.76 \times 10^{-4} \ (mol \cdot L^{-1})$$

$$[Cu^{2+}] = \frac{[Cu(NH_3)_4^{2+}]}{K_稳[NH_3]^4} = \frac{0.100}{2.10 \times 10^{13} \times 0.100^4} = 4.76 \times 10^{-11} (mol \cdot L^{-1})$$

$$[Cu^{2+}][OH^-]^2 = 4.76 \times 10^{-11} \times (1.76 \times 10^{-4})^2 = 1.47 \times 10^{-18} > K_{sp}$$

溶液中有 $Cu(OH)_2$ 沉淀产生。

（3）与氧化还原反应的关系

配位反应的发生可以改变金属离子的氧化能力，影响氧化还原反应的方向。例如，Fe^{3+} 可以把 I^- 氧化成 I_2：

$$2Fe^{3+}+2I^- \Longrightarrow 2Fe^{2+}+I_2$$

在加入 F^- 后，由于生成 $[FeF_6]^{3-}$，减少了 Fe^{3+} 的浓度，使平衡向左移动。又如 Cu 置换 Hg 的反应

$$Cu+Hg^{2+} \Longrightarrow Cu^{2+}+Hg$$
$$\Big\updownarrow CN^-$$
$$[Hg(CN)_4]^{2-}$$

若无 CN^-，该反应正向进行，当加入 CN^- 后，形成 $[Hg(CN)_4]^{2-}$，溶液中 $[Hg^{2+}]$ 大大降低，$\varphi(Hg^{2+}/Hg)$ 从 0.851V 降至 -0.37V，其氧化能力也大为降低，导致该反应逆向进行。由此得出结论：形成配合物后，金属离子的氧化能力减弱，而金属的还原性增强。

【例 3-21】 已知 298.15K 时 $\varphi^{\ominus}(Ag^+/Ag)=0.7996V$，$[Ag(NH_3)_2]^+$ 的 $K_稳=1.7\times10^7$，计算氧化还原电对 $[Ag(NH_3)_2]^+/Ag$ 的标准电极电位。

解 $[Ag(NH_3)_2]^+ +e \Longrightarrow Ag+2NH_3$

根据 Nernst 方程式，电对的电极电势为：

$$\varphi(Ag^+/Ag)=\varphi^{\ominus}(Ag^+/Ag)+0.0592\lg[Ag^+]$$

在溶液中，上述电对的 Nernst 方程可改写为：

$$\varphi([Ag(NH_3)_2]^+/Ag)=\varphi^{\ominus}(Ag^+/Ag)+0.0592\lg\frac{[Ag(NH_3)_2^+]}{[NH_3]^2 K_稳}$$

在 298.15K 及标准状态时，$[NH_3]=[Ag(NH_3)_2]^+=1.0mol\cdot L^{-1}$。代入上式得：

$$\varphi^{\ominus}([Ag(NH_3)_2]^+/Ag)=\varphi^{\ominus}(Ag^+/Ag)+0.0592\lg\frac{1}{K_稳}$$
$$=0.7996V+0.0592\lg\frac{1}{1.12\times10^7}$$
$$=0.372V$$

（4）配位平衡之间的相互关系

下面是一组配位平衡反应式

$$
\begin{array}{ccc}
Zn^{2+} & +\quad 4NH_3 & \xrightarrow{K_{稳1}}[Zn(NH_3)_4]^{2+}\\
+ & + & \\
4CN^- & Cu^{2+} & \\
\Big\updownarrow K_{稳2} & \Big\updownarrow K_{稳3} & \\
[Zn(CN)_4]^{2-} & [Cu(NH_3)_4]^{2+} &
\end{array}
$$

对于金属离子 Zn^{2+} 和配体 NH_3 都分别涉及两个配位平衡，究竟平衡朝哪个方向移动，取决于 $K_{稳1}$ 与 $K_{稳2}$、$K_{稳1}$ 与 $K_{稳3}$ 的相对大小。一般平衡总是向生成配离子稳定性大的方向移动，两种配离子的稳定常数相差越大，转化越完全。

【项目 17】 配位化合物的生成和性质验证

一、目的要求

1. 能明确配位化合物的组成、配离子与简单离子的区别。

2. 会判断配位平衡的移动。

3. 熟知配位平衡与氧化还原的关系。

二、试剂与仪器

1. 试剂

（1） $0.1mol \cdot L^{-1} CuSO_4$ 溶液	2mL	（2） $0.1mol \cdot L^{-1} HgCl_2$ 溶液	1mL
（3） $0.1mol \cdot L^{-1} KI$ 溶液	3mL	（4） $0.1mol \cdot L^{-1} NaF$ 溶液	1mL
（5） $0.1mol \cdot L^{-1} AgNO_3$ 溶液	1mL	（6） $0.1mol \cdot L^{-1} Na_2CO_3$ 溶液	1mL
（7） $2.0mol \cdot L^{-1} H_2SO_4$ 溶液	1mL	（8） $0.1mol \cdot L^{-1} NaCl$ 溶液	1mL
（9） $2.0mol \cdot L^{-1} NH_3 \cdot H_2O$	2mL	（10） $6.0mol \cdot L^{-1} NH_3 \cdot H_2O$	4mL
（11） $0.1mol \cdot L^{-1} NaOH$ 溶液	1mL	（12） $0.1mol \cdot L^{-1} NH_4[Fe(SO_4)_2]$ 溶液	2mL
（13） $0.1mol \cdot L^{-1} KBr$ 溶液	1mL	（14） $0.1mol \cdot L^{-1} BaCl_2$ 溶液	2mL
（15） $0.1mol \cdot L^{-1} Na_2S$ 溶液	1mL	（16） $0.1mol \cdot L^{-1} Ni(NO_3)_2$ 溶液	1mL
（17） $0.1mol \cdot L^{-1} KSCN$ 溶液	4mL	（18） $0.1mol \cdot L^{-1} K_3[Fe(CN)_6]$ 溶液	2mL
（19） $1.0mol \cdot L^{-1} Na_2S_2O_3$ 溶液	1mL	（20） 饱和 $Na_2S_2O_3$ 溶液	1mL
（21） $0.1mol \cdot L^{-1} FeCl_3$ 溶液	3mL	（22） $0.5mol \cdot L^{-1} FeCl_3$ 溶液	1mL
（23） CCl_4 溶液	2mL	（24） 丁二酮肟溶液	1mL
（25） $0.5mol \cdot L^{-1} KSCN$ 溶液	1mL		

2. 仪器

（1） 试管	16 支	（2） 试管刷	1 把
（3） 玻璃棒	1 根	（4） 酒精灯	1 个
（5） 滴管	1 支		

三、操作步骤

1. 配离子的生成和配位化合物的组成

（1）在试管中加入 1mL $0.1mol \cdot L^{-1} CuSO_4$ 溶液，逐滴加入 $6.0mol \cdot L^{-1} NH_3 \cdot H_2O$，边加边振荡试管，观察 $Cu_2(OH)_2SO_4$ 沉淀的产生，继续滴加 $NH_3 \cdot H_2O$，观察沉淀因深蓝色配离子 $[Cu(NH_3)_4]^{2+}$ 的生成而溶解。写出反应方程式。

将上述所得的 $[Cu(NH_3)_4]^{2+}$ 配离子溶液加入过量的 $NH_3 \cdot H_2O$ 后，分成两份，一份滴加少量的 $0.1mol \cdot L^{-1} NaOH$ 溶液，另一份滴加 $0.1mol \cdot L^{-1} BaCl_2$ 溶液，观察现象，说明配位化合物的组成。

（2）在试管中加入 1mL $0.1mol \cdot L^{-1} HgCl_2$ 溶液滴加 3 滴 $0.1mol \cdot L^{-1} KI$ 溶液，观察红色 HgI_2 沉淀的产生，继续滴加 KI 溶液，观察 $[HgI_4]^{2-}$ 配离子的生成和沉淀溶解。写出反应方程式。

2. 配离子与简单离子的区别

取两支试管，分别加入 1mL $0.1mol \cdot L^{-1} K_3[Fe(CN)_6]$ 溶液和 1mL $0.1mol \cdot L^{-1} FeCl_3$ 溶液，然后均滴加 $0.1mol \cdot L^{-1} KSCN$ 溶液，观察现象，并说明两者产生不同现象的原因。

3. 配位化合物与复盐的区别

取两支试管，均加入 1mL 0.1mol·L^{-1} $NH_4[Fe(SO_4)_2]$ 溶液，分别滴加 0.1mol·L^{-1} KSCN 溶液和 0.1mol·L^{-1} $BaCl_2$ 溶液，根据现象说明溶液中存在哪种自由离子。比较 $NH_4[Fe(SO_4)_2]$ 和 $K_3[Fe(CN)_6]$ 在结构上有什么不同。

4. 配位平衡的移动

（1）在一支试管中，加入 5 滴 0.1mol·L^{-1} $FeCl_3$ 溶液，然后滴加 5 滴 0.1mol·L^{-1} KSCN 溶液，将血红色溶液以 10mL 水稀释，分成三份。

第一份溶液中加入 0.5mol·L^{-1} $FeCl_3$ 溶液；

第二份溶液中加入 0.5mol·L^{-1} KSCN 溶液；

将第三份与第一、第二两份溶液进行比较，说明配位平衡移动的情况。

（2）在试管中加入 1mL 0.1mol·L^{-1} $CuSO_4$ 溶液，逐滴加入 6.0mol·L^{-1} NH_3·H_2O 至沉淀刚好溶解，然后将溶液分为两份。一份以水稀释，另一份滴加 2.0mol·L^{-1} H_2SO_4 溶液，观察沉淀重新生成。说明配位平衡的移动情况。

5. 配位平衡与氧化还原反应

在试管中加入 1mL 0.1mol·L^{-1} $FeCl_3$ 溶液，滴加 0.1mol·L^{-1} KI 溶液至棕色，加入少量 CCl_4，振荡后观察 CCl_4 层中碘的颜色。写出反应方程式。

另取一支试管，加入 1mL 0.1mol·L^{-1} $FeCl_3$ 溶液，滴加 1mol·L^{-1} NaF 溶液至无色，再加入 0.1mol·L^{-1} KI 溶液和少量 CCl_4，振荡，观察 CCl_4 层的颜色变化。解释现象并写出有关反应方程式。

6. 配位平衡与沉淀平衡

向一支试管中加入 5 滴 0.1mol·L^{-1} $AgNO_3$ 溶液，然后按下列顺序进行实验（要求：凡是生成沉淀的步骤，刚生成沉淀即可；凡是沉淀溶解的步骤，沉淀刚溶解即可。因此，试剂必须逐滴加入，边滴边摇动）。

（1）滴加 0.1mol·L^{-1} Na_2CO_3 溶液至沉淀生成；

（2）滴加 2.0mol·L^{-1} NH_3·H_2O 至沉淀溶解；

（3）滴加 1 滴 0.1mol·L^{-1} NaCl 溶液，观察沉淀的生成；

（4）滴加 6.0mol·L^{-1} NH_3·H_2O 至沉淀溶解；

（5）滴加 1 滴 0.1mol·L^{-1} KBr 溶液，观察沉淀的生成；

（6）滴加 1.0mol·L^{-1} $Na_2S_2O_3$ 溶液至沉淀溶解；

（7）滴加 1 滴 0.1mol·L^{-1} KI 溶液，观察沉淀的生成；

（8）滴加饱和的 $Na_2S_2O_3$ 溶液至沉淀溶解；

（9）滴加 0.1mol·L^{-1} Na_2S 溶液，观察沉淀的生成；

观察实验现象，写出各步反应方程式。

7. 螯合物的形成

在一支试管中加入 5 滴 0.1mol·L^{-1} $Ni(NO_3)_2$ 溶液，观察溶液的颜色。逐滴加入 2.0mol·L^{-1} NH_3·H_2O，边加边振荡，并嗅其氨味，如果无氨味，再加 2 滴，直到出现氨味，并注意观察溶液颜色。然后滴加 5 滴丁二酮肟溶液，摇动，观察玫瑰红色结晶的生成。

四、思考题

1. 配位化合物与简单无机化合物在结构上有什么不同？

2. Fe^{3+} 和 $[FeF_6]^{3-}$ 的氧化性有何不同？

3. 影响配位平衡移动的因素有哪些？

任务六
配位滴定法测定金属离子含量

案例分析

配位滴定方式有直接滴定法、返滴定法、置换滴定法和间接滴定法等类型。由于这些方法的应用，配位滴定能够直接或间接测定元素周期表中的大多数元素。如元素周期表里的Ⅱ族、Ⅲ族、镧系、锕系金属都可以用 EDTA 滴定。EDTA 即乙二胺四乙酸二钠盐，是有机配位剂，能与大多数金属离子形成稳定的 1∶1 型的螯合物，计量关系简单，故常用作配位滴定的标准溶液。最常用的是用来测定水的总硬度。

一、配位滴定法

以配位反应为基础的滴定分析方法，称为配位滴定法。作为配位滴定的反应必须符合以下条件：

① 生成的配合物要有确定的组成，即中心离子与配位剂严格按一定比例化合；

② 生成的配合物要有足够的稳定性，即 $K_{稳} \geqslant 10^8$，以保证反应进行完全；

③ 配位反应速率要足够快；

④ 有适当的指示剂或其它方法指示滴定终点。

目前，应用最广泛的配位剂是乙二胺四乙酸（EDTA），可以和许多金属离子形成螯合物。用 EDTA 为配位剂与金属离子进行配位反应的滴定法，又称为 EDTA 滴定法。

1. EDTA 滴定法原理

EDTA 是乙二胺四乙酸的英文缩写，其结构简式为：

$$\text{HOOC—H}_2\text{C} \underset{\text{}^-\text{OOC—H}_2\text{C}}{\overset{\text{H}}{\underset{\text{N}^+}{\big|}}} \text{—CH}_2\text{—CH}_2\text{—} \underset{\text{CH}_2\text{COOH}}{\overset{\text{H}}{\underset{\text{N}^+}{\big|}}} \text{CH}_2\text{COO}^-$$

EDTA 是四元酸，用 H_4Y 表示。由于它在水中溶解度很小 [22℃时溶解度为 0.02g·(100mL 水)$^{-1}$]，不适用作滴定剂。故常用其二钠盐（$Na_2H_2Y \cdot 2H_2O$），也简称为EDTA。$Na_2H_2Y \cdot 2H_2O$ 是一种白色结晶状粉末，无臭、无毒，吸湿性小，易溶于水，室温下饱和水溶液的浓度约为 0.3mol·L^{-1}。通常配制成 0.01~0.1mol·L^{-1} 的标准溶液用于滴定分析。在水溶液中，EDTA 的两个羧酸根可再接受两个 H^+ 形成 H_6Y^{2+}，这样，它就相当于一个六元酸，有六级离解平衡。

$$H_6Y^{2+} \rightleftharpoons H^+ + H_5Y^+ \qquad K_{a1} = 10^{-0.9}$$

$$H_5Y^+ \rightleftharpoons H^+ + H_4Y \qquad K_{a2} = 10^{-1.6}$$

$$H_4Y \rightleftharpoons H^+ + H_3Y^- \qquad K_{a3} = 10^{-2.0}$$

$$H_3Y^- \rightleftharpoons H^+ + H_2Y^{2-} \qquad K_{a4} = 10^{-2.67}$$

$$H_2Y^{2-} \rightleftharpoons H^+ + HY^{3-} \qquad K_{a5} = 10^{-6.16}$$

$$HY^{3-} \rightleftharpoons H^+ + Y^{4-} \qquad K_{a6} = 10^{-10.26}$$

也就是说，在水溶液中 EDTA 以七种离子 H_6Y^{2+}、H_5Y^+、H_4Y、H_3Y^-、H_2Y^{2-}、HY^{3-} 和 Y^{4-} 存在。pH<1 时，主要以 H_6Y^{2+} 形式存在；pH>10.26 时，主要以 Y^{4-} 形式存在。

EDTA 与金属离子配位反应的主要特点如下。

① EDTA 与不同价态的金属离子生成配合物时，化学反应计量系数一般都为 1∶1。例如：

$$Mg^{2+} + H_2Y^{2-} \rightleftharpoons MgY^{2-} + 2H^+$$

$$Fe^{3+} + H_2Y^{2-} \rightleftharpoons FeY^- + 2H^+$$

通常表示为 $\qquad\qquad M + Y \rightleftharpoons MY$（略去电荷）

因此，EDTA 配位滴定反应以 EDTA 分子和被滴定金属离子作为基本单元，定量计算非常方便。

② EDTA 与多数金属离子生成稳定的配合物，配位反应进行完全。该配位反应的平衡常数可表示为 K_{MY}，称为金属离子与 EDTA 配合物的稳定常数，附录中列出了一些常见金属离子与 EDTA 配合物的稳定常数。金属离子与 EDTA 生成配合物的稳定性与金属离子的价态有关。除一价金属离子外，其余金属离子配合物的 $\lg K_{MY}$ 值一般大于 8，适宜进行配位滴定。

③ EDTA 与大多数金属离子配位反应速率快，生成的配合物易溶于水，滴定可以在水溶液中进行，而且容易找到合适的指示剂。

2. 酸效应曲线及其应用

乙二胺四乙酸是多元弱酸，在水溶液中分级离解：

$$H_6Y^{2+} \underset{+H^+}{\overset{-H^+}{\rightleftharpoons}} H_5Y^+ \underset{+H^+}{\overset{-H^+}{\rightleftharpoons}} H_4Y \underset{+H^+}{\overset{-H^+}{\rightleftharpoons}} H_3Y^- \underset{+H^+}{\overset{-H^+}{\rightleftharpoons}} H_2Y^{2-} \underset{+H^+}{\overset{-H^+}{\rightleftharpoons}} HY^{3-} \underset{+H^+}{\overset{-H^+}{\rightleftharpoons}} Y^{4-}$$

像其它多元弱酸一样，EDTA 的分析浓度等于各种存在形式浓度之和。但是，在 EDTA 的各种存在形式中只有阴离子 Y^{4-} 才能与金属离子直接配位，因此 Y^{4-} 的浓度 $[Y]$ 称为 ED-TA 的有效浓度。$[Y]$ 越大，EDTA 配位能力越强。而 $[Y]$ 的大小又与溶液的酸度有关，溶液酸度越高，上述离解平衡向左移动，Y^{4-} 与 H^+ 结合成 HY^{3-}、H_2Y^{2-}、H_3Y^-、H_4Y 等形式的可能性越大，MY 越不稳定；酸度降低时，$[Y]$ 增大有利于配位反应，但金属离子与 OH^- 结合成氢氧化物沉淀的可能性也增强，故 EDTA 滴定中选择合适的酸度十分重要。

各种金属离子的 K_{MY} 值不同，对于稳定性较低的配合物（K_{MY} 较小）溶液酸度必须低一些，而对于稳定性较高的配合物酸度可以高一些。因此，配合物越稳定，配位滴定允许的酸度越高（即允许的 pH 越低）。将金属离子的 $\lg K_{MY}$ 值与用 EDTA 滴定时最低允许 pH 绘制成关系曲线，就得到 EDTA 的酸效应曲线，如图 3-7 所示。利用酸效应曲线，可以选择滴定金属离子的酸度条件，还可判断共存的其它金属离子是否有干扰。

（1）选择滴定的酸度条件

在酸效应曲线上找出被测离子的位置，由此作水平线，所得 pH 就是单独滴定该金属离子的最低允许 pH。如果曲线上没有直接标明被测离子，可由被测离子的 $\lg K_{MY}$ 值处向曲线

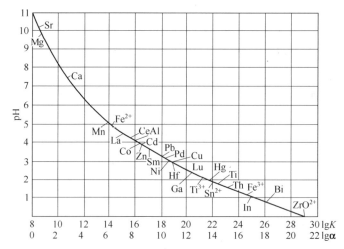

图 3-7   EDTA 的酸效应曲线（金属离子浓度为 $0.01 \text{mol} \cdot \text{L}^{-1}$）

作垂线，与曲线的交点即为被测离子的位置，然后按上述方法便可找出滴定的最低允许 pH。

【例 3-22】   试从图中查出用 EDTA 分别滴定 $0.01 \text{mol} \cdot \text{L}^{-1}$ Al^{3+}、Zn^{2+}、Ca^{2+} 和 Mg^{2+} 的最高允许酸度（最低允许 pH）？

解   在图 3-7 上找出指定金属离子的点，对应的纵坐标即为单独滴定该金属离子的最低允许 pH。结果为：

$$Al^{3+} \qquad pH = 4.0 \qquad Zn^{2+} \qquad pH = 3.8$$
$$Ca^{2+} \qquad pH = 7.5 \qquad Mg^{2+} \qquad pH = 9.7$$

（2）判断干扰情况

在酸效应曲线上，位于被测离子下方的其它离子显然干扰被测离子的滴定，因为它们也符合被定量滴定的酸度条件。位于被测离子上方的其它离子是否干扰？在酸效应曲线上，一种离子由开始部分被配位到全部定量配位的过渡，大约相当于 5 个 $\lg K_{MY}$ 单位。当两种离子浓度相近，若其配合物的 $\lg K_{MY}$ 之差小于 5，位于酸效应曲线上方的离子由于部分被配位而干扰被测离子的滴定。

【例 3-23】   在 pH=4 的条件下，用 EDTA 滴定 Zn^{2+} 时，试液中共存的 Cu^{2+}、Mn^{2+}、Ca^{2+} 是否有干扰？

解   由图 3-7，Cu^{2+} 位于 Zn^{2+} 的下方，明显干扰，Mn^{2+}、Ca^{2+} 位于 Zn^{2+} 的上方，而且

$\lg K_{ZnY} - \lg K_{MnY} = 16.5 - 14.0 = 2.5 < 5$，$Mn^{2+}$ 有干扰；

$\lg K_{ZnY} - \lg K_{CaY} = 16.5 - 10.7 = 5.8 > 5$，$Ca^{2+}$ 不干扰。

应当指出，酸度对 EDTA 配位滴定的影响是多方面的，上面所述只是酸度影响的主要方面。酸度低些，固然 EDTA 的配位能力增强，但酸度太低某些金属离子会水解生成氢氧化物沉淀，如 Fe^{3+} 在 pH>3 生成 $Fe(OH)_3$ 沉淀；Mg^{2+} 在 pH>11 生成 $Mg(OH)_2$ 沉淀。另一方面，金属指示剂的变色、掩蔽剂掩蔽干扰离子等也要求一定的酸度。因此，必须全面考虑酸度的影响，使指定金属离子的配位滴定控制在一定的酸度范围内。由于配位反应本身还会释放出 H^+，使溶液酸度增高，通常需要加入一定 pH 的酸碱缓冲溶液，以保持滴定过程中溶液酸度基本不变。

3. 金属指示剂

在配位滴定中，通常利用一种能与金属离子生成有色配合物的显色剂指示滴定过程中金属离子浓度的变化。这种显色剂称为金属指示剂。

（1）金属指示剂的作用原理

金属指示剂是一种能与金属离子配位的配合剂，一般为有机染料。由于它与金属离子配位前后的颜色不同，所以能作为指示剂来确定终点。现以金属指示剂铬黑 T 为例说明其作用原理。

铬黑 T，属偶氮染料，结构式为：

它溶于水后，结合在磺酸根上的 Na^+ 全部离解，其余部分以阴离子（HIn^-）形式存在于溶液中，相当于二元弱酸，随着溶液 pH 的升高，分两级离解，呈现出三种不同的颜色。

$$H_2In^- \xrightleftharpoons[+H^+]{-H^+} HIn^{2-} \xrightleftharpoons[+H^+]{-H^+} In^{3-}$$

$$\begin{array}{ccc} pH<6.3 & pH=7\sim11 & pH>11.6 \\ (紫红色) & (蓝色) & (橙色) \end{array}$$

由于铬黑 T 能与一些阳离子如 Mg^{2+}、Zn^{2+}、Pb^{2+} 等形成酒红色配合物，因而只有在 $pH=7\sim11$ 范围内才能使用这种指示剂。超出此范围指示剂本身接近红色，不能明显地指示终点。

如果在 pH 为 10 的含 Mg^{2+} 溶液中，加入少量铬黑 T，它与 Mg^{2+} 生成酒红色的 $MgIn^-$ 配合物，

$$\underset{(蓝色)}{Mg^{2+}+HIn^{2-}} \rightleftharpoons \underset{(酒红色)}{MgIn^-}+H^+$$

滴定开始后，加入的 EDTA 先与游离 Mg^{2+} 配位，生成无色的 MgY^{2-} 配离子，

$$Mg^{2+}+HY^{3-} \rightleftharpoons MgY^{2-}+H^+$$

化学计量点前溶液一直保持酒红色，化学计量点时，游离的 Mg^{2+} 完全被配位。由于配离子 $MgIn^-$ 不如 MgY^{2-} 稳定，稍微过量的 EDTA 会夺取 $MgIn^-$ 中的 Mg^{2+}，而游离出指示剂的阴离子 HIn^{2-}，溶液由酒红色变为蓝色即为滴定终点。

$$\underset{(酒红色)}{MgIn^-}+HY^{3-} \rightleftharpoons MgY^{2-}+\underset{(蓝色)}{HIn^{2-}}$$

在实际工作中，一般采用实验方法来选择指示剂，即先试验其终点时颜色变化是否敏锐，然后再检查滴定结果是否准确，这样就可确定该指示剂是否符合要求。

（2）金属指示剂的封闭、僵化现象及其消除

滴定到终点后，稍过量的 EDTA 并不能夺取 MIn 有色配合物中的金属离子，使指示剂在化学计量点附近不发生颜色变化，这种现象称为指示剂的封闭。产生指示剂封闭现象的原因如下。

① 由于溶液中存在能与指示剂形成十分稳定的有色配合物的某些干扰离子，因而产生封闭现象。对于这种情况，一般需要加入适当的掩蔽剂来消除这些离子的干扰。

② 有时指示剂的封闭现象是由于有色配合物的颜色变化为不可逆反应引起的。虽然 MIn 的稳定性不及 MY 的稳定性高。但有色配合物并不能被 EDTA 破坏，指示剂无法游离出来而产生封闭现象。

在配位滴定中，常遇到一些离子对某些指示剂有封闭作用。这时需要根据不同情况采用不同的方法来消除。例如，以铬黑 T 为指示剂，用 EDTA 滴定 Ca^{2+}、Mg^{2+} 时，Fe^{3+}、Al^{3+} 对指示剂有封闭作用，可用三乙醇胺作掩蔽剂消除干扰；Cu^{2+}、Co^{2+}、Ni^{2+} 等对指示剂的封闭作用，可用 KCN 或 Na_2S 等作掩蔽剂来消除。若封闭现象是被滴定离子本身引起的，则可以先加入过量的 EDTA，然后进行返滴定来消除。

有些金属指示剂本身及其与金属离子形成的配合物的溶解度很小，因而使终点的颜色变化不明显；有些金属指示剂 MIn 的稳定性只是稍稍小于 MY，因而使 EDTA 与 MIn 之间的置换反应很慢，终点拖后，或颜色转变不敏锐，这种现象叫指示剂的僵化。例如，使用 PAN［1-(2-吡啶偶氮)-2-萘酚］指示剂时容易发生僵化现象。将溶液适当加热或加入少量乙醇，可以避免发生僵化。

二、配位滴定法的应用

1. 标准溶液的配制

常用 EDTA 标准溶液的浓度为 $0.01 \sim 0.05 mol \cdot L^{-1}$，一般用 EDTA 的二钠盐 $Na_2H_2Y \cdot H_2O$ 配制。

例如，$0.01 mol \cdot L^{-1}$ EDTA 标准溶液的配制：

称取分析纯的 EDTA 二钠盐 1.9g，溶于 200mL 温水中，必要时过滤，冷却后用蒸馏水稀释至 500mL，摇匀，保存在试剂瓶内备用。

2. 标准溶液的标定

标定 EDTA 的基准物质很多，如金属锌、铜、ZnO、$CaCO_3$ 及 $MgSO_4 \cdot 7H_2O$ 等。

金属锌的纯度高且稳定，Zn^{2+} 及 ZnY 均无色，既能在 pH＝5～6 时以二甲酚橙为指示剂来标定，又可在 pH＝10 的氨性溶液中以铬黑 T 为指示剂来标定，终点均很敏锐。所以实验室中多采用金属锌为基准物。

EDTA 标准溶液，最好贮存在聚乙烯或硬质玻璃瓶中。若在软质玻璃瓶中存放，玻璃瓶中的 Ca^{2+} 会被 EDTA 溶解（形成 CaY），从而使 EDTA 的浓度不断降低。通常较长时间保存的 EDTA 标准溶液，使用前应再标定。

3. 配位滴定分析结果的计算

由于 EDTA 通常与各种价态的金属离子以 1∶1 配位，因此分析结果的计算比较简单。

$$M' + Y \Longleftrightarrow M'Y$$

$$n(M') = n(Y) = c(Y)V(Y)$$

$$w(M') = \frac{c(Y)V(Y)M(M')}{m_s} \times 100\%$$

式中　$n(M')$ ——金属离子（M'）的物质的量，mol；

　　　$n(Y)$ ——EDTA 的物质的量，mol；

　　　$c(Y)$ ——EDTA 标准溶液的浓度，$mol \cdot L^{-1}$；

　　　$V(Y)$ ——滴定所消耗 EDTA 的体积，L；

　　$M(M')$ ——金属离子（M'）的摩尔质量，$g \cdot mol^{-1}$；

m_s——试样的质量，g。

4. 配位滴定方式及其示例

在配位滴定中，采用不同的滴定方式，不仅可以扩大配位滴定的应用范围，而且可以提高配位滴定的选择性。

（1）直接滴定及其示例

直接滴定方式是配位滴定中的基本滴定方式，这种方式是将试样处理成溶液后，调至所需要的酸度，加入必要的其它试剂和指示剂，直接用 EDTA 滴定，一般情况下引入误差较少，所以，在可能范围内尽量采用直接滴定法。

【例 3-24】 水的总硬度测定

测定水的总硬度，就是测定水中 Ca^{2+}、Mg^{2+} 的总量，然后换算为相应的硬度单位。我国规定每升水含 10mg CaO 为 1 度。

取适量水样 $V(水)$ mL 加 NH_3-NH_4Cl 缓冲溶液，调节溶液的 pH＝10，以铬黑 T 为指示剂，用 EDTA 滴定至溶液由酒红色变为纯蓝色即为终点。记录 EDTA 消耗的体积，计算出水的总硬度。水总硬度的表示法：

$$总硬度(度)＝\frac{c(Y)V(Y)M(CaO)}{V_水 \times 10} \times 1000$$

水中 Fe^{3+}、Al^{3+}、Cu^{2+}、Pb^{2+}、Mn^{2+} 等离子量较大时，对测定有干扰。应加掩蔽剂，Fe^{3+}、Al^{3+} 用三乙醇胺掩蔽，Cu^{2+}、Pb^{2+} 等可用 KCN 或 Na_2S 等掩蔽。

（2）返滴定及其示例

在配位滴定中，有些待测离子虽然能与 EDTA 形成稳定的配合物，但缺少合适的指示剂。或有些待测离子与 EDTA 配位的速率很慢，本身又易水解，此时一般采用返滴定方式来滴定。即先加入过量的 EDTA 标准溶液，使待测离子完全反应后，再用其它金属离子标准溶液返滴定过量的 EDTA。

【例 3-25】 铝盐的测定

由于 Al^{3+} 与 EDTA 的配位速率较慢，对二甲酚橙指示剂有封闭作用，还会与 OH^- 形成多羟基配合物，因此，不能用 EDTA 直接滴定，而是采用返滴定法测定铝的含量。现以氢氧化铝凝胶含量的测定为例，其中氢氧化铝含量以 Al_2O_3 计。

称取试样 m_s(g)，加 1：1 HCl，加热煮沸使其溶解。冷至室温，过滤，滤液定容至250mL。量取 25.00mL，加氨水至恰好析出白色沉淀。再加稀 HCl 至沉淀刚好溶解。加 HAc-NaAc 缓冲溶液调至 pH＝5。加已知准确浓度的过量的 EDTA 标准溶液 V_1(mL)，煮沸，冷至室温。加二甲酚橙指示剂，以锌标准溶液滴定至溶液由黄色变为淡紫红色，记下消耗的锌标准溶液体积 V_2(mL)。

$$w(Al^{3+})＝\frac{c(Y)V(Y)M(Al^{3+})}{m_s} \times 100\%$$

（3）置换滴定及其示例

用一种配位剂置换 MY 中的 Y，然后用其它金属离子标准溶液滴定释放出来的 Y，即可求得待测金属离子的含量，也可以进行其它置换。

【例 3-26】 Sn^{4+} 的测定

测定 Sn^{4+} 时，可于试液中加入过量的 EDTA，将可能存在的 Pb^{2+}、Zn^{2+}、Cd^{2+}、Bi^{3+} 等一起与 Y 配位。然后用 Zn^{2+} 标准溶液滴定，除去过量的 Y，滴定完成后，加入

NH_4F 选择性地将 SnY 中的 EDTA 释放出来，再用 Zn^{2+} 标准溶液滴定释放出来的 EDTA 即可求得 Sn^{4+} 的含量。

【例 3-27】 Ag^+ 的测定

Ag^+ 与 EDTA 的配合物不稳定，$lgK_{AgY}=7.8$，不能用 EDTA 直接滴定 Ag^+。但是在含 Ag^+ 的试液中加入过量的 $[Ni(CN)_4]^{2-}$，会发生了如下置换反应：

$$Ag^+ + [Ni(CN)_4]^{2-} \Longrightarrow [Ag(CN)_4]^{3-} + Ni^{2+}$$

在 pH=10 的氨性缓冲溶液中，以紫脲酸胺作指示剂，用 EDTA 滴定置换出来的 Ni^{2+}，即可求得 Ag^+ 的含量。

（4）间接滴定及其示例

有些金属离子和非金属离子不能与 EDTA 配位或生成的配合物不稳定。可进行间接滴定。

【例 3-28】 钠盐的测定

先将 Na^+ 沉淀为乙酸铀酰锌钠 $NaAc \cdot Zn(Ac)_2 \cdot 3UO_2(Ac)_2 \cdot 9H_2O$，分离出沉淀，洗净并将其溶解，然后用 EDTA 滴定 Zn^{2+}，从而求出试样中 Na^+ 的含量。

【例 3-29】 SO_4^{2-} 的测定

先向 SO_4^{2-} 试液中加入一定量过量的标准 Ba^{2+} 溶液，使之生成 $BaSO_4$ 沉淀，分离沉淀。取一定量的溶液，用 EDTA 标准溶液滴定剩余 Ba^{2+}，间接求出 SO_4^{2-} 的含量。

【项目 18】　EDTA 标准溶液的标定和自来水总硬度的测定

一、目的要求

1. 会配制和标定 EDTA 溶液。
2. 会用配位滴定法测定水总硬度。
3. 会正确判断终点颜色变化。

二、基本原理

EDTA 配制成溶液后，可用 ZnO 基准物标定。当用缓冲溶液控制溶液酸度为 pH=10 时，EDTA 可与 Zn^{2+} 反应生成稳定的配合物。铬黑 T 为指示剂，终点由酒红色变为纯蓝色。反应如下：

$$HIn^{2-} + Zn^{2+} \longrightarrow ZnIn^- + H^+$$
$$Zn^{2+} + H_2Y^{2-} \longrightarrow ZnY^{2-} + 2H^+$$
$$ZnIn^- + H_2Y^{2-} \longrightarrow ZnY^{2-} + HIn^{2-} + H^+$$

水的总硬度，一般是指水中钙、镁的总量。用氨-氯化铵缓冲溶液控制水试样 pH=10，以铬黑 T 为指示剂，用 EDTA 标准滴定溶液直接滴定 Ca^{2+} 和 Mg^{2+}，终点为纯蓝色。

三、试剂与仪器

1. 试剂

　　（1）$0.02mol \cdot L^{-1}$ EDTA　　　　　500mL　　（2）固体氧化锌　　　　　　　0.5g

| (3) HCl(20%) | 12mL | (4) 氨水溶液(10%) | 3mL |
| (5) 氨-氯化铵缓冲溶液 | 60mL | (6) 铬黑 T 指示液(5g·L^{-1}) | 4mL |

试剂配制：

(1) 0.02mol·L^{-1} EDTA：用托盘天平称取固体乙二胺四乙酸二钠 4g，加 500mL 蒸馏水，加热溶解，冷却，摇匀。

(2) 氧化锌（基准物）：0.5g，于 800℃灼烧至恒重。

(3) 盐酸溶液（20%）：量取 500mL 盐酸，稀释至 1000mL。

(4) 氨水溶液（10%）：量取 40mL 氨水，稀释至 100mL。

(5) 氨-氯化铵缓冲溶液（pH≈10）：称取 20g 氯化铵，溶于 600mL 水，加 70～80mL 氨水，稀释至 1000mL。

(6) 铬黑 T 指示剂（5g·L^{-1}）：称取 0.5g 铬黑 T 和 2g 氯化羟胺（盐酸羟胺）溶于乙醇（95%），用乙醇（95%）稀释至 100mL。临用前制备。

2. 仪器

(1) 酸式滴定管	50mL×1		(2) 锥形瓶	250mL×2
(3) 量筒	50mL×1		(4) 试剂瓶	500mL×1
(5) 移液管	25mL×1		(6) 容量瓶	250mL×1
(7) 烧杯	100mL×1	500mL×1	(8) 洗耳球	1 只
(9) 托盘天平	1 台		(10) 分析天平	1 台

四、操作步骤

1. EDTA 标准溶液的标定

(1) 准确称取 0.35～0.45g 氧化锌于小烧杯中，用少量蒸馏水湿润，加 3mL 盐酸溶液（20%）溶解，移入 250mL 容量瓶中，稀释至刻度，摇匀。

☞ **注意**：ZnO 粉末加稀盐酸使其溶解实质上是酸碱反应，一定要等反应完全后才可加水稀释。

(2) 用移液管移取 25.00mL 配制好的 Zn^{2+} 溶液于锥形瓶中，加 25mL 蒸馏水，用氨水溶液（10%）调节溶液 pH 至 7～8（恰好浑浊）。

(3) 加 10mL 氨-氯化铵缓冲溶液（pH≈10）及 3～4 滴铬黑 T 指示剂。

☞ **注意**

铬黑 T 指示剂加入量要适中，否则溶液颜色过深或过浅均不利终点判断。

(4) 用配制好的 EDTA 溶液滴定至溶液由酒红色变为纯蓝色。

(5) 平行测定 3～4 次，同时做空白实验。

EDTA 标准溶液的浓度（mol·L^{-1}）按下式计算：

$$c(\text{EDTA}) = \frac{m \times \dfrac{V_1}{250} \times 1000}{(V_2 - V_0)M(\text{ZnO})}$$

式中　　m——氧化锌的质量，g；

　　　　V_1——氧化锌溶液的体积，mL；

　　　　V_2——消耗 EDTA 溶液的体积，mL；

　　　　V_0——空白实验消耗 EDTA 溶液的体积，mL；

$M(ZnO)$ ——氧化锌的摩尔质量，$g \cdot mol^{-1}$。

2. 自来水总硬度的测定

（1）用移液管移取自来水样 25.00mL 于 250mL 锥形瓶中，加 25mL 蒸馏水，加入氨-氯化铵缓冲溶液 5mL，铬黑 T 指示剂 3～4 滴。

（2）用 EDTA 标准溶液滴定至溶液由酒红色变为纯蓝色，即为终点。记录消耗 EDTA 标准溶液的体积 V_1。

（3）平行测定 3～4 次，同时做空白实验。

总硬度的计算公式：

$$\rho_{总}(CaCO_3) = \frac{c(EDTA) \times (V_1 - V_0)M(CaCO_3)}{V} \times 1000$$

$$度(°) = \frac{c(EDTA) \times (V_1 - V_0)M(CaO)}{V \times 10} \times 1000$$

式中　$\rho_{总}(CaCO_3)$——水样的总硬度，$mg \cdot L^{-1}$；

　　　$c(EDTA)$——EDTA 标准溶液的浓度，$mol \cdot L^{-1}$；

　　　V_1——测定总硬度时消耗 EDTA 标准溶液的体积，mL；

　　　V_0——空白实验消耗 EDTA 标准溶液的体积，mL；

　　　V——水样体积，mL；

　　$M(CaCO_3)$——$CaCO_3$ 的摩尔质量，$g \cdot mol^{-1}$；

　　　$M(CaO)$——CaO 的摩尔质量，$g \cdot mol^{-1}$。

五、数据记录和数据处理

数据记录见表 3-11 和表 3-12。

表 3-11　EDTA 溶液的标定

项　　目	1	2	3	4
敲样前质量/g				
敲样后质量/g				
氧化锌的质量 m/g				
天平零点/格				
滴定氧化锌溶液的体积 V_1/mL				
消耗 EDTA 溶液的体积 V_2/mL				
空白实验消耗 EDTA 溶液的体积 V_0/mL				
$c(EDTA)$/mol $\cdot$ L^{-1}				
$c(EDTA)$平均值/mol $\cdot$ L^{-1}				
相对平均偏差/%				

表 3-12　自来水总硬度的测定

项　　目	1	2	3	4
水样体积 V/mL				
消耗 EDTA 标准溶液的体积 V_1/mL				
空白实验消耗 EDTA 溶液的体积 V_0/mL				
$c(EDTA)$/mol $\cdot$ L^{-1}				
$\rho_{总}(CaCO_3)$/mg $\cdot$ L^{-1}				
$\rho_{总}(CaCO_3)$平均值/mg $\cdot$ L^{-1}				
相对平均偏差/%				

六、思考题

1. 用 ZnO 标定 EDTA 标准溶液时，为什么要加 NH_3-NH_4Cl 缓冲溶液？
2. 用铬黑 T 指示剂时，为什么要控制 pH＝10？
3. 用氨水调节 pH 时，先出现白色沉淀，后又溶解，解释现象。

☛ **知识链接**

饮水机、净水机与软水机

一、饮水机

饮水机是一种水的加热装置，你可以采用桶装水作为水源，也可以在上边加一个净化器（准确的说是净水桶），把自来水添加进去作为水源。优点：方便解决喝开水的问题。缺点：①饮水机反复烧煮，既浪费电，又容易形成千滚水，影响健康；②放水出来的时候，机内会进入空气，随之空气中的杂质也会进去，形成二次污染；③就算是没有上边的两种情况（这是不可能的），也只能解决喝水的问题，而日常的洗米、洗菜、煮饭、煲汤等厨房用水问题仍然无法解决，还得使用二次污染的自来水。

二、净水机

净水机实际上主要使用两种技术，反渗透（reverse osmosis，RO）技术和超滤（ultra filtration，UF）技术。RO 技术所使用的 RO 膜的孔径是 0.1nm，这个尺寸基本上只能通过水分子和溶解于水中的气体，所以出来的水非常纯净，现在各个水店里所出售的桶装纯净水就是用这种方法生产的。超滤技术的超滤膜的孔径是 10～100nm，可以过滤掉水中的砂石、泥土、铁锈、病菌、有机胶体、藻类等大分子有机物，而对人体有用的钙镁离子等矿物质却可以通过，没有废水产生。这两种净水机的出水都可以直接饮用，既可以解决饮水问题，又可以解决厨房用水问题（如果选择大流量的超滤中央净水机，还可以解决洗澡、洗衣的净化用水）；缺点是无法加热。

三、软水机

严格地说软水机是不具备净化功能的，它是用阳离子交换树脂对水进行软化处理，原理是树脂中的钠离子进入水里，水中的钙镁离子进入树脂中，这样达到减少水中的钙镁离子而对水进行软化处理。这种水处理设备主要的用途就是工业上防止锅炉结垢，而在家庭用主要是用于水质软化，对防止水垢产生有很好效果，用来洗衣服不起皱、更柔和。

思考与习题

任 务 一

1. 向 $K_2Cr_2O_7$ 溶液中加入下列试剂，会发生什么现象？写出相应的化学反应式。

(1) $NaNO_2$ 或 $FeSO_4$　　(2) $BaCl_2$、$Pb(NO_3)_2$ 或 $AgNO_3$　　(3) 浓 HCl　　(4) H_2S

2. 向含有 Ag^+ 的溶液中先加入少量 $Cr_2O_7^{2-}$，再加入适量的 Cl^-，最后加入足量的 $S_2O_3^{2-}$，试写出有关的离子方程式，并描述每一步发生的实验现象。

3. 根据下述实验，写出有关的反应式。

(1) 分别在酸性、碱性、中性介质向高锰酸钾溶液滴加亚硫酸钠溶液

(2) 向高锰酸钾溶液滴加双氧水

（3）向 $MnSO_4$ 溶液中加入 $NaOH$ 溶液

（4）硝酸锰加热分解

（5）选择三种氧化剂将 Mn^{2+} 氧化成 MnO_4^-

（6）用实验说明 $KMnO_4$ 的氧化能力比 $K_2Cr_2O_7$ 强

4. 通过实验鉴别 MnO_2、PbO_2、Fe_3O_4 三种棕黑色的粉末，写出有关化学反应式。

5. 向一含有三种阴离子的混合溶液中滴加 $AgNO_3$ 溶液至不再有沉淀生成为止。过滤，当用硝酸处理沉淀时，砖红色沉淀溶解得到橙色溶液，但仍有白色沉淀。用硫酸酸化后，滤液呈紫色，加入 Na_2SO_3，则紫色逐渐消失。指出上述溶液中含有哪三种阴离子，并写出有关反应方程式。

6. 用反应方程式说明下列实验现象。

（1）在绝对无氧条件下，向含有 Fe^{2+} 的溶液中加入 $NaOH$ 溶液后，生成白色沉淀，随后逐渐成红棕色

（2）过滤后的沉淀溶于盐酸得到红棕色溶液

（3）向红棕色溶液中加几滴 $KSCN$ 溶液，立即变血红色，再通入 SO_2，则血红色消失

（4）向血红色消失的溶液中滴加 $KMnO_4$ 溶液，其紫色会褪去

（5）最后加入黄血盐溶液时，生成蓝色沉淀

7. 某化工厂为消除所排出的废气中 Cl_2 对环境的污染，将含 Cl_2 的废气通过含过量铁粉的 $FeCl_2$ 溶液即可有效地除去 Cl_2。这一处理过程可用化学方程式表示为：

_____。

处理过程中消耗的原料是铁粉还是 $FeCl_2$？

任 务 二

1. 写出下列有关反应式，并解释反应现象。

（1）$ZnCl_2$ 溶液中加入适量 $NaOH$ 溶液，再加入过量的 $NaOH$ 溶液

（2）$CuSO_4$ 溶液中加入少量氨水，再加过量氨水

（3）$HgCl_2$ 溶液中加入适量 $SnCl_2$ 溶液，再加过量 $SnCl_2$ 溶液

（4）$HgCl_2$ 溶液加入适量 KI 溶液，再加过量 KI 溶液

2. 以 $AgNO_3$ 滴定 $NaCN$ 溶液，当加入 $28.72mL$ $0.0100mol \cdot L^{-1}$ 的 $AgNO_3$ 时刚刚出现沉淀，沉淀是什么物质？产生沉淀以前溶液中的银是什么状态？原样品中含 $NaCN$ 多少克？

3. 解释下列现象：

（1）$CuSO_4$ 溶液中加入氨水时，颜色由浅蓝变成深蓝，当用大量水稀释时，则析出蓝色絮状沉淀

（2）当 SO_2 通入含 $CuSO_4$ 与 $NaCl$ 的浓溶液中时析出白色沉淀

（3）$AgNO_3$ 溶液中滴加 KCN 溶液时，先生成白色沉淀而后溶解，再加入 $NaCl$ 溶液时并无沉淀生成，但加入少许 Na_2S 溶液时就析出黑色沉淀

4. 写出下列反应式与伴随发生的现象

（1）用奈斯勒试剂鉴定 NH_4^+

（2）用 $SnCl_2$ 鉴定 $HgCl_2$

（3）用红色 Cu_2O 的生成反应检查糖尿病

（4）用生成普鲁氏蓝鉴定 Fe^{3+}

（5）用黄血盐鉴定 Cu^{2+}

（6）用 $NaBiO_3$ 鉴定 Mn^{2+}

任 务 三

一、单选题

1. $Na_2S_2O_3$ 中 S 的氧化数是（　　　）。

A. -2 　　　　　　B. $+2$ 　　　　　　C. $+4$ 　　　　　　D. $+6$

2. 下列有关氧化数的叙述中,不正确的是（　　）。

A. 在单质分子中,元素的氧化数为零

B. H 的氧化数总是 $+1$,O 的氧化数总是 -2

C. 氧化数可以是整数或分数

D. 在多原子分子中,各元素氧化数之和为零

3. 在氧化还原反应 $Cl_2+2NaOH\longrightarrow NaClO+NaCl+H_2O$ 中（　　）。

A. Cl_2 是氧化剂 　　　　　　　　　　　B. Cl_2 是还原剂

C. Cl_2 既是氧化剂,又是还原剂 　　　　　D. Cl_2 既不是氧化剂,又不是还原剂

4. 下列反应中,不属于氧化还原反应的是（　　）。

A. $SnCl_2+2FeCl_3\longrightarrow SnCl_4+2FeCl_2$

B. $Cl_2+2NaOH\longrightarrow NaClO+NaCl+H_2O$

C. $K_2Cr_2O_7+2KOH\longrightarrow 2K_2CrO_4+H_2O$

D. $Zn+CuSO_4\longrightarrow ZnSO_4+Cu$

5. 将 H_2O_2 溶液加入用稀 H_2SO_4 溶液酸化的 $KMnO_4$ 溶液中,发生氧化还原反应。对于此反应,下列说法正确的是（　　）。

A. H_2O_2 是氧化剂 　　　　　　　　　　B. H_2O_2 是还原剂

C. H_2O_2 分解成 H_2 和 O_2 　　　　　　D. H_2O_2 被 H_2SO_4 氧化

6. 下列反应中,Fe^{2+} 作为氧化剂的是（　　）。

A. $Ag^++Fe^{2+}\longrightarrow Ag\downarrow+Fe^{3+}$ 　　　　　B. $Zn+Fe^{2+}\longrightarrow Zn^{2+}+Fe$

C. $Fe^{2+}+S^{2-}\longrightarrow FeS\downarrow$ 　　　　　D. $2Fe^{2+}+H_2O_2+2H^+\longrightarrow 2Fe^{3+}+2H_2O$

7. 关于歧化反应的下列叙述中,正确的是（　　）。

A. 歧化反应是同种物质内两种元素之间发生的氧化还原反应

B. 歧化反应是同种物质内同种元素之间发生的氧化还原反应

C. 歧化反应是两种物质中同种元素之间发生的氧化还原反应

D. 歧化反应是两种物质中两种元素之间发生的氧化还原反应

8. $300K$ 时,$\varphi^{\ominus}(S/H_2S)=0.14V$,$\varphi^{\ominus}(SO_2/S)=0.44V$,$2.303RT/F=0.060V$。则 $300K$ 时反应:$2H_2S(aq)+SO_2(aq)\longrightarrow 3S(s)+2H_2O(l)$ 的标准平衡常数 $K^{\ominus}$ 为（　　）。

A. 1.0×10^{20} 　　B. 1.0×10^{-21} 　　C. 1.0×10^{10} 　　D. 1.0×10^5

9. 已知 $300K$ 时,$\varphi^{\ominus}(Cu^{2+}/Cu)=0.34V$,$\varphi^{\ominus}(Fe^{3+}/Fe^{2+})=0.77V$,$2.303RT/F=0.060V$。在 $300K$ 时将铜片插入 $1.0mol\cdot L^{-1}CuSO_4$ 溶液中,铂片插入 $c(Fe^{3+})=0.20mol\cdot L^{-1}$,$c(Fe^{2+})=0.020mol\cdot L^{-1}$ 溶液中组成原电池,则该电池反应 $Cu+2Fe^{3+}\longrightarrow Cu^{2+}+2Fe^{2+}$ 的标准平衡常数是（　　）。

A. 1.0×10^6 　　B. 1.0×10^7 　　C. 1.0×10^{12} 　　D. 1.0×10^{14}

10. 已知 $\varphi^{\ominus}(Cu^{2+}/Cu)=0.34V$,$\varphi^{\ominus}(Fe^{3+}/Fe^{2+})=0.77V$,$\varphi^{\ominus}(Ag^+/Ag)=0.80V$。在标准状态下,下列各组物质中不可能共存的是（　　）。

A. Ag 和 Fe^{3+} 　　B. Cu^{2+} 和 Fe^{2+} 　　C. Ag^+ 和 Fe^{2+} 　　D. Cu^{2+} 和 Ag

11. 已知 $\varphi^{\ominus}(Cu^+/Cu)=0.52V$,$\varphi^{\ominus}(Cu^{2+}/Cu)=0.34V$,则 $\varphi^{\ominus}(Cu^{2+}/Cu^+)$ 为（　　）。

A. $0.16V$ 　　B. $0.18V$ 　　C. $0.86V$ 　　D. $0.70V$

12. 把氧化还原反应 $Zn+2Ag^+\longrightarrow Zn^{2+}+2Ag$ 组成原电池,欲使该原电池的电动势增大,可采取的措施是（　　）。

A. 降低 Zn^{2+} 浓度 　　　　　　　　　　B. 降低 Ag^+ 浓度

C. 增加 Zn^{2+} 浓度 　　　　　　　　　　D. 加大 Ag 电极的表面积

13. 原电池$(-)Fe\,|\,Fe^{2+}(c)\,\|\,Ni^{2+}(0.010mol\cdot L^{-1})\,|\,Ni(+)$ 在 $300K$ 的电动势为 $0.16V$。已知 $\varphi^{\ominus}(Ni^{2+}/Ni)=-0.26V$,$\varphi^{\ominus}(Fe^{2+}/Fe)=-0.44V$,$2.303RT/F=0.060V$。则 Fe^{2+} 浓度为（　　）。

A. $0.0010\text{mol}\cdot\text{L}^{-1}$ B. $0.010\text{mol}\cdot\text{L}^{-1}$ C. $0.10\text{ mol}\cdot\text{L}^{-1}$ D. $1.0\text{mol}\cdot\text{L}^{-1}$

14. 已知 $\varphi^{\ominus}(\text{Pb}^{2+}/\text{Pb})=-0.126\text{V}$ $K_{sp}^{\ominus}(\text{PbCl}_2)=1.6\times10^{-5}$，则 $\varphi(\text{Pb}^{2+}/\text{Pb})$ 为（   ）

A. 0.268V B. -0.41V C. -0.268V D. -0.016V

15. 将反应 $\text{Fe}^{2+}+\text{Ag}^{+}\longrightarrow\text{Fe}^{3+}+\text{Ag}$ 组成原电池，下列表示符号正确的是（   ）。

A. $(-)\text{ Pt}\mid\text{Fe}^{2+}，\text{Fe}^{3+}\parallel\text{Ag}^{+}\mid\text{Ag }(+)$

B. $(-)\text{ Cu}\mid\text{Fe}^{2+}，\text{Fe}^{3+}\parallel\text{Ag}^{+}\mid\text{Ag }(+)$

C. $(-)\text{ Ag}\mid\text{Fe}^{2+}，\text{Fe}^{3+}\parallel\text{Ag}^{+}\mid\text{Ag }(+)$

D. $(-)\text{ Pt}\mid\text{Fe}^{2+}，\text{Fe}^{3+}\parallel\text{Ag}^{+}\mid\text{Cu }(+)$

16. 电对 Zn^{2+}/Zn 加入氨水后，其电极电势将（   ）。

A. 减小   B. 增大   C. 不变   D. 无法确定

17. 在 298K 时，某电池 $(-)\text{A}\mid\text{A}^{2+}(0.10\text{mol}\cdot\text{L}^{-1})\parallel\text{B}^{2+}(0.10\text{mol}\cdot\text{L}^{-1})\mid\text{B}(+)$ 的电动势 $E=0.27\text{V}$，则该电池的标准电动势 $E^{\ominus}$ 为（   ）。

A. 0.24V B. 0.27V C. 0.30V D. 0.33V

18. 根据元素的标准电极电势图 $\text{M}^{4+}\xrightarrow{+0.10\text{V}}\text{M}^{2+}\xrightarrow{+0.40\text{V}}\text{M}$，下列说法正确的是（   ）。

A. M^{4+} 是强氧化剂   B. M 是强还原剂

C. M^{4+} 能与 M 反应生成 M^{2+} D. M^{2+} 能转化生成 M 和 M^{4+}

19. 比较下列电对中 $\varphi^{\ominus}$ 最小的是（   ）。

A. H^{+}/H_2 B. $\text{H}_2\text{O}/\text{H}_2$ C. $\text{H}_3\text{PO}_4/\text{H}_2$ D. HCN/H_2

20. 已知溴在酸性介质中的电势图为

$$\varphi_{A}^{\ominus}/\text{V}\quad\text{BrO}_4^{-}\xrightarrow{+1.76}\text{BrO}_3^{-}\xrightarrow{+1.49}\text{HBrO}\xrightarrow{+1.59}\text{Br}_2\xrightarrow{+1.07}\text{Br}^{-}$$

则下列说法不正确的是（   ）。

A. 酸性介质中，溴元素中间价态的物质均易发生歧化

B. 酸性介质中，HBrO 能发生歧化

C. 酸性介质中，BrO_4^{-} 能将 Br^{-} 氧化为 BrO_3^{-}

D. 酸性介质中，溴的含氧酸根都具有较强的氧化性

二、填空题

1. $\text{K}_2\text{Cr}_2\text{O}_7$ 中 Cr 的氧化数是_____，$\text{Cr}_2(\text{SO}_4)_3$ 中 Cr 的氧化数是_____。

2. Mn_2O_3 中 Mn 的氧化数是_____，K_2MnO_4 中 Mn 的氧化数是_____。

3. KMnO_4 中 Mn 的氧化数是_____，MnSO_4 中 Mn 的氧化数是_____。

4. 对于氧化还原反应 $\text{K}_2\text{Cr}_2\text{O}_7+3\text{Na}_2\text{SO}_3+4\text{H}_2\text{SO}_4\longrightarrow\text{K}_2\text{SO}_4+\text{Cr}_2(\text{SO}_4)_3+3\text{Na}_2\text{SO}_4+4\text{H}_2\text{O}$，$\text{Na}_2\text{SO}_3$ 是_____剂，$\text{K}_2\text{Cr}_2\text{O}_7$ 是_____剂。

5. 用氧化数法配平下列方程式。

(1) $\text{KClO}_3\longrightarrow\text{KClO}_4+\text{KCl}$

(2) $\text{NaNO}_2+\text{NH}_4\text{Cl}\longrightarrow\text{N}_2\uparrow+\text{NaCl}+\text{H}_2\text{O}$

(3) $\text{K}_2\text{Cr}_2\text{O}_7+\text{FeSO}_4+\text{H}_2\text{SO}_4\longrightarrow\text{Cr}_2(\text{SO}_4)_3+\text{Fe}_2(\text{SO}_4)_3+\text{K}_2\text{SO}_4+\text{H}_2\text{O}$

(4) $\text{CsCl}+\text{Ca}\longrightarrow\text{CaCl}_2+\text{Cs}$

6. 用离子-电子法配平下列方程式：

(1) $\text{K}_2\text{Cr}_2\text{O}_7+\text{H}_2\text{S}+\text{H}_2\text{SO}_4\longrightarrow\text{K}_2\text{SO}_4+\text{Cr}_2(\text{SO}_4)_3+\text{S}\downarrow+\text{H}_2\text{O}$

(2) $\text{MnO}_4^{-}+\text{H}_2\text{O}_2+\text{H}^{+}\longrightarrow\text{O}_2\uparrow+\text{Mn}^{2+}+\text{H}_2\text{O}$

(3) $\text{Cr(OH)}_4^{2-}+\text{H}_2\text{O}\longrightarrow\text{CrO}_4^{2-}+\text{H}_2\text{O}$

(4) $\text{Hg}+\text{NO}_3^{-}+\text{H}^{+}\longrightarrow\text{Hg}_2^{2+}+\text{NO}\uparrow+\text{H}_2\text{O}$

7. 电对的标准电极电势是以该电对与标准_____组成的原电池的_____。

8. 将两个电对组成氧化还原反应时，氧化剂应是电极电势较_____电对中的_____型物质。

9. 在 Fe-Ag 原电池中，若往 $FeSO_4$ 溶液中加入 KCN 溶液，则电池的电动势_____；若往 $AgNO_3$ 溶液中加入氨水，则电池的电动势_____。

10. $KMnO_4$ 溶液常会出现褐色沉淀，是因为_____。

11. 原电池中，发生还原反应的电极为_____极，发生氧化反应的电极为_____极，原电池可将_____能转化为_____能。

12. 以反应 $2MnO_4^- + 10Cl^- + 16H^+ \longrightarrow 2Mn^{2+} + 5Cl_2 + 8H_2O$ 组成原电池，则此电池的符号表示为_____。

13. 已知 $BrO_3^- + 2H_2O + 4e \longrightarrow BrO^- + 4OH^- \quad \varphi_1^{\ominus}$

$$BrO^- + H_2O + 2e \longrightarrow Br^- + 2OH^- \quad \varphi_2^{\ominus}$$

已知 $\varphi_2^{\ominus} > \varphi_1^{\ominus}$，则可能发生的反应方程式为_____。

三、判断题

（　）1. 从公式 $\ln K^{\ominus} = nFE^{\ominus}/RT$ 可以看出，氧化还原反应的标准平衡常数 $K^{\ominus}$ 与温度有关，但与反应物和产物的浓度或分压力无关。

（　）2. 氧化还原反应的标准平衡常数与该反应组成的原电池的标准电动势之间的关系为 $E^{\ominus} = RT\ln K^{\ominus}/nF$。由于标准平衡常数 $K^{\ominus}$ 与反应方程式有关，因此标准电动势 $E^{\ominus}$ 也与氧化还原反应方程式有关。

（　）3. 在氧化还原反应中，两个电对的电极电势相差越大，化学反应速率就越快。

（　）4. 在 O_2 中，O 的氧化数为 2。

（　）5. H_2O_2 既可以作氧化剂，也可以作还原剂。

（　）6. 同一元素所形成的化合物中，通常氧化数越高，其得电子能力就越强；氧化数越低，其失去电子的趋势就越大。

（　）7. 反应 $Cl_2 + 2NaOH \longrightarrow NaClO + NaCl + H_2O$ 是氧化还原反应，也是歧化反应。

（　）8. 电对的电极电势越大，该电对中的氧化型物质是越强的氧化剂，而相应的还原型物质是越弱的还原剂。

（　）9. 氢电极的电极电势 $\varphi(H^+/H_2)$ 等于零。

（　）10. 电对的电极电势越大，电对中的氧化型物质得到电子的能力就越强。

四、简答题

1. 下列物质中：哪些只能作氧化剂？哪些只能作还原剂？哪些既能作氧化剂又能作还原剂？

$KMnO_4$，H_2O_2，$K_2Cr_2O_7$，Na_2S，Zn，Na_2SO_3

2. 将电对 Cu^{2+}/Cu 和 Zn^{2+}/Zn 组成原电池：$(-)Zn \mid Zn^{2+}(c_1) \parallel Cu^{2+}(c_2) \mid Cu(+)$，改变下列条件对原电池的电动势有何影响？

(1) 增大 Zn^{2+} 浓度

(2) 增大 Cu^{2+} 浓度

(3) 往 Cu^{2+} 溶液中加入浓氨水

(4) 往 Zn^{2+} 溶液中加入浓氨水

3. 将下列氧化还原反应组成原电池，用原电池符号表示原电池的组成。

(1) $Fe(s) + Cu^{2+}(c_1) \longrightarrow Fe^{2+}(c_2) + Cu(s)$

(2) $Sn^{2+} + Pb^{2+} \longrightarrow Sn^{4+} + Pb$

4. 写出下列电池中各个电极反应和电池反应。

(1) $(-)Pt \mid H_2(p_1) \mid HCl(c) \mid Cl_2(p_2) \mid Pt(+)$

(2) $(-)Pt \mid Cu^{2+}, Cu^+ \parallel Fe^{3+}, Fe^{2+} \mid Pt(+)$

5. 铬的标准电极电势图如下：$Cr_2O_7^{2-} \xrightarrow{+1.33V} Cr^{3+} \xrightarrow{-0.424V} Cr^{2+} \xrightarrow{-0.90V} Cr$

(1) 当固体 Cr_2O_3 溶解于 pH=0 的强酸时，写出溶解反应的方程式

(2) 计算下列半反应的标准电极电势：$Cr_2O_7^{2-}(aq)+12e+14H^+ \longrightarrow 2Cr(s)+7H_2O(l)$

6. 解释下列现象，并写出有关的化学反应式。

(1) Fe^{3+} 与 Fe^{2+} 均可催化 H_2O_2 加速分解

(2) Fe^{3+} 溶液能腐蚀 Cu，而 Cu^{2+} 溶液能腐蚀 Fe

7. 下面两个平衡：$2Cu^+ \Longrightarrow Cu^{2+}+Cu$　　$Hg+Hg^{2+} \Longrightarrow Hg_2^{2+}$

(1) 这两个平衡在形式上是相反的，为什么会出现这种情况？

(2) 在什么情况下平衡会向左移动？试举一个示例。

8. 测定软锰矿中 MnO_2 含量时，在 HCl 溶液中 MnO_2 能氧化 I^- 析出 I_2，可以用碘量法测定 MnO_2 的含量，但 Fe^{3+} 有干扰。实验说明，用磷酸代替 HCl 时，Fe^{3+} 无干扰，何故？

五、计算题

1. 300K 时，$\varphi^{\ominus}(Ag^+/Ag)=0.80V$，$2.303RT/F=0.060V$，$K_{sp}^{\ominus}(AgCl)=1.0\times10^{-10}$。试计算 300K 时 $AgCl/Ag$ 电对的标准电极电势。

2. 在 300K 时，$\varphi^{\ominus}(Ag^+/Ag)=0.80V$，$\varphi^{\ominus}(Cu^{2+}/Cu)=0.34V$，$2.303RT/F=0.060V$。将铜片插入 $0.10mol \cdot L^{-1}$ $CuSO_4$ 溶液中，银片插入 $0.10mol \cdot L^{-1}$ $AgNO_3$ 溶液中组成原电池。

(1) 计算此原电池的电动势；

(2) 写出此原电池的符号；

(3) 写出电极反应和电池反应。

3. 在 300K 时，$\varphi^{\ominus}(Cu^+/Cu)=0.52V$，$\varphi^{\ominus}(Cu^{2+}/Cu^+)=0.16V$，$2.303RT/F=0.060V$。计算反应 $2Cu^+(aq) \Longrightarrow Cu^{2+}(aq)+Cu(s)$ 在 300K 时的标准平衡常数。

4. 试计算 298K 时，反应 $Sn(s)+Pb^{2+}(aq) \Longrightarrow Sn^{2+}(aq)+Pb(s)$ 的平衡常数；如果反应开始时，$c(Pb^{2+})=2.0mol \cdot L^{-1}$，平衡时 $c(Pb^{2+})$ 和 $c(Sn^{2+})$ 各为多少？

5. 计算下列电池在 25℃时的电动势。

(1) $(-)Pt \mid H_2(p=100000Pa) \mid HBr(0.5mol \cdot L^{-1}) \mid AgBr(s) \mid Ag(+)$

(2) $(-)Zn(s) \mid ZnCl_2(0.02mol \cdot L^{-1}) \mid Cl_2(p=50000Pa) \mid Pt(+)$

(3) $(-)Pt \mid H_2(p=50000Pa) \mid NaOH(0.1mol \cdot L^{-1}) \mid O_2(p^{\ominus}) \mid Pt(+)$

(4) $(-)Pt \mid H_2(p=100000Pa) \mid HCl(10^{-4}mol \cdot L^{-1}) \mid Hg(l) \mid Hg_2Cl_2(s)(+)$

6. 以电池反应 $Cu+Cl_2 \longrightarrow Cu^{2+}+2Cl^-$ 组成原电池，已知 $p(Cl_2)=100kPa$，$c(Cu^{2+})=0.10mol \cdot L^{-1}$，$c(Cl^-)=0.10mol \cdot L^{-1}$，试写出原电池符号并计算电池电动势。

7. 求下列原电池的以下各项：(1) 电极反应；(2) 电池反应；(3) 电动势；(4) 电池反应的平衡常数。

$(-)Pt \mid Fe^{2+}(0.1mol \cdot L^{-1})$，$Fe^{3+}(1\times10^{-5}mol \cdot L^{-1}) \parallel Cr^{3+}(1\times10^{-5}mol \cdot L^{-1})$，$Cr_2O_7^{2-}(0.1mol \cdot L^{-1})$，$H^+(0.1mol \cdot L^{-1}) \mid Pt(+)$

8. 已知 $\varphi^{\ominus}(Cu^{2+}/Cu^+)=0.159V$，$\varphi^{\ominus}(Cu^+/Cu)=0.52V$，$K_{sp}^{\ominus}(CuCl)=1.0\times10^{-6}$，求反应 $Cu+Cu^{2+} \Longrightarrow 2Cu^+$ 的平衡常数。

9. 根据锰的电势图

$$\varphi_A^{\ominus}/V \quad MnO_4^- \xrightarrow{+0.56} MnO_4^{2-} \xrightarrow{+2.24} MnO_2 \xrightarrow{+0.91} Mn^{3+} \xrightarrow{+1.51} Mn^{2+} \xrightarrow{-1.03} Mn$$

计算 Mn^{3+}、MnO_4^{2-} 歧化反应的平衡常数。

10. 在 $0.1mol \cdot L^{-1}$ 的 Fe^{3+} 溶液中加入足够的铜屑，室温下反应达到平衡，求 Fe^{3+}、Fe^{2+} 和 Cu^{2+} 的浓度。如果在 $0.1mol \cdot L^{-1}$ 的 Cu^{2+} 溶液中加入适量的 Fe 粉，问达到平衡后溶液的 Cu^{2+} 浓度是多大？

任　务　四

计算题

1. 欲配制 500mL，$c\left(\frac{1}{6}K_2Cr_2O_7\right)=0.5000mol \cdot L^{-1}$ 的 $K_2Cr_2O_7$ 溶液，问应称取 $K_2Cr_2O_7$ 多少克？

2. 制备 1L $c(Na_2S_2O_3)=0.2mol \cdot L^{-1} Na_2S_2O_3$ 溶液，需称取 $Na_2S_2O_3 \cdot 5H_2O$ 多少克？

3. 以 $K_2Cr_2O_7$ 标准溶液滴定 0.4000g 褐铁矿，若所用 $K_2Cr_2O_7$ 溶液的体积（以 mL 为单位）与试样中 Fe_2O_3 质量分数相等，求 $K_2Cr_2O_7$ 溶液对铁的滴定度。

4. 0.1000g 工业甲醇，在 H_2SO_4 溶液中与 25.00mL 0.1667mol $\cdot L^{-1} K_2Cr_2O_7$ 作用，反应完成后，以邻苯氨基苯甲酸作指示剂，用 0.1000mol $\cdot L^{-1}$ $(NH_4)_2Fe(SO_4)_2$ 滴定剩余 $K_2Cr_2O_7$，用去 10.00mL，求甲醇含量。

5. 用 KIO_3 作基准物标定 $Na_2S_2O_3$ 溶液。称取 0.1500g KIO_3 与过量的 KI 作用，析出的碘用 $Na_2S_2O_3$ 溶液滴定，用去 24.00mL。此 $Na_2S_2O_3$ 溶液的浓度为多少？

6. 以 $K_2Cr_2O_7$ 为基准物采用间接碘法标定 0.020mol $\cdot L^{-1} Na_2S_2O_3$ 溶液的浓度。若滴定时，欲将消耗的 $Na_2S_2O_3$ 溶液的体积控制在 25mL 左右，问应当称取 $K_2Cr_2O_7$ 多少克？

7. 称取软锰矿 0.3216g，分析纯的 $Na_2C_2O_4$ 0.3685g，共置于同一烧杯中，加入 H_2SO_4 并加热待反应完全后，用 0.02400mol $\cdot L^{-1} KMnO_4$ 溶液滴定剩余的 $Na_2C_2O_4$，消耗溶液 11.26mL。计算软锰矿中的 MnO_2 质量分数。

8. 称取含有苯酚的试样 0.5000g。溶解后加入 0.1000mol $\cdot L^{-1} KBrO_3$ 溶液（其中含有过量 KBr）25.00mL，并加入 HCl 酸化，放置。待反应完全后，加入 KI。滴定析出的 I_2 消耗了 0.1003mol $\cdot L^{-1}$ $Na_2S_2O_3$ 溶液 29.91mL。试计算试样中苯酚的质量分数。

9. 今有 $PbO-PbO_2$ 混合物。现称取试样 1.234g，加入 20.00mL 0.2500mol $\cdot L^{-1}$ 草酸溶液将 PbO_2 还原为 Pb^{2+}，然后用氨中和，这时，Pb^{2+} 以 PbC_2O_4 形式沉淀。过滤，滤液酸化后用 $KMnO_4$ 滴定，消耗 0.0400mol $\cdot L^{-1} KMnO_4$ 溶液 10.00mL。沉淀溶解于酸中，滴定时消耗 0.0400mol $\cdot L^{-1} KMnO_4$ 溶液 30.00mL。计算试样中 PbO 和 PbO_2 的质量分数。

10. 测定血液中的钙时，常将钙以 CaC_2O_4 的形式完全沉淀，滤过洗涤，溶于硫酸中，然后用 0.002000mol $\cdot L^{-1}$ 的 $KMnO_4$ 标准溶液滴定。现将 2.00mL 血液稀释至 50.00mL，取此溶液 20.00mL，进行上述处理，用该 $KMnO_4$ 溶液滴定至终点时用去 2.45mL，求血液中钙的浓度。

11. 测定钢样中铬的含量。称取 0.1650g 不锈钢样，溶解并将其中的铬氧化成 $Cr_2O_7^{2-}$，然后加入 $c(Fe^{2+})=0.1050mol \cdot L^{-1}$ 的 $FeSO_4$ 标准溶液 40.00mL，过量的 Fe^{2+} 在酸性溶液中用 $c(KMnO_4)=0.02004mol \cdot L^{-1}$ 的 $KMnO_4$ 溶液滴定，用去 25.10mL，计算试样中铬的含量。

12. 相等质量的纯 $KMnO_4$ 和 $K_2Cr_2O_7$ 混合物，在强酸性和过量 KI 条件下作用，析出的 I_2 用 0.1000mol $\cdot L^{-1} Na_2S_2O_3$ 溶液滴定至终点，用去 30.00mL，求 $KMnO_4$、$K_2Cr_2O_7$ 的质量。

任　务　五

一、单选题

1. 配合物 $[Co(NH_3)_2(en)_2]Cl_3$ 中，中心原子的配位数为（　　）。

A. 2　　　　　　　　　B. 3　　　　　　　　　C. 4　　　　　　　　　D. 6

2. 配离子 $[CoCl_2(en)_2]^+$ 中，中心原子的配位数是（　　）。

A. 6　　　　　　　　　B. 5　　　　　　　　　C. 4　　　　　　　　　D. 3

3. 配合物 $[CoCl_2NH_3(en)]Cl_2$ 中，中心原子的配位数为（　　）。

A. 3　　　　　　　　　B. 4　　　　　　　　　C. 5　　　　　　　　　D. 6

4. 在配合物中，中心原子的配位数等于（　　）。

A. 配体的数目　　　　　　　　　　　　　B. 与中心原子结合的配位原子的数目

C. 配离子的电荷数　　　　　　　　　　　D. 配合物外界的数目

5. 下列配体中，属于单齿配体的是（　　）。

A. $N(CH_2COOH)_3$　　　　B. en　　　　　　C. EDTA　　　　　D. SCN^-

6. 下列配体中，属于多齿配体的是（　　）。

A. Cl^- B. H_2O C. EDTA   D. NH_3

7. 按配合物的价键理论，配合物中心原子与配体之间的结合力为（   ）。

A. 离子键   B. 配位键   C. 氢键   D. 正常共价键

8. $[Fe(CN)_6]^{3-}$ 配离子的空间构型为（   ）。

A. 正四面体   B. 正八面体   C. 平面正方形   D. 平面三角形

9. $[Ni(CN)_4]^{2-}$ 配离子的中心原子采取 dsp^2 杂化，其空间构型为（   ）。

A. 正四面体   B. 平面三角形   C. 平面正方形   D. 正八面体

10. 配离子的标准稳定常数 $K_{稳}^{\ominus}$ 与标准不稳定常数 $K_{不稳}^{\ominus}$ 的关系是（   ）。

A. $K_{稳}^{\ominus} = K_{不稳}^{\ominus}$ B. $K_{稳}^{\ominus} K_{不稳}^{\ominus} = 1$ C. $K_{不稳}^{\ominus} = -K_{稳}^{\ominus}$ D. $K_{稳}^{\ominus} K_{不稳}^{\ominus} = K_w^{\ominus}$

11. 下列配离子中，最不稳定的是（   ）。

A. $[HgI_4]^{2-}$ ($K_{稳}^{\ominus} = 5.7 \times 10^{29}$)   B. $[Zn(NH_3)_4]^{2+}$ ($K_{稳}^{\ominus} = 3.6 \times 10^8$)

C. $[Ni(CN)_4]^{2-}$ ($K_{稳}^{\ominus} = 1.3 \times 10^{30}$)   D. $[Cu(NH_3)_4]^{2+}$ ($K_{稳}^{\ominus} = 2.09 \times 10^{13}$)

二、填空题

1. 配合物 $[Pt(NO_2)_2(NH_3)_4]Cl_2$ 命名为_____，内界是_____，外界是_____，中心原子是_____，配体是_____，配位原子是_____，配位数是_____。

2. 配位化合物 $[Co(NH_3)_4(H_2O)_2]Cl_3$ 的内界是_____，外界是_____，配体是_____，配位原子是_____，中心原子的氧化数是_____，配位数是_____。

3. 如果配体均为单齿配体，则配体的数目_____中心原子的配位数；如配体中有多齿配体，则中心原子的配位数_____配体的数目。

4. 当中心原子的 $(n-1)d$ 轨道全充满（d^{10}）时，没有可利用的 $(n-1)d$ 空轨道，只能形成_____轨配合物。

5. 配合物的价键理论认为中心原子与配体之间的结合力是_____。

三、判断题（填"对"或"错"）

（   ）1. 按配合物的价键理论，中心原子与配体是以配位键结合的。

（   ）2. 中心原子的配位数为4的配离子的空间构型均为正四面体。

（   ）3. 多齿配体与中心原子形成的螯合环越大，螯合物就越稳定。

（   ）4. 在配位个体中，中心原子的配位数等于配体的数目。

（   ）5. 配位个体中配体的数目不一定等于中心原子的配位数。

（   ）6. 乙二胺四乙酸是单齿配体。

（   ）7. 杂化轨道的类型和数目决定了中心原子的配位数和配位个体的空间构型。

（   ）8. 配位数为4的中心原子均采取 sp^3 杂化。

（   ）9. 对于配体个数相同的配位个体，其 $K_{稳}^{\ominus}$ 越大，配位个体就越稳定。

（   ）10. 用 $K_{稳}^{\ominus}$ 比较配离子的稳定性时，与中心原子结合的配体数目必须相同。

四、简答题

1. 命名下列配合物，指出它们的配体、配位原子及配位数。

(1) $[Ni(NH_3)_4](OH)_2$ (2) $Co[Cl_2(NH_3)_4]Cl$

(3) $K_3[Fe(CN)_6]$ (4) $H[PtCl_3(NH_3)]$

(5) $NH_4[Cr(SCN)_4(NH_3)_2]$ (6) $[CoCl_2(NH_3)_3(H_2O)]Cl$

(7) $Ni(CO)_4$ (8) $[Co(en)_3]Cl_3$

(9) $H_2[PtCl_6]$ (10) $NH_4[Cr(SCN)_4(NH_3)_2]$

(11) $[Co(ONO)(NH_3)_5]SO_4$ (12) $[Co(OH)_2(H_2O)_4]Cl$

2. 在配合物中，配位体的数目与中心原子的配位数是否相等？

3. 简要叙述外轨配合物与内轨配合物的区别。

任 务 六

一、填空题

1. EDTA 的名称是＿＿＿＿＿＿，用符号＿＿＿＿＿＿＿表示。配制标准溶液时一般采用＿＿＿＿＿＿，分子式为＿＿＿＿＿＿＿＿，其水溶液 pH 为＿＿＿＿。

2. 一般情况下水溶液中的 EDTA 总是以＿＿＿＿＿＿等＿＿＿＿＿＿型体存在，其中以＿＿＿＿与金属离子形成的配合物最稳定，但仅在＿＿＿＿＿＿时 EDTA 才主要以此种型体存在。除个别金属离子外，EDTA 与金属离子形成配合物时，配位比都是＿＿＿＿。

二、简答题

1. EDTA 与金属离子形成的配合物具有哪些特点？

2. Cu^{2+}、Zn^{2+}、Cd^{2+}、Ni^{2+} 等离子均能与 NH_3 形成配合物，为什么不能以氨水为滴定剂用配位滴定法来测定这些离子？

3. 用 EDTA 滴定 Ca^{2+}、Mg^{2+} 时，可以用三乙醇胺、KCN 掩蔽 Fe^{3+}，但不使用盐酸羟胺和抗坏血酸；在 pH＝1 滴定 Bi^{3+}，可采用盐酸羟胺或抗坏血酸掩蔽 Fe^{3+}，而三乙醇胺和 KCN 都不能使用，这是为什么？KCN 严禁在 pH＜6 的溶液中使用，为什么？

三、计算题

1. 用 $CaCO_3$ 基准物质标定 EDTA 溶液的浓度，称取 0.1005g $CaCO_3$ 基准物质溶解后定容为 100.0mL。移取 25.00mL 钙溶液，在 pH＝12 时用钙指示剂指示终点，以待标定 EDTA 滴定之，用去 24.90mL。计算 EDTA 的浓度。

2. 称取含 Fe_2O_3 和 Al_2O_3 的试样 0.2015g，试样溶解后，在 pH＝2 以磺基水杨酸为指示剂，加热至 50℃左右，以 0.02008mol·L^{-1} 的 EDTA 滴定至红色消失，消耗 EDTA 15.20mL。然后加入上述 EDTA 标液 25.00mL，加热煮沸，调 pH 为 4.5，以 PAN 为指示剂，趁热用 0.02112mol·L^{-1} Cu^{2+} 标准溶液返滴，用去 8.16mL。求试样中 Fe_2O_3 和 Al_2O_3 的质量分数。

3. 移取 Bi^{3+}、Pb^{2+}、Cd^{2+}、OH^{-} 的试液 25.00mL，以二甲酚橙为指示剂，在 pH＝1 用 0.02015mol·L^{-1} EDTA 滴定，用去 20.28mL。调 pH＝5.5 用 EDTA 滴定又用去 30.16mL，再加入邻二氮菲，用 0.02002mol·L^{-1} Pb^{2+} 标准溶液滴定，用去 10.15mL。计算溶液中 Bi^{3+}、Pb^{2+}、Cd^{2+}、OH^{-} 的浓度。

4. 在 25.00mL 含 Ni^{2+}、Zn^{2+} 的溶液中，加入 50.00mL 的 0.1500mol·L^{-1} EDTA 溶液，用 0.1000mol·L^{-1} Mg^{2+} 标准溶液返滴定过量的 EDTA，用去 17.52mL，然后加入二巯基丙醇解蔽 Zn^{2+}，释放出 EDTA，再用去 22.00mL Mg^{2+} 溶液滴定。计算原溶液中 Ni^{2+}、Zn^{2+} 的浓度。

5. 测定水中钙、镁含量时，取 100mL 水样，调节 pH＝10，用铬黑 T 作指示剂，用去 0.1000mol·L^{-1} EDTA 25.00mL，另取一份 100mL 水样，调节 pH＝12，用钙指示剂，耗去 EDTA 14.25mL，每升水样中含 CaO、MgO 各为多少毫克？

6. 称取含 Fe_2O_3 的试样 0.2015g。溶解后，在 pH＝2 条件下，以磺基水杨酸为指示剂，加热至 50℃左右，以 0.02008mol·L^{-1} 的 EDTA 滴定至红色消失，消耗 EDTA 15.20mL。计算试样中 Fe_2O_3 的质量分数（以％表示）。

附录

附录 1 基本物理常量

物理量	代号	常数值
真空中的光速	c	$(2.99792458 \pm 0.000000012) \times 10^8 \, \mathrm{m \cdot s^{-1}}$
单元电荷(一个质子的电荷)	e	$(1.60217733 \pm 0.00000049) \times 10^{-19} \, \mathrm{C}$
Planck 常量	h	$(6.6260755 \pm 0.0000040) \times 10^{-34} \, \mathrm{J \cdot s}$
Boltzmann 常量	k_{12}	$(1.380658 \pm 0.000012) \times 10^{-23} \, \mathrm{J \cdot K^{-1}}$
Avogadro 常量	L	$(6.022045 \pm 0.000031) \times 10^{23} \, \mathrm{mol^{-1}}$
原子质量单位	$1\mathrm{u} = m(^{12}\mathrm{C})/12$	$(1.6605402 \pm 0.00010010) \times 10^{-27} \, \mathrm{kg}$
电子的静止质量	m_{e}	$9.10938 \times 10^{-31} \, \mathrm{kg}$
质子的静止质量	m_{p}	$1.67262 \times 10^{-27} \, \mathrm{kg}$
真空介电常数	ε_0	$8.854188 \times 10^{-12} \, \mathrm{F \cdot m^{-1}}$
Faraday 常量	F	$(9.6485309 \pm 0.0000029) \times 10^4 \, \mathrm{C \cdot mol^{-1}}$
摩尔气体常量	R	$8.314510 \pm 0.000070 \, \mathrm{J \cdot K^{-1} \cdot mol^{-1}}$

附录 2 常用酸碱溶液的密度和浓度

溶液名称	密度$(\rho)/\mathrm{g \cdot cm^{-3}}$	质量分数$(w_B)/\%$	浓度$(c)/\mathrm{mol \cdot L^{-1}}$
浓硫酸	1.84	95~96	18
稀硫酸	1.18	25	3
稀硫酸	1.06	9	1
浓盐酸	1.19	38	12
稀盐酸	1.10	20	6
稀盐酸	1.03	7	2
浓硝酸	1.40	65	14
稀硝酸	1.20	32	6
稀硝酸	1.07	12	2
稀高氯酸	1.12	19	2
浓氢氟酸	1.13	40	23
氢溴酸	1.38	40	7
氢碘酸	1.70	57	7.5
冰醋酸	1.05	99~100	17.5
稀醋酸	1.04	35	6

溶液名称	密度(ρ)/g·cm^{-3}	质量分数(w_B)/%	浓度(c)/mol·L^{-1}
稀醋酸	1.02	12	2
浓氢氧化钠	1.36	33	11
稀氢氧化钠	1.09	8	2
浓氨水	0.88	35	18
浓氨水	0.91	25	13.5
稀氨水	0.96	11	6
稀氨水	0.99	3.5	2

附录3 常见弱酸在水溶液中的离解常数（298K）

序号	名称	化学式	K_a	pK_a
		无机酸		
1	偏铝酸	$HAlO_2$	6.3×10^{-13}	12.20
2	亚砷酸	H_3AsO_3	6.0×10^{-10}	9.22
3	砷酸	H_3AsO_4	$6.3\times10^{-3}(K_1)$	2.20
			$1.05\times10^{-7}(K_2)$	6.98
			$3.2\times10^{-12}(K_3)$	11.50
4	硼酸	H_3BO_3	$5.8\times10^{-10}(K_1)$	9.24
			$1.8\times10^{-13}(K_2)$	12.74
			$1.6\times10^{-14}(K_3)$	13.80
5	次溴酸	$HBrO$	2.4×10^{-9}	8.62
6	氢氰酸	HCN	4.93×10^{-10}	9.21
7	碳酸	H_2CO_3	$4.2\times10^{-7}(K_1)$	6.38
			$5.6\times10^{-11}(K_2)$	10.25
8	次氯酸	$HClO$	3.2×10^{-8}	7.50
9	氢氟酸	HF	6.61×10^{-4}	3.18
10	锗酸	H_2GeO_3	$1.7\times10^{-9}(K_1)$	8.78
			$1.9\times10^{-13}(K_2)$	12.72
11	高碘酸	$HIO_4\cdot2H_2O$	2.8×10^{-2}	1.56
12	亚硝酸	HNO_2	5.1×10^{-4}	3.29
13	次磷酸	H_3PO_2	5.9×10^{-2}	1.23
14	亚磷酸	H_3PO_3	$5.0\times10^{-2}(K_1)$	1.30
			$2.5\times10^{-7}(K_2)$	6.60
15	磷酸	H_3PO_4	$7.52\times10^{-3}(K_1)$	2.12
			$6.23\times10^{-8}(K_2)$	7.20
			$4.4\times10^{-13}(K_3)$	12.36

续表

序号	名称	化学式	K_a	pK_a
无机酸				
16	焦磷酸	$H_4P_2O_7$	$3.0 \times 10^{-2}(K_1)$	1.52
			$4.4 \times 10^{-3}(K_2)$	2.36
			$2.5 \times 10^{-7}(K_3)$	6.60
			$5.6 \times 10^{-10}(K_4)$	9.25
17	氢硫酸	H_2S	$9.1 \times 10^{-8}(K_1)$	7.04
			$1.1 \times 10^{-12}(K_2)$	11.96
18	亚硫酸	H_2SO_3	$1.23 \times 10^{-2}(K_1)$	1.91
			$6.6 \times 10^{-8}(K_2)$	7.18
19	硫酸	H_2SO_4	$1.0 \times 10^3(K_1)$	-3.0
			$1.02 \times 10^{-2}(K_2)$	1.99
20	硫代硫酸	$H_2S_2O_3$	$2.52 \times 10^{-1}(K_1)$	0.60
			$1.9 \times 10^{-2}(K_2)$	1.72
21	氢硒酸	H_2SeO_4	$1.3 \times 10^{-4}(K_1)$	3.89
			$1.0 \times 10^{-11}(K_2)$	11.0
22	亚硒酸	H_2SeO_3	$2.7 \times 10^{-3}(K_1)$	2.57
			$2.5 \times 10^{-7}(K_2)$	6.60
23	硒酸	H_2SeO_4	$1 \times 10^3(K_1)$	-3.0
			$1.2 \times 10^{-2}(K_2)$	1.92
24	硅酸	H_2SiO_3	$1.7 \times 10^{-10}(K_1)$	9.77
			$1.6 \times 10^{-12}(K_2)$	11.80
25	亚碲酸	H_2TeO_3	$2.7 \times 10^{-3}(K_1)$	2.57
			$1.8 \times 10^{-8}(K_2)$	7.74
有机酸				
1	甲酸	$HCOOH$	1.8×10^{-4}	3.75
2	乙酸	CH_3COOH	1.74×10^{-5}	4.76
3	乙醇酸	$CH_2(OH)COOH$	1.48×10^{-4}	3.83
4	草酸	$(COOH)_2$	$5.4 \times 10^{-2}(K_1)$	1.27
			$5.4 \times 10^{-5}(K_2)$	4.27
5	甘氨酸	$CH_2(NH_2)COOH$	1.7×10^{-10}	9.78
6	丙酸	CH_3CH_2COOH	1.35×10^{-5}	4.87
7	丙烯酸	$CH_2=CHCOOH$	5.5×10^{-5}	4.26
8	乳酸(丙醇酸)	$CH_3CHOHCOOH$	1.4×10^{-4}	3.86
9	酒石酸	$HOCOCH(OH)CH(OH)COOH$	$5.9 \times 10^{-7}(K_2)$	6.23
10	谷氨酸	$HOCOCH_2CH_2CH(NH_2)COOH$	$7.4 \times 10^{-3}(K_1)$	2.13

附录4 常见弱碱在水溶液中的离解常数 (298K)

序号	名称	化学式	K_b	pK_b
无机碱				
1	氢氧化铝	$Al(OH)_3$	$1.38 \times 10^{-9}(K_3)$	8.86
2	氢氧化银	$AgOH$	1.10×10^{-4}	3.96
3	氢氧化钙	$Ca(OH)_2$	3.72×10^{-3}	2.43
			3.98×10^{-2}	1.40
4	氨水	$NH_3 \cdot H_2O$	1.78×10^{-5}	4.75
5	肼(联氨)	$N_2H_4 \cdot H_2O$	$9.55 \times 10^{-7}(K_1)$	6.02
			$1.26 \times 10^{-15}(K_2)$	14.9
6	羟胺	$NH_2OH + H_2O$	9.12×10^{-9}	8.04
7	氢氧化铅	$Pb(OH)_2$	$9.55 \times 10^{-4}(K_1)$	3.02
			$3.0 \times 10^{-8}(K_2)$	7.52
8	氢氧化锌	$Zn(OH)_2$	9.55×10^{-4}	3.02
有机碱				
1	甲胺	CH_3NH_2	4.17×10^{-4}	3.38
2	尿素(脲)	$CO(NH_2)_2$	1.5×10^{-14}	13.82
3	乙胺	$CH_3CH_2NH_2$	4.27×10^{-4}	3.37
4	乙醇胺	$H_2N(CH_2)_2OH$	3.16×10^{-5}	4.50
5	乙二胺	$H_2N(CH_2)_2NH_2$	$8.51 \times 10^{-5}(K_1)$	4.07
			$7.08 \times 10^{-8}(K_2)$	7.15
6	二甲胺	$(CH_3)_2NH$	5.89×10^{-4}	3.23
7	三甲胺	$(CH_3)_3N$	6.31×10^{-5}	4.20
8	三乙胺	$(C_2H_5)_3N$	5.25×10^{-4}	3.28
9	丙胺	$C_3H_7NH_2$	3.70×10^{-4}	3.432
10	异丙胺	$i\text{-}C_3H_7NH_2$	4.37×10^{-4}	3.36
11	1,3-丙二胺	$NH_2(CH_2)_3NH_2$	$2.95 \times 10^{-4}(K_1)$	3.53
			$3.09 \times 10^{-6}(K_2)$	5.51
12	1,2-丙二胺	$CH_3CH(NH_2)CH_2NH_2$	$5.25 \times 10^{-5}(K_1)$	4.28
			$4.05 \times 10^{-8}(K_2)$	7.393
13	三丙胺	$(CH_3CH_2CH_2)_3N$	4.57×10^{-4}	3.34
14	三乙醇胺	$(HOCH_2CH_2)_3N$	5.75×10^{-7}	6.24
15	丁胺	$C_4H_9NH_2$	4.37×10^{-4}	3.36
16	异丁胺	$C_4H_9NH_2$	2.57×10^{-4}	3.59
17	叔丁胺	$C_4H_9NH_2$	4.84×10^{-4}	3.315
18	己胺	$H(CH_2)_6NH_2$	4.37×10^{-4}	3.36
19	辛胺	$H(CH_2)_8NH_2$	4.47×10^{-4}	3.35
20	苯胺	$C_6H_5NH_2$	3.98×10^{-10}	9.40
21	苄胺	C_7H_9N	2.24×10^{-5}	4.65

续表

序号	名称	化学式	K_b	pK_b
		有机碱		
22	环己胺	$C_6H_{11}NH_2$	4.37×10^{-4}	3.36
23	吡啶	C_5H_5N	1.48×10^{-9}	8.83
24	六亚甲基四胺	$(CH_2)_6N_4$	1.35×10^{-9}	8.87
25	2-氯酚	C_6H_5ClO	3.55×10^{-6}	5.45
26	3-氯酚	C_6H_5ClO	1.26×10^{-5}	4.90
27	4-氯酚	C_6H_5ClO	2.69×10^{-5}	4.57
28	邻氨基苯酚	$(o)H_2NC_6H_4OH$	5.2×10^{-5}	4.28
			1.9×10^{-5}	4.72
29	间氨基苯酚	$(m)H_2NC_6H_4OH$	7.4×10^{-5}	4.13
			6.8×10^{-5}	4.17
30	对氨基苯酚	$(p)H_2NC_6H_4OH$	2.0×10^{-4}	3.70
			3.2×10^{-6}	5.50
31	邻甲苯胺	$(o)CH_3C_6H_4NH_2$	2.82×10^{-10}	9.55
32	间甲苯胺	$(m)CH_3C_6H_4NH_2$	5.13×10^{-10}	9.29
33	对甲苯胺	$(p)CH_3C_6H_4NH_2$	1.20×10^{-9}	8.92
34	8-羟基喹啉(20℃)	$8-HOC_9H_6N$	6.5×10^{-5}	4.19
35	二苯胺	$(C_6H_5)_2NH$	7.94×10^{-14}	13.1
36	联苯胺	$H_2NC_6H_4C_6H_4NH_2$	$5.01\times10^{-10}(K_1)$	9.30
			$4.27\times10^{-11}(K_2)$	10.37

附录5 一些难溶化合物的溶度积 （298K）

分子式	K_{sp}	pK_{sp}	分子式	K_{sp}	pK_{sp}
AgAc*	1.9×10^{-3}	2.72	Ag_2SO_4	1.4×10^{-5}	4.85
Ag_3AsO_4	1.0×10^{-22}	22.0	$Al(OH)_3$	1.3×10^{-33}	32.89
AgBr	5.0×10^{-13}	12.3	$AlPO_4$	6.3×10^{-19}	18.20
$AgBrO_3$	5.50×10^{-5}	4.26	$BaCO_3$	5.1×10^{-9}	8.29
AgCN	1.2×10^{-16}	15.92	$BaCrO_4$	1.2×10^{-10}	9.92
AgCl	1.8×10^{-10}	9.75	BaF_2*	1.84×10^{-7}	6.74
Ag_2CO_3	8.5×10^{-12}	11.07	$Ba(OH)_2$	5.0×10^{-3}	2.3
Ag_2CrO_4	1.1×10^{-12}	11.96	$BaSO_3$	8.0×10^{-7}	6.1
AgI	8.5×10^{-17}	16.07	$BaSO_4$	1.1×10^{-10}	9.96
$AgIO_3$	3.0×10^{-8}	7.52	BaS_2O_3	1.6×10^{-5}	4.8
$AgNO_2$	6.0×10^{-4}	3.22	$CaCO_3$	2.8×10^{-9}	8.55
$\alpha-Ag_2S$	6.0×10^{-51}	50.22	CaC_2O_4	4.0×10^{-9}	8.4
AgSCN	1.0×10^{-12}	12.0	$CaCrO_4$	7.1×10^{-4}	3.15
Ag_2SO_3	1.5×10^{-14}	13.82	CaF_2	5.3×10^{-9}	8.28

分子式	K_{sp}	pK_{sp}	分子式	K_{sp}	pK_{sp}
$CaHPO_4$	1.0×10^{-7}	7.0	$MgCO_3$ *	6.82×10^{-6}	5.17
$Ca(OH)_2$	5.5×10^{-6}	5.26	$Mg(OH)_2$	1.8×10^{-11}	10.74
$Ca_3(PO_4)_2$ *	2.07×10^{-33}	32.68	$Mg_3(PO_4)_2$	1.0×10^{-25}	25.0
$CaSO_3$	6.8×10^{-8}	7.17	$MnCO_3$	1.8×10^{-11}	10.74
$CaSO_4$ *	7.10×10^{-5}	4.15	$Mn(OH)_2$	1.9×10^{-13}	12.72
$CdCO_3$	5.2×10^{-12}	11.28	$NiCO_3$ *	1.42×10^{-7}	6.85
$Cd(OH)_2$ *	5.27×10^{-15}	14.1	$Ni(OH)_2$(新)	2.0×10^{-15}	14.7
CdS	8.0×10^{-28}	27.1	$PbBr_2$	4.0×10^{-5}	4.4
$CoCO_3$	1.4×10^{-13}	12.85	$PbCl_2$	1.6×10^{-5}	4.8
$Co(OH)_2$(粉红,新沉淀)	1.6×10^{-15}	14.80	$PbCO_3$	7.4×10^{-14}	13.13
$Co(OH)_3$	1.6×10^{-44}	43.8	$PbCrO_4$	2.8×10^{-13}	12.55
$Cr(OH)_2$	2.0×10^{-16}	15.7	PbF_2	2.7×10^{-8}	7.57
$Cr(OH)_3$	6.3×10^{-31}	30.2	PbI_2	7.1×10^{-9}	8.15
$Cu_3(AsO_4)_2$	7.6×10^{-36}	35.12	$Pb(OH)_2$ *	1.42×10^{-20}	19.85
$CuCl$ *	1.72×10^{-7}	6.76	PbS	3×10^{-28}	27.52
$CuCN$	3.2×10^{-20}	19.49	$PbSO_4$	1.6×10^{-8}	7.8
$CuCO_3$	1.4×10^{-10}	9.85	ScF_3	4.2×10^{-18}	17.38
$CuCrO_4$	3.6×10^{-6}	5.44	$Sc(OH)_3$	8.0×10^{-31}	30.1
CuI	1.1×10^{-12}	11.96	$Sn(OH)_2$ *	5.45×10^{-27}	27.49
$Cu(OH)_2$	2.2×10^{-20}	19.66	SnS	3.25×10^{-28}	27.49
CuS	6×10^{-37}	36.22	$SrCO_3$	1.1×10^{-10}	9.96
$FeCO_3$	3.2×10^{-11}	10.49	$SrCrO_4$	2.2×10^{-5}	4.66
$Fe_4[Fe(CN)_6]_3$	3.3×10^{-41}	40.18	SrF_2	2.5×10^{-9}	8.6
$Fe(OH)_2$ *	4.87×10^{-17}	16.31	$SrSO_4$	3.2×10^{-7}	6.49
$Fe(OH)_3$ *	2.97×10^{-39}	38.53	$TlBr$	3.4×10^{-6}	5.47
$FePO_4$	1.3×10^{-22}	21.89	$TlCl$	1.7×10^{-4}	3.77
FeS	6×10^{-19}	18.22	TlI	6.5×10^{-8}	7.19
Hg_2Br_2	5.6×10^{-23}	22.25	$Tl(OH)_3$	6.3×10^{-46}	45.2
Hg_2Cl_2	1.3×10^{-18}	17.89	$ZnCO_3$ *	1.19×10^{-10}	9.92
Hg_2I_2	4.5×10^{-29}	28.35	ZnC_2O_4	2.7×10^{-8}	7.57
Li_2CO_3 *	8.15×10^{-4}	3.09	$Zn(OH)_2$	1.2×10^{-17}	16.92
LiF	3.8×10^{-3}	2.42	$Zn_3(PO_4)_2$	9.0×10^{-33}	32.05
Li_3PO_4	3.2×10^{-9}	8.49	ZnS	2.0×10^{-25}	24.7

注：1. **数据摘自** Petrucci R H, Harwood W S, Herring F G. general Chemistry：Principles and Modern Applications 8ed. 2002。

　　2. * **数据摘自** CRC Handbook of Chemistry and Physics，82 ed. 2001~2002。

附录6 标准电极电位

在酸性溶液中（298K）

电对	电极反应	$\varphi_A^\ominus/V$
Li(Ⅰ)-(0)	$Li^+ + e \rightleftharpoons Li$	-3.0401
Cs(Ⅰ)-(0)	$Cs^+ + e \rightleftharpoons Cs$	-3.026
Rb(Ⅰ)-(0)	$Rb^+ + e \rightleftharpoons Rb$	-2.98
K(Ⅰ)-(0)	$K^+ + e \rightleftharpoons K$	-2.931
Ba(Ⅱ)-(0)	$Ba^{2+} + 2e \rightleftharpoons Ba$	-2.912
Sr(Ⅱ)-(0)	$Sr^{2+} + 2e \rightleftharpoons Sr$	-2.89
Ca(Ⅱ)-(0)	$Ca^{2+} + 2e \rightleftharpoons Ca$	-2.868
Na(Ⅰ)-(0)	$Na^+ + e \rightleftharpoons Na$	-2.71
La(Ⅲ)-(0)	$La^{3+} + 3e \rightleftharpoons La$	-2.379
Mg(Ⅱ)-(0)	$Mg^{2+} + 2e \rightleftharpoons Mg$	-2.372
Ce(Ⅲ)-(0)	$Ce^{3+} + 3e \rightleftharpoons Ce$	-2.336
H(0)-(-Ⅰ)	$H_2(g) + 2e \rightleftharpoons 2H^-$	-2.23
Al(Ⅲ)-(0)	$AlF_6^{3-} + 3e \rightleftharpoons Al + 6F^-$	-2.069
Th(Ⅳ)-(0)	$Th^{4+} + 4e \rightleftharpoons Th$	-1.899
Be(Ⅱ)-(0)	$Be^{2+} + 2e \rightleftharpoons Be$	-1.847
U(Ⅲ)-(0)	$U^{3+} + 3e \rightleftharpoons U$	-1.798
Hf(Ⅳ)-(0)	$HfO^{2+} + 2H^+ + 4e \rightleftharpoons Hf + H_2O$	-1.724
Al(Ⅲ)-(0)	$Al^{3+} + 3e \rightleftharpoons Al$	-1.662
Ti(Ⅱ)-(0)	$Ti^{2+} + 2e \rightleftharpoons Ti$	-1.630
Zr(Ⅳ)-(0)	$ZrO_2 + 4H^+ + 4e \rightleftharpoons Zr + 2H_2O$	-1.553
Si(Ⅳ)-(0)	$[SiF_6]^{2-} + 4e \rightleftharpoons Si + 6F^-$	-1.24
Mn(Ⅱ)-(0)	$Mn^{2+} + 2e \rightleftharpoons Mn$	-1.185
Cr(Ⅱ)-(0)	$Cr^{2+} + 2e \rightleftharpoons Cr$	-0.913
Ti(Ⅲ)-(Ⅱ)	$Ti^{3+} + e \rightleftharpoons Ti^{2+}$	-0.9
B(Ⅲ)-(0)	$H_3BO_3 + 3H^+ + 3e \rightleftharpoons B + 3H_2O$	-0.8698
Ti(Ⅳ)-(0)	$TiO_2 + 4H^+ + 4e \rightleftharpoons Ti + 2H_2O$	-0.86
Te(0)-(-Ⅱ)	$Te + 2H^+ + 2e \rightleftharpoons H_2Te$	-0.793
Zn(Ⅱ)-(0)	$Zn^{2+} + 2e \rightleftharpoons Zn$	-0.7618
Ta(Ⅴ)-(0)	$Ta_2O_5 + 10H^+ + 10e \rightleftharpoons 2Ta + 5H_2O$	-0.750
Cr(Ⅲ)-(0)	$Cr^{3+} + 3e \rightleftharpoons Cr$	-0.744
Nb(Ⅴ)-(0)	$Nb_2O_5 + 10H^+ + 10e \rightleftharpoons 2Nb + 5H_2O$	-0.644
As(0)-(-Ⅲ)	$As + 3H^+ + 3e \rightleftharpoons AsH_3$	-0.608
U(Ⅳ)-(Ⅲ)	$U^{4+} + e \rightleftharpoons U^{3+}$	-0.607
Ga(Ⅲ)-(0)	$Ga^{3+} + 3e \rightleftharpoons Ga$	-0.549
P(Ⅰ)-(0)	$H_3PO_2 + H^+ + e \rightleftharpoons P + 2H_2O$	-0.508
P(Ⅲ)-(Ⅰ)	$H_3PO_3 + 2H^+ + 2e \rightleftharpoons H_3PO_2 + H_2O$	-0.499

续表

电对	电极反应	$\varphi_A^{\ominus}$/V
C(IV)-(III)	$2CO_2 + 2H^+ + 2e \Longrightarrow H_2C_2O_4$	-0.49
Fe(II)-(0)	$Fe^{2+} + 2e \Longrightarrow Fe$	-0.447
Cr(III)-(II)	$Cr^{3+} + e \Longrightarrow Cr^{2+}$	-0.407
Cd(II)-(0)	$Cd^{2+} + 2e \Longrightarrow Cd$	-0.4030
Se(0)-(-II)	$Se + 2H^+ + 2e \Longrightarrow H_2Se(aq)$	-0.399
Pb(II)-(0)	$PbI_2 + 2e \Longrightarrow Pb + 2I^-$	-0.365
Eu(III)-(II)	$Eu^{3+} + e \Longrightarrow Eu^{2+}$	-0.36
Pb(II)-(0)	$PbSO_4 + 2e \Longrightarrow Pb + SO_4^{2-}$	-0.3588
In(III)-(0)	$In^{3+} + 3e \Longrightarrow In$	-0.3382
Tl(I)-(0)	$Tl^+ + e \Longrightarrow Tl$	-0.336
Co(II)-(0)	$Co^{2+} + 2e \Longrightarrow Co$	-0.28
P(V)-(III)	$H_3PO_4 + 2H^+ + 2e \Longrightarrow H_3PO_3 + H_2O$	-0.276
Pb(II)-(0)	$PbCl_2 + 2e \Longrightarrow Pb + 2Cl^-$	-0.2675
Ni(II)-(0)	$Ni^{2+} + 2e \Longrightarrow Ni$	-0.257
V(III)-(II)	$V^{3+} + e \Longrightarrow V^{2+}$	-0.255
Ge(IV)-(0)	$H_2GeO_3 + 4H^+ + 4e \Longrightarrow Ge + 3H_2O$	-0.182
Ag(I)-(0)	$AgI + e \Longrightarrow Ag + I^-$	-0.15224
Sn(II)-(0)	$Sn^{2+} + 2e \Longrightarrow Sn$	-0.1375
Pb(II)-(0)	$Pb^{2+} + 2e \Longrightarrow Pb$	-0.1262
C(IV)-(II)	$CO_2(g) + 2H^+ + 2e \Longrightarrow CO + H_2O$	-0.12
P(0)-(-III)	$P(white) + 3H^+ + 3e \Longrightarrow PH_3(g)$	-0.063
Hg(I)-(0)	$Hg_2I_2 + 2e \Longrightarrow 2Hg + 2I^-$	-0.0405
Fe(III)-(0)	$Fe^{3+} + 3e \Longrightarrow Fe$	-0.037
H(I)-(0)	$2H^+ + 2e \Longrightarrow H_2$	0.0000
Ag(I)-(0)	$AgBr + e \Longrightarrow Ag + Br^-$	0.07133
S(II,V)-(II)	$S_4O_6^{2-} + 2e \Longrightarrow 2S_2O_3^{2-}$	0.08
Ti(IV)-(III)	$TiO^{2+} + 2H^+ + e \Longrightarrow Ti^{3+} + H_2O$	0.1
S(0)-(-II)	$S + 2H^+ + 2e \Longrightarrow H_2S(aq)$	0.142
Sn(IV)-(II)	$Sn^{4+} + 2e \Longrightarrow Sn^{2+}$	0.151
Sb(III)-(0)	$Sb_2O_3 + 6H^+ + 6e \Longrightarrow 2Sb + 3H_2O$	0.152
Cu(II)-(I)	$Cu^{2+} + e \Longrightarrow Cu^+$	0.153
Bi(III)-(0)	$BiOCl + 2H^+ + 3e \Longrightarrow Bi + Cl^- + H_2O$	0.1583
S(VI)-(IV)	$SO_4^{2-} + 4H^+ + 2e \Longrightarrow H_2SO_3 + H_2O$	0.172
Sb(III)-(0)	$SbO^+ + 2H^+ + 3e \Longrightarrow Sb + H_2O$	0.212
Ag(I)-(0)	$AgCl + e \Longrightarrow Ag + Cl^-$	0.22233
As(III)-(0)	$HAsO_2 + 3H^+ + 3e \Longrightarrow As + 2H_2O$	0.248
Hg(I)-(0)	$Hg_2Cl_2 + 2e \Longrightarrow 2Hg + 2Cl^-$ (饱和 KCl)	0.26808

续表

电对	电极反应	$\varphi_A^{\ominus}/V$
Bi(III)-(0)	$BiO^+ + 2H^+ + 3e \Longrightarrow Bi + H_2O$	0.320
U(VI)-(IV)	$UO_2^{2+} + 4H^+ + 2e \Longrightarrow U^{4+} + 2H_2O$	0.327
C(IV)-(III)	$2HCNO + 2H^+ + 2e \Longrightarrow (CN)_2 + 2H_2O$	0.330
V(IV)-(III)	$VO^{2+} + 2H^+ + e \Longrightarrow V^{3+} + H_2O$	0.337
Cu(II)-(0)	$Cu^{2+} + 2e \Longrightarrow Cu$	0.3419
Re(VII)-(0)	$ReO_4^- + 8H^+ + 7e \Longrightarrow Re + 4H_2O$	0.368
Ag(I)-(0)	$Ag_2CrO_4 + 2e \Longrightarrow 2Ag + CrO_4^{2-}$	0.4470
S(IV)-(0)	$H_2SO_3 + 4H^+ + 4e \Longrightarrow S + 3H_2O$	0.449
Cu(I)-(0)	$Cu^+ + e \Longrightarrow Cu$	0.521
I(0)-(-I)	$I_2 + 2e \Longrightarrow 2I^-$	0.5355
I(0)-(-I)	$I_3^- + 2e \Longrightarrow 3I^-$	0.536
As(V)-(III)	$H_3AsO_4 + 2H^+ + 2e \Longrightarrow HAsO_2 + 2H_2O$	0.560
Sb(V)-(III)	$Sb_2O_5 + 6H^+ + 4e \Longrightarrow 2SbO^+ + 3H_2O$	0.581
Te(IV)-(0)	$TeO_2 + 4H^+ + 4e \Longrightarrow Te + 2H_2O$	0.593
U(V)-(IV)	$UO_2^+ + 4H^+ + e \Longrightarrow U^{4+} + 2H_2O$	0.612
Hg(II)-(I)	$2HgCl_2 + 2e \Longrightarrow Hg_2Cl_2 + 2Cl^-$	0.63
Pt(IV)-(II)	$[PtCl_6]^{2-} + 2e \Longrightarrow [PtCl_4]^{2-} + 2Cl^-$	0.68
O(0)-(-I)	$O_2 + 2H^+ + 2e \Longrightarrow H_2O_2$	0.695
Pt(II)-(0)	$[PtCl_4]^{2-} + 2e \Longrightarrow Pt + 4Cl^-$	0.755
Se(IV)-(0)	$H_2SeO_3 + 4H^+ + 4e \Longrightarrow Se + 3H_2O$	0.74
Fe(III)-(II)	$Fe^{3+} + e \Longrightarrow Fe^{2+}$	0.771
Hg(I)-(0)	$Hg_2^{2+} + 2e \Longrightarrow 2Hg$	0.7973
Ag(I)-(0)	$Ag^+ + e \Longrightarrow Ag$	0.7996
Os(VIII)-(0)	$OsO_4 + 8H^+ + 8e \Longrightarrow Os + 4H_2O$	0.8
N(V)-(IV)	$2NO_3^- + 4H^+ + 2e \Longrightarrow N_2O_4 + 2H_2O$	0.803
Hg(II)-(0)	$Hg^{2+} + 2e \Longrightarrow Hg$	0.851
Si(IV)-(0)	$(quartz)SiO_2 + 4H^+ + 4e \Longrightarrow Si + 2H_2O$	0.857
Cu(II)-(I)	$Cu^{2+} + I^- + e \Longrightarrow CuI$	0.86
N(III)-(I)	$2HNO_2 + 4H^+ + 4e \Longrightarrow H_2N_2O_2 + 2H_2O$	0.86
Hg(II)-(I)	$2Hg^{2+} + 2e \Longrightarrow Hg_2^{2+}$	0.920
N(V)-(III)	$NO_3^- + 3H^+ + 2e \Longrightarrow HNO_2 + H_2O$	0.934
Pd(II)-(0)	$Pd^{2+} + 2e \Longrightarrow Pd$	0.951
N(V)-(II)	$NO_3^- + 4H^+ + 3e \Longrightarrow NO + 2H_2O$	0.957
N(III)-(II)	$HNO_2 + H^+ + e \Longrightarrow NO + H_2O$	0.983
I(I)-(-I)	$HIO + H^+ + 2e \Longrightarrow I^- + H_2O$	0.987
V(V)-(IV)	$VO_2^+ + 2H^+ + e \Longrightarrow VO^{2+} + H_2O$	0.991
V(V)-(IV)	$V(OH)_4^+ + 2H^+ + e \Longrightarrow VO^{2+} + 3H_2O$	1.00

电对	电极反应	$\varphi_A^\ominus$/V
Au(Ⅲ)-(0)	$[AuCl_4]^- + 3e \Longleftrightarrow Au + 4Cl^-$	1.002
Te(Ⅵ)-(Ⅳ)	$H_6TeO_6 + 2H^+ + 2e \Longleftrightarrow TeO_2 + 4H_2O$	1.02
N(Ⅳ)-(Ⅱ)	$N_2O_4 + 4H^+ + 4e \Longleftrightarrow 2NO + 2H_2O$	1.035
N(Ⅳ)-(Ⅲ)	$N_2O_4 + 2H^+ + 2e \Longleftrightarrow 2HNO_2$	1.065
I(Ⅴ)-(−Ⅰ)	$IO_3^- + 6H^+ + 6e \Longleftrightarrow I^- + 3H_2O$	1.085
Br(0)-(−Ⅰ)	$Br_2(aq) + 2e \Longleftrightarrow 2Br^-$	1.0873
Se(Ⅵ)-(Ⅳ)	$SeO_4^{2-} + 4H^+ + 2e \Longleftrightarrow H_2SeO_3 + H_2O$	1.151
Cl(Ⅴ)-(Ⅳ)	$ClO_3^- + 2H^+ + e \Longleftrightarrow ClO_2 + H_2O$	1.152
Pt(Ⅱ)-(0)	$Pt^{2+} + 2e \Longleftrightarrow Pt$	1.18
Cl(Ⅶ)-(Ⅴ)	$ClO_4^- + 2H^+ + 2e \Longleftrightarrow ClO_3^- + H_2O$	1.189
I(Ⅴ)-(0)	$2IO_3^- + 12H^+ + 10e \Longleftrightarrow I_2 + 6H_2O$	1.195
Cl(Ⅴ)-(Ⅲ)	$ClO_3^- + 3H^+ + 2e \Longleftrightarrow HClO_2 + H_2O$	1.214
Mn(Ⅳ)-(Ⅱ)	$MnO_2 + 4H^+ + 2e \Longleftrightarrow Mn^{2+} + 2H_2O$	1.224
O(0)-(−Ⅱ)	$O_2 + 4H^+ + 4e \Longleftrightarrow 2H_2O$	1.229
Tl(Ⅲ)-(Ⅰ)	$Tl^{3+} + 2e \Longleftrightarrow Tl^+$	1.252
Cl(Ⅳ)-(Ⅲ)	$ClO_2 + H^+ + e \Longleftrightarrow HClO_2$	1.277
N(Ⅲ)-(Ⅰ)	$2HNO_2 + 4H^+ + 4e \Longleftrightarrow N_2O + 3H_2O$	1.297
Cr(Ⅵ)-(Ⅲ)	$Cr_2O_7^{2-} + 14H^+ + 6e \Longleftrightarrow 2Cr^{3+} + 7H_2O$	1.33
Br(Ⅰ)-(−Ⅰ)	$HBrO + H^+ + 2e \Longleftrightarrow Br^- + H_2O$	1.331
Cr(Ⅵ)-(Ⅲ)	$HCrO_4^- + 7H^+ + 3e \Longleftrightarrow Cr^{3+} + 4H_2O$	1.350
Cl(0)-(−Ⅰ)	$Cl_2(g) + 2e \Longleftrightarrow 2Cl^-$	1.35827
Cl(Ⅶ)-(−Ⅰ)	$ClO_4^- + 8H^+ + 8e \Longleftrightarrow Cl^- + 4H_2O$	1.389
Cl(Ⅶ)-(0)	$ClO_4^- + 8H^+ + 7e \Longleftrightarrow \frac{1}{2}Cl_2 + 4H_2O$	1.39
Au(Ⅲ)-(Ⅰ)	$Au^{3+} + 2e \Longleftrightarrow Au^+$	1.401
Br(Ⅴ)-(−Ⅰ)	$BrO_3^- + 6H^+ + 6e \Longleftrightarrow Br^- + 3H_2O$	1.423
I(Ⅰ)-(0)	$2HIO + 2H^+ + 2e \Longleftrightarrow I_2 + 2H_2O$	1.439
Cl(Ⅴ)-(−Ⅰ)	$ClO_3^- + 6H^+ + 6e \Longleftrightarrow Cl^- + 3H_2O$	1.451
Pb(Ⅳ)-(Ⅱ)	$PbO_2 + 4H^+ + 2e \Longleftrightarrow Pb^{2+} + 2H_2O$	1.455
Cl(Ⅴ)-(0)	$ClO_3^- + 6H^+ + 5e \Longleftrightarrow \frac{1}{2}Cl_2 + 3H_2O$	1.47
Cl(Ⅰ)-(−Ⅰ)	$HClO + H^+ + 2e \Longleftrightarrow Cl^- + H_2O$	1.482
Br(Ⅴ)-(0)	$BrO_3^- + 6H^+ + 5e \Longleftrightarrow \frac{1}{2}Br_2 + 3H_2O$	1.482
Au(Ⅲ)-(0)	$Au^{3+} + 3e \Longleftrightarrow Au$	1.498
Mn(Ⅶ)-(Ⅱ)	$MnO_4^- + 8H^+ + 5e \Longleftrightarrow Mn^{2+} + 4H_2O$	1.507
Mn(Ⅲ)-(Ⅱ)	$Mn^{3+} + e \Longleftrightarrow Mn^{2+}$	1.5415
Cl(Ⅲ)-(−Ⅰ)	$HClO_2 + 3H^+ + 4e \Longleftrightarrow Cl^- + 2H_2O$	1.570
Br(Ⅰ)-(0)	$HBrO + H^+ + e \Longleftrightarrow \frac{1}{2}Br_2(aq) + H_2O$	1.574
N(Ⅱ)-(Ⅰ)	$2NO + 2H^+ + 2e \Longleftrightarrow N_2O + H_2O$	1.591

续表

电对	电极反应	$\varphi_A^{\ominus}/V$
I(Ⅶ)-(Ⅴ)	$H_5IO_6 + H^+ + 2e \Longrightarrow IO_3^- + 3H_2O$	1.601
Cl(Ⅰ)-(0)	$HClO + H^+ + e \Longrightarrow \frac{1}{2}Cl_2 + H_2O$	1.611
Cl(Ⅲ)-(Ⅰ)	$HClO_2 + 2H^+ + 2e \Longrightarrow HClO + H_2O$	1.645
Ni(Ⅳ)-(Ⅱ)	$NiO_2 + 4H^+ + 2e \Longrightarrow Ni^{2+} + 2H_2O$	1.678
Mn(Ⅶ)-(Ⅳ)	$MnO_4^- + 4H^+ + 3e \Longrightarrow MnO_2 + 2H_2O$	1.679
Pb(Ⅳ)-(Ⅱ)	$PbO_2 + SO_4^{2-} + 4H^+ + 2e \Longrightarrow PbSO_4 + 2H_2O$	1.6913
Au(Ⅰ)-(0)	$Au^+ + e \Longrightarrow Au$	1.692
Ce(Ⅳ)-(Ⅲ)	$Ce^{4+} + e \Longrightarrow Ce^{3+}$	1.72
N(Ⅰ)-(0)	$N_2O + 2H^+ + 2e \Longrightarrow N_2 + H_2O$	1.766
O(-Ⅰ)-(-Ⅱ)	$H_2O_2 + 2H^+ + 2e \Longrightarrow 2H_2O$	1.776
Co(Ⅲ)-(Ⅱ)	$Co^{3+} + e \Longrightarrow Co^{2+}$ ($2mol \cdot L^{-1}H_2SO_4$)	1.83
Ag(Ⅱ)-(Ⅰ)	$Ag^{2+} + e \Longrightarrow Ag^+$	1.980
S(Ⅶ)-(Ⅵ)	$S_2O_8^{2-} + 2e \Longrightarrow 2SO_4^{2-}$	2.010
O(0)-(-Ⅱ)	$O_3 + 2H^+ + 2e \Longrightarrow O_2 + H_2O$	2.076
O(Ⅱ)-(-Ⅱ)	$F_2O + 2H^+ + 4e \Longrightarrow H_2O + 2F^-$	2.153
Fe(Ⅵ)-(Ⅲ)	$FeO_4^{2-} + 8H^+ + 3e \Longrightarrow Fe^{3+} + 4H_2O$	2.20
O(0)-(-Ⅱ)	$O(g) + 2H^+ + 2e \Longrightarrow H_2O$	2.421
F(0)-(-Ⅰ)	$F_2 + 2e \Longrightarrow 2F^-$	2.866
	$F_2 + 2H^+ + 2e \Longrightarrow 2HF$	3.053

在碱性溶液中（298K）

电对	电极反应	$\varphi_B^{\ominus}/V$
Ca(Ⅱ)-(0)	$Ca(OH)_2 + 2e \Longrightarrow Ca + 2OH^-$	-3.02
Ba(Ⅱ)-(0)	$Ba(OH)_2 + 2e \Longrightarrow Ba + 2OH^-$	-2.99
La(Ⅲ)-(0)	$La(OH)_3 + 3e \Longrightarrow La + 3OH^-$	-2.90
Sr(Ⅱ)-(0)	$Sr(OH)_2 \cdot 8H_2O + 2e \Longrightarrow Sr + 2OH^- + 8H_2O$	-2.88
Mg(Ⅱ)-(0)	$Mg(OH)_2 + 2e \Longrightarrow Mg + 2OH^-$	-2.690
Be(Ⅱ)-(0)	$Be_2O_3^{2-} + 3H_2O + 4e \Longrightarrow 2Be + 6OH^-$	-2.63
Hf(Ⅳ)-(0)	$HfO(OH)_2 + H_2O + 4e \Longrightarrow Hf + 4OH^-$	-2.50
Zr(Ⅳ)-(0)	$H_2ZrO_3 + H_2O + 4e \Longrightarrow Zr + 4OH^-$	-2.36
Al(Ⅲ)-(0)	$H_2AlO_3^- + H_2O + 3e \Longrightarrow Al + OH^-$	-2.33
P(Ⅰ)-(0)	$H_2PO_2^- + e \Longrightarrow P + 2OH^-$	-1.82
B(Ⅲ)-(0)	$H_2BO_3^- + H_2O + 3e \Longrightarrow B + 4OH^-$	-1.79
P(Ⅲ)-(0)	$HPO_3^{2-} + 2H_2O + 3e \Longrightarrow P + 5OH^-$	-1.71
Si(Ⅳ)-(0)	$SiO_3^{2-} + 3H_2O + 4e \Longrightarrow Si + 6OH^-$	-1.697
P(Ⅲ)-(Ⅰ)	$HPO_3^{2-} + 2H_2O + 2e \Longrightarrow H_2PO_2^- + 3OH^-$	-1.65
Mn(Ⅱ)-(0)	$Mn(OH)_2 + 2e \Longrightarrow Mn + 2OH^-$	-1.56
Cr(Ⅲ)-(0)	$Cr(OH)_3 + 3e \Longrightarrow Cr + 3OH^-$	-1.48

续表

电对	电极反应	$\varphi_B^{\ominus}/V$
Zn(II)-(0)	$[Zn(CN)_4]^{2-}+2e \Longleftrightarrow Zn+4CN^-$	-1.26
Zn(II)-(0)	$Zn(OH)_2+2e \Longleftrightarrow Zn+2OH^-$	-1.249
Ga(III)-(0)	$H_2GaO_3^-+H_2O+2e \Longleftrightarrow Ga+4OH^-$	-1.219
Zn(II)-(0)	$ZnO_2^{2-}+2H_2O+2e \Longleftrightarrow Zn+4OH^-$	-1.215
Cr(III)-(0)	$CrO_2^-+2H_2O+3e \Longleftrightarrow Cr+4OH^-$	-1.2
Te(0)-(-II)	$Te+2e \Longleftrightarrow Te^{2-}$	-1.143
P(V)-(III)	$PO_4^{3-}+2H_2O+2e \Longleftrightarrow HPO_3^{2-}+3OH^-$	-1.05
Zn(II)-(0)	$[Zn(NH_3)_4]^{2+}+2e \Longleftrightarrow Zn+4NH_3$	-1.04
W(VI)-(0)	$WO_4^{2-}+4H_2O+6e \Longleftrightarrow W+8OH^-$	-1.01
Ge(IV)-(0)	$HGeO_3^-+2H_2O+4e \Longleftrightarrow Ge+5OH^-$	-1.0
Sn(IV)-(II)	$[Sn(OH)_6]^{2-}+2e \Longleftrightarrow HSnO_2^-+H_2O+3OH^-$	-0.93
S(VI)-(IV)	$SO_4^{2-}+H_2O+2e \Longleftrightarrow SO_3^{2-}+2OH^-$	-0.93
Se(0)-(-II)	$Se+2e \Longleftrightarrow Se^{2-}$	-0.924
Sn(II)-(0)	$HSnO_2^-+H_2O+2e \Longleftrightarrow Sn+3OH^-$	-0.909
P(0)-(-III)	$P+3H_2O+3e \Longleftrightarrow PH_3(g)+3OH^-$	-0.87
N(V)-(IV)	$2NO_3^-+2H_2O+2e \Longleftrightarrow N_2O_4+4OH^-$	-0.85
H(I)-(0)	$2H_2O+2e \Longleftrightarrow H_2+2OH^-$	-0.8277
Cd(II)-(0)	$Cd(OH)_2+2e \Longleftrightarrow Cd(Hg)+2OH^-$	-0.809
Co(II)-(0)	$Co(OH)_2+2e \Longleftrightarrow Co+2OH^-$	-0.73
Ni(II)-(0)	$Ni(OH)_2+2e \Longleftrightarrow Ni+2OH^-$	-0.72
As(V)-(III)	$AsO_4^{3-}+2H_2O+2e \Longleftrightarrow AsO_2^-+4OH^-$	-0.71
Ag(I)-(0)	$Ag_2S+2e \Longleftrightarrow 2Ag+S^{2-}$	-0.691
As(III)-(0)	$AsO_2^-+2H_2O+3e \Longleftrightarrow As+4OH^-$	-0.68
Sb(III)-(0)	$SbO_2^-+2H_2O+3e \Longleftrightarrow Sb+4OH^-$	-0.66
Re(VII)-(IV)	$ReO_4^-+2H_2O+3e \Longleftrightarrow ReO_2+4OH^-$	-0.59
Sb(V)-(III)	$SbO_3^-+H_2O+2e \Longleftrightarrow SbO_2^-+2OH^-$	-0.59
Re(VII)-(0)	$ReO_4^-+4H_2O+7e \Longleftrightarrow Re+8OH^-$	-0.584
S(IV)-(II)	$2SO_3^{2-}+3H_2O+4e \Longleftrightarrow S_2O_3^{2-}+6OH^-$	-0.58
Te(IV)-(0)	$TeO_3^{2-}+3H_2O+4e \Longleftrightarrow Te+6OH^-$	-0.57
Fe(III)-(II)	$Fe(OH)_3+e \Longleftrightarrow Fe(OH)_2+OH^-$	-0.56
S(0)-(-II)	$S+2e \Longleftrightarrow S^{2-}$	-0.47627
Bi(III)-(0)	$Bi_2O_3+3H_2O+6e \Longleftrightarrow 2Bi+6OH^-$	-0.46
N(III)-(II)	$NO_2^-+H_2O+e \Longleftrightarrow NO+2OH^-$	-0.46
Co(II)-C(0)	$[Co(NH_3)_6]^{2+}+2e \Longleftrightarrow Co+6NH_3$	-0.422
Se(IV)-(0)	$SeO_3^{2-}+3H_2O+4e \Longleftrightarrow Se+6OH^-$	-0.366
Cu(I)-(0)	$Cu_2O+H_2O+2e \Longleftrightarrow 2Cu+2OH^-$	-0.360
Tl(I)-(0)	$Tl(OH)+e \Longleftrightarrow Tl+OH^-$	-0.34

续表

电对	电极反应	$\varphi_B^{\ominus}/V$
Ag(Ⅰ)-(0)	$[Ag(CN)_2]^- + e \Longrightarrow Ag + 2CN^-$	-0.31
Cu(Ⅱ)-(0)	$Cu(OH)_2 + 2e \Longrightarrow Cu + 2OH^-$	-0.222
Cr(Ⅵ)-(Ⅲ)	$CrO_4^{2-} + 4H_2O + 3e \Longrightarrow Cr(OH)_3 + 5OH^-$	-0.13
Cu(Ⅰ)-(0)	$[Cu(NH_3)_2]^+ + e \Longrightarrow Cu + 2NH_3$	-0.12
O(0)-(-Ⅰ)	$O_2 + H_2O + 2e \Longrightarrow HO_2^- + OH^-$	-0.076
Ag(Ⅰ)-(0)	$AgCN + e \Longrightarrow Ag + CN^-$	-0.017
N(Ⅴ)-(Ⅲ)	$NO_3^- + H_2O + 2e \Longrightarrow NO_2^- + 2OH^-$	0.01
Se(Ⅵ)-(Ⅳ)	$SeO_4^{2-} + H_2O + 2e \Longrightarrow SeO_3^{2-} + 2OH^-$	0.05
Pd(Ⅱ)-(0)	$Pd(OH)_2 + 2e \Longrightarrow Pd + 2OH^-$	0.07
S(Ⅱ,Ⅴ)-(Ⅱ)	$S_4O_6^{2-} + 2e \Longrightarrow 2S_2O_3^{2-}$	0.08
Hg(Ⅱ)-(0)	$HgO + H_2O + 2e \Longrightarrow Hg + 2OH^-$	0.0977
Co(Ⅲ)-(Ⅱ)	$[Co(NH_3)_6]^{3+} + e \Longrightarrow [Co(NH_3)_6]^{2+}$	0.108
Pt(Ⅱ)-(0)	$Pt(OH)_2 + 2e \Longrightarrow Pt + 2OH^-$	0.14
Co(Ⅲ)-(Ⅱ)	$Co(OH)_3 + e \Longrightarrow Co(OH)_2 + OH^-$	0.17
Pb(Ⅳ)-(Ⅱ)	$PbO_2 + H_2O + 2e \Longrightarrow PbO + 2OH^-$	0.247
I(Ⅴ)-(-Ⅰ)	$IO_3^- + 3H_2O + 6e \Longrightarrow I^- + 6OH^-$	0.26
Cl(Ⅴ)-(Ⅲ)	$ClO_3^- + H_2O + 2e \Longrightarrow ClO_2^- + 2OH^-$	0.33
Ag(Ⅰ)-(0)	$Ag_2O + H_2O + 2e \Longrightarrow 2Ag + 2OH^-$	0.342
Fe(Ⅲ)-(Ⅱ)	$[Fe(CN)_6]^{3-} + e \Longrightarrow [Fe(CN)_6]^{4-}$	0.358
Cl(Ⅶ)-(Ⅴ)	$ClO_4^- + H_2O + 2e \Longrightarrow ClO_3^- + 2OH^-$	0.36
Ag(Ⅰ)-(0)	$[Ag(NH_3)_2]^+ + e \Longrightarrow Ag + 2NH_3$	0.373
O(0)-(-Ⅱ)	$O_2 + 2H_2O + 4e \Longrightarrow 4OH^-$	0.401
I(Ⅰ)-(-Ⅰ)	$IO^- + H_2O + 2e \Longrightarrow I^- + 2OH^-$	0.485
Ni(Ⅳ)-(Ⅱ)	$NiO_2 + 2H_2O + 2e \Longrightarrow Ni(OH)_2 + 2OH^-$	0.490
Mn(Ⅶ)-(Ⅵ)	$MnO_4^- + e \Longrightarrow MnO_4^{2-}$	0.558
Mn(Ⅶ)-(Ⅳ)	$MnO_4^- + 2H_2O + 3e \Longrightarrow MnO_2 + 4OH^-$	0.595
Mn(Ⅵ)-(Ⅳ)	$MnO_4^{2-} + 2H_2O + 2e \Longrightarrow MnO_2 + 4OH^-$	0.60
Ag(Ⅱ)-(Ⅰ)	$2AgO + H_2O + 2e \Longrightarrow Ag_2O + 2OH^-$	0.607
Br(Ⅴ)-(-Ⅰ)	$BrO_3^- + 3H_2O + 6e \Longrightarrow Br^- + 6OH^-$	0.61
Cl(Ⅴ)-(-Ⅰ)	$ClO_3^- + 3H_2O + 6e \Longrightarrow Cl^- + 6OH^-$	0.62
Cl(Ⅲ)-(Ⅰ)	$ClO_2^- + H_2O + 2e \Longrightarrow ClO^- + 2OH^-$	0.66
I(Ⅶ)-(Ⅴ)	$H_3IO_6^{2-} + 2e \Longrightarrow IO_3^- + 3OH^-$	0.7
Cl(Ⅲ)-(-Ⅰ)	$ClO_2^- + 2H_2O + 4e \Longrightarrow Cl^- + 4OH^-$	0.76
Br(Ⅰ)-(-Ⅰ)	$BrO^- + H_2O + 2e \Longrightarrow Br^- + 2OH^-$	0.761
Cl(Ⅰ)-(-Ⅰ)	$ClO^- + H_2O + 2e \Longrightarrow Cl^- + 2OH^-$	0.841
Cl(Ⅳ)-(Ⅲ)	$ClO_2(g) + e \Longrightarrow ClO_2^-$	0.95
O(0)-(-Ⅱ)	$O_3 + H_2O + 2e \Longrightarrow O_2 + 2OH^-$	1.24

附录 7　常见配离子的稳定常数 （298K）

配离子	$K_稳$	$\lg K_稳$	配离子	$K_稳$	$\lg K_稳$
1:1	—	—	$[NiY]^-$	4.1×10^{18}	18.61
$[NaY]^{3-}$	5.0×10^1	1.69	$[FeY]^-$	1.2×10^{25}	25.07
$[AgY]^{3-}$	2.0×10^7	7.30	$[CoY]^-$	1.0×10^{36}	36.00
$[CuY]^{2-}$	6.8×10^{18}	18.79	$[GaY]^-$	1.8×10^{20}	20.25
$[MgY]^{2-}$	4.9×10^8	8.69	$[InY]^-$	8.9×10^{24}	24.94
$[CaY]^{2-}$	3.7×10^{10}	10.56	$[TlY]^-$	3.2×10^{22}	22.51
$[SrY]^{2-}$	4.2×10^8	8.62	$[TlHY]$	1.5×10^{23}	23.17
$[BaY]^{2-}$	6.0×10^7	7.77	$[CuOH]^+$	1.0×10^5	5.00
$[ZnY]^{2-}$	3.1×10^{16}	16.49	$[AgNH_3]^+$	2.0×10^3	3.30
$[CdY]^{2-}$	3.8×10^{16}	16.57	1:2	—	—
$[HgY]^{2-}$	6.3×10^{21}	21.79	$[Cu(NH_3)_2]^+$	7.4×10^{10}	10.87
$[PbY]^{2-}$	1.0×10^{18}	18.00	$[Cu(CN)_2]^-$	2.0×10^{38}	38.30
$[MnY]^{2-}$	1.0×10^{14}	14.00	$[Ag(NH_3)_2]^+$	1.7×10^7	7.24
$[FeY]^-$	2.1×10^{14}	14.32	$[Ag(En)_2]^+$	7.0×10^7	7.84
$[CoY]^-$	1.6×10^{16}	16.20	$[Ag(NCS)_2]^-$	4.0×10^8	8.60

参 考 文 献

[1] 李淑丽主编. 基础应用化学. 北京：中国石化出版社，2009.

[2] 旷英姿主编. 化学基础. 第 2 版. 北京：化学工业出版社，2008.

[3] 赵玉娥主编. 基础化学. 第 2 版. 北京：化学工业出版社，2009.

[4] 朱权主编. 化学基础，北京：化学工业出版社，2008.

[5] 陈荣三主编. 无机及分析化学. 北京：高等教育出版社，1978.

[6] 林俊杰，王静主编. 无机化学. 第 3 版. 北京：化学工业出版社，2013.

[7] 古国榜，李朴编. 无机化学. 第 3 版. 北京：化学工业出版社，2011.

[8] 杨宏秀，傅希贤，宋宽秀编著. 大学化学. 天津：天津大学出版社，2001.

[9] 北京师范大学，华中师范大学，南京师范大学编. 无机化学. 北京：高等教育出版社，1992.

[10] 樊金串，马青兰主编. 大学基础化学. 北京：化学工业出版社，2004.

[11] 郭航鸣主编，分析化学. 郑州：郑州大学出版社，2004.

[12] 于德水，郑荐伊主编. 化学基础. 北京：石油工业出版社，2003.

[13] 王建梅，旷英姿主编. 无机化学. 第 2 版. 北京：化学工业出版社，2010.

元素周期表

IUPAC 2013

图例说明

95	原子序数
Am	元素符号红色的为放射性元素
镅	元素名称注+的为人造元素
5f⁷7s²	价层电子构型
243.0613(2)+	

氧化态（单质的氧化态为0，未列入；常见的为红色）

以 ¹²C=12 为基准的原子量（注+的是半衰期最长同位素的原子质量）

区块：s区元素　p区元素　ds区元素　稀有气体　d区元素　f区元素

电子层：K L M N O P Q

主表（按周期）

第1周期

族 IA	族 ⅧA(0)
1 **H** 氢 1s¹ 1.008 (+1 -1)	2 **He** 氦 1s² 4.002602(2)

第2周期（ⅠA–ⅧA）

| 3 **Li** 锂 2s¹ 6.94 (+1) | 4 **Be** 铍 2s² 9.0121831(5) (+2) | 5 **B** 硼 2s²2p¹ 10.81 (+3) | 6 **C** 碳 2s²2p² 12.011 | 7 **N** 氮 2s²2p³ 14.007 | 8 **O** 氧 2s²2p⁴ 15.999 | 9 **F** 氟 2s²2p⁵ 18.998403163(6) | 10 **Ne** 氖 2s²2p⁶ 20.1797(6) |

第3周期

| 11 **Na** 钠 3s¹ 22.98976928(2) | 12 **Mg** 镁 3s² 24.305 | 13 **Al** 铝 3s²3p¹ 26.9815385(7) | 14 **Si** 硅 3s²3p² 28.085 | 15 **P** 磷 3s²3p³ 30.973761998(5) | 16 **S** 硫 3s²3p⁴ 32.06 | 17 **Cl** 氯 3s²3p⁵ 35.45 | 18 **Ar** 氩 3s²3p⁶ 39.948(1) |

第4周期（含过渡金属 ⅢB–ⅡB）

| 19 **K** 钾 4s¹ 39.0983(1) | 20 **Ca** 钙 4s² 40.078(4) | 21 **Sc** 钪 3d¹4s² 44.955908(5) | 22 **Ti** 钛 3d²4s² 47.867(1) | 23 **V** 钒 3d³4s² 50.9415(1) | 24 **Cr** 铬 3d⁵4s¹ 51.9961(6) | 25 **Mn** 锰 3d⁵4s² 54.938044(3) | 26 **Fe** 铁 3d⁶4s² 55.845(2) | 27 **Co** 钴 3d⁷4s² 58.933194(4) | 28 **Ni** 镍 3d⁸4s² 58.6934(4) | 29 **Cu** 铜 3d¹⁰4s¹ 63.546(3) | 30 **Zn** 锌 3d¹⁰4s² 65.38(2) | 31 **Ga** 镓 4s²4p¹ 69.723(1) | 32 **Ge** 锗 4s²4p² 72.630(8) | 33 **As** 砷 4s²4p³ 74.921595(6) | 34 **Se** 硒 4s²4p⁴ 78.971(8) | 35 **Br** 溴 4s²4p⁵ 79.904 | 36 **Kr** 氪 4s²4p⁶ 83.798(2) |

第5周期

| 37 **Rb** 铷 5s¹ 85.4678(3) | 38 **Sr** 锶 5s² 87.62(1) | 39 **Y** 钇 4d¹5s² 88.90584(2) | 40 **Zr** 锆 4d²5s² 91.224(2) | 41 **Nb** 铌 4d⁴5s¹ 92.90637(2) | 42 **Mo** 钼 4d⁵5s¹ 95.95(1) | 43 **Tc** 锝 4d⁵5s² 97.90721(3)+ | 44 **Ru** 钌 4d⁷5s¹ 101.07(2) | 45 **Rh** 铑 4d⁸5s¹ 102.90550(2) | 46 **Pd** 钯 4d¹⁰ 106.42(1) | 47 **Ag** 银 4d¹⁰5s¹ 107.8682(2) | 48 **Cd** 镉 4d¹⁰5s² 112.414(4) | 49 **In** 铟 5s²5p¹ 114.818(1) | 50 **Sn** 锡 5s²5p² 118.710(7) | 51 **Sb** 锑 5s²5p³ 121.760(1) | 52 **Te** 碲 5s²5p⁴ 127.60(3) | 53 **I** 碘 5s²5p⁵ 126.90447(3) | 54 **Xe** 氙 5s²5p⁶ 131.293(6) |

第6周期

| 55 **Cs** 铯 6s¹ 132.90545196(6) | 56 **Ba** 钡 6s² 137.327(7) | 57~71 **La~Lu** 镧系 | 72 **Hf** 铪 5d²6s² 178.49(2) | 73 **Ta** 钽 5d³6s² 180.94788(2) | 74 **W** 钨 5d⁴6s² 183.84(1) | 75 **Re** 铼 5d⁵6s² 186.207(1) | 76 **Os** 锇 5d⁶6s² 190.23(3) | 77 **Ir** 铱 5d⁷6s² 192.217(3) | 78 **Pt** 铂 5d⁹6s¹ 195.084(9) | 79 **Au** 金 5d¹⁰6s¹ 196.966569(5) | 80 **Hg** 汞 5d¹⁰6s² 200.592(3) | 81 **Tl** 铊 6s²6p¹ 204.38 | 82 **Pb** 铅 6s²6p² 207.2(1) | 83 **Bi** 铋 6s²6p³ 208.98040(1) | 84 **Po** 钋 6s²6p⁴ 208.98243(2)+ | 85 **At** 砹 6s²6p⁵ 209.98715(5)+ | 86 **Rn** 氡 6s²6p⁶ 222.01758(2)+ |

第7周期

| 87 **Fr** 钫 7s¹ 223.01974(2)+ | 88 **Ra** 镭 7s² 226.02541(2)+ | 89~103 **Ac~Lr** 锕系 | 104 **Rf** 𬬻 6d²7s² 267.122(4)+ | 105 **Db** 𬭊 6d³7s² 270.131(4)+ | 106 **Sg** 𬭳 6d⁴7s² 269.129(3)+ | 107 **Bh** 𬭶 6d⁵7s² 270.133(2)+ | 108 **Hs** 𬭛 6d⁶7s² 270.134(2)+ | 109 **Mt** 鿏 6d⁷7s² 278.156(5)+ | 110 **Ds** 𫟼 281.165(4)+ | 111 **Rg** 𬬭 281.166(6)+ | 112 **Cn** 鿔 285.177(4)+ | 113 **Nh** 鿭 286.182(5)+ | 114 **Fl** 𫓧 289.190(4)+ | 115 **Mc** 镆 289.194(6)+ | 116 **Lv** 𫟷 293.204(4)+ | 117 **Ts** 鿬 293.208(6)+ | 118 **Og** 鿫 294.214(5)+ |

镧系 ★

| 57 **La** 镧 5d¹6s² 138.90547(7) | 58 **Ce** 铈 4f¹5d¹6s² 140.116(1) | 59 **Pr** 镨 4f³6s² 140.90766(2) | 60 **Nd** 钕 4f⁴6s² 144.242(3) | 61 **Pm** 钷 4f⁵6s² 144.91276(2)+ | 62 **Sm** 钐 4f⁶6s² 150.36(2) | 63 **Eu** 铕 4f⁷6s² 151.964(1) | 64 **Gd** 钆 4f⁷5d¹6s² 157.25(3) | 65 **Tb** 铽 4f⁹6s² 158.92535(2) | 66 **Dy** 镝 4f¹⁰6s² 162.500(1) | 67 **Ho** 钬 4f¹¹6s² 164.93033(2) | 68 **Er** 铒 4f¹²6s² 167.259(3) | 69 **Tm** 铥 4f¹³6s² 168.93422(2) | 70 **Yb** 镱 4f¹⁴6s² 173.045(10) | 71 **Lu** 镥 4f¹⁴5d¹6s² 174.9668(1) |

锕系 ★

| 89 **Ac** 锕 6d¹7s² 227.02775(2)+ | 90 **Th** 钍 6d²7s² 232.0377(4) | 91 **Pa** 镤 5f²6d¹7s² 231.03588(2) | 92 **U** 铀 5f³6d¹7s² 238.02891(3) | 93 **Np** 镎 5f⁴6d¹7s² 237.04817(2)+ | 94 **Pu** 钚 5f⁶7s² 244.06421(4)+ | 95 **Am** 镅 5f⁷7s² 243.06138(2)+ | 96 **Cm** 锔 5f⁷6d¹7s² 247.07035(3)+ | 97 **Bk** 锫 5f⁹7s² 247.07031(4)+ | 98 **Cf** 锎 5f¹⁰7s² 251.07959(3)+ | 99 **Es** 锿 5f¹¹7s² 252.0830(3)+ | 100 **Fm** 镄 5f¹²7s² 257.09511(5)+ | 101 **Md** 钔 5f¹³7s² 258.09843(3)+ | 102 **No** 锘 5f¹⁴7s² 259.1010(7)+ | 103 **Lr** 铹 5f¹⁴6d¹7s² 262.110(2)+ |